高并发系统实战派

集群、Redis缓存、海量存储、Elasticsearch、RocketMQ、微服务、持续集成等

谢恩德◎著

電子工業出版社
Publishing House of Electronics Industry
北京•BEIJING

内 容 简 介

本书以企业的高并发系统的演化过程为主线，介绍了每个阶段应该采用什么技术和方法论来应对高并发挑战。书中涵盖高并发系统技术框架层的代码编写、高效测试、快速交付及高效线上运维等内容，并通过大量的实例让读者具有实践能力。

全书共5篇：第1篇，帮助读者建立高并发系统的基本认知；第2篇，通过一个生产系统的搭建全流程，介绍了企业系统在技术框架层面及上线方面需要关注的点；第3篇，介绍了构建高并发系统的各项技术，包括应用集群化、缓存设计、存储系统设计、搜索引擎、消息中间件设计、微服务设计、API网关设计等；第4篇，介绍了高并发系统设计原则及两个完整的高并发项目，一方面帮助读者对前面的内容进行巩固和实操，另一方面也希望给读者搭建自己的高并发系统以一定的启发；第5篇，介绍了高并发系统的运维与监控。

本书适合对于高并发系统感兴趣的开发人员、架构师、产品设计师、测试工程师等。无论读者之前是否接触过高并发系统，只要具备一定的Java开发基础，都能通过本书的学习快速掌握高并发系统开发技能，快速搭建出可以在企业中应用的高并发系统。

图书在版编目（CIP）数据

高并发系统实战派：集群、Redis缓存、海量存储、Elasticsearch、RocketMQ、微服务、持续集成等 / 谢恩德著. —北京：电子工业出版社，2022.9

ISBN 978-7-121-44204-9

Ⅰ. ①高… Ⅱ. ①谢… Ⅲ. ①并发程序设计 Ⅳ.①TP311.11

中国版本图书馆 CIP 数据核字（2022）第 156010 号

责任编辑：吴宏伟
印　　刷：固安县铭成印刷有限公司
装　　订：固安县铭成印刷有限公司
出版发行：电子工业出版社
　　　　　北京市海淀区万寿路 173 信箱　　邮编：100036
开　　本：787×980　1/16　印张：25.25　字数：606 千字
版　　次：2022 年 9 月第 1 版
印　　次：2025 年 1 月第 9 次印刷
定　　价：109.00 元

凡所购买电子工业出版社图书有缺损问题，请向购买书店调换。若书店售缺，请与本社发行部联系，联系及邮购电话：（010）88254888，88258888。

质量投诉请发邮件至 zlts@phei.com.cn，盗版侵权举报请发邮件至 dbqq@phei.com.cn。

本书咨询联系方式：（010）51260888-819，faq@phei.com.cn。

前言

在写本书之前，笔者先后在几家知名互联网公司参与过多个高并发系统的底层分析、架构设计及核心框架开发，也带领团队从 0 到 1 开发了多个高并发系统。目前，笔者在一家物联网公司担任技术总监一职，负责公司整体技术方向及风险把控工作。

在笔者工作的十余年中，经历了单体架构、SOA 架构、分布式架构、微服务架构，以及云原生架构等。在面对高并发挑战的过程中，笔者积累了很多的经验，正好借编写本书的机会对其进行梳理，形成通用的方法论和解决方案，以帮助那些正在探索过程中的朋友们。

1. 本书特色

（1）主线清晰。

本书以企业高并发系统的演化过程为主线，介绍了企业高并发需求由弱变强这个过程中的诸多技术解决方案，内容由易到难，这样读者即使看到了较难的知识点也不会感到很吃力，最终都能获得很丰富的高并发系统设计经验。

（2）语言简洁，阅读不枯燥。

全书尽量用一个和读者更平视的角度来讲述，如果感觉读者某个知识点基础弱一点，则会讲解得更详细一些。书中采用简洁的文字表述，摒弃难懂的辞藻和复杂的句式，同时不失技术的深度，希望给读者带来一个轻松、愉悦的学习体验。

（3）大量绘图，知其所以然。

书中对于稍微复杂的解决方案和知识点均配有插图，以便读者“不仅知其然，还知其所以然”。

（4）大量实战，如同身临其境。

本书没有止步于技术原理，还还原了很多具体的业务场景，设计了大量实战案例，让读者把所学最终都落到具体的代码实现上，真真切切地感受高并发系统的完整处理过程。

（5）主体是高并发，但不止于此。

本书除介绍如何应对各种高并发挑战外，还详细介绍了高效测试、快速交付及高效线上运维等内容。

2. 阅读本书，您能学到什么

- 掌握高并发系统框架层的设计；
- 掌握高并发系统技术选型；
- 掌握微服务项目的设计；
- 掌握高并发系统每个阶段的技术解决方案；
- 掌握分布式缓存的使用方法；
- 掌握海量数据的分片存储、读取；
- 掌握生产级系统分布式锁的处理；
- 掌握生产级系统分布式事务的处理；
- 掌握生产级系统消息队列的处理；
- 掌握生产级系统垂直搜索引擎的处理；
- 掌握高并发系统线上调优；
- 掌握生产级服务器资源优化；
- 掌握高并发系统线上监控；
- 掌握高并发系统快速、高质量交付。

3. 致谢

首先，感谢我的父母、妻子及可爱的女儿，在撰写本书时我牺牲了很多陪伴家人的时间，谢谢他们对我的理解和支持；其次，感谢我的同事也是我的好友薛少波，在本书的“运维与监控”部分，他给了我很多的意见和帮助；最后，感谢电子工业出版社的吴宏伟编辑，写作期间他在内容的选取、结构的设计、文字的推敲，以及逻辑的梳理等方面都提出了很多的宝贵意见。

尽管笔者在写作过程中尽可能地追求严谨，但仍难免有纰漏之处，欢迎读者通过公众号“架构师修炼”批评与指正。

谢恩德

2022 年 4 月

目录

第 1 篇　高并发系统认知

第 2 篇 搭建生产级系统

第 3 篇　专项突破

第 4 篇 高并发项目设计及实战

第 5 篇 运维监控

第 1 篇

高并发系统认知

第 1 章 什么是高并发系统

在每年的京东“618”及淘宝的“双 11”活动中，平台商家会有很多促销商品，而且商品价格对于用户来说吸引力巨大。面对这么巨大的流量，技术上如何保证这些商品不被“超卖”，同时还能给用户一个良好的购物体验?

12306 网站在刚开始对外在线售票时，经常出现系统瘫痪的现象，后来经过系统优化，现在已经可以支持上千万人同时抢票且不损害系统本身。

这些技术的背后都离不开高并发技术，需要利用高并发技术的方法论及设计原则，再结合业务本身进行架构设计，以应对系统面临的流量冲击。

1.1 什么是高并发

高并发（High Concurrency），通常是指通过设计保证系统能够同时处理很多请求。即在同一个时间点，有很多的请求同时访问同一个接口。

高并发意味着大流量，需要运用技术手段去抵抗这种大流量的冲击，以达到系统能平稳处理流量且系统自身依然运行良好的目的。现如今，高并发场景无处不在，例如京东的“618”、淘宝的“双 11”、热门车次车票的开售，以及各种电商秒杀抢购活动等。

高并发是一种系统在运行过程中“短时间内遭遇大流量冲击”的情况。如果没有处理好，则很有可能造成系统吞吐量下降，响应变慢，从而影响用户体验，甚至可能造成系统彻底不可对外服务的情况发生。所以，需要优化系统（包括硬件、网络、应用、数据库等）来达到高并发的要求。

1.2　高并发系统有哪些关键指标

在设计一个系统或在对已有系统进行性能评估时，需要具备相应的参考指标，然后基于这些参考指标对系统进行针对性的优化，使得系统更健壮，以及具备更高的性能。接下来看看高并发系统都需要关注哪些关键指标。

1.2.1　响应时间（Response Time）

响应时间，是指从第一次发出请求到收到系统完整响应数据所需的时间。响应时间是反映系统性能的重要指标，直接反映了系统响应的快慢。

- 从用户角度出发，响应时间决定着用户的体验感：响应时间越长，用户体验感越差，就会造成用户的流失；响应时间越短，用户体验感越好，有助于提高用户留存率。
- 从系统本身的角度出发，响应时间决定着系统的性能问题：响应时间越短，系统性能越高，即能更好地处理业务；响应时间越长，系统性能越差，甚至可能会丢失相关请求或者出现系统不可用，从而影响公司业务。

1.2.2　吞吐量（Throughput）

吞吐量指单位时间内系统所处理的用户请求数。

- 从业务角度看，吞吐量可以用“请求数/秒”“人数/天”或“处理业务数/小时”等单位来衡量。
- 从网络角度看，吞吐量可以用“字节数/秒”来衡量。

对于互联网应用来说，吞吐量能够直接反映系统的负载能力。

采用不同方式表达的吞吐量，可以说明不同层次的问题，如：采用“请求数/秒”方式的吞吐量，则说明瓶颈主要来源于应用服务器和应用本身；采用“字节数/秒”方式的吞吐量，则可以说明瓶颈主要来源于网络基础设施、服务器架构和应用服务器约束等。

在没有遇到性能瓶颈时，吞吐量与虚拟用户数之间存在一定的联系，可以采用以下公式计算吞吐量：

$$F = \mathrm{VU} \times R / T$$

其中，F 表示吞吐量，VU 表示虚拟用户个数，R 表示每个虚拟用户发出的请求数，T 表示性能测试所用的时间。

1.2.3 每秒请求数（QPS）

QPS 指服务器在一秒内共处理了多少个请求，主要用来表示“读”请求。

在系统上线前，一般怎么预估系统 QPS 呢？绝大部分系统在白天的请求量都较大，所以，这里假设以白天来计算 QPS。依据二八原则，80%的流量是在 20%的时间段内产生的。

例如，现在每天有 5 000 000 个请求，预估 QPS =（5 000 000 × 0.8）/（12 × 60 ×60 × 0.2）= 462。即当前系统每天平均 QPS 为 462。当然，为了保险起见，再预留个 20% 左右也是可以的。一般还需要计算当天最高 QPS，这样对系统的掌控力度更强。

系统最高 QPS，可以通过系统平均 QPS 的倍数计算出来。例如，分析业务得到最高 QPS 大概是平均 QPS 的 2 倍，则当前系统峰值 QPS 为 924 左右。

在预估出 QPS 后，用“峰值 QPS / 单台机器最高可承受的 QPS”就能计算出需要部署多少台服务器。即：

机器数 = 峰值 QPS / 单台机器最高可承受的 QPS

单台最高可承受的 QPS 可以通过压测来得出。假设单台机器压测得出最高可承受的 QPS 为 100，则所需要的机器数量为：924 / 100 ≈ 10 台。

1.2.4 每秒事务数（TPS）

TPS 即服务器每秒处理的事务数。TPS 包括以下 3 个过程：

（1）客户端请求服务端。

（2）在服务端内部进行业务逻辑处理。

（3）服务端响应客户端。

一个事务包括“客户机向服务器发送请求 + 服务器响应”的过程。在客户机发送请求时开始计时，在客户机收到服务器响应后结束计时，以此来计算使用的时间和完成的事务个数。

TPS 与 QPS 区别是什么呢？QPS 类似于 TPS，但也有不同之处。例如：当用户访问一个完整页面时，请求+响应的整个过程就是一个 TPS；但是，这一次完整的页面请求可能产生多次对服务器的请求，这些请求应计入 QPS。

假设访问一个页面时会请求服务器 3 次，这样的一次访问会产生 1 个 TPS、3 个 QPS。

1.2.5 访问量（PV）

PV（Page View）指页面浏览量。用户每对网站中的 1 个网页访问 1 次均被记录 1 次。用户对同一个页面的多次访问被累计记录。PV 是评价网站流量最常用的指标之一。

1.2.6 独立访客（UV）

UV（Unique Visitor）指访问某个站点或点击某个链接的不同 IP 地址数。

在同一天内，UV 只记录第一次进入网站的具有独立 IP 地址的访问者，在同一天内访问者再次访问该网站则不计数。独立 IP 地址访问者相当于携带了“身份证”进入网站，它能反映在一定时间内有多少独立客户端进行了访问。

一个 UV 可以有很多个 PV，一个 PV 也可以对应一个 IP。例如，对网站访问一次，则网站的 UV 就加 1；这一次访问了该网站的两个页面，则网站的 PV 加 2；对其中一个网页又刷新了一次，则 PV 再加 1。

1.2.7 网络流量

因为受限于带宽，所以网络流量（也简称流量）是并发情况的一个重要指标，主要涉及以下两方面。

- 流入流量：从外部访问服务器所消耗的流量。
- 流出流量：服务器对外响应的流量。

1.3 为什么要学习高并发系统

一般在企业中所搭建的系统并非天生就支持高并发，而是随着业务的发展而逐渐地被优化和重构，慢慢地支持高并发的。

高并发系统设计有一个原则：不能脱离业务。开发者平时需要多储备这方面的知识。

1.3.1 提升自身及企业核心竞争力

在谈及高并发场景的技术方案时，一般程序员会有两种想法：

- 觉得自己所在的公司规模并不大，业务也很清晰和单一，且没遇到过大流量的冲击，所以觉得没必要去学习高并发系统设计。
- 公司业务的确会遇到大流量的冲击，也会有很多高并发的场景，但总是依赖架构师或更高级的工程师，觉得这些由他们去解决就好，和自己关系不是太大，所以，学习高并发系统设计的兴趣也不高。

上面两种情况，归根究底是自身并没有意识到学习高并发系统设计的重要性，也是因为未接触过所以望而却步，最终无法掌握一套自己的高并发系统设计方法论。

对于大部分小型企业或初创型企业来说，其技术架构比较单一，程序员一般只需要关注业务逻辑本身即可。例如，在电商系统的下单流程中，一分钟只有几单或者十几单，这时的确只需要关注订单的业务本身即可：在下单时，先查询数据库库存是否充足；如果充足，则直接创建订单，成功后锁定库存，然后进入支付流程，如图 1-1 所示。

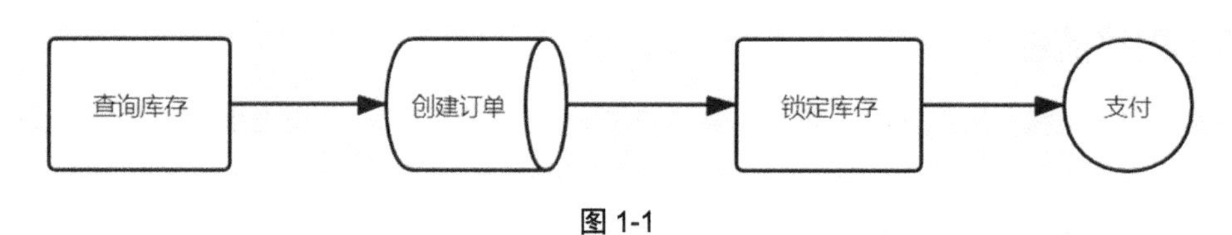

图 1-1

但是，如果公司需要在节日进行“秒杀”活动，每秒的下单请求数达到 10 000 个，这 10 000 个请求同时对数据库查询库存，库存系统能不能承受住？如果能承受住，则需要同时生成 10 000 个订单，数据库能不能承受住？如果都不能承受，那需要我们怎么做才能解决这些问题？所以，一旦业务稍微复杂起来，我们之前的设计可能会遇到很大问题，如果我们事先没有足够的技术沉淀，则可能会给公司带来巨大损失。

1.3.2 在面试中脱颖而出

在面试中，常遇到面试官问这样的问题：你们的系统并发量多大？有没有设计高并发系统的经验？对于大流量的冲击，你是怎么优化系统的？

如今在各大企业招聘时，用人部门并不是简单地考虑应聘者能否胜任公司的业务，而是看应聘者能否给公司带来更大的价值。所以，如果我们只懂得 CURD 操作是远远不够的，很容易被淘汰。

如果我们事先通过大量的学习及实践，掌握了高并发系统设计，不仅能在面试中脱颖而出，而且在入职后也能给公司带来很高的价值。

针对缓存的使用，不愿学习高并发知识的求职者的回答可能只是缓存的简单使用，只知道缓存是用来缓存数据的。当被问到高并发场景中的缓存“穿透”、缓存“雪崩”及缓存一致性时，就不知道如何回答了，更别提多级缓存了。但是，如果你学习了高并发系统设计，就能很轻松地回答了。

再比如，针对消息中间件的使用，普通应聘者只知道它是用来削峰填谷或解耦的，但不知道消息中间件的原理，也不知道高并发场景下消息中间件的消息一致性、消息顺序性，以及如何解决消息不可达。

诸如此类的问题，都需要通过不断学习高并发系统设计，才能从面试中脱颖而出。本书会以实战的方式一一讲解这方面的知识。

1.4　对比单体系统、分布式系统和微服务系统

通过前面的讲解，读者应该对高并发系统有了一个初步的认识，也知道了学习高并发系统设计的重要性。接下来从企业真实场景出发，对比单体系统、分布式系统和微服务系统。

1.4.1　单体系统之痛

单体系统并非一无是处。在某些场景中，单体系统是最佳的选择，可以帮助企业业务快速发展。

在企业初创期，投入较少的研发资源构建出适应当前业务的单体应用，从而达到抢占市场和技术试错的目的。

1. 什么是单体系统

单体系统即一个应用程序，所有的业务代码都在这一个应用程序中，所有的表也都在一个数据库中，所涉及的相关文件都在同一个服务器上。

在企业初创期，为了快速进入市场，一般企业都采用单体系统。淘宝等电商平台在初创期也都采用的是单体系统。

在企业初创期，用户量不多，业务场景也不复杂，这正是验证技术和业务模式可行性之时，系统越简单越好，搭建过程越快越好。于是，可以在同一台服务器上构建“1 个应用程序 + 1 个数据库 + 1 个文件服务器”的单体系统，如图 1-2 所示。

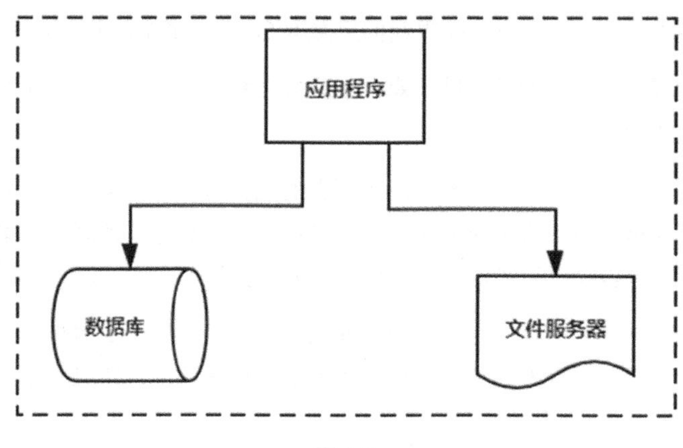

图 1-2

2. 单体系统面临的问题

企业快速发展后，单体系统可能会面临以下问题：

- 需要频繁地合并代码分支，影响项目的迭代进度。
- 多人协作耦合度高，测试效率低下。
- 开发节奏混乱，代码冲突频繁。
- 代码模块层次越来越复杂，业务边界变得不清晰。
- 项目越来越庞大，技术架构升级变得困难。

此时如果需要迭代系统版本或上新一个业务板块，则会涉及系统的多个业务。

例如，对于一个产品需求，可能会拉取多个分支（feature/A 和 feature/B）进行开发。在开发 feature/B 过程中，由于业务需要修改了部分功能，这部分功能涉及 feature/A 的功能，然后进行测试，也通过测试了。在之后开发 feature/A 过程中进行代码拉取及合并时，可能会出现各种代码冲突，这就需要花费大量的沟通成本去解决。

项目的参与人员越多，则代码冲突的概率就越大。如果没有版本规划管理，那么这种低效的开发方式会严重阻塞产品版本迭代。图 1–3 是一个比较良好的分支开发建议。

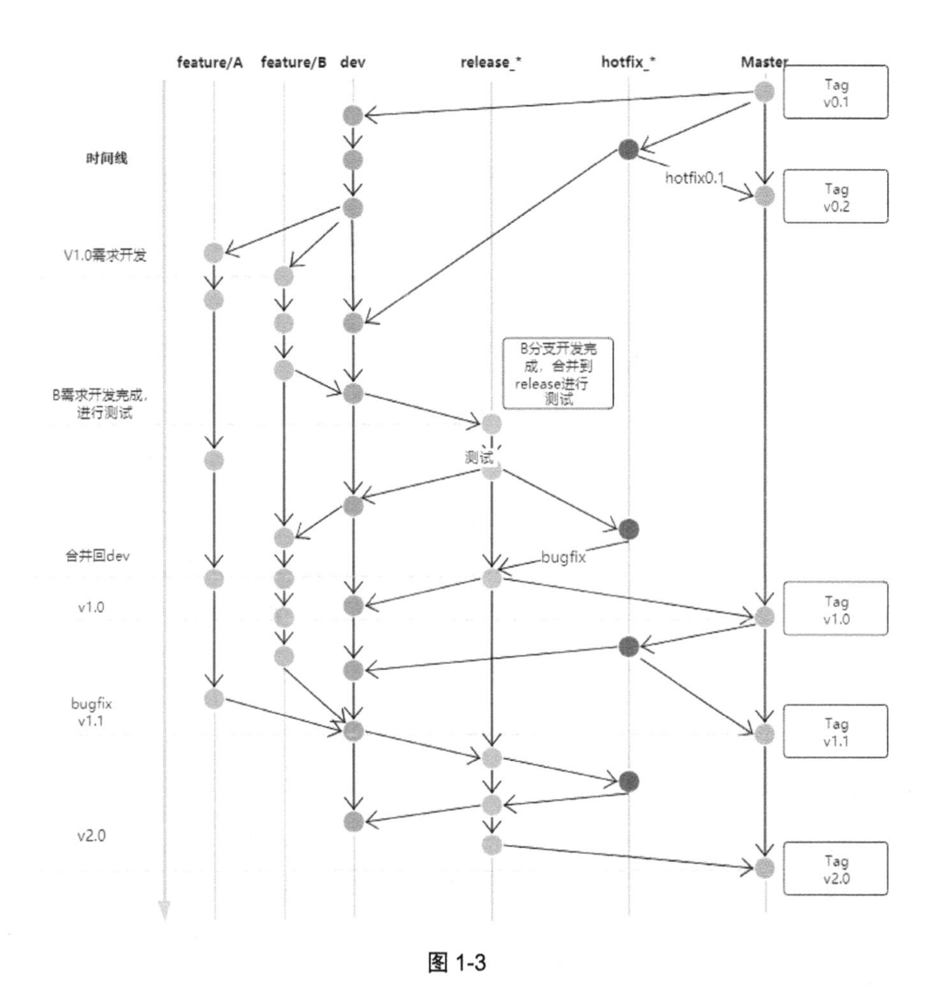

图 1-3

如图 1-3 所示，多人同时开发同一个项目，可能会出现随意修改彼此代码的风险，往往需要花费大量的沟通成本去解决问题。而且这会增加测试的复杂度。

因为，每次版本迭代都需要对整个系统进行回归测试，之后才能将其上线。而这是一个非常漫长的过程，会浪费测试人员很多的时间，并且，在测试通过的版本中也可能潜藏着一些测试人员没留意的问题。

单体系统一般采用三层架构，如图 1-4 所示。

（1）用户展示层：负责用户端的展现和体验。

（2）业务层：负责业务的所有逻辑操作。

（3）数据访问层：负责操作数据库，如读写数据库等。

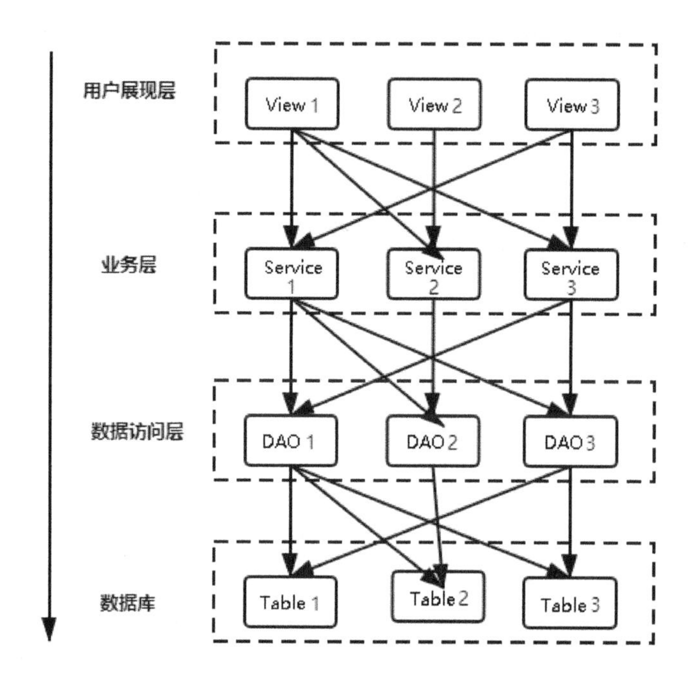

图 1-4

单体系统架构分层也有弊端：

- 从水平方向来看，的确降低了业务的深度复杂性。
- 从垂直方向来看，单体的业务边界不够清晰，因为在各层之间会进行网状的调用，比如，用户展现层的某个模块会调用业务层的多个模块（甚至所有的模块）；业务层的模块同样会调用数据访问层的多个模块等。

在业务稍微复杂的场景下，单体架构的模块只是在逻辑上是独立的，在物理上并没有分开，模块之间的依赖关系比较混乱。

通过上面的内容我们可以知道，单体项目当前的代码量已经非常庞大了，而且开发沟通成本也很大，业务模块的调用也异常复杂。

如果单体应用使用了很多的技术，且其中部分技术比较落后，则我们一般不愿意升级该单体应用，因为升级的成本很大：要考虑整个系统的所有引用方是否有问题；要验证当前架构的适应度；即使强制升级了，还需要花费大量的时间进行全盘测试验证，灰度发布一段时间后才能正常使用。

1.4.2　高并发系统之分布式架构

正因为单体系统存在 1.4.1 节所述的诸多问题，所以，企业在发展到一定阶段后需要对应用进行拆分，即将单体架构改为分布式架构。

1. 理解分布式架构

分布式架构是指，将相同或者相关的应用放在多台计算机上运行，以达到分布式计算的目的。

通俗来讲，分布式架构就是将一个系统拆分为多个独立的应用，然后它们互相协作，组成一个整体，共同完成任务。

分布式架构用来解决单体系统复杂的痛点。

早期的分布式架构就是将应用程序、文件及数据库从原有的单台服务器部署到多台不同的服务器，如图 1-5 所示。

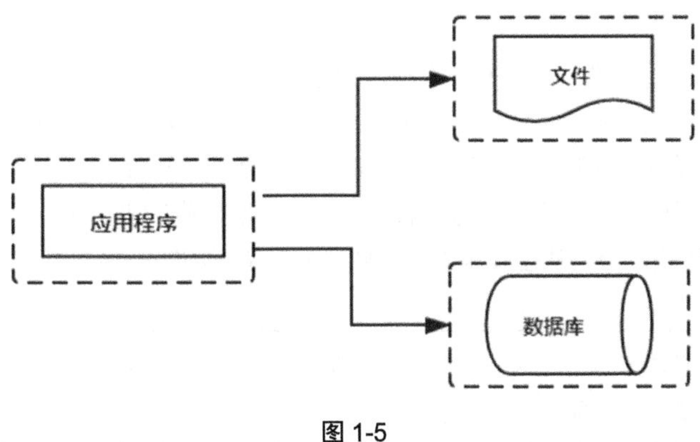

图 1-5

分布式架构是包含了多个应用的架构，其中每个应用对应一个独立的业务线。如果其中一个应用需要和另一个应用进行交互，则可以通过对方提供的 API 来进行交互，如图 1-6 所示。

通过图 1-6 可知，分布式架构就是将单体系统按照公司业务线进行横向划分，将复杂的逻辑拆分成了一个个的小问题。这样业务边界更清晰，可以解决开发团队的协作问题。

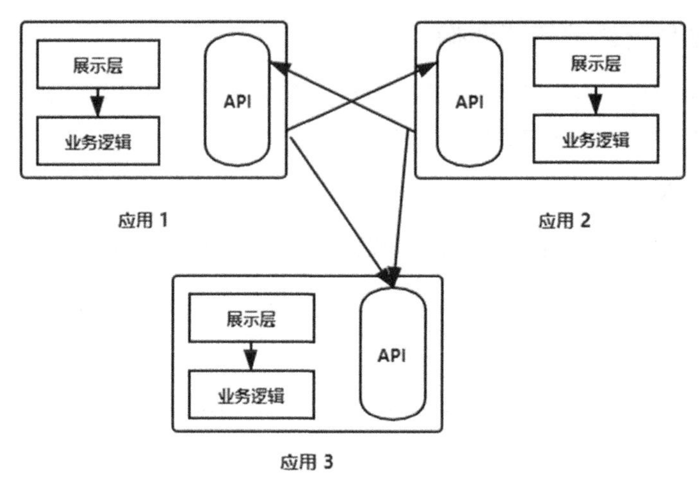

图 1-6

2. 分布式架构局限性

分布式架构也有局限性，例如：

- 开发者在开发应用时，需要考虑当前应用的 API 模块。因为，如果因为业务需要更改了相关底层逻辑，则这种修改会影响 API 模块，所以需要对 API 模块也进行对应逻辑的修改，否则已经在调用的服务会出现调用错误，影响线上产品。
- 外部的服务需要依据自己的业务向服务提供方提出相应的小需求。服务提供方可能只是改动了 API 模块，但是从整体来说则需要测试并重新部署一遍，影响服务的稳定性。

> 在分布式架构下，很可能出现很多业务功能的重复开发，即所谓的“重复造轮子”，造成开发资源的浪费。

由此可见，分布式架构系统更适合与业务关联性低、耦合少的业务系统。例如，企业的内部管理系统（如进销存系统和 CRM 系统）适合搭建成分布式架构。

1.4.3 高并发系统之微服务架构

正因为分布式架构存在 1.4.2 节所述的局限性，所以，需要对分布式架构进行审视和优化，对业务边界进行更细颗粒度的划分（即微服务架构）。

1. 理解微服务架构

微服务是一种流行的架构设计风格。微服务的概念最早在 2014 年由 Martin Fowler 和

James Lewis 共同提出。他们定义了以下内容：

- 微服务是由单一应用构成的小型服务，拥有自己的进程与轻量化处理。
- 微服务依据业务功能设计，以全自动的方式部署，与其他微服务使用 HTTP API 进行通信。
- 微服务会使用最小规模的集中管理技术，例如 Docker。
- 微服务可以使用不同的编程语言和数据库。

"微服务系统"是相对"单体系统"而言的，因为单体系统在面临复杂业务时显得有点"无力"。

微服务系统就是将复杂的单体系统中的模块按照某种规则进行拆分，这些被拆分出来的模块被独立部署在相对较小的服务器集群上。独立部署的模块彼此之间使用远程调用的方式来完成整个业务的处理。这些被独立部署的模块就是微服务，而这样的应用架构就是微服务架构。

图 1-7 展示了微服务架构和单体架构在扩展及模块划分方面的区别。

- 外部的边框代表应用的边界，不同的形状代表不同的模块。
- 左侧为单体系统架构，所有的模块都在一个应用内。
- 右侧为微服务架构，每个模块在自己的应用边界内。

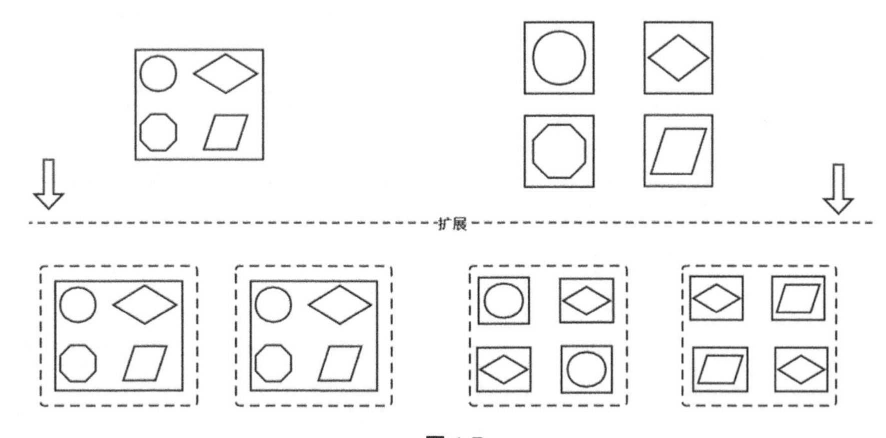

图 1-7

左侧的单体应用在扩展时，是采用整体应用扩展的方式；右侧的微服务架构在扩展时，采用的是以服务为单位的扩展方式。

通过图 1-7 我们能清晰地感受到微服务架构的灵活性，这样我们就可以将系统内的核心业务逻辑和数据拆分出来整理为微服务。

例如，将系统底层的基础业务封装为共享微服务，将对外的逻辑编排封装成聚合微服务，将具体业务处理的部分封装成应用微服务，将基础中间件（如消息队列、缓存及消息推送等）封装成基础服务。

这些微服务在具体落地时，需要采用去中心化的方式，并且使用轻量级的通信框架，最后将它们打造成技术上轻量级、功能上细分的独立微服务。

基于以上思路，我们能很容易地构建出微服务，并在此基础上像搭积木那样来搭建各种微服务，形成一个大系统。这样搭建出来的系统更具有弹性且扩展性更强。

我们需要对微服务的依赖关系进行有效的管理，打造一个有序的微服务体系。否则，微服务会杂乱无章，整个系统会无规律且不清晰，难以维护和扩展。一个有序的服务体系应该是如图 1-8 这样的——依赖关系清晰有序。

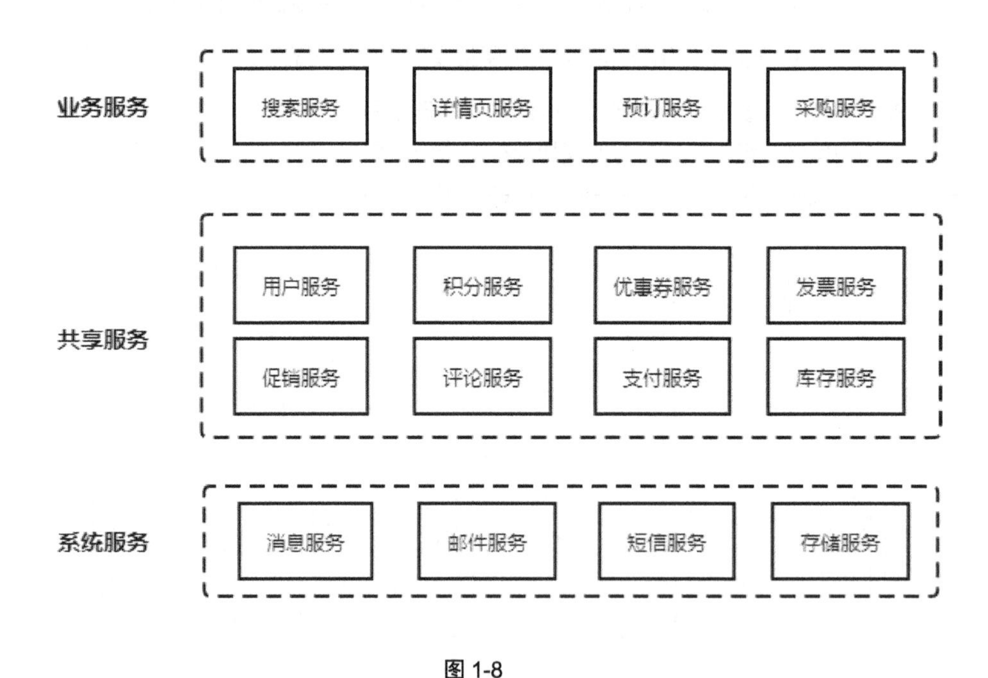

图 1-8

2. 微服务架构特征

对于微服务架构，不同的人可能会有不同的理解，并没有统一的定义。那我们应该依据什么去搭建微服务架构呢？应该去观察微服务架构所具备的特征，这些特征可以帮助我们确定选用何种微服务架构。

（1）通过服务实现组件化。

软件行业一直期望通过拼插第三方组件的方式来搭建软件系统，即实现组件可插拔。在 Java 应用开发中，这种第三方组件通常是以 JAR 文件的形式出现的，Maven 仓库就提供了海量的第三方组件。

这种组件化的软件搭建方式就是将完整的系统分解为服务。这些服务独立运行在进程中，它们通过类似于 HTTP 这样的进程间的通信方式或者通过远程调用通信的方式进行通信。

把服务当作组件来使用的一个主要原因是服务能够独立部署。在使用 API 规范来描述服务接口后，一个服务只能通过 API 的方式来访问另一个服务，但是无法访问服务的内部函数。服务之间的调用关系如图 1-9 所示，调用方式可以是 REST 方式，也可以是 RPC 方式。

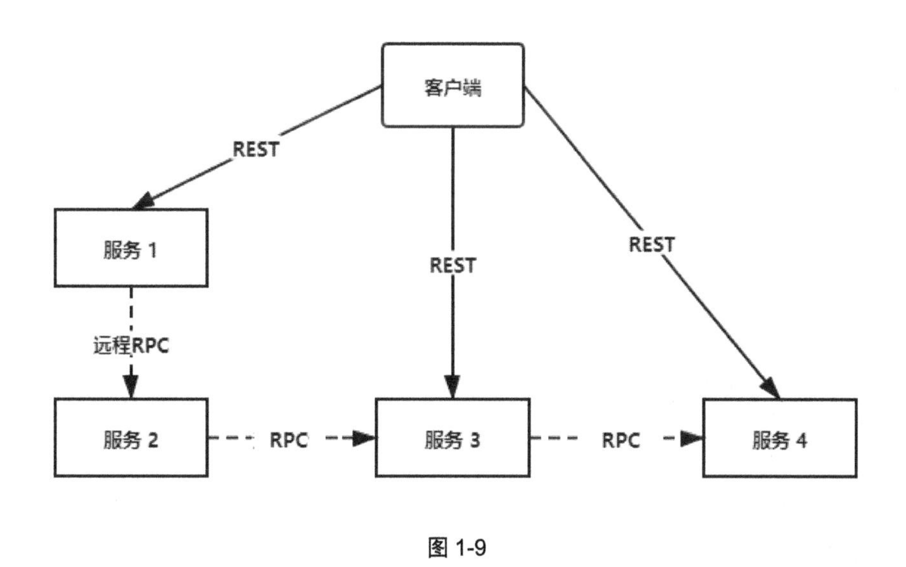

图 1-9

（2）围绕业务能力来组织开发团队。

单体系统的开发团队通常是按照技能标准来划分的。例如，分为前端组、服务端组及数据库组等，这样的组是被垂直分割的，如图 1-10 所示。即使一个小需求的改动都需要进行跨组的沟通，这是不利于项目正常发展的。

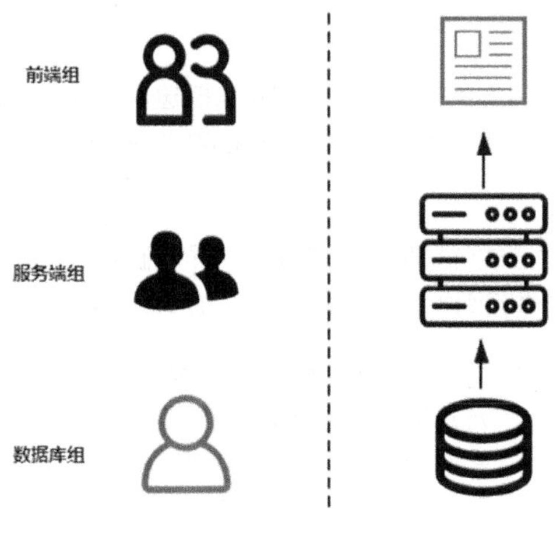

图 1-10

微服务系统开发团队是围绕着业务能力来划分的，一个服务相当于一个小应用，对应着一个特定的业务需求。开发团队规模较小，包含开发人员、测试人员及运维人员等，如图 1-11 所示。负责该微服务的团队全权负责该微服务的所有需求实现与改动。这样的好处是：沟通成本小，开发效率高。

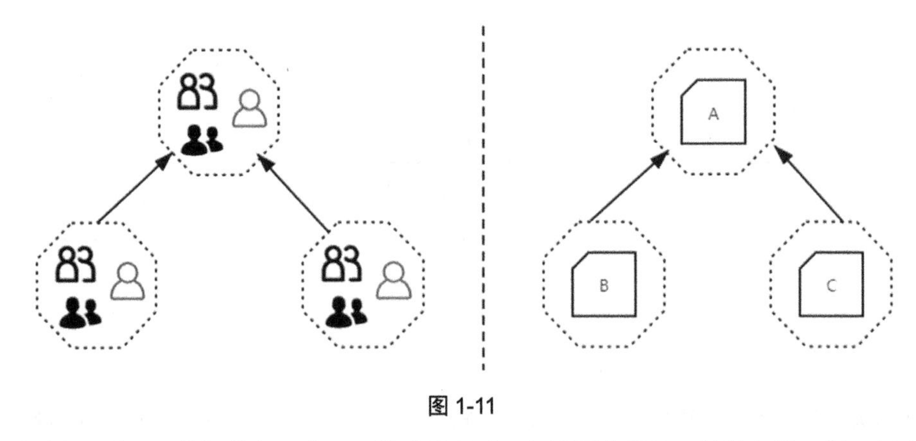

图 1-11

这种划分方式主要依据业务需求，且技术栈灵活，包括用户界面、持续存储，以及任意的外部协作。因此，这些组之间是跨功能的，包括开发所要求的所有技能，例如：前端用户体验、数据库和项目管理。

（3）去中心化管理。

单体系统的开发团队一般采用统一的技术栈，这种单一的技术栈在具体实施过程中会有很多局限性，因为没有一种技术栈能解决企业所有的问题。在特定场景下，单体应用能够发挥不同语言的优势，但这并不常见。

在微服务架构中，服务都是独立开发且独立部署的。所以在开发时，对于每个服务都可以选择最适合的技术栈，只需要定义好 API 契约即可。例如，使用 Node.js 搭建单个报告页面；使用 C++ 做一些基础服务（如人脸识别 AI 工程服务等）。

Netflix 就是这种理念的践行者。它通过库的形式共享有用的、经过时间考验的代码，鼓励其他开发者以相似方法解决相似问题。这种共享库的形式通常可以解决一些通用的问题，比如数据存储、进程间通信，以及基础设施自动化。

每个团队负责自己团队内部的服务：负责服务开发、服务构建、服务测试及服务部署运维等工作，这在无形中提高了团队的主观能动性，开发人员归属感更强，也降低了管理的成本。

（4）去中心化数据存储。

单体架构通常采用单一逻辑的数据库进行集中的数据存储，通常这种单一逻辑的数据库（例如 Oracle）的成本较高，且在面对复杂业务时很难进行弹性伸缩。

而微服务架构倾向于让每个服务管理自己的数据库（如图 1-12 所示），利用多个较低成本的数据库达到去中心化数据存储的目的，可以更好地应对复杂业务。

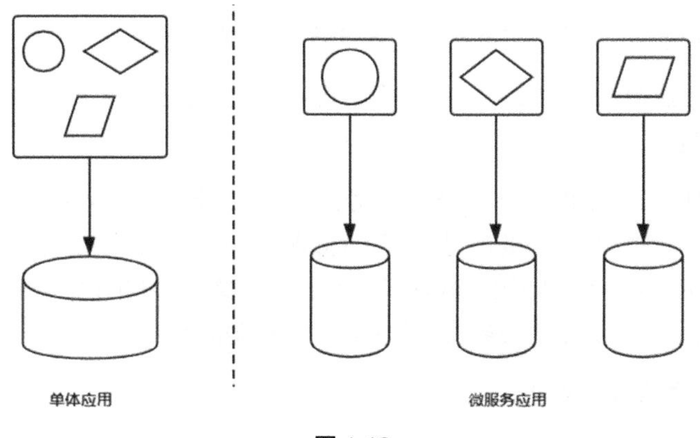

图 1-12

（5）基础设施自动化。

单体应用由于所有代码都在一个项目中，部署时只有一个部署包，部署很方便，所以，它对自动化的要求并不是很高。

在微服务架构中，所有的服务都是独立部署的。当服务数量很大时，如果还是像单体应用那样进行人工部署，则效率会非常低，所以，微服务架构必须要通过自动化的方式来部署。现在，持续集成及持续部署都是最通用的实践了。

（6）充分考虑故障。

微服务之间是通过进程间通信进行交互的，这样的交互方式天生就容易失败。因此，微服务不一定就是“银弹”，微服务架构也不是解决所有应用问题的万能钥匙。

3. 微服务架构的问题

总的来说，微服务架构会带来以下问题。

（1）增加了复杂度。

从单个应用演变到多个应用，不仅会带来服务数量的增加，也会带来交互模式的变更。

（2）服务间的通信会变得复杂。

引入微服务架构后，系统变成了一个分布式系统。在分布式系统中，应用之间是通过进程进行通信的，例如采用 REST 或 RPC 框架调用的方式进行通信。这种通信方式要求调用端需要有完善的策略以应对服务调用不成功的情况，因为服务调用者先得明确知道服务提供者具体部署在哪台机器，然后找到对应的机器进行通信。同时，如果服务提供者出现异常或宕机，则服务调用者如何实时感知等是很复杂的。

（3）在落地微服务时，微服务边界的划分增加了实现的复杂度。

微服务边界划分是微服务设计的难点，划分的好坏直接决定着整个微服务架构的好坏，会影响整个产品的推进进度：

- 如果服务颗粒度划分得过粗，则随着业务复杂度的上升，系统又会是一个庞大的单体应用。
- 如果服务颗粒度划分得过细，则会出现数量很多的服务，这样会增加服务运维及监控的成本，过多的服务会使得调用链变得复杂，直接影响整个系统的性能。在划分完一段时间后，如果觉得不合适，则重组服务的工作量巨大且风险很大。

（4）保持数据一致性非常复杂。

微服务架构中的服务可能使用的是不同的数据库，包括关系型数据库和非关系型数据库，要在这些数据库之间保持数据一致性是非常复杂的。

在单体应用中，需要通过数据库事务的 ACID 特性来保证数据一致性；而在微服务架构中，通常只需要保证数据的最终一致性。

（5）对运维团队和开发团队都提出了更高的要求。

因为每个服务都有自己的实现方式，且服务数量很多，所以，运维团队不仅需要维护种类繁多的数据库和消息中间件，还需要应对持续集成和持续部署的挑战；开发团队需要具备微服务开发经验，开发人员的成本会随之提高。

现在出现了很多的云平台，以及 Kubernetes 和 Docker 等技术，运维团队可以更好地管理微服务。

（6）开发流程复杂。

建议将微服务架构的团队按照服务来划分团队，每个团队负责一个或多个微服务的开发、测试、构建及运维等。但是在开发流程上，瀑布式的开发流程并不适用于微服务开发，微服务开发应该采用敏捷软件开发流程。

如上，我们知道了微服务架构会给开发带来一些复杂性。所以，我们要真正地理解微服务的各种特征，只有理解透了，在落地时才不会出现各种错误。

第 2 章 从剖析两个高并发系统开始

本章将剖析两个典型案例。因为这两个案例都具备高并发系统的各种特性，所以，这两个案例可以让读者从全局上清晰地了解高并发系统的整体架构思路。

2.1 案例一：千万级流量“秒杀”系统

“秒杀”这个词在电商行业中出现的频率较高，如京东或者淘宝平台的各种“秒杀”活动，最典型的就是“双 11 抢购”。“秒杀”是指在有限的时间内对有限的商品数量进行抢购的一种行为，这是商家以“低价量少”的商品来获取用户的一种营销手段。

例如，用户数在千万级别的电商平台在上午 10 点 10 分 10 秒 开始 1 元抢购华为手机，手机只有 10 台。活动只要一开始，就会涌来大流量抢购华为手机，这对系统就是一个很大的挑战。

2.1.1 千万级流量“秒杀”系统架构一览

图 2-1 是一个常用的“秒杀”系统架构图。

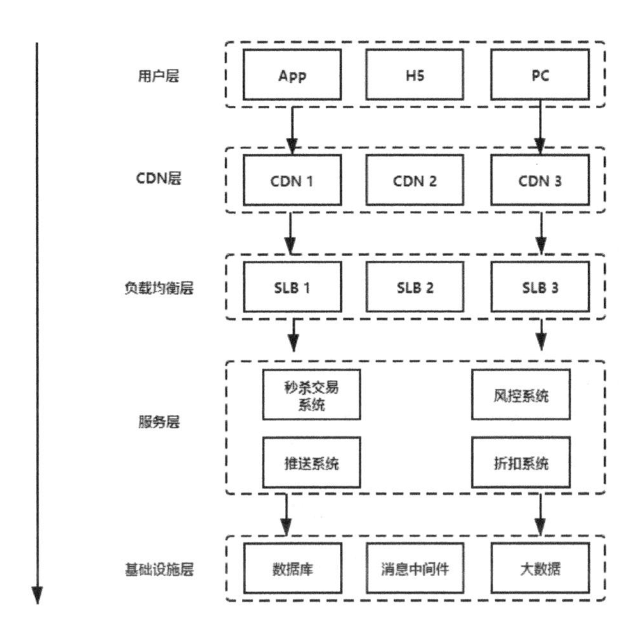

图 2-1

图 2–1 所示的架构比较简洁，主要分为以下 5 层。

- 用户层：用户端的展现部分，主要涉及商品的相关信息及当前“秒杀”活动的信息。
- CDN 层：缓存“秒杀”活动的静态资源文件。
- 负载均衡层：拦截请求及分发路由等。
- 服务层：“秒杀”活动的相关逻辑处理。
- 基础设施层：数据存储、大数据计算及消息推送相关操作。

1. “秒杀”系统的特点

（1）“秒杀”系统的业务特点。

从流量监控平台上可以看出：在“秒杀”活动还没开始时，流量一直是很平稳的状态；当“秒杀”活动开始时，系统流量呈直线突增；在“秒杀”活动结束后，流量又会急速下落，如图 2–2 所示。

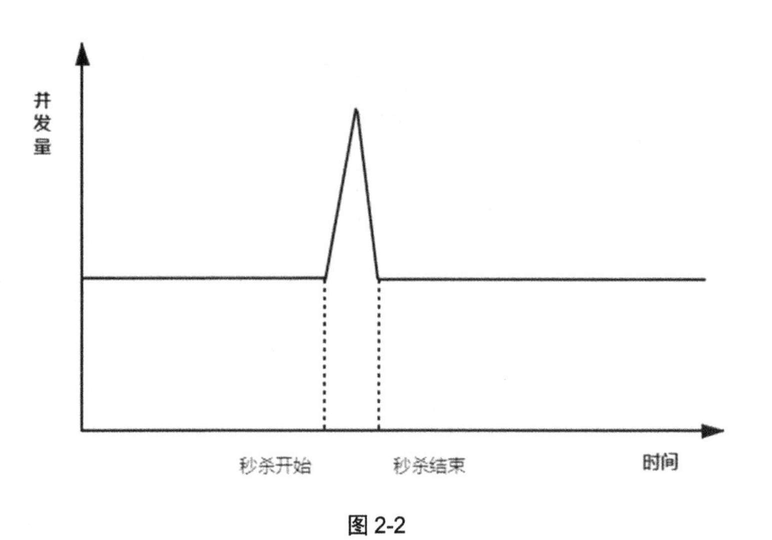

图 2-2

由图 3-2 可看出，“秒杀”活动的并发量在短时间内猛增，即瞬时并发量达到高峰。“秒杀”活动有以下 3 个特点。

- 限时、限量、限价。

“秒杀”活动在规定的时间开始；参与“秒杀”活动的商品数量较少，有些活动的商品数量在个位数；参与“秒杀”活动的商品的价格一般都比商品的原始价格低很多。

- 活动预热。

对于确定的“秒杀”活动，在活动开始之前，需要对活动进行运营宣传，以及对活动页进行各种配置、准备活动详情页、预热活动静态文件等。

- 持续时间短。

因为“秒杀”的商品数量很少，且流量极大，所以，“秒杀”活动持续时间不会太长，热门商品的“秒杀”活动可能只有 1～2 s。

（2）“秒杀”活动的技术特点。

“秒杀”活动的两个技术特点如下：

- 瞬时并发量高。“秒杀”活动商品限时、限量、限价的特性，决定了“秒杀”活动一旦开始就会出现流量洪峰，即瞬间并发量达到峰值。
- 并发读写。“读”比“写”要多得多，是“读多写少”的场景：商品活动详情页访问量巨大，但真正下单扣减库存成功的不多，即查询库存的流量要远远大于实际扣减库存的流量。

在应对这种“秒杀”活动时，需要进行限流操作，例如在提交“抢购”时增加答题的环节或者增加验证码等，利用流量的时间分片来缓冲瞬时大流量。

2. “秒杀”活动的设计原则

业界总结出了五大设计原则。

（1）数据应尽量少。

在用户请求时，发送请求所传输的数据和服务端响应请求所传输的数据应尽可能少。因为，这些数据在网络中传输是需要时间的，消息体太大会影响传输效率。另外，发起请求所传输的数据需要在服务端进行各种解析，如 JSON 的反序列化等。这些操作都会消耗 CPU 资源，所以减少传输的数据能有效提高 CPU 的使用率。

减少数据的操作包括：①简化“秒杀”页面的大小，去掉一些不必要的页面装修；②能预热的数据尽量提前预热；③在发送“秒杀”请求时，只带上最有用的信息；④在服务端返回数据时，返回最简数据体。另外，尽量少依赖外部服务，能“自己做”的就“自己做”。

（2）请求数应尽量少。

在用户进入商品“秒杀”详情页时，浏览器会渲染各种额外的数据，如当前页面所关联的 CSS、JavaScript 文件、商品图片，以及页面 Ajax 发出请求所获取的数据等。这些额外的请求数应尽量少，因为浏览器每发送一次 HTTP 请求都会消耗一定的性能，特别是有些请求是串行的（如多个按顺序使用的 JavaScript 文件）。

减少请求数的一个最常用的方案是：将多个静态文件进行合并请求，即将多个 CSS 和 JavaScript 文件进行合并请求。在请求 URL 中，使用逗号做文件的分割。例如：https://xxx.com/active/1.js,2.js,3.js。

这些静态文件在服务端还是独立存放的，只不过在服务端有一个解析此种 URL 的组件（如淘宝开发的 nginx-http-concat），它会将解析出来的各个文件进行合并返回。

（3）请求路径应尽量短。

请求路径可以被理解为“请求从用户端发出到响应数据回到用户端这中间的各个节点”，如浏览器、CDN、负载均衡器、Web 容器等。请求每经过一个节点都需要建立一个 TCP 连接，所以，节点离用户越近，则意味着路径越短，这样性能和体验就越好。

缩短请求路径的一般做法是：将依赖性强的应用合并部署在一起，将 RPC 变成对应用内部方法的调用。还可以使用多级缓存来缩短路径。

（4）尽量使用“异步化”。

所谓“异步化”是指，接收端接收用户的所有订单请求，并将这些请求直接丢进队列中；之后，下单系统根据自身的实际处理情况从队列中获取订单请求，并将其下发给订单中心生成真正的订单；同时，系统告知用户当前订单的处理进度，以及他前面有多少人在等待。这么做可以解决“同步化处理不了峰值流量”的问题。

（5）避免单节点。

单节点是所有系统设计中的大忌，因为单节点系统意味着系统的不稳定性较高，可能会出现不可用的情况，给企业带来直接的损失。在设计系统（特别是“秒杀”系统）时，必须保证系统的高可用。

在设计系统时避免单节点的一个小妙招：将服务无状态化。如果无法完全无状态化（如存储系统），则可以通过冗余多个备份节点来避免单节点。

2.1.2 动静分离方案设计

动静分离是指，将静态页面与动态页面（或者静态数据与动态数据）解耦分离，用不同系统承载对应流量。这样可以提升整个服务的访问性能和可维护性。

在早期的“秒杀”活动中，用户要不停地刷新页面才能获取“秒杀”信息。在如今的“秒杀”活动中，用户进入活动详情页后不用做任何的操作，只需等待活动的开始，然后点击 “秒杀”或“抢购”按钮即可。这大大提升了用户的参与体验，同时系统的处理速度更快，性能更好。这离不开“动静分离”技术的帮助。

1. 什么是静态数据

静态数据是指页面中几乎不怎么变化的数据（即不依据用户的 Cookie、基本信息、地域、时间等各种属性来生成的数据），例如：

- CSS 和 JavaScript 文件中的静态数据。
- 活动页中的 HTML 静态文件。
- 图片等相关资源文件。

- 其他与用户信息无关的静态数据。

在浏览新闻类网站时，所有用户在具体板块中浏览的信息都是一样的（推荐模块除外），其中的数据就是静态数据。

对于这种分离出来的静态数据可以进行缓存。在缓存之后，访问这些静态数据的效率就提高了，系统运行速度也更快了。可以使用代理服务器进行静态数据的缓存，例如：浏览器本地缓存（包括 App 端、PC 端）、CDN、Nginx、Squid、Varnish，如图 2-3 所示。

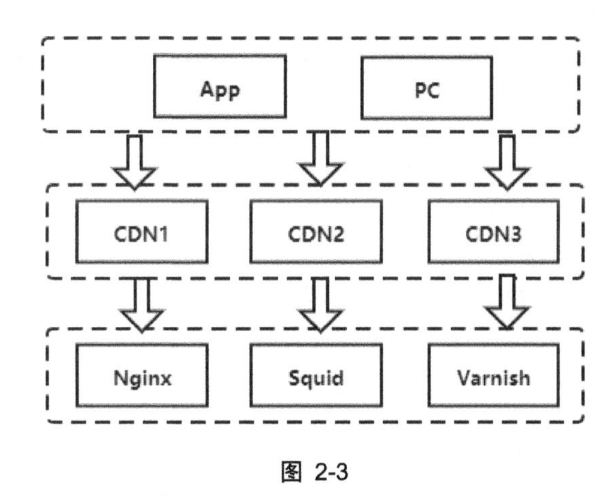

图 2-3

2. 什么是动态数据

动态数据是指依据当前用户属性动态生成的数据。

在浏览淘宝首页时，每个用户所看到的商品都是不一样的，这就是淘宝的“千人千面”——针对不同用户做不同的推荐。在百度搜索中会依据不同用户的输入条件及用户的习惯给出不同的结果页，其中的数据就是动态数据。

处理动态数据主要体现在技术架构上，一般采取如下技术方案：

- 清晰的分层架构。
- 服务架构。
- 缓存架构。

图 2-4 所示为服务与存储（数据库、缓存）的分离。

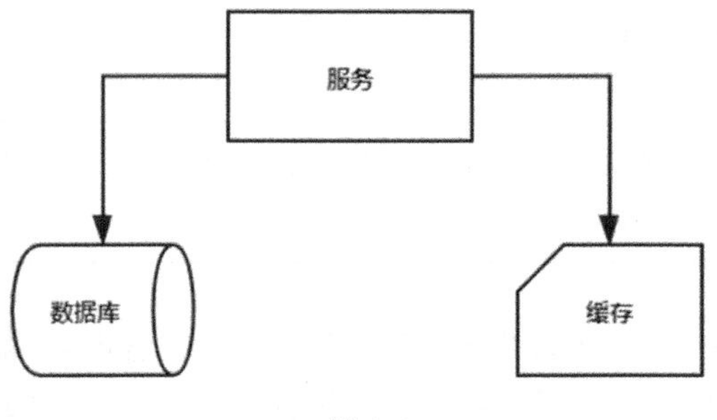

图 2-4

3. 如何实施动静分离架构

实施动静分离架构可以采用“分而治之”的办法，即将动态数据和静态数据解耦，分别使用各自的架构系统来承载对应的流量：

- 对于静态数据，建议缩短用户请求路径，因为路径越短，访问速度就越快。另外，应尽可能地将静态数据缓存起来。
- 对于动态数据，一般用户端需要和服务端进行交互才能获取，所以，请求路径越长，访问速度就越慢。图 2-5 展示了动静分离方案。

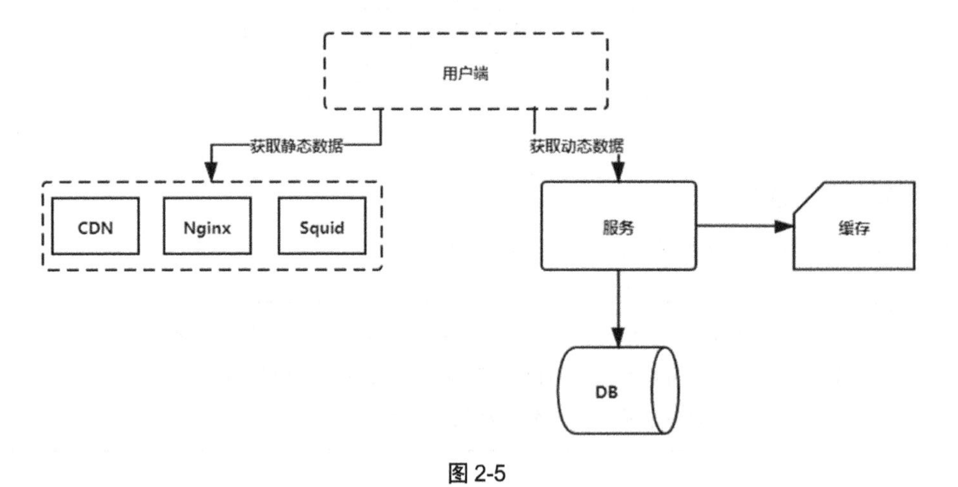

图 2-5

获取静态数据和获取动态数据的域名也不同。

4. 使用“页面静态化”技术实现动静分离架构

访问静态数据的速度很快，而访问动态数据的速度较慢。那么试想一下，可以提前生成好需要动态获取的数据，然后使用静态页面加速技术来访问这些数据吗？如果这样可以，那访问动态数据的速度就变快了。

这样是可以的，需要用到比较流行的“页面静态化”技术。

（1）什么是“页面静态化”技术。

“页面静态化”技术是指，直接缓存 HTTP 连接，而不仅是缓存数据。如图 2-6 所示，代理服务器根据请求的 URL 直接返回 HTTP 对应的响应头及响应消息体，流程简洁且高效。

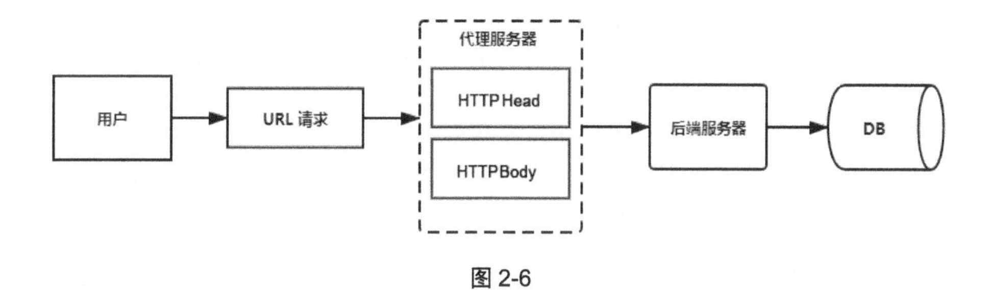

图 2-6

例如，在获取商品详情页数据时，可以提前将该商品详情页的动态数据生成好，然后使用静态页面加速技术访问这些数据。如此，系统的整体性能将得到显著提升，且会大大提升用户体验。

（1）“页面静态化”技术适用场景。

“页面静态化”技术这么好——能加速对动态数据的获取，那它是不是在所有场景都适用呢？其实不然，如果使用不当，则不仅不会使系统性能得到提升，反而会使系统性能下降。

因为“页面静态化”技术需要将动态数据进行提前生成，所以，“页面静态化”技术适用于“动态数据总量不是很大，生成的静态页面数量不多”的业务。例如：

- 在“秒杀”活动中，如果“秒杀”商品数量有限，则可以生成数量有限的“秒杀”商品静态网页。
- 在二手车业务中，如果二手车库存量不是很大，则可以提前生成二手车的静态网页。

大型博客之类的网站就不适合使用“页面静态化”技术，因为，其中的文章数量是以“亿”为单位的，生成这种体量的静态网页后访问速度会变得更慢。

2.1.3　热点数据处理

先来看两个场景。

（1）大型电商网站（如淘宝或者京东）的商品访问量都是以“亿”为单位的，每天都有“千万”级别的商品被上亿的用户访问，其中部分商品被很大一部分流量访问和下单，即这部分商品是“热点商品”。

“热点商品”的典型场景是“秒杀”业务场景。在“秒杀”业务中，“热点商品”在极短的时间内（1 s～2s）被大量的用户访问，系统将面对流量洪峰的挑战。

（2）微博每天都会产生巨大流量的微博条目，突然某位明星宣布“和某某某正式结婚”，这条微博在发出后会被“千万”级别“粉丝”查看和转发，这条微博可以被定义为“热点微博”。

1. 什么是热点数据

在如上两个场景中，“热点商品”和“热点微博”均为热点数据。在一定时间内被大量用户访问的数据就是热点数据。热点数据又被分为“静态热点数据”和“动态热点数据”。

- 静态热点数据：可以被提前预知的数据。例如，商家事先决定好了在哪一天要进行“秒杀”活动，或者系统通过历史数据预测出哪个商品容易成为“热点数据”。
- 动态热点数据：不能被提前预知的数据。例如，大明星宣布的大消息，或者淘宝、京东等平台突然做广告导致的“热点数据”。

2. 如何发现热点数据

静态热点数据的发现比较容易，因为，要么是可以事先定义的热点数据，要么是可以通过历史数据预测出的热点数据。之后，将发现的热点数据写入缓存。

动态热点数据的发现很难。但如果能实时地发现动态热点数据，则对于促进商品的销售将起到很大的作用，同时对于系统也可以起到很好的保护作用。

下面是发现动态热点数据的建议，如图 2-7 所示。

（1）使用日志收集组件（如 Flume 组件），实时地收集各个中间件及服务的日志，例如对代理层 Nginx 和后端服务层日志的实时收集。

（2）将实时收集到的日志信息发送到消息中间件 Kafka 中。

（3）构建一套流式计算系统，实时地从 Kafka 中消费日志信息。

（4）流式计算系统对日志信息进行实时流式计算，得到热点数据。

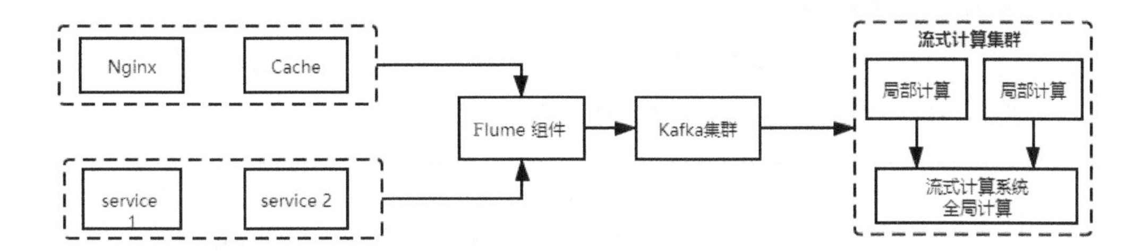

图 2-7

发现动态热点数据，只要能达到近实时发现（一般为 2～3s）即可。

3. 如何处理热点数据

发现热点数据后的一般做法是：优化、限制和隔离。

（1）热点数据的优化。

直接将发现的热点数据写入分布式缓存，并且根据业务情况对其设置缓存过期时间。

（2）热点数据的限制。

热点数据限制是一种保护系统的机制，目的是不让热点数据抢占其他请求的资源。

例如，使用线程池隔离技术将每个热点数据的处理过程放在独立的线程池内，这样可以避免大流量的冲击而影响其他请求使用机器资源。

（3）热点数据的隔离。

热点数据的隔离也是一种保护机制：不能因为数据访问量过大而造成整个业务的崩溃。

例如，针对“秒杀”场景，可以先将“秒杀”业务和其他主线业务隔离开，防止它们互相影响；然后，将“秒杀”应用独立部署，且使用独立的域名；最后，“秒杀”系统使用独立的数据库进行存储。

2.1.4 大流量的高效管控

在“秒杀”场景中，海量的用户会带来瞬时的流量洪峰。瞬时的流量洪峰会带来严重的服务端读/写性能问题、数据库锁，以及服务器资源占用等问题。

在“秒杀”业务中，商品价格具有强大的吸引力，所以会受到很多用户的关注，但是商品数量是有限的。所以，在千万个用户中可能只有 100 人能得到商品，对于系统来说，90%以上的流量属于无效流量。

“秒杀”业务希望有大量用户关注“秒杀”活动，但是在用户真正下单时又不能将这些流量全部放过，所以，需要设计一套高效的流量管控方案，来有效地控制请求流量，过滤掉没必要的流量。

1. 流量分层

通过前面对动静分离方案及热点数据处理的学习，现在您是不是这样想：如果将流量都静态缓存了，那是不是就可以很好地保护后端系统呢？

请求路径越短，则访问速度肯定越快。但是，业务特性决定了不能永远将数据放在静态缓存中，接下来看一下如何对瞬时流量洪峰进行分层控制。

如图 2-8 所示，对于瞬时流量洪峰采用倒三角的分层级逐层控制方式，共分为 CDN 、反向代理（Nginx）、后端服务及 DB 这四个层级。接下来，就来看看每一层级是怎么控制流量的。

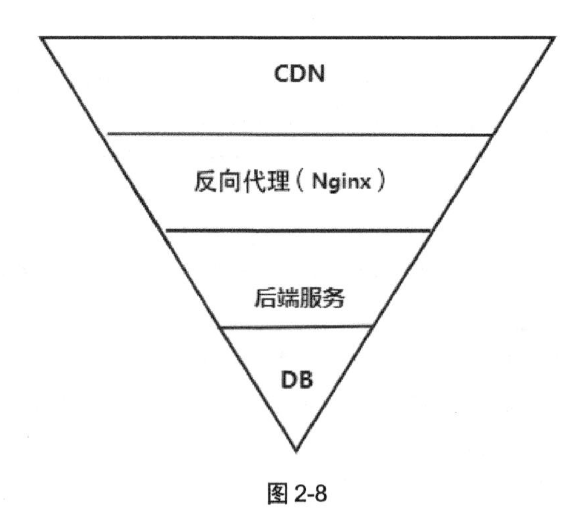

图 2-8

在部分“秒杀”业务场景中，用户的浏览器也可以进行一级数据缓存：浏览器是最接近用户的，对于时效很长且体积不大的静态数据，可以将其放入浏览器本地缓存中。

2. 流量分层控制

接下来看看每一层流量该如何进行控制。

（1）CDN 层流量控制。

由动静分离技术可以想到：应提前生成尽可能多的数据，然后将其放入 CDN 节点缓存中（因为 CDN 层在物理架构上离用户比较近）。

所以，如果绝大部分的流量都在这一层获取数据，那到达后端的流量就会减少很多，如图 2-9 所示。

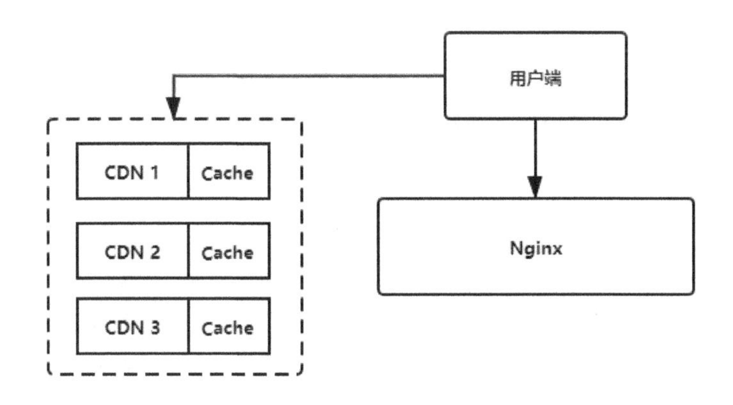

图 2-9

（2）反向代理层流量控制。

在动静分离方案中，讲到通过“页面静态化”技术可以加速动态数据的获取，即提前将动态数据生成好，然后对其进行静态化处理。

所以，这里就可以依据“页面静态化”技术，通过后端服务 Job 的方式定时提前生成好前端需要的静态数据，然后，将其发送到内容分发服务上，内容分发服务会将这些静态数据分发给所有的反向代理服务器，如图 2-10 所示。

分发的这些静态数据，可以根据具体业务场景需要进行定时更新，例如“秒杀”详情页面的商品属性信息更新。除分发外，还可以利用 Nginx 的缓存配置功能配置后端接口获取热点数据进行缓存。

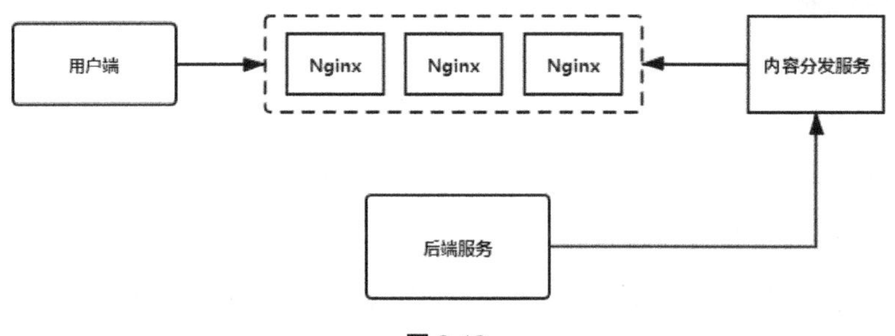

图 2-10

在“秒杀”业务中，活动详情页上有一个倒计时的模块，用户可以看到当前“秒杀”活动还剩余多少时间开始。这种逻辑简单的功能可以直接使用 Nginx 来实现：利用 nginx-lua 插件，使用 Lua 脚本获取当前 Nginx 服务器的时间来计算倒计时。另外，商品库存数据也可以通过 Nginx 直接访问分布式缓存来获取，如图 2-11 所示。

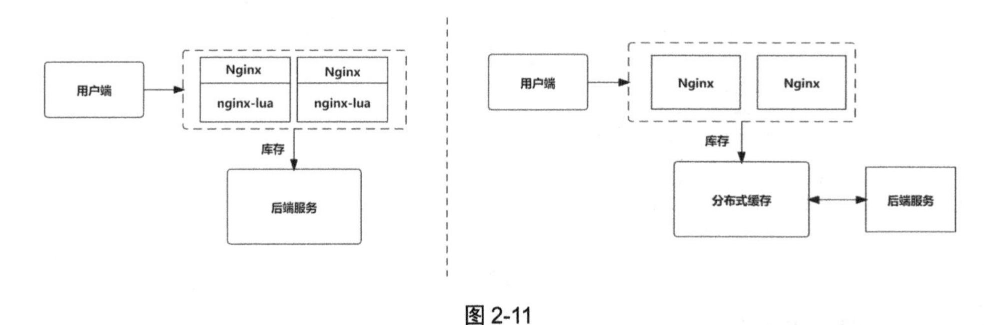

图 2-11

在“秒杀”业务中，可能会有人利用“秒杀器”进行不公平竞争，且有可能存在竞争对手恶意刷请求的情况。如果存在这样的情况，那本次活动就是有风险的，万一被恶意流量独占了库存，则会导致正常用户不能抢购商品，也有可能这种恶意请求会对后端系统造成严重冲击，甚至造成后端系统瘫痪。

对于这种恶意请求，最好有一套机制能提前感知，并将恶意请求提前封存。可以在 Nginx 层中控制；也可以在 Nginx 中配置用户的访问频率（例如每分钟最多只能访问 10 次）；还可以使用 Lua 脚本编写一些简单业务逻辑的接口，例如，通过调用接口直接封掉指定 IP 地址或 UserAgent。

可以利用大数据的日志收集组件（如 Flume）从 Nginx 上采集日志，将采集到的日志写入存储系统（如 HBase）中，然后风控平台对存储系统中的日志进行风险分析。对于有风险的请求，风控平台可以直接调用 Nginx 中的 Lua 风控接口对其进行封停处理，例如，禁止某个 IP 地址或将请求的 UserAgent 封停，如图 2-12 所示。

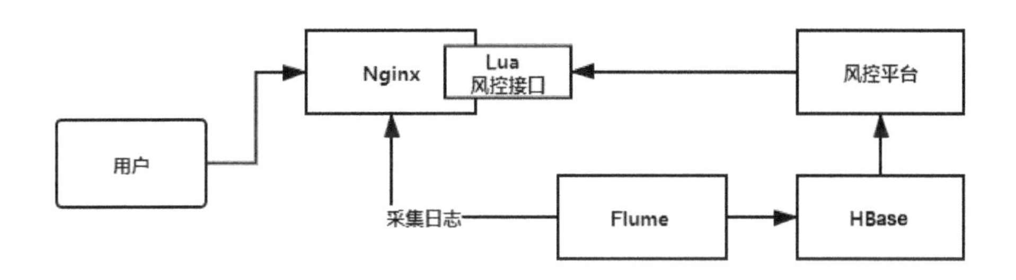

图 2-12

（3）后端服务层流量控制。

对于服务层的流量控制，有以下几点建议：

- 在程序开发上，代码独立，不要与平台其他项目合在一起。
- 在部署时，应用独立部署，分散流量，避免不合适的流量影响主体业务。
- 使用独立域名，或者按照一定的 URL 规则在反向代理层进行路由。
- 做好系统保护和限流，进一步减少不必要的流量。

当“到达系统中的请求数”明显大于“系统能够处理的最大请求数”时，可以直接拒绝多余的请求，直接返回“秒杀”活动结束的信息。

（4）数据库层流量控制。

写数据库的流量就是真正下单成功的流量，即需要扣减库存的动作。有如下建议：

- 如果不是临时的活动，则建议使用独立的数据库作为“秒杀”活动的数据库。
- 将数据库配置成读写分离。
- 尝试去除行锁。

对于数据库行锁的优化，可以通过将商品进行拆分来实现——增加 ID，如图 2-13 所示。对于单一的“秒杀”活动这会得到显著效果。

商品 ID	商品名称	数量
1000000	Meta 40	3

分配 ID	商品ID	分配标识
1000000A01	1000000	1
1000000A02	1000000	1
1000000A03	1000000	1

图 2-13

从流量分层控制方案可以看出，瞬时流量就像被漏斗过滤了似的，应尽量将数据和请求量一层层地过滤掉。这种流量分层控制的核心思想是：在不同的层级中尽可能地过滤掉无效的请求，到达“倒三角”最末端的请求才是有效的请求。

2.1.5 扣减库存的那些事

在电商网站中，购买流程一般是这样的：在商品列表页看中一个商品，然后进入其详情页浏览详细信息，之后单击“立即购买”按钮（或者将商品加入购物车，从购物车进行结算），接着，网站弹出支付方式让用户进行支付。

对于这样的购买流程，用户在下单时一般是不需要关心库存的，只有没有库存了用户才会感知到没有库存了。但是在高并发场景中，这样的购买流程会出现问题。例如，在“秒杀”活动中用户会争抢库存，如果没有控制好则会出现“超卖”的情况。

对于“秒杀”活动，一般公司是不允许商品“超卖”（即下单成功的数量不能大于商品存库数量）的。一旦“超卖”，则会给公司造成损失。如果被恶意流量利用，则损失是巨大的。

1. 扣减库存方式

库存对于电商平台来说是一个重要的业务指标，所以在技术上需要合理设计扣减库存，不能出现“超卖”的情况。

扣减库存常有以下 3 种方式。

- 下单后扣减库存：在用户下单后就扣减库存，如图 2-14 所示。这种扣减方式最简单，也最好理解。但问题是，可能有用户下单后不付款，特别是竞争对手利用“秒杀器”大量抢购商品，但是不支付。如果是这样，那商家就没有达到活动的真正目的，且真正想得到商品的用户也无法得到低价商品。

图 2-14

- 支付后扣减库存：在用户付完款后再扣减库存，这样可以解决用户“下单但不支付”的情况。但这种方式也有问题——会发生“超卖”。因为，在瞬时洪峰流量下，会有很多用户付款成功，但只有一小部分用户能真正抢到商品，大部分用户在付完款后系统会报“已售罄”或“活动结束”等，如图 2-15 所示。

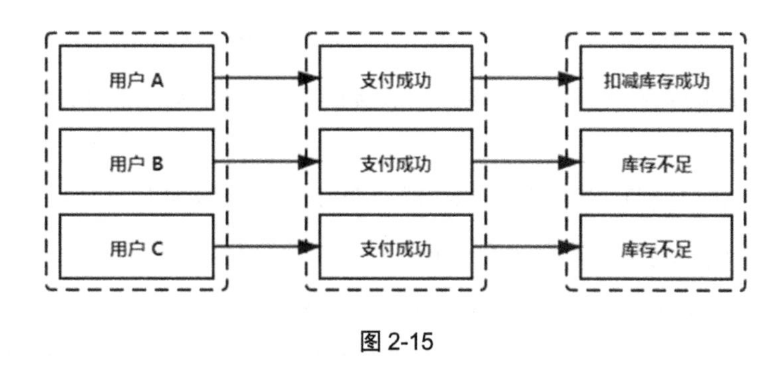

图 2-15

对于“支付后扣减库存”这种方式，当出现库存不足时，有些商家是可以后续再补货的。

- 预扣减库存：在用户下完订单后，系统会为其锁定库存一段时间，例如 30 分钟；在超过锁定时间后会自动释放锁定的库存，让其他用户抢购。当用户付款时，系统会校验库存是否在锁定有效期内，如果在有效期内，则可以进行支付；如果锁定有效期已过，则重新锁定库存，若锁定失败则报“库存不足”的提醒。

在用户下单后，有些平台会有一个支付时间的倒计时。例如 12306 网站，会有一个 30 分钟的有效支付时间，这种扣减库存方式相当于“预扣减库存”方式。

但这种方式也存在恶意用户占用有效锁定时间的可能。

2. 在千万级流量的“秒杀”中，如何扣减库存

如上已经知道了扣减库存方式共有三种：下单后扣减库存、支付后扣减库存及预扣减库存。对于“秒杀”业务，该如何选择扣减库存的方式呢?

由于在“秒杀”场景中商品一般对用户很具有吸引力，所以，在这种场景中使用“下单后扣减库存”方式更为合适。

在“秒杀”场景中，大部分用户抱着“抢到就是赚到”的想法，基本都会付款，但如果真有竞争对手恶意下单不付款，那我们该怎么办？前面在流量管控中已经说到，可以对请求日志进行实时分析，让风控系统选择出恶意用户，然后将其封停。

对于“下单后扣减库存”这种方式，利用数据库的事务特性，可以保证订单和库存扣减数量的一致性。

下面来分析该如何去做好“下单后扣减库存”，防止商品被“超卖”。

（1）将某个商品的库存数量查询出来。例如，

```
Select num form stock where pro_id = $proid
```

（2）更新库存。用“库存数量”减去“购买的商品数量”，然后将结果值更新到库存数据库中。假如，商品库存数量为 10，之后用户购买了 2 件，则得到的结果值是（10 − 2 = 8），将 8 更新为最新的库存数量，如图 2-16 所示。

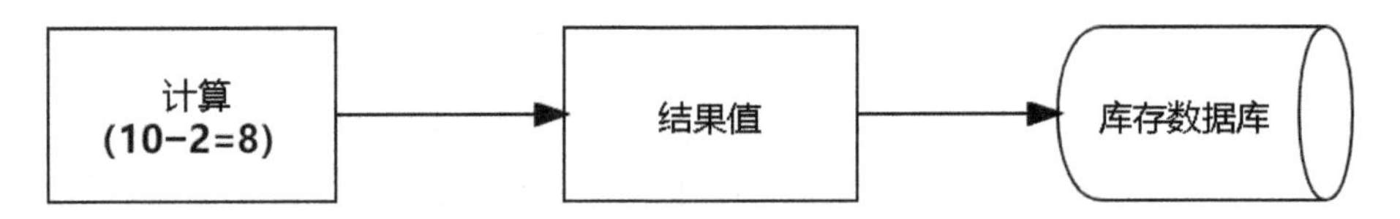

图 2-16

为什么是更新“结果值”的操作，而不是直接更新“扣减”的操作呢？

因为，“扣减”不是幂等的，如果接口设计得不够完善，没有考虑到幂等性，那么在由于网络原因或者其他原因造成重试后，会出现重复“扣减”，即会出现“超卖”，甚至库存为负值的情况。

通过上面两步的处理，基本可以保证下单扣减库存的准确性，但对于“秒杀”这样的高并发场景来说这样还是有风险的。例如，在大流量、高并发下，有两个用户同时抢购，都拿到了库存数量为 10 的商品，其中一个用户购买了 5 件商品，随后更新库存数量为（10 − 5 = 5）件；接着另一个请求购买了 3 件商品，随后更新库存数量为（10 − 3 = 7）件，如图 2-17 所示。

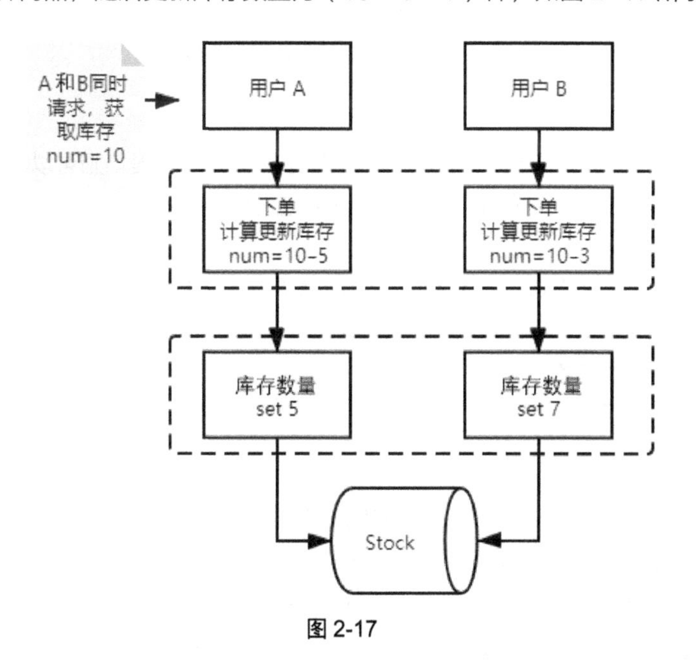

图 2-17

在高并发场景中，有可能出现并发更新数据不一致的情况。对于图 2-17 中的两次请求，正常来讲应该卖出 8 件商品，但现在却卖出了 3 件商品，因为 update set 动作覆盖了之前的数据。

在更新库存数量时，需要将“当前的库存数量”与“之前的库存数量”进行比对，如下所示：

```
Update stock set num = $new_num where pro_id = $proId and num = $old_num
```

有了这种比对，在并发更新时（如图 2-17 所示），用户 A 和用户 B 只有在更新提交前查询到的库存数量为 10，才能更新库存数量成功。

但是，在这种并发场景中，如果没有进行比对，则会出现以下问题：

- 开始时库存数量为 10 ，第一个用户更新库存数量是成功的。
- 在第一个用户更新完库存数量后，库存数量变成了 5 ，所以，这时另一个请求是不能更新成功的。

3. 在千万级流量的"秒杀"中，优化库存数量扣减

在"秒杀"场景中，通过流量分层控制可以分层管控大量的"读"请求。但是，依然会有很大的流量进入真正的下单逻辑。对于这么大的流量，除前面说的数据库隔离外，还需要进一步优化库存数量，否则数据库读/写依然是系统的瓶颈。

接下来看看如何优化大流量"秒杀"场景中的库存数量扣减操作。

（1）利用好缓存。

在"秒杀"场景中，如果只是一个扣减库存数量这样的简单流程，则可以先将库存数量直接放在缓存中，然后利用分布式缓存（如 Redis）去应对这种瞬时流量洪峰下的系统挑战。

使用缓存是存在一定风险的，比如，缓存节点出现了异常，那库存数量该怎么算？

使用缓存不仅要考虑分布式缓存高可用，还要考虑各种限流容错机制，以确保分布式缓存对外提供服务。

（2）异步处理。

如果是复杂的扣减库存（如涉及商品信息本身或牵连其他系统），则建议使用数据库进行库存数量的扣减，可以使用异步的方式来应对这种高并发的库存数量更新。

- 在用户下单时，不立刻生成订单，而是将所有订单依次放入队列。
- 下单模块依据自身的处理速度，从队列中依次获取订单进行"下单扣减库存"操作。
- 在订单生成成功后，用户即可进行支付操作了。

这种方式是针对"秒杀"场景的，依据"先到先得"的原则来保证公平公正，所有用户都可以抢购，然后等待订单处理，最后生成订单（如果库存不足，则生成订单失败）。这样的逻辑，对用户来说体验感不是很差。具体排队逻辑如图 2-18 所示。

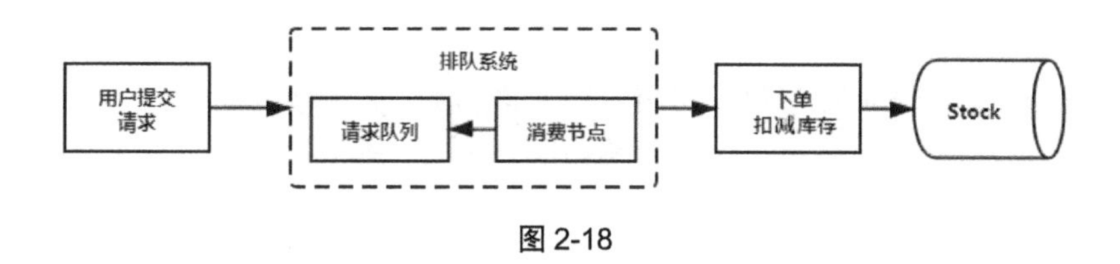

图 2-18

对于用户来说，只需在商品活动详情页中提交一次抢购请求，之后就是等待系统处理进度。当然，这个等待时间是要设计的，不要让用户等太长的时间，不管成功或失败。

2.1.6　搭建千万级流量“秒杀”系统需要哪些技术

前面介绍了千万级流量“秒杀”系统的基本架构、“秒杀”系统的设计原则、如何做动静分离方案和流量控制，以及扣减库存方面的内容。这些都是设计高并发“秒杀”系统必须要考虑的。

“秒杀”系统的流程并不复杂——只是一个“下单扣减库存”的动作，但由于其具有独特的业务特点，所以在进行系统设计时不能大意。对于瞬时流量洪峰的高并发“秒杀”系统，我们需要什么技术呢？下面来总结一下。

（1）数据的静态化的技术，用来应对高并发读的请求。

- 各层级缓存的处理（即多级缓存的技术）。
- 分布式缓存技术。

（2）负载均衡反向代理技术。

- LVS。
- Nginx。

（3）异步处理技术。

- 消息队列技术。
- 排队系统技术。

（4）系统架构设计技术。

- 系统模块化划分。
- 微服务架构思想。

（5）系统监控技术。

- 日志监控。
- 服务监控。

2.2 案例二：C2C 二手电商平台的社会化治理系统

本节用一个 C2C 二手电商平台的社会化治理系统，来进一步讲解高并发系统设计。本案例的业务稍微复杂一点，会涉及服务的拆分和治理、分布式事务等常见的大型系统架构知识点。

2.2.1 C2C 二手电商平台的社会化治理系统架构一览

二手电商平台有很多，比如二手车平台、二手综合平台等，“咸鱼”就是一个社区化的二手闲置交易平台。

C2C 是电子商务的专业用语，指“个人与个人”（Consumer to Consumer）的电子商务，因为“2”在英文中发音同“to”，所以就简写为 C2C。

例如，一个消费者有一台笔记本电脑，通过网络平台把它卖给另外一个消费者，那么这种交易被称为 C2C 电子商务。

1. C2C 二手电商平台痛点

在 C2C 二手电商平台中，用户既是买家又是卖家，所以不可控因素较多，对平台的安全性要求比较高，主要体现在如下几个方面：

- 在卖家上传商品时，如何控制用户上传商品的合法性。
- 在买家对所购商品进行评论时，如何控制用户的言论，防止发布一些不正当的言论或攻击卖家的言论等。
- 在买卖双方使用即时通信工具进行商品相关信息沟通时，如何控制双方的言论。

对于上面这些痛点，平台该如何解决呢？有的平台建立一个强大的人工审核团队，只有通过审核的商品信息和评论信息才允许在平台上展示。但是，如果平台的活跃用户数很多，每天交易量巨大，那么全靠人工审核则成本肯定是巨大的，也不利于平台发展。所以，需要利用技术手段来解决。

对于有些评论内容，可以接入一些第三方的反垃圾接口来进行审核，这样可以减少人工工作量。

2. 社会化治理

上面提到了 C2C 二手电商平台的几个痛点，希望平台能利用技术来解决这些痛点，实现平台的健康发展。所谓“社会化治理”就是让平台里的活跃用户参与进来一起治理平台，共同维护平台内容的安全性。具体实施步骤大致如下：

（1）用户可以对某个商品或某个评论向平台发起举报。

（2）平台受理用户的举报请求，然后选出一定数量的近期活跃或者经常活跃的用户作为裁判，由他们来裁判当前举报是否有效。

（3）如果大部分裁判都判定此举报有效，则平台判定该举报有效，反之则判定该举报无效。

对于经常参与平台治理的用户，平台可以给予用户一些奖励（如积分、优惠券等），以激励用户多参与这种自治行为。

有一些用户虽然是活跃的，但是不想参与平台自治。对于这样的用户，平台要支持用户的个人想法，在后续选择自治人员时可以直接过滤掉这些用户。

平台还需要有“防疲劳”功能，即在一段时间内，平台不能一直选择同一个人，这样会使用户感到厌烦或者不想参与。

3. 社会化治理系统的架构

图 2-19 展示了本案例 C2C 二手电商平台的社会化治理系统的基础架构。

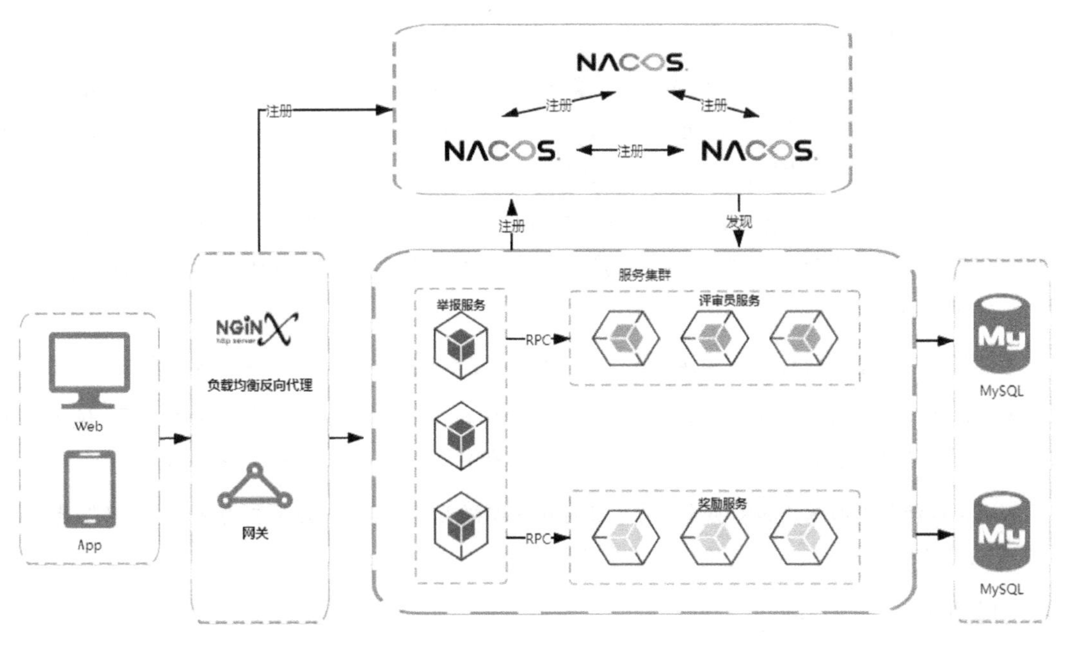

图 2-19

如图 2-19 所示，社会化治理系统主要有 3 个基础服务：举报服务、评审员服务及奖励服务。这 3 个服务是如下这样进行协作的：

（1）在需要举报的模块中接入社会化治理系统，调用举报服务对外提供的 OpenAPI，即可将商品举报、评论举报、聊天举报等信息上报给举报服务。

（2）举报服务内置了各种举报制度。对于不同类型的举报内容，可以采用不同的投票制度，但基本上是按照“多数胜于少数”的原则，只是所选评论员数量不同而已。

（3）举报服务调用评审员服务。评审员服务主要是对选定的评审员进行评审，并对评审员的信息进行管理。

（4）在举报服务完成相应的举报功能后，会调用奖励服务给相关人员发放奖励，主要涉及奖励的配置、奖励的发放及奖励的兑换等。

2.2.2 基础服务治理

2.2.1 节概括地介绍了 C2C 二手电商平台的社会化治理系统、社会化治理系统的接入流程和大体功能，以及系统中的 3 个主要服务——举报服务、评审员服务和奖励服务。

接下来将基于这 3 个服务来分析在技术上该如何实现治理，以及需要什么组件配合这 3 个服务来搭建社会化治理系统。

1. 服务注册中心

服务注册中心是微服务架构中的一个重要组件，也是本案例的必备组件。社会化治理系统使用服务注册中心进行服务的注册和发现。在生产中，每个服务提供者几乎都是多实例部署的，即将其部署到多台机器上（均采用独立的 IP 地址和端口号）。

那么，服务消费者如何发现这些 IP 地址和端口号呢？总不能将它们“写死”在代码里面吧。如果“写死”，那在扩容时就得重启相关服务，且运维也很困难。所以，可以利用“服务注册中心”组件来解决这种问题。

在本案例中，服务注册中心采用的是 Nacos，它是阿里开源的一套组件。官方对其介绍如下：

Nacos 致力于帮助您发现、配置和管理微服务。Nacos 提供了一组简单易用的特性集，帮助您快速实现动态服务发现、服务配置、服务元数据及流量管理。

Nacos 帮助您更加敏捷和容易地构建、交付和管理微服务平台。Nacos 是构建以“服务”为中心的现代应用架构（例如微服务范式、云原生范式）的服务基础设施。

（1）Nacos 架构原理。

在案例中，评审员服务及奖励服务在应用启动时都会向 Nacos 中注册，即注册自己的实例及端口信息；举报服务会去 Nacos 中发现它们的实例和端口信息列表。

图 2-20 展示了 Nacos 的架构。

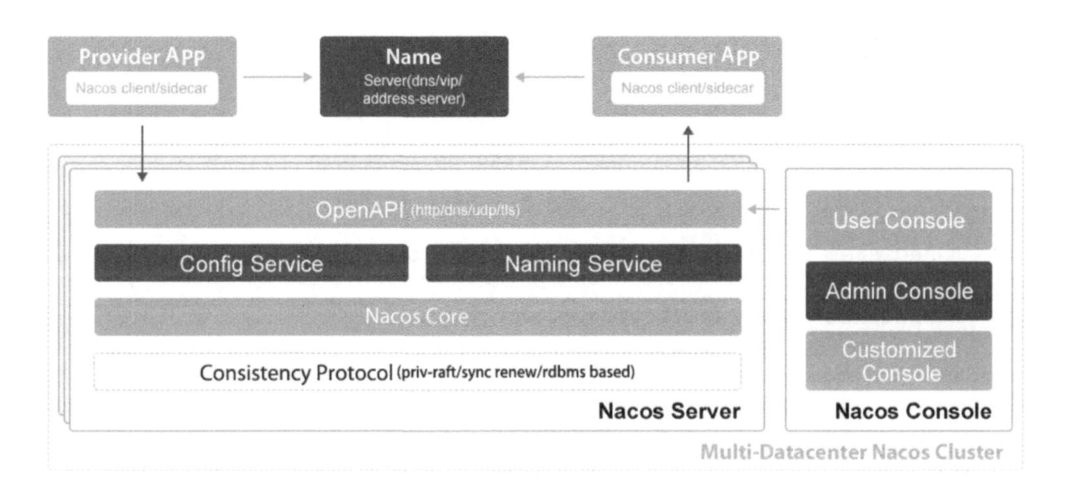

图 2-20

如图 2-20 所示，服务是如下这样进行注册和发现的：

- 服务提供者实例在启动时，通过 Nacos Server 提供的 OpenAPI 注册到服务注册表中。
- 服务消费者通过 OpenAPI 查询服务注册表，以查找服务的可用实例。
- 服务提供者在实例关闭时，在服务注册表中注销实例信息。

服务提供者在向 Nacos Server 成功注册后，会将封装好的心跳包定时地发送给 Nacos Server；Nacos Server 有一个后台线程，它每隔一段时间监测各个服务实例的健康状态，以确保各个服务实例的有效性。

（2）Nacos 源码分析。

下面一起通过 Nacos 源码来了解服务的注册/发现是如何实现的。

Spring Cloud 提供了一个服务注册的接口——ServiceRegistry 接口。集成到 Spring Cloud 中的、实现服务注册的组件都需要实现该接口。Nacos 就是通过实现这个接口来实现自动注册和发现的，其实现类是 NacoServiceRegistry。

所以，先来看一下 ServiceRegistry 接口。它主要用于服务的注册、注销及状态管理，如以下代码所示。

```
package org.springframework.cloud.client.serviceregistry;

/**
 * Contract to register and deregister instances with a Service Registry.
 *
 * @author Spencer Gibb
 * @since 1.2.0
 */
public interface ServiceRegistry<R extends Registration> {

    /**
     * Register the registration. Registrations typically have information
about
     * instances such as: hostname and port.
     * @param registration
     */
    void register(R registration);

    /**
     * Deregister the registration.
     * @param registration
     */
    void deregister(R registration);

    /**
     * Close the ServiceRegistry. This a lifecycle method.
     */
    void close();

    /**
     * Sets the status of the registration. The status values are determined
     * by the individual implementations.
     *
     *@seeorg.springframework.cloud.client.serviceregistry.endpoint.
ServiceRegistryEndpoint
     * @param registration the registration to update
     * @param status the status to set
     */
    void setStatus(R registration, String status);

    /**
     * Gets the status of a particular registration.
     *
     *@seeorg.springframework.cloud.client.serviceregistry.endpoint.
ServiceRegistryEndpoint
```

```
     * @param registration the registration to query
     * @param <T> the type of the status
     * @return the status of the registration
     */
    <T> T getStatus(R registration);
}
```

源码中的 register()方法是在 Spring Cloud 的 AbstractAutoServiceRegistration 类中被调用的：首先在该类的 bind()方法中调用 start() 方法，接着在 start()方法中调用 register()方法，如以下代码所示。

- bind()方法：

```
@EventListener(WebServerInitializedEvent.class)
    public void bind(WebServerInitializedEvent event) {
        ApplicationContext context = event.getApplicationContext();
        if (context instanceof ConfigurableWebServerApplicationContext) {
            if ("management".equals(
                    ((ConfigurableWebServerApplicationContext)
context).getServerNamespace())) {
                return;
            }
        }
        this.port.compareAndSet(0, event.getWebServer().getPort());
        this.start();
    }
```

- start()方法：

```
public void start() {
        if (!isEnabled()) {
            if (logger.isDebugEnabled()) {
                logger.debug("Discovery Lifecycle disabled. Not starting");
            }
            return;
        }
        // 仅在 nonSecurePort 大于 0 且尚未运行时才初始化
        // 因为下面的 containerPortInitializer
        if (!this.running.get()) {
            register();
            if (shouldRegisterManagement()) {
                registerManagement();
            }
            this.context.publishEvent(
                    new InstanceRegisteredEvent<>(this, getConfiguration()));
            this.running.compareAndSet(false, true);
```

```
        }
    }
```

在如上 bind()方法中有一个 @EventListener(WebServerInitializedEvent.class)注解，它代表服务在初始化完成后就向服务注册中心注册。

接下来看看 Nacos 是如何实现 ServiceRegistry 接口的。其实现类为 NacosServiceRegistry，如以下代码所示。

```
    @Override
    public void register(Registration registration) {
        if (StringUtils.isEmpty(registration.getServiceId())) {
            log.warn("No service to register for nacos client...");
            return;
        }
        String serviceId = registration.getServiceId();
        Instance instance = new Instance();
        instance.setIp(registration.getHost());
        instance.setPort(registration.getPort());
        instance.setWeight(nacosDiscoveryProperties.getWeight());
        instance.setClusterName(nacosDiscoveryProperties.
getClusterName());
        instance.setMetadata(registration.getMetadata());
        try {
            namingService.registerInstance(serviceId, instance);
            log.info("nacos registry, {} {}:{} register finished", serviceId,
                    instance.getIp(), instance.getPort());
        }
        catch (Exception e) {
            log.error("nacos registry, {} register failed...{},", serviceId,
                    registration.toString(), e);
        }
    }
```

从上面的 NacosServiceRegistry 实现类中可看出，首先在 register()方法中定义了一个 instance 实例，该实例有 ip、port、weight、clusterName 及 metadata 共 5 个属性；然后通过 NameService 中的 registerInstance()方法注册实例。以下是 registerInstance()方法的代码。

```
    public void registerInstance(String serviceName, String groupName, Instance
instance) throws NacosException {
        if (instance.isEphemeral()) {
            BeatInfo beatInfo = new BeatInfo();
            beatInfo.setServiceName(NamingUtils.getGroupedName(serviceName,
groupName));
            beatInfo.setIp(instance.getIp());
            beatInfo.setPort(instance.getPort());
```

```
            beatInfo.setCluster(instance.getClusterName());
            beatInfo.setWeight(instance.getWeight());
            beatInfo.setMetadata(instance.getMetadata());
            beatInfo.setScheduled(false);
            this.beatReactor.addBeatInfo
(NamingUtils.getGroupedName(serviceName, groupName), beatInfo);
        }
        this.serverProxy.registerService
(NamingUtils.getGroupedName(serviceName, groupName), groupName, instance);
    }
```

从 registerInstance()方法可以看到：先将 Instance 中的属性封装到 HashMap 中作为请求参数，之后使用 HttpClient 方式将注册请求发送到 Nacos 中。客户端与 Nacos 的交互如以下代码所示。

```
    public String reqAPI(String api, Map<String, String> params, String method)
throws NacosException {
        List<String> snapshot = this.serversFromEndpoint;
        if (!CollectionUtils.isEmpty(this.serverList)) {
            snapshot = this.serverList;
        }
        return this.reqAPI(api, params, snapshot, method);
    }
    //请求发送
    public String reqAPI(String api, Map<String, String> params, List<String>
servers, String method) {
        params.put("namespaceId", this.getNamespaceId());
        if(CollectionUtils.isEmpty(servers)&&
StringUtils.isEmpty(this.nacosDomain)) {
            throw new IllegalArgumentException("no server available");
        } else {
            Exception exception = new Exception();
            if (servers != null && !servers.isEmpty()) {
                Random random = new Random(System.currentTimeMillis());
                int index = random.nextInt(servers.size());
                for(int i = 0; i < servers.size(); ++i) {
                    String server = (String)servers.get(index);
                    try {
                        return this.callServer(api, params, server, method);
                    } catch (NacosException var11) {
                        exception = var11;
                        LogUtils.NAMING_LOGGER.error("request {} failed.",
server, var11);
                    } catch (Exception var12) {
                        exception = var12;
```

```
                    LogUtils.NAMING_LOGGER.error("request {} failed.",
server, var12);
                }
                index = (index + 1) % servers.size();
            }
            throw new IllegalStateException("failed to req API:" + api +
"after all servers(" + servers + ") tried: " +
((Exception)exception).getMessage());
        } else {
            int i = 0;
            while(i < 3) {
                try {
                    return this.callServer(api, params, this.nacosDomain);
                } catch (Exception var13) {
                    exception = var13;
                    LogUtils.NAMING_LOGGER.error("[NA] req api:" + api + "
failed, server(" + this.nacosDomain, var13);
                    ++i;
                }
            }
            throw new IllegalStateException("failed to req API:/api/" + api
+ " after all servers(" + servers + ") tried: " +
((Exception)exception).getMessage());
        }
    }
}
```

在发送过程中，有一个回调方法 callServer()用于处理注册响应信息，如以下代码所示。

```
    public String callServer(String api, Map<String, String> params, String
curServer, String method) throws NacosException {
        long start = System.currentTimeMillis();
        long end = 0L;
        this.checkSignature(params);
        List<String> headers = this.builderHeaders();
        if (!curServer.contains(":")) {
            curServer = curServer + ":" + this.serverPort;
        }
        String url = HttpClient.getPrefix() + curServer + api;
        HttpResult result = HttpClient.request(url, headers, params, "UTF-8",
method);
        end = System.currentTimeMillis();
        MetricsMonitor.getNamingRequestMonitor(method, url,
String.valueOf(result.code)).observe((double)(end - start));
        if (200 == result.code) {
            return result.content;
```

```
        } else if (304 == result.code) {
            return "";
        } else {
            throw new NacosException(500, "failed to req API:" +
HttpClient.getPrefix() + curServer + api + ". code:" + result.code + " msg: "
+ result.content);
        }
    }
```

上面的代码就是将注册请求发送到 Nacos Server。

接着，Nacos 开始接收请求并处理请求。

Nacos 服务注册 controller 中的 register()方法的代码如下。

```
    @CanDistro
    @PostMapping
    public String register(HttpServletRequest request) throws Exception {
        String serviceName = WebUtils.required(request,
CommonParams.SERVICE_NAME);
        String namespaceId = WebUtils.optional(request,
CommonParams.NAMESPACE_ID, Constants.DEFAULT_NAMESPACE_ID);
        serviceManager.registerInstance(namespaceId, serviceName,
parseInstance(request));
    return "ok";
    }
```

最后来看一下 ServerManager 的具体实现。

```
    public void registerInstance(String namespaceId, String serviceName,
Instance instance) throws NacosException {
        createEmptyService(namespaceId, serviceName,
instance.isEphemeral());
        Service service = getService(namespaceId, serviceName);
        if (service == null) {
            throw new NacosException(NacosException.INVALID_PARAM,
                "service not found, namespace: " + namespaceId + ", service:
" + serviceName);
        }
        addInstance(namespaceId, serviceName, instance.isEphemeral(),
instance);
    }
```

从以上 Nacos 源码可以了解 Nacos 的服务注册原理。

2. 服务治理

有了上面的服务注册中心组件，就可以开发应用了。但要开发生产级别的应用，则需要思考很多技术细节，以及可能会面临的各种业务复杂性挑战。本案例涉及如下几个关键点：

- 在面对大流量冲击时，系统该如何限流。
- 当服务被拖垮时，系统该如何进行自治。
- 当有多个服务时，该如何进行链路追踪。
- 如何监控服务自身及宿主机器。

以上这些内容在第 11 章中都会进行详细讲解，这里只需要有一个印象即可。

2.2.3 RPC 框架服务通信

RPC（Remote Procedure Call，远程过程调用）框架，可以让应用中的接口像调用本地方法那样去调用远程服务提供的服务（服务调用者和服务提供者分属于不同进程）。

1. RPC 框架的核心原理

RPC 框架的核心原理如下，如图 2-21 所示。

（1）RPC 框架提供了一个 Client Stub 组件，其本质上是一个代理类实例，客户端通过它发起方法调用。

（2）Client Stub 实现了服务端的接口，它会封装请求信息，主要分为两块：服务名称和请求参数。

（3）Client Stub 将上面封装好的信息通过网络（Socket）传输给服务端。

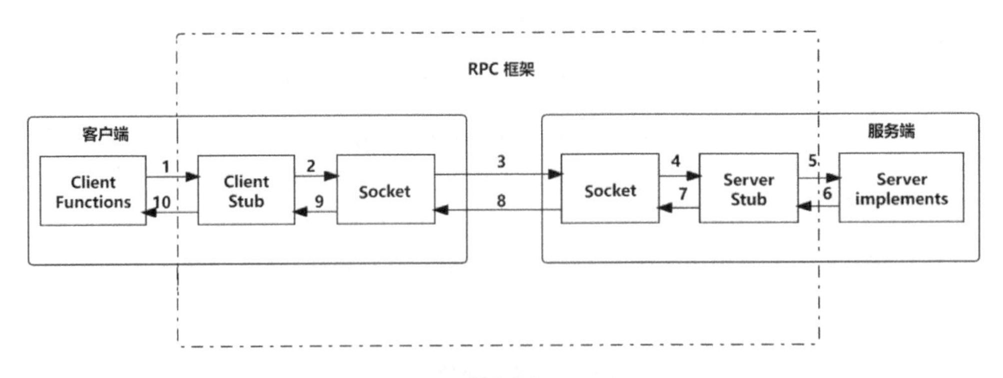

图 2-21

（4）服务端在收到客户端请求后，解析请求信息中的内容及服务名称，并判断服务端是否有该服务信息。

（5）如果在服务端找到请求服务，则调用服务端的接口进行处理。

（6）服务端将处理好的结果封装成响应信息，通过网络返回给客户端。

（7）客户端在收到服务端的响应信息后进行业务处理。

为了提高传输性能及压缩比，客户端和服务端在进行数据传输时，需要采用合适的传输协议，并对数据进行序列化和反序列化操作。

2. RPC 框架需要解决的问题

通过上面的内容我们知道了 RPC 框架的核心原理：客户端和服务端按照约定的通信协议进行序列化网络通信；服务端在收到客户端请求后，按照约定协议对数据进行反序列化操作，再将处理结果返回给客户端。由此可以看出，RPC 框架需要解决以下 3 个问题：

- 网络通信问题。
- 传输协议问题。
- 序列化和反序列化问题。

（1）网络通信问题。

网络通信问题主要涉及 TCP 连接及 I/O 模型两方面的内容，下面进行分析。

为了实现客户端和服务端之间的数据可靠传输，需要在客户端和服务端进程之间建立传输连接。

客户端和服务器端进行数据传输，需要依赖在两者之间建立的 TCP 连接，这相当于在客户端和服务端之间建立了一条通道。这样，客户端发送的请求就可以通过这个通道到达服务端，服务端也通过这个通道响应数据给客户端，如图 2-22 所示。

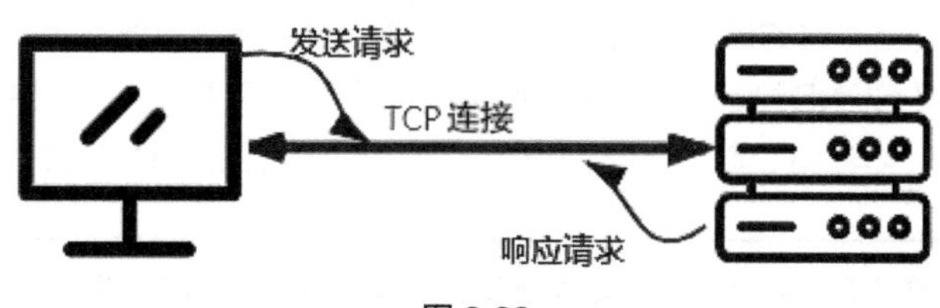

图 2-22

从图 2-22 可以看出 TCP 连接的重要性：它不仅需要保证数据的可靠传输，还需要尽量提高传输的效率。所以，在建立连接时，“三次握手”的概念就是用来解决这个问题的。下面来看一下如何建立 TCP 连接，如图 2-23 所示。

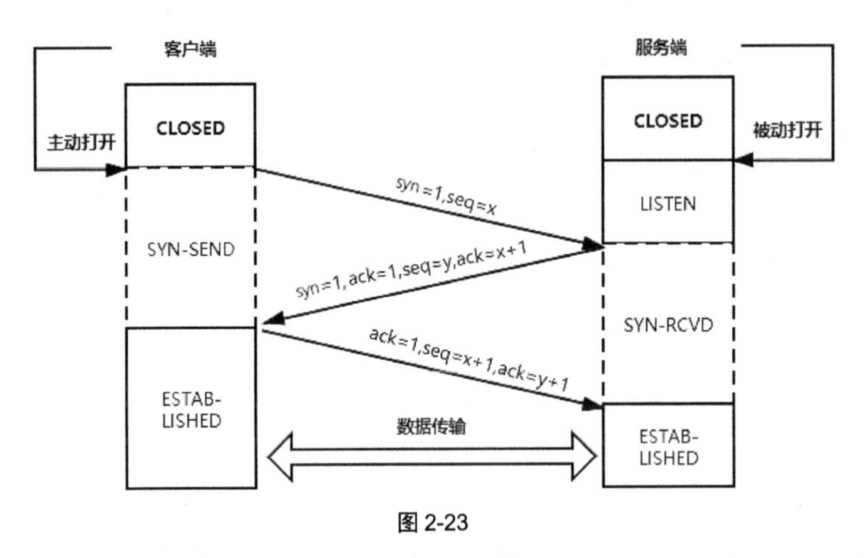

图 2-23

如图 2–23 所示，在进行“握手”之前，服务端被动打开相应端口，然后一直监听端口。如果客户端要和服务端建立连接，则主动发起打开端口的请求。客户端主动打开连接后结束 CLOSED 阶段，被动打开连接的服务端也结束 CLOSED 阶段并进入 LISTEN 阶段，随后进入“三次握手”阶段：

- 客户端向服务端发起一个请求连接的报文，主要包括：syn=1（代表请求建立新连接），seq=x（seq 指客户端初始序号。例如 seq=0 代表客户端发送的第 0 号包）。接着客户端进入 SYN-SEND 状态，等待服务端回复。
- 服务端在收到客户端的请求连接的报文后，如果同意，则让客户端连接，结束自己的 LISTEN 阶段，并返回一段确认报文信息给客户端。确认报文信息包括：syn=1，ack=1（表示服务端确认收到客户端的请求连接信息，并同意创建新连接），seq=y（是服务端自己的初始序号），ack=x+1（代表客户端发送的到 x 为止的所有数据都已经接收，并期望收到的对方下一个报文的序号是从 x+1 开始的）。随后，服务端进入 SYN-RCVD 阶段。
- 客户端在收到服务端的确认报文信息后，会确认服务端及自身均具备接收和发送能力，接着结束 SYN-SEND 阶段，并向服务端返回最后一段报文。报文中主要包括 ack=1，seq=x+1，ack=y+1。随后，客户端进入 ESTAB-LISHED 阶段。

服务端在收到客户端同意建立新连接的报文后，就知道了客户端和服务端之间的数据传输是正常的，之后结束 SYN-RCVD 阶段，进入 ESTAB-LISHED 阶段。

在客户端和服务端传输的 TCP 报文中，客户端和服务端确认号 ack 及序号 seq 都是在彼此 ack 和 seq 的基础上计算出来的，这样就保证了 TCP 报文传输的连贯性。

客户端与服务端之间进行 TCP 通信，主要涉及 I/O 模型的选择。

常用的网络模型有 4 种：同步阻塞 I/O（BIO）、同步非阻塞 I/O（NIO）、I/O 多路复用及异步非阻塞 I/O（AIO）。其中，AIO 属于异步 I/O，其他均属于同步 I/O。接下来看看这 4 种 I/O 模型。

① 同步阻塞 I/O：在客户端发送请求后，该请求会在内核中阻塞住，直到服务端的响应数据到来后才进行后续处理。对于客户端每次的请求，服务端都需要创建与之对应的线程，以处理到达的请求并响应数据。这样，如果客户端同时发起的请求过多，则服务端需要同时开启很多的线程，但服务器的线程是有限的，若超过了最大负载，那后来的请求将得不到处理。

这种同步阻塞 I/O，适用于连接数比较少的业务场景。这样，服务端就不会因为线程数过多而拖垮服务器，且编程方式更简单，更容易被理解。

② 同步非阻塞 I/O：在客户端每次发送请求时，在内核空间中，该请求即使没有等到响应数据也不会阻塞住，会继续往下执行（避免进程阻塞在某一个连接上，可以在同一个线程中处理所有连接）。

同步非阻塞 I/O 模型需要频繁地轮询，很耗 CPU 资源。在高并发场景中，这种方式会浪费很多时间去轮询没有任何数据的连接。因此，同步非阻塞 I/O 模型一般只出现在提供某种特定功能的系统中。

③ I/O 多路复用：在客户端每次发送请求时，服务端不需要每次都创建对应的线程去进行处理，而是通过 I/O 多路复用技术将多个 I/O 通道复用到一个复用器上。这样可以实现单线程同时处理多个客户端的请求，提升了系统的整体性能。

多路复用无须采用多线程的方式，也不用去轮询，只需要阻塞在 select()函数上即可。select()函数同时管理多个连接，并且不断地查看各个连接的请求。这种模式更适用于高并发的场景。当 select ()函数管理的连接数比较少时，这种模型将变成阻塞 I/O 模型。

④ 异步非阻塞 I/O：客户端在发起一个 I/O 操作后，不需要等待直接返回。等 I/O 操作完成之后，操作系统内核会主动通知客户端数据已经准备好了。此时，客户端只需要在应用中对数据进行处理即可，不需要进行实际的 I/O 读写操作，真正的 I/O 读写操作由操作系统内核完成，这样就不存在阻塞等待的问题。

AIO 模型更适用于“连接数比较多，且请求消耗比较重”的业务场景，但是其编程比较复杂，操作系统支持不好。在 Linux 中更多的还是采用 I/O 多路复用模型。

应基于业务场景，选择合适的网络 I/O 模型进行网络编程。建议使用一些目前较成熟的框架去构建，例如，开源的 Netty、Mina 等都是被业界大规模使用且已被验证的框架。

（2）传输协议问题。

HTTP 协议是最常见的协议，它是客户端和服务端之间请求和应答的标准。如今大部分的应用都通过浏览器进行访问，所以，它们大都使用 HTTP 协议进行数据的传输。

私有协议在 RPC 框架中比较常见。在对数据传输效率有极高要求的场景中经常要自定义私有协议，如 Dubbo 框架中的 Dubbo 协议、Thrift 框架中的 Thrift 协议等都可以自定义私有协议。

无论是开放的 HTTP 协议，还是自定义的私有协议，都是一种“契约”。客户端和服务端都遵循这个“契约”进行数据的传输，其交互方式如下所示。

① 客户端按照约定的协议对要传输的数据进行编码，然后通过网络层将编码后的数据传输出去。

② 服务端通过网络层接收客户端传来的数据，之后按照同样的协议对数据进行解码和相关业务处理，再将处理后的结果进行编码，然后通过网络将编码后的数据传输出去。

③ 客户端在接到服务端的响应数据后，采用同样的方式对数据进行解码得到最终的响应数据。

传输协议一般包含两个部分：消息头和消息体。

- 消息头中存放的是一些公共的信息和一些扩展信息。
- 消息体中存放的是要传输的数据信息。

对于 HTTP 协议，在请求时，在消息头中，Host 代表对方主机，Connection 代表链接是否复用，Content-Type 代表请求数据类型，Content-Length 代表请求消息体数据长度，如图 2-24 所示。

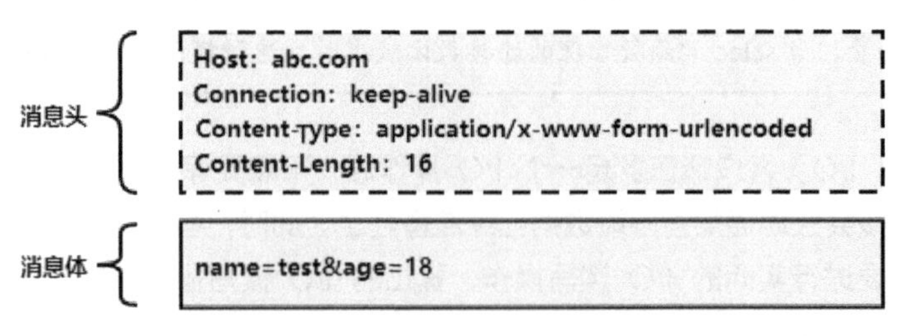

图 2-24

（3）序列化和反序列化问题。

在数据网络传输中，客户端先将数据进行编码，然后通过网络传输出去；服务端收到传输数据，然后对数据解码。这就是序列化和反序列化的过程。

- 序列化：将对象转换为字节序列。
- 反序列化：将字节序列恢复成对象。

把对象信息（集合或者具体对象等）持久化保存下来，这个过程也是序列化，即把内存中的对象变成字节序列。

序列化和反序列化的核心是对象状态的保存和重建。序列化有如下几个优点：

- 在将对象转换为字节序列存储到硬盘之后，即使虚拟机停止，字节序列也不受影响，当虚拟机再次启动时，依然可以将字节序列恢复成对象。
- 由于在网络传输中采用的是字节序列形式，所以其传输效率较高。
- 序列化后的对象占用的内存空间较小。

最常用的序列化方式主要有以下两种。

- JSON/XML 格式的序列化：结构较清晰，对客户端友好，在编程上也很方便，具有很强的可读性。在对外接口上，使用这种方式居多。
- 二进制序列化：这种方式在考虑性能的场景（如对传输速度和压缩比有很高要求的场景）中使用得较多，但可读性较弱。另外，由于采用二进制方式存储，所以这种方式在通用性上不是太好。

在选择序列化方式时，需要从以下方面考虑：

- 是否支持更多的数据结构。如果支持更多的数据结构，则意味着在编程时简单易用。
- 是否具备跨语言特性，即在 Java 语言和 C 语言中序列化方式是一样的。
- 在性能上是否有足够多的考量，如存储空间的占用、传输速度的比较等。

2.2.4　分布式事务管理

由于在本案例中各个微服务都采用了独立的数据库，所以，这些微服务之间的数据共享有了更高的要求——要解决数据一致性的问题。

1．数据一致性

数据一致性是指，数据被多次操作或者以多种方式操作时，能保持业务的不变性。数据一致性存在于很多场景中。导致数据不一致的原因也不尽相同。

- 在对数据库中的内容进行读写时，不是每个用户都能读取到正确的数据，可能在读取从库时数据未同步过来。
- 在分布式系统中，在 Leader 节点的“写”数据同步到各个 Slave 节点时，如果有一个节点未同步，则会造成数据不一致。
- 在多个业务方对同一个数据源获取数据时，如果业务方没有核对数据就进行相关计算，则会因为不同业务方使用了不同的处理逻辑，从而导致多个业务方最终的结果数据不一致。
- 在使用缓存的场景中，缓存更新策略的不同会造成缓存与数据库的数据不一致。

对于数据一致性问题，很典型的案例就是银行转账：在双方转账前后，双方的余额总和应该是不变的，这就是数据的一致性。例如，账户 A 向账户 B 转了 100 元：

- 如果转账成功，则账户 A 扣掉 100 元，账户 B 增加 100 元。
- 如果转账失败，则双方账户余额保持不变。

这就是数据一致性的具体表现。如果账户 A 的余额变少了，而账户 B 的余额没有增加，则数据是不一致的。

2. 数据库事务保证数据一致性

数据一致性的根本问题是如何保证操作的原子性。在关系型数据库中，可以利用其 ACID（Atomic、Consistency、Isolation、Durability）特性来保证原子操作，即在同一个事务内的操作是原子性的，所有操作要么都成功，要么都失败。只要事务被提交了，即使机器宕机了，数据都是一致的。

下面来分析一下关系型数据库的 ACID 特性。

- Atomic（原子性）：事务中的所有语句要么都成功，要么都失败，只要其中一条语句失败就会回滚整个事务，不会出现“更新了其中一张表，而没有更新其他表”的情况。
- Consistency（一致性）：事务总是从一个有效状态转移到另一个有效状态，即它保证读取的数据总是一致的。
- Isolation（隔离性）：在一个事务中所做的任何操作，在未提交前，其对其他事务都是不可见的。事务是互相隔离的，自己运行自己的，互不影响。
- Durability（持久性）：只要事务提交成功了，数据的所有修改就会持久化到磁盘中，即使宕机也不会造成数据的丢失或改变。

在很多场景中采用数据库事务来解决数据的一致性问题。

一般编程框架都支持数据库事务，例如，在 Spring 框架中使用注解@Transactional 来开启事务，其中的所有操作属于同一个事务。

3. 分布式事务

前面介绍了通过数据库事务来保证数据的一致性，但本章案例二这种由多个系统协作处理且涉及多个数据库的操作，用单一数据库事务是很难解决数据一致性问题的。

有这样一种情景：分布式系统被分为多个系统，这些系统在不同的计算机进程中运行，且每个系统都有自己独立的数据库，一次请求操作会在这几个数据库中进行更新。这个场景比前面说的单数据库事务复杂太多。所以，接下来分析在分布式系统环境下如何利用分布式事务来解决分布式系统的数据一致性问题。

分布式事务也是事务，只不过它是在分布式系统中的事务。分布式事务由多个本地事务组合而成，其基本满足 ACID 特性。

随着分布式系统越来越复杂，为了满足系统的高性能及高可用，分布式系统是不完全满足 ACID 特性的。目前实现分布式事务的解决方案有如下几种：

- 基于 XA 协议的二阶段提交。
- 基于 XA 协议的三阶段提交。
- TCC。
- 基于消息的最终一致性。

每一种分布式事务解决方案都有各自擅长的场景：

- 基于 XA 协议的二阶段和基于 XA 协议的三阶段提交方案，只针对强一致性，遵从 ACID 特性。
- TCC 方案，适合作用在服务层，不与具体的服务框架耦合。
- 基于消息的最终一致性方案是针对最终一致性的，遵从 BASE 理论。

在企业系统日常开发中，基于 XA 协议的二阶段提交和基于消息的最终一致性方案较多。下面就来看看这两种分布式事务方案。

（1）基于 XA 协议的二阶段提交。

“二阶段提交”中的“二阶段”指准备阶段和提交阶段。为了保证分布在不同节点上的事务保持一致，在“基于 XA 协议的二阶段提交”中引入了“事务协调者”的角色，通过它来保证各个事务被正确提交，如果提交失败则回滚所有事务。

- 在第一阶段（即准备阶段）中，“事务协调者”会向所有“事务参与者”发送“准备”的指令，然后等待“事务参与者”的回复。“事务参与者”在收到“准备”指令后，就各自进行自己的业务处理，除提交事务的所有动作（包括开启本地事务和逻辑处理等）外，还要记录操作的事务日志。如果执行成功，则“事务参与者”向“事务协调者”回复“已准备完成”的消息；如果在执行过程中出现失败或者超时，则“事务参与者”向“事务协调者”发送“准备失败”的消息。
- 在第二阶段（即提交阶段）中，“事务协调者”依据“事务参与者”在第一阶段返回的消息执行相应的操作：如果都是“已准备完成”，则发送“提交指令”给“事务参与者”，“事务参与者”继续完成之前剩下的真正事务提交动作；如果有“事务参与者”返回“准备失败”的消息，则向所有“事务参与者”发送“回滚”指令，然后所有“事务参与者”回滚第一阶段中的所有操作。

只有当“事务协调者”收到所有“事务参与者”回复的“提交成功”消息，才表示整个分布式事务结束了。

下面以订单系统和库存系统下单扣减库存为例，来感受一下二阶段提交是如何保证分布式事务一致性的。

在第一阶段中，“事务协调者”向订单系统和库存系统发送“准备”指令。订单系统完成自己的创建订单相关动作，完成后，不提交事务，只是向“事务协调者”回复“已准备完成”的消息。库存系统完成自己的扣减库存动作，在完成后不提交事务，只是向“事务协调者”回复“已准备完成”的消息，如图 2-25 所示。

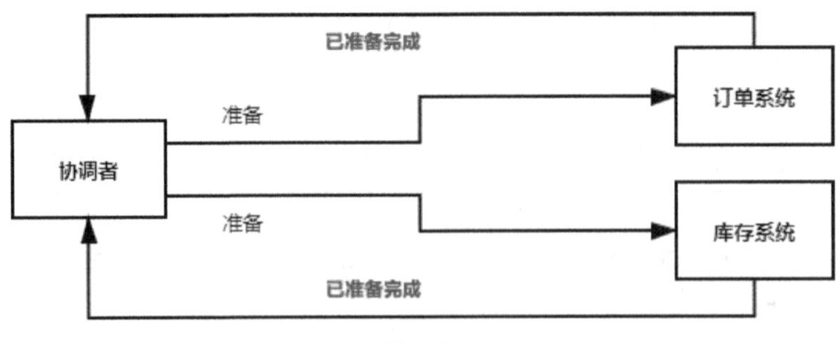

图 2-25

在第一阶段中，“事务协调者”收到了订单系统及库存系统的“已准备完成”消息。

接下来进入第二阶段，“事务协调者”向订单系统和库存系统发送“提交”指令，然后，订单系统提交创建订单的事务，库存系统提交扣减库存的事务，接着各自都向“事务协调者”发送“提交成功”的消息，如图 2-26 所示。

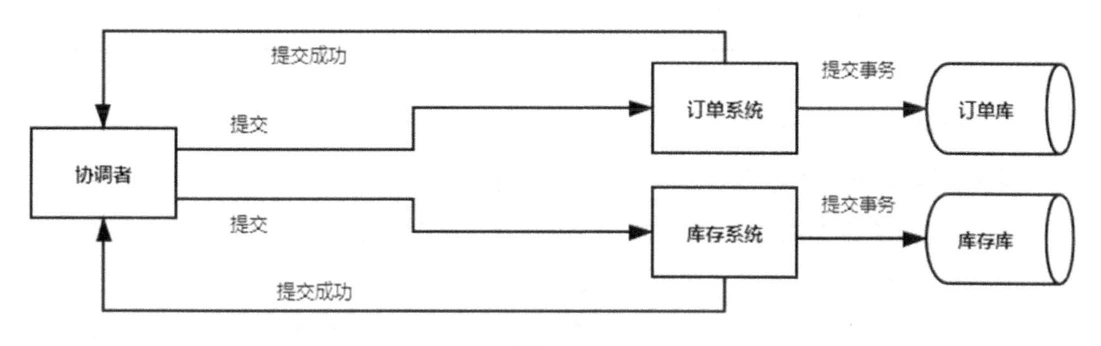

图 2-26

只要其中一个过程失败，则整个事务回滚，回到所有系统之前的状态。例如，在扣减库存时出现库存不足，如图 2-27 所示。

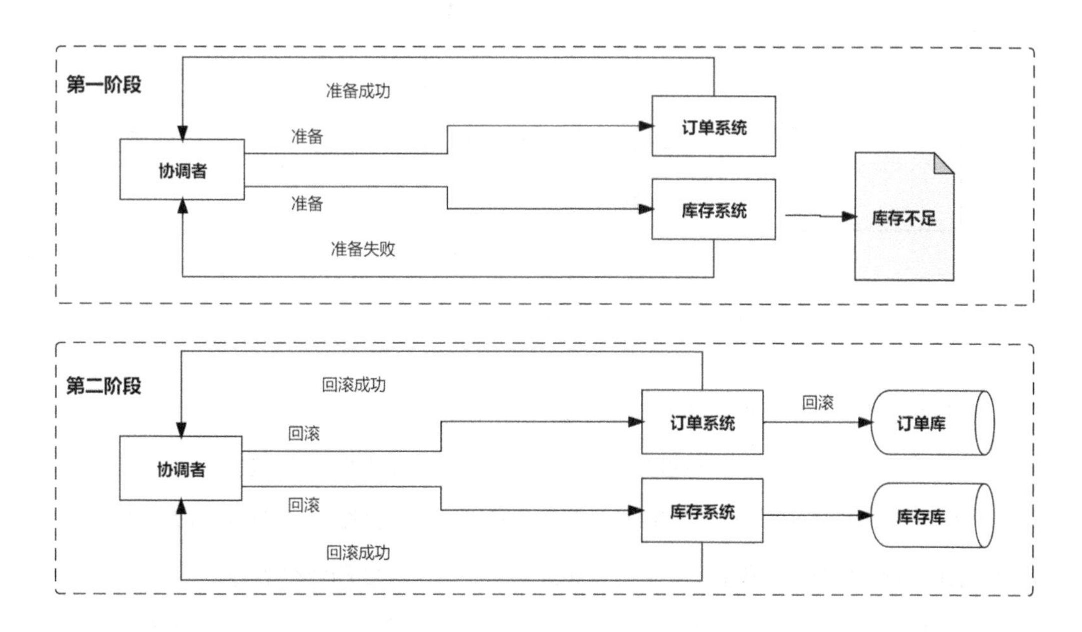

图 2-27

二阶段提交算法是一种强一致性设计，适用于对数据一致性要求很高的场景，但是它也有一些缺陷，例如：

- 每个节点都是事务阻塞的，这样对于并发很多的请求就会出现吞吐率下降的情况。
- “事务协调者”是单点的，有不可用的风险。

（2）基于消息的最终一致性。

可以利用消息中间件（如 RocketMQ）来达到数据的最终一致性。

下面以“浏览商品并将其加入购物车，然后进入购物车下单”的流程，来分析如何使用消息中间件来达到数据的最终一致性。

场景是这样的：订单系统创建一个新的订单信息，然后购物车系统删除已存在于订单中的商品。整个流程如图 2-28 所示。

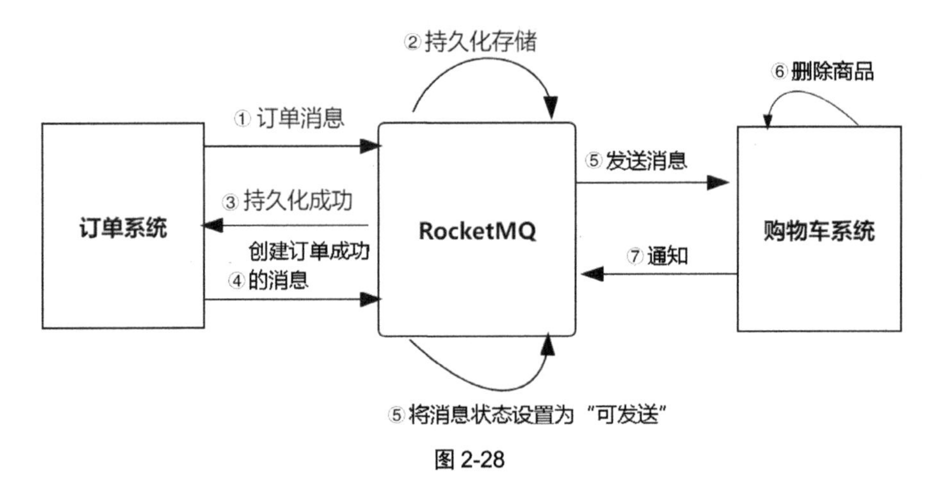

图 2-28

① 订单系统创建订单消息，并将其发送给 RocketMQ，此时消息状态为“待确认”。

② 订单消息在 RocketMQ 中被持久化存储，存储消息状态为“待发送”。

③ 如果消息被持久化成功，则订单系统开始创建订单；如果失败，则放弃创建订单。

④ 订单系统在创建完订单后，将创建订单成功的消息发送给 RocketMQ。

⑤ RocketMQ 收到创建订单成功的消息，然后将消息状态设置为“可发送”，接着，RocketMQ 将当前创建订单成功的消息发送给购物车系统。

⑥ 购物车系统在获取创建订单成功的消息后，删除购物车中的商品。

⑦ 购物车系统在完成自己的操作后，通知 RocketMQ 将当前创建订单成功的消息改为“已完成”状态。

在分布式系统场景中，只有系统中所有节点事务都成功，整个分布式事务才算成功。目前还没有一种既简单又完美的方案来应对所有的场景，读者应依据实际业务去做相应的取舍。

第 2 篇

搭建生产级系统

第3章 生产级系统框架设计的细节

在第 2 章中，用两个典型案例让读者对高并发系统有了一个全局的认知。本章偏重实战，将介绍如何开发适合公司业务发展的底层框架。

3.1 幂等性设计——保证数据的一致性

先看这样一个场景：用户在电商平台购物，看到自己心仪的商品，于是将其加入购物车，之后进入购物车下单结算。这时，由于网络不畅，用户在点击“提交订单”按钮时卡住了，用户以为没提交成功，就又点击了一次“提交订单”按钮。最终，订单系统给该用户生成了两个订单，其实之前那个订单已经生成成功了。

这就是一个典型的幂等性问题。由于下单接口没有做好幂等性设计，所以导致用户进行了两次同样的下单操作，系统给用户创建了两个订单。

3.1.1 什么是幂等性

所谓幂等性是指，用户对于同一个操作发起一次请求或多次请求，得到的结果都是一样的，不会因为请求了多次而出现异常现象。

为了理解幂等性，下面来看一个非幂等的场景。

例如，在支付时，用户点击了两次“立即支付”按钮，发生了重复支付。最终，用户发现被扣了两次款，支付系统也生成了两条支付记录，如图 3-1 所示，这就是一个非幂等的场景。

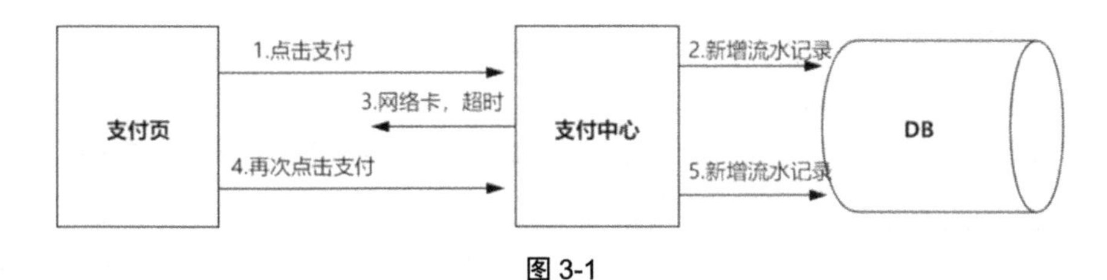

图 3-1

1. 需要幂等性的场景

幂等性主要用在重复请求上，有如下几种场景：

- 用户多次请求，比如重复点击页面上的按钮。
- 网络异常，由于网络原因导致在一定时间内未返回调用成功的信息，触发了框架层的重试机制。
- 页面回退后再次提交的动作。
- 程序上的重试机制——对于未及时响应的请求发起重试操作。

2. 数据库操作的幂等性分析

数据库的上层业务操作分为 CRUD （即新增、读取、更新、删除 4 个动作）。

- 新增（Create）：如果自增主键唯一，则数据库中会生成多条相同记录，不具备幂等性，如：

```
INSERT into(id, name, age, balance) VALUES(1, 'test', 18, 100);
```

- 读取（Read）：无论请求多少次，读取的结果都是一样的，所以读取是天然幂等的，如：

```
Select name, age, balance FROM user WHERE id = 1;
```

- 更新（Update）：条件语句中带有计算型的更新是非幂等的；反之，则是天然幂等的，如：

```
非幂等   UPDATE user SET balance = balance + 100 WHERE id = 1;
幂等     UPDATE user SET balance = 200 WHERE id = 1;
```

- 删除（Delete）：无论删除多少次，结果都是一样的，所以删除动作是天然幂等的，如：

```
DELETE FROM user WHERE id = 1;
```

可以看出，读取和删除是天然幂等的，无论执行多少次请求，最终的结果都是一样的。从这里很容易能联想到 RESTful 规范中的 HTTP 请求方法：POST（C）、GET（R）、PUT（U）、DELETE（D）。

- POST：相当于新增，不具备幂等性。
- GET：对资源的获取。在浏览器中通过地址进行访问，每次结果都是一样的，是天然幂等的。

- PUT：将一个资源替换成另一个资源。这是非计算型的更新，无论更新多少次，结果都是一样的，是天然幂等的。
- DELETE：同数据库的删除动作。无论删除多少次，结果都是一样的，是天然幂等的。

RESTFul 规范的 HTTP 请求的 POST、GET、PUT、DELETE 这 4 种方法，除 POST 外，其他 3 种都是天然幂等的，即只有 POST 请求是需要考虑幂等性设计的。

3.1.2 如何避免重复提交

如 3.1.1 节开头所述，用户连续点击了两次“立即下单”按钮后，订单系统为用户生成两个订单，这肯定是不行的。那该如何避免这种情况呢？这是重复请求所导致的。要防止重复提交订单（即请求多次和请求一次的最终效果是一样的），则需要订单系统在创建订单时具备幂等性。

1. 利用全局唯一 ID 防止重复提交

在向数据库新增一条记录时，有时会出现错误信息“result in duplicate entry for key primary”，原因是插入了相同 ID 的信息。

利用数据库的主键唯一特性，可以解决重复提交问题：对于相同 ID 的信息，数据库会抛出异常，这样新增数据的请求会失败。现在已经知道方案了，那么这个 ID 该如何和系统进行绑定呢？下面来看一下具体的落地流程。

（1）搭建一个生成全局唯一 ID 的服务。建议加入一些业务信息到该服务中，例如，在生成的订单 ID 中可以包含业务信息中的订单元素（如“OD”20211226200056000001）。该全局唯一 ID 服务可以参考雪花算法 SnowFlow 进行搭建。

（2）在订单确定页面中，调用全局唯一 ID 服务生成订单号。

（3）在提交订单时带上订单号，请求到达订单系统的下单接口。

（4）将数据库订单表 ID 和订单号进行映射，将订单号作为订单表的 ID。

（5）订单系统在创建订单信息时，订单号使用前端传过来的订单号，然后直接将该订单信息插入订单库中。

（6）如果订单写入成功，则是第一次提交，返回下单成功；如果报 ID 冲突信息，则是重复提交，在订单表中只保留之前的记录，不会写入相同的新记录。

在报“订单重复提交”错误时，不要向客户端抛出错误信息，因为重复提交的订单不一定全部失败。如果给用户展示错误，则用户可能还会提交订单，这会使得用户体验不是很好。可以直接向用户展示下单成功，如图 3-2 所示。

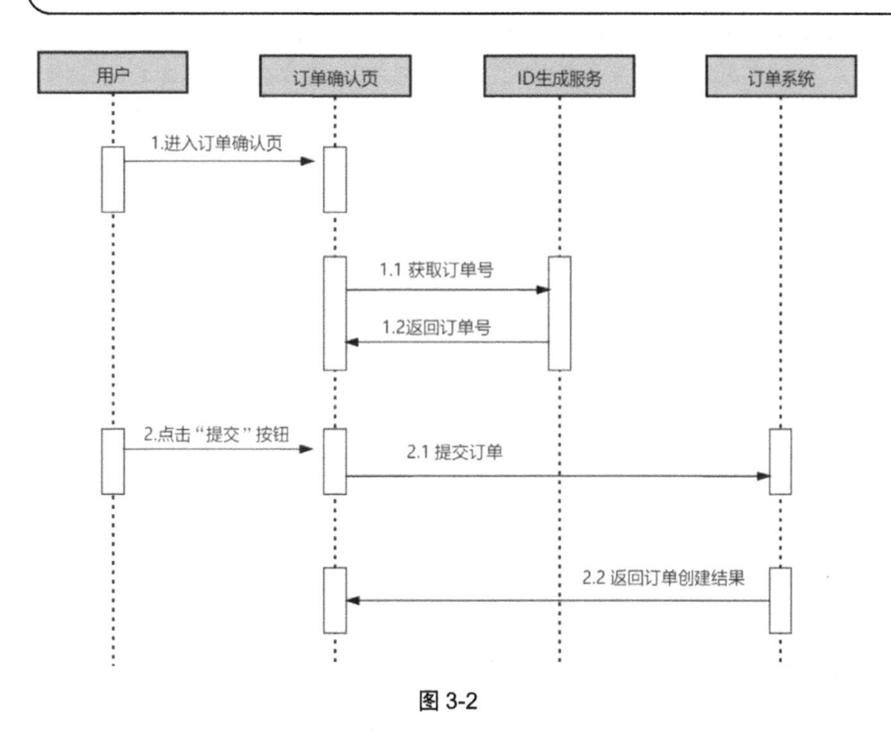

图 3-2

2. 利用“Token + Redis”机制防止重复提交

再来看看另一个常用的保证幂等性的方案——使用“Token + Redis”机制防止重复提交。下面依然以订单系统的下单模块来讲解。

（1）订单系统提供一个发放 Token 的接口。这个 Token 是一个防重令牌，即一串唯一字符串（可以使用 UUID 算法生成）。

（2）在“订单确认页”中调用获取 Token 的接口，该接口向订单确认页返回 Token，同时将此 Token 写入 Redis 缓存中，并依据实际业务对其设置一定的有效期。

（3）用户在“订单确认页”中点击“提交订单”按钮时，将第（2）步获取的 Token 以参数或者请求头的形式封装进订单信息中，然后请求订单系统的下单接口。

（4）下单接口在收到提交下单的请求后，首先判断在 Redis 中是否存在当前传入的 Token：

- 如果存在，则代表这是第 1 次请求，会删除这个 Token，继续创建订单的其他业务。

- 如果不存在，则代表这不是第 1 次请求，而是重复的请求，会终止后面的业务操作。

对于并发场景下的思考：在创建订单前删除 Token，还是在创建订单后再删除 Token？

如果是在创建订单前先删除，那么在用户多次请求到达下单接口（极端情况下）后，查询缓存 Redis，发现在 Redis 中已经删除了这个 Token，这会导致重复提交。

如果是在创建订单后再删除，那么在用户多次请求到达下单接口（极端情况下）后，第一个请求删除 Token 没有成功，之后的请求会发现该 Token，并且比对出它们是相等的，这也会导致重复提交。

所以，在应对并发修改场景下，对于 Token 的获取、比对和删除，需要使用原子操作。在 Redis 中可以用 Lua 脚本进行原子操作。

利用数据库的主键唯一特性和 Token 机制来避免重复提交，是一种比较常用的接口幂等性方案。对于重复提交的场景，需要依据业务进行分析，分析当前场景是否具备幂等性，如果不具有幂等性，则需要进行幂等性设计。

幂等性设计方案远不止以上这两种，例如，可以利用数据库的悲观锁和乐观锁，或者分布式场景下的分布式锁等，来防止重复提交。

3.1.3 如何避免更新中的 ABA 问题

在 3.1.1 节中讲到数据库更新时，如果是类似计算型的更新，则其是非幂等的；如果不是计算型的更新，则其是天然幂等的。因为，无论更新多少次，最终结果都是一样的。这种情况在大部分场景下都是没问题的，但在高并发场景下，就有可能是非幂等的，从而造成数据的不一致。

下面还用订单系统来描述在高并发场景下并发更新的非幂等问题。

用户在和商家讨价还价后提交订单等待商家修改价格，商家在商品页上将订单价格从原来的 100 元修改为 80 元。改完后，商家发现改错了，于是返回重新修改为 90 元，订单系统对于商家这两次的修改都执行成功了。

但是，由于网络异常原因，订单系统未及时将“前一次修改为 80 元成功的结果”返给订单页，从而触发了重试逻辑，所以，商品价格在被修改为 90 元之后又被修改为 80 元，即最终成交价格变成了 80 元，这就造成了数据的不一致，对商家也是一个损失。这是一个很经典的 ABA 问题。

那如何解决这种 ABA 问题才能保证并发更新时的幂等性呢？一个常用的方案是使用数据库的乐观锁来解决。即在订单系统的订单表中增加一个字段版本号（version），在每次更新时都判断两个版本号是否相等，如果不相等则不更新。具体流程如下：

（1）在订单页获取订单时，同时将订单版本号作为订单属性一起返给前端页面。

（2）在前端订单页修改订单时，将订单关键信息，如订单 ID（orderId）、修改的价格（newPrice）及获取的版本号（version）等，一起传到订单修改接口中。

（3）订单系统的订单修改接口在收到价格修改的请求后，首先判断当前传过来的版本号和数据库当前订单的版本号是否一致。如果不一致，则拒绝更新当前数据；如果一致，则更新当前数据，同时将版本号加 1。

"比较版本号""更新数据""对版本号加 1"这几个动作都必须保证原子性，即要在一个事务内，SQL 语句是下面这样的：

UPDATE order SET price = 80, version = version + 1 WHERE order_id = 10001 and version = 1

通过版本号可以保证从"订单在订单页被查询"到"成功更新这条数据"这期间内没有其他人能修改这条数据。只要有人修改了这条数据，版本号就会增加。版本号增加了，当前更新拿到的就是旧版本号，所以会更新失败，需要重新发起查询请求以获取最新的版本号。

加上版本号控制后，再来看一下是否保证了"订单并发修改"的数据一致性，如图 3-3 所示。

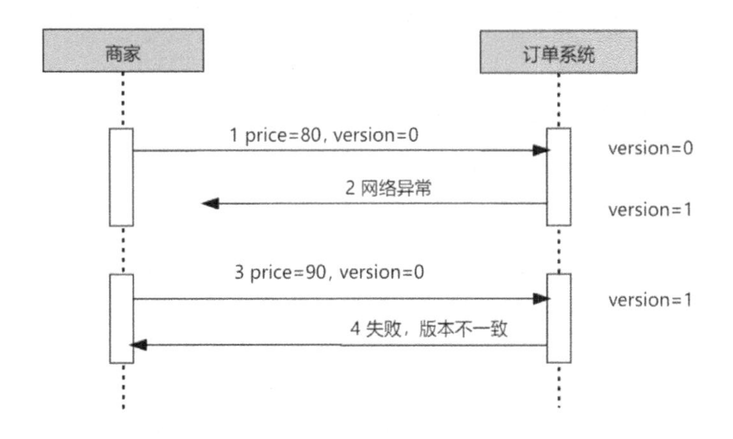

图 3-3

从图 3-3 中可看出，商家的并发修改解决了 ABA 问题：

- 当商家修改价格为 80 元时，携带了版本号 version=0，订单系统匹配发现刚传的版本号与数据库中的版本号是一致的，所以更新价格为 80 元成功，同时将版本号加 1。

- 当商家又将价格修改为 90 元时，刚传的 version=0，但当前订单的 version=1，所以当前价格更新失败。
- 商家看到更新失败的原因，就可以刷新当前页面，重新获取最新的版本号（version=1）进行订单修改。

3.2 接口参数校验——增强服务健壮性

随着互联网行业的高速发展，前后端分离的模式已经越来越流行，连接前端与后端的桥梁是接口。因此，在每个系统内都会定义很多的接口，以及接口所需要的参数信息。大部分接口都对参数有特殊的要求，只有经过校验的参数才能进行后续的操作。

那么，是“先由前端进行参数校验，然后请求接口即可进行实际的后端操作”，还是“除前端需要进行参数校验外，接口也需要进行参数校验”呢？为了提高接口的稳定性和健壮性，接口的参数校验显得尤为重要。

3.2.1 【实战】Spring 结合 validation 进行接口参数校验

接口对于参数的校验有多种标准，例如，有些参数有最大值和最小值的约束，有些参数有必须为数字的约束，有些参数有必须为手机号或电子邮箱的约束，有些参数有必须为身份证号的约束等。对于这些不同的约束，后端接口该如何优雅地进行参数校验参数呢？可以使用 Spring 组合符合 JSR303 标准的 validation（一个 Java 的数据校验包）优雅、高效地校验参数。下面来看一下具体该如何使用。

1. Spring 结合 validation 进行参数校验

validation 中的注解都位于“javax.validation.constraints”包内，这些注解名称及含义见表 3-1。

表 3-1 validation 注解

注解名称	含 义
@AssertFalse	必须为 False
@AssertTrue	必须为 True
@DecimalMax(value)	必须为一个不大于指定 value 值的数字
@DecimalMin(value)	必须为一个不小于指定 value 值的数字
@Digits(integer,fraction)	必须为一个小数，其中，整数部分的位数不超过 integer，小数部分的位数不超过 fraction
@Email	验证邮箱元素，也可以通过正则表达式和 flag 自定义电子邮箱格式
@Future	必须是一个将来的日期，即在当前时间之后

续表

注解名称	含　义
@FutureOrPresent	验证日期为当前时间或之后的一个时间
@Max(value)	验证当前值小于或等于指定 value 值
@Min(value)	验证当前值大于或等于指定 value 值
@NotBlank	验证元素值不为 null，移除两端空格后长度大于 0
@NotEmpty	验证元素值不为 null 且不为空（字符串长度不为 0，集合大小不为 0）
@NotNull	验证元素值不能为 null
@Null	验证元素值为 null
@Past	验证元素值必须为一个过去的日期，即在当前日期之前
@PastOrPresent	验证元素值为当前日期或过去的一个日期
@Pattern(value)	验证元素值必须符合指定 value 值的正则表达式
@Size(min,max)	限制元素介于 min 和 max 之间

在 Spring Boot 2.3.0 之后的版本中不会自动引入 validation 包，用户可以自己在 pom.xml 文件中引入 validation 包，如：

```
<dependency>
  <groupId>org.springframework.boot</groupId>
  <artifactId>spring-boot-starter-validation</artifactId>
  <version>2.3.4.RELEASE</version>
 </dependency>
```

在引入 validation 依赖后，就可以使用其提供的注解进行参数的校验了，具体步骤如下。

（1）在实体类的属性上加上需要验证的注解，如，在 UserInfo 类上验证属性 name 的长度必须为 2～10；密码 password 不能为空，以及年龄 age 必须为 16～100 岁。

```
public class UserInfo {
    private Long id;
    @Size(min = 2, max = 10, message = "姓名长度必须为 2～10")
    private String name;
    private Boolean gender;
    @NotNull(message = "密码不能为空")
    private String password;
    @Min(value = 16, message = "年龄最小为 16 岁")
    @Max(value = 200, message = "年龄最大为 100 岁")
    private Integer age;
  }
```

（2）在 Controller 层，使用@valid 启用接口层的@validation 注解的校验工作，如：

```
@PostMapping("/user")
    public UserInfo validateUser(@Valid @RequestBody UserInfo userInfo){
```

```
        return userInfo;
    }
```

（3）请求验证。请求地址“http:localhost:8090/user”的请求消息体为：

```
{
    "name":"t",
    "password":"123456",
    "age":18
}
```

由于参数 UserInfo 中的 name 值为“t”，而 name 注解要求的是其长度必须为 2～10，所以，该请求会失败，会报“[姓名长度必须为 2～10]”错误信息。

2. @validation 注解的校验流程

@validation 注解的校验如图 3-4 所示，用户请求接口，然后完成参数校验。

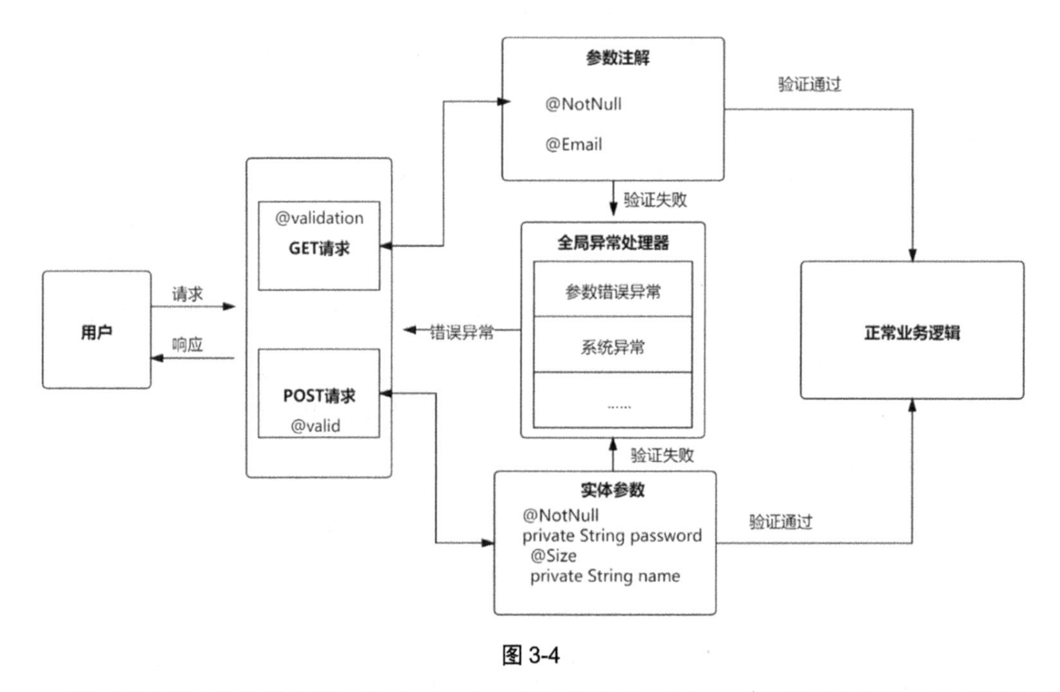

图 3-4

对于 GET 请求的参数验证，在 Controller 类上使用@validation 注解配合图 3-4 中列出的那些注解进行校验。

对于 POST 请求的参数验证，使用@valid 注解的方式校验表单内容的实体参数。如果验证通过，则进行具体的业务逻辑操作；如果验证失败，则抛出异常。

3.2.2 【实战】自定义参数校验注解

3.2.1 节中使用@validation 注解来进行接口参数的校验，这种方式虽然能满足一部分业务场景。但在复杂业务场景下，参数的校验会变得更加复杂，这种自带的注解一般就不能满足了，所以需要自定义参数校验注解。在 Spring 中，只需要两步即可自定义参数校验注解。

（1）自定义一个参数校验注解类，并为其指定校验规则的实现类。

（2）实现校验规则的实现类。

例 1

自定义一个注解类。这里以手机号的校验为例，自定义一个参数注解类 PhoneNumber，并为其指定一个实现类，如以下代码所示：

```
@Documented
@Constraint(validatedBy = PhoneNumberValidator.class)
@Target({ElementType.FIELD, ElementType.PARAMETER})
@Retention(RetentionPolicy.RUNTIME)
public @interface PhoneNumber {
    String message() default "无效的手机号码";
    Class[] groups() default {};
    Class[] payload() default {};
}
```

message、groups、payload 这 3 个属性都需要定义在参数注解类中。PhoneNumberValidator 实现类为参数注解类 PhoneNumber 的处理类。

PhoneNumberValidator 实现类的代码如下所示：

```
    class PhoneNumberValidator implements ConstraintValidator<PhoneNumber,
String> {
        @Override
        public boolean isValid(String phoneField, ConstraintValidatorContext
context) {
            if (phoneField == null) return true;
            return phoneField != null && phoneField.matches("[0-9]+")
                    && (phoneField.length() > 8) && (phoneField.length() < 14);
        }
    }
```

在使用时，只需要在属性上增加注解@PhoneNumber 即可。

例 2

再来看一个例子，以加深对自定义参数注解的理解。为了判断集合中不能含有空元素，定义一个@ListNotHasNull 注解，并为其指定实现类为 ListNotHasNullValidation，如以下代码所示：

```
import javax.validation.Constraint;
import javax.validation.Payload;
import java.lang.annotation.*;
@Target({ElementType.ANNOTATION_TYPE, ElementType.METHOD,
ElementType.FIELD})
@Retention(RetentionPolicy.RUNTIME)
@Documented
//指定该注解的实现类为 ListNotHasNullValidator
@Constraint(validatedBy = ListNotHasNullValidator.class)
public @interface ListNotHasNull {
    int value() default 0;
    String message() default "在 List 集合中不能含有 null 元素";
    Class<?>[] groups() default {};
    Class<? extends Payload>[] payload() default {};
    @Target({ElementType.METHOD, ElementType.FIELD,
ElementType.ANNOTATION_TYPE, ElementType.CONSTRUCTOR, ElementType.PARAMETER})
    @Retention(RetentionPolicy.RUNTIME)
    @Documented
    @interface List {
        ListNotHasNull[] value();
    }
}
```

ListNotHasNullValidator 实现类的代码如下所示：

```
import javax.validation.ConstraintValidator;
import javax.validation.ConstraintValidatorContext;
import java.util.List;
public class ListNotHasNullValidator implements
ConstraintValidator<ListNotHasNull, List> {
   private int value;
   @Override
   public void initialize(ListNotHasNull constraint) {
      this.value = constraint.value();
   }
   @Override
   public boolean isValid(List list, ConstraintValidatorContext
constraintValidatorContext) {
      for (Object object : list) {
         if (object == null) {
            //List contains null
            return false;
         }
      }
```

```
        return true;
    }
}
```

使用方式也是一样的——在需要验证的属性上增加注解@ ListNotHasNull 即可。

3.3　统一异常设计——跟杂乱无章的异常信息说再见

在日常开发中，有些程序会因为某些原因抛出异常。只要抛出了异常，就会中断程序的正常执行。在 Java 程序出现异常错误时，JVM 会收集出错的信息（代码位置、异常类型、异常原因），并将它们封装成一个对象，开发者可以对这个对象进行捕获处理。

3.3.1　Spring Boot 默认的异常处理机制

在 Spring Boot 项目启动成功后，如果访问一个不存在的地址，则会报 404 错误（找不到资源文件），如下：

```
    Whitelabel Error Page
    This application has no explicit mapping for /error, so you are seeing this
as a fallback.
    Wed Apr 28 16:55:54 CST 2021
    There was an unexpected error (type=Not Found, status=404).
```

这是因为，在控制器发生异常时，Spring Boot 会将请求发送到“/error”地址。处理这个异常请求的控制器是 BasicErrorController，它会跳转到默认的错误页面来展示异常信息。

异常资源文件的匹配是通过请求接口 HTTP 返回状态码来进行的。例如，在资源不存在返回状态码 404 时，会自动映射到 404.html 的页面；在返回状态码 405 时，会自动映射到 405.html 的页面；在返回状态码 500 时，会自动映射到 500.html 的页面。如果在项目中使用的是 ThymeLeaf 模板，则框架会去“src/main/resources/templates/error/”目录下寻找对应的异常页面，如图 3-5 所示。

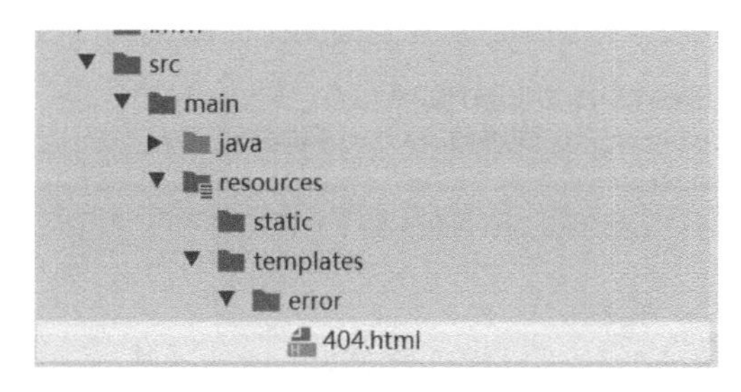

图 3-5

如果状态比较多（如包含 401、402、500、501 这样的状态码），则需要写很多 HTML 文件。可以让 4xx.html 对应 401、402 的异常页面，让 5xx.html 对应 500、501 的异常页面。

3.3.2 【实战】基于 Spring Boot 构建全局异常处理

Spring Boot 默认的异常处理机制对用户并不友好，例如在前后端分离系统中，协议基本上都采用 JSON 格式，且需要编写很多对应的异常页面。另外，在开发过程中一般都采用默认的异常机制来捕获业务异常信息，所以很难处理这些信息。可以对 Spring Boot 自带的异常机制进行自定义开发，这样就可以对业务异常及系统异常进行统一捕获、统一处理。

在企业级系统中，有必要在框架层进行统一的异常处理封装，如果不进行统一的封装，则会出现以下的问题：

- 由于没有统一的异常规范逻辑，从而导致每个开发人员都采用自己的异常处理习惯，所以整个系统的异常处理是杂乱无章的。
- 对于杂乱无章的异常信息，前端页面不知道怎么展示给用户，也不知道该如何进行后续的业务逻辑处理。
- 异常处理的不规范会给排查和定位问题带来一定的难度。

所以，在企业级系统中需要对异常进行统一处理，并尽量减少开发人员手动处理异常，以防止出现各种不规范，以及互相间的误用，这样可以减少风险。

1. @RestControllerAdvice 注解的原理

在 Spring Boot 中有一个@RestControllerAdvice 注解，利用它可以进行统一的异常处理。@RestControllerAdvice 注解的源码如下：

```
@Target({ElementType.TYPE})
@Retention(RetentionPolicy.RUNTIME)
@Documented
@ControllerAdvice
@ResponseBody
public @interface RestControllerAdvice {
    //重写@ControllerAdvice 注解的 value 属性
    @AliasFor(
        annotation = ControllerAdvice.class
    )
    String[] value() default {};
    //重写@ControllerAdvice 注解的 basePackages 属性
    @AliasFor(
        annotation = ControllerAdvice.class
```

```
    )
    String[] basePackages() default {};
    @AliasFor(
        annotation = ControllerAdvice.class
    )
    Class<?>[] basePackageClasses() default {};
    @AliasFor(
        annotation = ControllerAdvice.class
    )
    Class<?>[] assignableTypes() default {};
    @AliasFor(
        annotation = ControllerAdvice.class
    )
    Class<? extends Annotation>[] annotations() default {};
}
```

从源码中可看出，@RestControllerAdvice 注解包含@ControllerAdvice 注解和@ResponseBody 注解。如果在 Controller 层上使用的是@RestController 注解，则使用@RestControllerAdvice 注解进行统一的异常处理。接下来看一下@RestControllerAdvice 注解的异常处理原理，如图 3-6 所示。

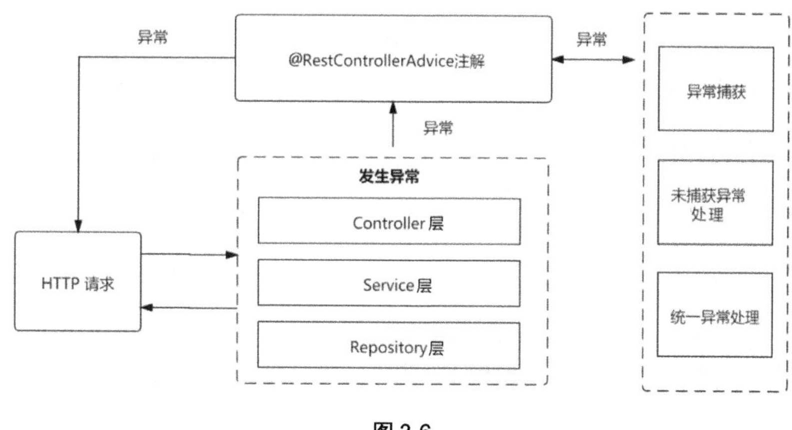

图 3-6

如图 3-6 所示，在发生 HTTP 请求时，异常处理是这样的：

（1）无论是系统中的 Controller 层、Service 层还是 Repository 层发生了异常，都会被@RestControllerAdvice 注解拦截。

（2）将拦截到的异常按照不同的类型进行处理，然后进行统一的封装。

（3）将统一封装的异常信息结果返给客户端。

2. 使用@RestControllerAdvice 注解进行统一的异常处理

使用@RestControllerAdvice 注解进行统一的异常处理分为两步。

（1）自定义异常类。

在应用中自定义异常类，如框架层的基础异常、业务异常等。下面定义了一个基础异常类 BaseException 和一个业务异常类 CustomException。

自定义基础异常类 BaseException：

```
**
 * 基础异常
 *
 */
public class BaseException extends RuntimeException
{
    private static final long serialVersionUID = 1L;
    /**
     * 所属模块
     */
    private String module;
    /**
     * 错误码
     */
    private String code;
    /**
     * 错误码对应的参数
     */
    private Object[] args;
    /**
     * 错误消息
     */
    private String defaultMessage;
    public BaseException(String module, String code, Object[] args, String
defaultMessage)
    {
        this.module = module;
        this.code = code;
        this.args = args;
        this.defaultMessage = defaultMessage;
    }
    public BaseException(String module, String code, Object[] args)
    {
        this(module, code, args, null);
    }
```

```
    public BaseException(String module, String defaultMessage)
    {
        this(module, null, null, defaultMessage);
    }
    public BaseException(String code, Object[] args)
    {
        this(null, code, args, null);
    }
    public BaseException(String defaultMessage)
    {
        this(null, null, null, defaultMessage);
    }
    @Override
    public String getMessage()
    {
        String message = null;
        if (!StringUtils.isEmpty(code))
        {
            message = MessageUtils.message(code, args);
        }
        if (message == null)
        {
            message = defaultMessage;
        }
        return message;
    }
    public String getModule()
    {
        return module;
    }
    public String getCode()
    {
        return code;
    }
    public Object[] getArgs()
    {
        return args;
    }
    public String getDefaultMessage()
    {
        return defaultMessage;
    }
}
```

这个 BaseException 类就是在框架层自定义的基础异常类，用来捕获所属模块所对应的异常信息，例如，在用户模块中新增用户出错，返回错误码 500，异常信息为用户名、联系方式等。

自定义业务异常类 CustomException：

```
/**
 * 自定义业务异常
 *
 */
public class CustomException extends RuntimeException
{
    private static final long serialVersionUID = 1L;
    private Integer code;
    private String message;
    public CustomException(String message)
    {
        this.message = message;
    }
    public CustomException(String message, Integer code)
    {
        this.message = message;
        this.code = code;
    }
    public CustomException(String message, Throwable e)
    {
        super(message, e);
        this.message = message;
    }
    @Override
    public String getMessage()
    {
        return message;
    }
    public Integer getCode()
    {
        return code;
    }
}
```

这样，业务中的一些异常（如“获取用户账号异常”）就可以直接使用 CustomException 类进行处理了。

（2）捕获全局异常并进行统一处理。

首先，新建一个用于捕获“全局异常”的统一处理类。

然后，在该处理类上增加@RestControllerAdvice 注解，那么，该类就被配置成全局异常统一处理类了。

接着，在该全局异常的统一处理类中新建方法，在方法中加上@ExceptionHandler 注解并指定需要处理的自定义异常类，之后在方法中开发异常的处理逻辑，如以下代码所示：

```
    /**
     * 全局异常处理器
     *
     */
    @RestControllerAdvice
    public class GlobalExceptionHandler
    {
        private static final Logger log =
LoggerFactory.getLogger(GlobalExceptionHandler.class);
        /**
         * 基础异常
         */
        @ExceptionHandler(BaseException.class)
        public BaseResponse baseException(BaseException e)
        {
            return BaseResponse.error(e.getMessage());
        }
        /**
         * 业务异常
         */
        @ExceptionHandler(CustomException.class)
        public BaseResponse businessException(CustomException e)
        {
            if (StringUtils.isNull(e.getCode()))
            {
                return BaseResponse.error(e.getMessage());
            }
            return BaseResponse.error(e.getCode(), e.getMessage());
        }
        @ExceptionHandler(NoHandlerFoundException.class)
        public BaseResponse handlerNoFoundException(Exception e)
        {
            log.error(e.getMessage(), e);
            return BaseResponse.error(HttpStatus.NOT_FOUND, "路径不存在，请检查路
径是否正确");
        }

        @ExceptionHandler(AccessDeniedException.class)
        public BaseResponse handleAuthorizationException(AccessDeniedException e)
        {
```

```
        log.error(e.getMessage());
        return BaseResponse.error(HttpStatus.FORBIDDEN, "没有权限，请联系管理员授权");
    }
    @ExceptionHandler(AccountExpiredException.class)
    public BaseResponse
handleAccountExpiredException(AccountExpiredException e)
    {
        log.error(e.getMessage(), e);
        return BaseResponse.error(e.getMessage());
    }
    @ExceptionHandler(UsernameNotFoundException.class)
    public BaseResponse
handleUsernameNotFoundException(UsernameNotFoundException e)
    {
        log.error(e.getMessage(), e);
        return BaseResponse.error(e.getMessage());
    }
    @ExceptionHandler(Exception.class)
    public BaseResponse handleException(Exception e)
    {
        log.error(e.getMessage(), e);
        return BaseResponse.error(e.getMessage());
    }
    /**
     * 自定义验证异常
     */
    @ExceptionHandler(BindException.class)
    public BaseResponse validatedBindException(BindException e)
    {
        log.error(e.getMessage(), e);
        String message = e.getAllErrors().get(0).getDefaultMessage();
        return BaseResponse.error(message);
    }

    /**
     * 自定义验证异常
     */
    @ExceptionHandler(MethodArgumentNotValidException.class)
    public Object validExceptionHandler(MethodArgumentNotValidException e)
    {
        log.error(e.getMessage(), e);
        String message =
e.getBindingResult().getFieldError().getDefaultMessage();
        return BaseResponse.error(message);
```

```
    }

    /**
     * 演示模式异常
     */
    @ExceptionHandler(DemoModeException.class)
    public BaseResponse demoModeException(DemoModeException e)
    {
        return BaseResponse.error("演示模式，不允许操作");
    }
```

这样在出现异常的地方会直接抛出异常。例如在用户登录时，如果获取用户信息出错，则可以这样处理：throw new CustomException("获取用户信息异常",HttpStatus. UNAUTHORIZED)。

3.4　统一封装 Response——智能的响应数据

在分布式、微服务盛行的今天，大部分项目都采用微服务构架搭建，并实现了前后端分离，这是为了更好地支撑公司业务的快速发展。然而，在前后端接口交互上，这些项目基本上都使用目前流行的 JSON 格式。

在 3.3 节介绍统一异常处理时说过：如果没有定义统一的响应规范，则每个开发者会采用自己习惯的定义方式，即一个系统的不同接口会有不同的响应格式。这就会给前端开发者带来很多困难——在一个系统中，他们需要针对每个接口设计一套解析规则。这是非常不可取的，会影响产品质量及迭代进度。

所以，对于后端接口服务需要规范响应数据。

3.4.1　接口响应数据的模型

接口响应数据的模型分为返回状态码模型、业务数据模型和响应体模型。下面分别看一下这 3 个模型是如何构建的。

1. 返回状态码模型

客户端在得到服务端响应数据后，一般根据响应状态码进行相应的处理。如果得到的状态码为 200，则代表当前请求是成功的，可以直接给用户展示结果；如果得到的状态码为 500，则代表服务端出现了异常，可能就给用户展示“兜底方案”。

在设计服务端响应数据状态码时不能随意，否则会非常混乱，辨识度不高，且定位问题不够精准。建议参考 HTTP 协议的标准状态码，如 200 表示请求成功，404 表示请求的资源不存在，即只要看到状态码就基本能猜测出当前是什么问题。常见的状态码有以下几种。

- 200：请求成功。
- 301：请求转发，转发到另一个 URL。
- 401：未授权。
- 404：请求的资源不存在。
- 500：服务器错误。

具体代码落地目前有以下两种常用的方案。

- 实体类 + 静态属性：创建响应状态实体类，并定义所有的状态属性为静态的。
- 枚举类：创建枚举的状态实体类，其中的枚举成员即定义的状态码。

使用“实体类 + 静态属性”返回状态码的方式如下：

```
public class HttpStatus
{
    /**
     * 操作成功
     */
    public static final int SUCCESS = 200;
    /**
     * 资源已被移除
     */
    public static final int MOVED_PERM = 301;
    /**
     * 资源、服务未找到
     */
    public static final int NOT_FOUND = 404;
    /**
     * 系统内部错误
     */
    public static final int ERROR = 500;
}
```

使用枚举类定义返回状态码的方式如下：

```
@Getter
@AllArgsConstructor
public enum HttpStatus {
    SUCCESS(200, "操作成功"),
    MOVED(301, "资源已被删除"),
    NOT_FOUND(404, "资源，服务未找到"),
    INTERNAL_SERVER_ERROR(500, "系统内部错误"),
    final int code;
    final String msg;
```

如果将服务端响应数据状态码定义得比较细，则可以按照区间的方式定义状态码，这样可以通过状态码大致判断出问题，见表 3-2。即如果状态码在 100～199 区间，则表明服务器已收到信息，需要请求者继续执行操作。

表 3-2

状态码分类	状态码区间	分类描述
1**	100～199	服务器收到请求，需要请求者继续执行操作
2**	200～299	请求成功，请求被成功接收且处理
3**	300～399	重定向，需要转换到另一个地址完成请求
4**	400～499	客户端错误，请求中的参数错误或者语法错误
5**	500～599	服务器错误，服务端处理请求产生了异常

2. 业务数据模型

业务数据是指在客户端请求服务端成功后服务端封装的响应信息。一般当返回的状态码为 200 时，会将业务对象返给客户端，客户端以此对象进行页面渲染，或由调用方来进行后续的业务逻辑处理。

例如，在用户登录成功后，个人中心模块获取的是用户的所有信息（姓名、电话、联系方式、图片、个人介绍等），这些用户信息就是业务数据模型。用户在电商平台上查看自己的订单列表信息，这个订单列表也是业务数据模型。

所以，业务数据模型就是一个对象。从数据结构来说，这个对象可以是普通类型（如字符串、整型等），也可以是实体类型（如用户信息 UserInfo 对象、订单 Order 对象），还可以是列表（List 对象）等，如以下代码所示：

```
public class UserInfo
{
    private static final long serialVersionUID = 1L;
    /** 用户 ID */
    private Long userId;
    /** 部门 ID */
    private Long deptId;
    /** 用户账号 */
    private String userName;
    /** 用户昵称 */
    private String nickName;
    /** 用户邮箱 */
    private String email;
    /** 手机号码 */
    private String phonenumber;
    /** 用户性别 */
```

```
    private String sex;
}
```

3. 响应体模型

响应体模型其实就是返回的状态码及业务数据模型的合集。一般它还包括一些错误信息（message），用来描述当前出错的原因，以更好地提示客户端和接口开发人员，进而提高排查效率。基本的响应体模型如下：

```
{
    "code":"返回状态码",
    "msg":"返回信息描述"
    "data":数据对象
}
```

例如，返回单个数据对象（用户信息）：

```
{
    "code":"200",
    "msg":"操作成功"
    "data":{
        "userId":"1000001",
        "userName":"test"
}
}
```

例如，返回用户列表：

```
{
    "code":"200",
    "msg":"操作成功"
    "data":[
        {
            "userId":"1000001",
            "userName":"test"

},
{
            "userId":"1000002",
            "userName":"test2"
}
]
}
```

如果列表页需要分页，则响应数据模型如下：

```
{
    "code":"200",
```

```
    "msg":"成功",
    "data":{
        "total":"2",
        "rows":[
            {
                "userId":"100001",
                "userName":"test1"
            },
            {
                "userId":"100002",
                "userName":"test2"
            }
        ]
    }
}
```

3.4.2 【实战】开发统一的响应数据模型，以应对不同业务

3.4.1 节介绍了接口响应数据的模型：返回状态码模型、业务数据模型及响应体模型。业界中对这种统一的接口响应数据有 3 种常用的开发方案。通常统一响应体结构模型包含 3 个属性（code、msg、data），如下所示：

```
{
    "code":"返回状态码",
    "msg":"返回信息描述"
    "data":数据对象
}
```

1. 使用泛型封装

对响应结构体中的数据对象 data（即业务数据对象 data）使用反射类型，在运行时才知道最终操作的类是什么，且在运行时可以获取该类的实际构造函数，并调用其对应的方法。所以，业务数据对象可以支持任意类型的对象，如以下代码所示：

```
@ApiModel
public class BaseResponse<T> implements Serializable {
 private static final long serialVersionUID = 1L;
 @ApiModelProperty(value = "返回编码")
 private Integer code;
 @ApiModelProperty(value = "返回消息提示")
 private String msg;
 @ApiModelProperty(value = "返回实体对象")
 private T data;
 public BaseResponse() {}
 public BaseResponse(Integer code, String msg, T data) {
```

```
    this.code = code;
    this.msg = msg;
    this.data = data;
  }
  //省略其他构造函数
  public static BaseResponseBuilder builder() {
    return new BaseResponseBuilder();
  }
  public static class BaseResponseBuilder {
    private Integer code;
    private String msg;
    public BaseResponseBuilder(){}
    public BaseResponseBuilder code(Integer code) {
      this.code = code;
      return this;
    }
    public BaseResponseBuilder msg(String msg) {
      this.msg = msg;
      return this;
    }
    public BaseResponse build() {
      return new BaseResponse(this.code, this.msg);
    }
    //省略 toString()方法
  }
  public static BaseResponse success() {
    return new BaseResponse(ResultCode.SUCCESS);
  }
  /**
   * 带有 data 实体数据返回
   * @param <T> 实体类型
   * @param data 实体
   * @return
   */
  public static <T> BaseResponse success(T data) {
    return new BaseResponse<T>(ResultCode.SUCCESS, data);
  }
  public static BaseResponse success(String msg) {
    return new BaseResponse(ResultCode.SUCCESS.getCode(), msg);
  }
  public static BaseResponse success(Integer code, String msg) {
    return new BaseResponse(code, msg);
  }
  public static <T> BaseResponse success(Integer code, String msg, T data) {
    return new BaseResponse<T>(code, msg, data);
```

```
    }
    public static BaseResponse success(ResultCode resultCode) {
     return new BaseResponse(resultCode);
    }
    public static BaseResponse error() {
     return new BaseResponse(ResultCode.INTERNAL_SERVER_ERROR);
    }
    public static <T> BaseResponse error(T data) {
     return new BaseResponse<T>(ResultCode.INTERNAL_SERVER_ERROR, data);
    }
    public static BaseResponse error(String msg) {
     return new BaseResponse(ResultCode.INTERNAL_SERVER_ERROR.getCode(),
msg);
    }
    public static BaseResponse error(Integer code, String msg) {
     return new BaseResponse(code, msg);
    }
    public static <T> BaseResponse error(Integer code, String msg, T data) {
     return new BaseResponse<T>(code, msg, data);
    }
    public static BaseResponse error(ResultCode resultCode) {
     return new BaseResponse(resultCode);
    }
    }
   }
```

2. 使用继承的方式封装

使用继承的方式封装，需要定义一个基类和一个业务实现类。这个业务实现类就是统一结构数据模型中的 data 数据。在基类中主要定义了 code 和 message，在具体的业务中单独新建一个实现类来继承该基类，如图 3-7 所示。

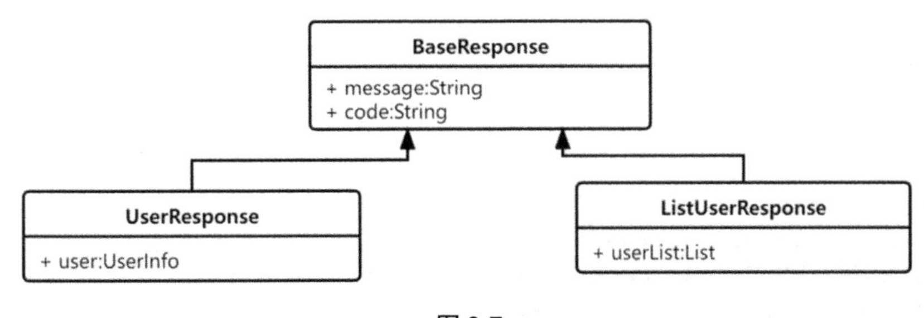

图 3-7

如图 3-7 所示，BaseResponse 是一个普通的 POJO 类，只包含最基础的属性——消息 message 和返回状态码 code。

- 如果要获取用户基础信息，则需要定义一个用户响应体 UserResponse 类，它继承自 BaseResponse 类，UserResponse 类中的属性即具体的用户信息实体。
- 如果要获取用户列表，则需要定义一个用户列表的响应体 ListUserResponse 类，它继承自 BaseResponse 类。同样，ListUserResponse 类中的属性即具体的用户列表实体。

（1）在代码编写上，这种继承的方式还是比较清晰方便的，如以下 BaseResponse 类的代码所示：

```
@Data
@NoArgsConstructor
@AllArgsConstructor
@Builder
public class BaseResponse {
    private String message;
    private String code = 200;          //状态码可以使用枚举来表示

    public boolean isSuccess() {
        return code == 200;
    }
}
```

（2）业务数据实体（UserResponse、ListUserResponse）继承 BaseResponse 类，如下所示：

```
@Getter
@Setter
@NoArgsConstructor
@AllArgsConstructor
@ToString(callSuper = true)
@EqualsAndHashCode(callSuper = true)
public class UserResponse extends BaseResponse {
    private UserInfo userInfo;
}
//用户列表 Response
@Getter
@Setter
@NoArgsConstructor
@AllArgsConstructor
@ToString(callSuper = true)
@EqualsAndHashCode(callSuper = true)
public class UserListResponse extends BaseResponse {
    private UserInfoList userInfoList;
}
//UserInfoList 实体演示
@Data
```

```
@NoArgsConstructor
@AllArgsConstructor
@Builder
public class UserInfoList {
    private List< UserInfoList> users;
    private int limit;
    private int offset;
}
```

如上代码使用继承的方式封装了统一的结构响应数据模型。使用方在调用时，直接使用业务数据模型即可。因为是类继承的模式，所以使用方既可以得到状态，也可以得到业务数据。

3. 使用 Map 封装

使用 Map 封装也很简单，和继承的方式是差不多的，唯一的区别是：使用 Map 封装将数据属性都封装在一个类中，即继承一个 HashMap。之后，返回状态码、返回消息及返回业务实体都在响应体中进行。其中，业务实体可以利用 Map 的键值对（key-value）的特性定义出更多个性化的数据。下面来看下代码是如何实现的：

```
public class BaseResponse extends HashMap<String, Object>
{
    private static final long serialVersionUID = 1L;
    /** 状态码 */
    public static final String CODE_TAG = "code";
    /** 返回内容 */
    public static final String MSG_TAG = "msg";
    /** 数据对象 */
    public static final String DATA_TAG = "data";
    /**
     * 初始化一个新创建的 BaseResponse 对象，使其表示一个空消息
     */
    public BaseResponse()
    {
    }

    /**
     * 初始化一个新的 BaseResponse 对象
     * @param code 状态码
     * @param msg 返回内容
     */
    public BaseResponse(int code, String msg)
    {
        super.put(CODE_TAG, code);
        super.put(MSG_TAG, msg);
    }
```

```
    /**
     * 返回成功数据
     * @return 成功消息
     */
    public static BaseResponse success(Object data)
    {
        return BaseResponse.success("操作成功", data);
    }

    /**
     * 返回错误消息
     *
     * @param msg 返回内容
     * @param data 数据对象
     * @return 警告消息
     */
    public static BaseResponse error(String msg, Object data)
    {
        return new BaseResponse(HttpStatus.ERROR, msg, data);
    }
    /**
     * 返回错误消息
     * @param code 状态码
     * @param msg 返回内容
     * @return 警告消息
     */
    public static BaseResponse error(int code, String msg)
    {
        return new BaseResponse(code, msg, null);
    }
}
```

4. 3 种封装方式的总结

上述这 3 种封装方式并没有好坏之分，怎么选用取决于团队的使用习惯，在团队中保持统一就好。这 3 种封装方式在生产级项目中都有广泛的使用。

下面是对统一响应结构数据模型的 3 种封装方式的简单总结：

- 泛型封装，这是一种组合方案，在目前企业系统中使用较多，也是在开发中最容易想到的一种方案。

在 Spring Feign 开发中需要注意一点：由于在 Java 编译期间，泛型信息会被消除（即泛型擦除），所以，在较低版本的 Feign 框架中会出现 BaseResponse 中的泛型数据不能显示的情况，这可以通过升级 Feign 框架的版本来解决。

- 继承封装，利用了 Java 的继承的特性，可以定制化开发各种业务数据模型。该方案的优点是开发简单，逻辑清晰，需要什么就创建什么；缺点是在代码中需要创建很多业务模型实体，不过影响不是很大。
- Map 封装，也归属于继承方案，像前两者的融合体，只不过业务数据模型直接使用 Object 类来替代了，避免了 Java 的泛型擦除，但需要在程序中有强类型转换操作。使用 Map 封装还有一个好处：可以自定义除 code、message 和 data 外的一些属性。

3.5　编写高质量的异步任务

企业级系统，不管是单体系统、分布式系统还是微服务系统，大部分请求和响应都是同步的，即是一个“客户端发起请求→等待获取响应”的过程。但是会有这样一种场景：在业务主流程完成后，需要调用另一个系统，或需要做一些辅助性的但不可或缺的逻辑操作。对于这类操作，则需要发起异步任务。

在电商平台中，在用户下单付款后，系统需要调用仓储平台进行发货，需要调用短信平台发送下单成功的短信通知，以及需要调用营销平台给用户发送优惠券等，这些都是异步任务。

3.5.1　为什么要编写异步任务

发送通知类信息（短信、邮件），或调用第三方系统等场景，适合使用异步任务进行处理。即如果被调用的方法执行时间较长，且其结果对当前调用操作并没有任何影响，那么这样的调用就适合使用异步任务。

1. 异步任务的使用场景

异步任务的优点：降低性能开销，以及为用户带来更好的体验。下面这些场景均适合使用异步来处理。

- 没有时序上的严格关系，即被调用方和调用方无须在执行顺序上保持一致。
- 不影响主流程逻辑，即被调用方的结果都不会对当前主流程有影响。

- 不涉及资源共享，或只是对共享资源进行“读”操作。
- 不需要保证原子操作，或可以通过其他方式控制原子性。
- I/O 操作之类的耗时操作。

2. 真实场景下的异步任务

下面分析企业系统真实场景中的异步任务：

- 在用户下单支付、注册等场景下，给用户发送短信验证码可以使用异步任务，因为其对时效性要求没有那么高，如果在一定的时间段内用户没有等到验证码，则用户可以继续再次获取验证码。
- 发放优惠券和卡券，可以在活动瞬时流量高峰过去之后采取异步任务。要注意的是，要确保给用户发送成功。
- 发送微信红包。在业务操作完成后，微信会通知用户红包的情况，可以使用异步任务。在涉及资金或者礼品时，一定要谨慎对待设计，且需要有方便进行异步任务停止/启动的功能。
- 微信消息通知。在业务操作完成后，可以使用异步任务调用微信来让微信发送通知消息。
- 后台任务处理（如数据同步或者业务中的补偿机制）都可以使用异步任务来操作。

3. 异步任务的好处

在系统中使用异步任务有如下几点好处：

- 可以给客户端立刻返回结果，不必等待后续流程结果。
- 可以延迟返给调用方最终结果，在此期间可以进行其他的额外逻辑处理，例如结果的统计操作。
- 在异步任务执行的过程中，可以释放占用的线程等资源，避免阻塞，等到最终结果计算出后再重新获取线程处理。
- 对于聚合性的计算结果，异步任务可以等到所有调用结果产生之后，再统一返回最终的结果集合，以提高响应效率。

3.5.2 【实战】基于 Spring 开发高质量的异步任务

在 Spring 中，可以通过 Java 的线程池来原生支持异步任务的开发。在 Spring 中封装了一个 ThreadPoolTaskExecutor 类，在进行进程间的异步任务时就可以使用该类来操作。

1. ThreadPoolTaskExecutor 类的原理

ThreadpoolTaskExecutor 类其实是由一个线程池加一个前置的任务队列组成的，如图 3-8 所示。

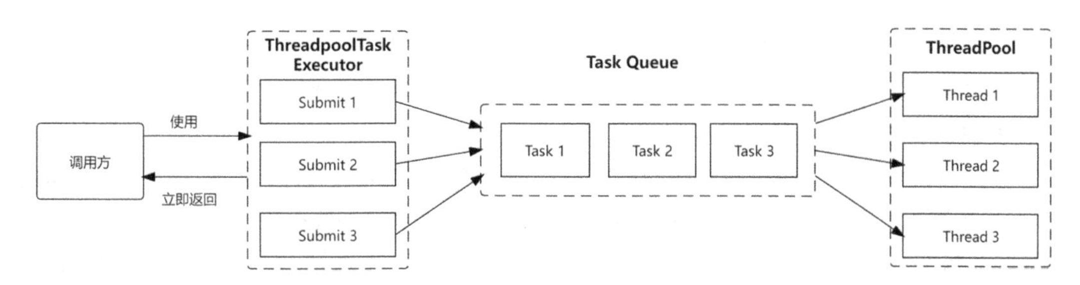

图 3-8

（1）调用方使用 ThreadpoolTaskExecutor 类提交（Submit）任务。

（2）ThreadpoolTaskExecutor 类将当前响应立刻返给调用方。

（3）ThreadpoolTaskExecutor 类所提交的任务（Task）被放入任务队列 Task Queue 中。

（4）线程池（ThreadPool）依据当前的线程（Thread）空余情况及负载情况，从任务队列（Task Queue）中获取任务（Task）进行处理。

2. 异步任务开发

在 Spring 中进行进程内的异步任务开发是很方便的，分为以下两步。

（1）配置异步线程池 Bean。

在项目中新建一个异步任务配置类（如 AsyncConfig），然后将线程池相关配置写进其中，如以下代码所示：

```
@Configuration
@EnableAsync
public class AsyncConfig {
    public static final String ASYNC_EXECUTOR_NAME = "asyncExecutor";
    @Bean(name=ASYNC_EXECUTOR_NAME)
    public Executor asyncExecutor() {
        ThreadPoolTaskExecutor executor = new ThreadPoolTaskExecutor();
        // 线程池相关配置
        executor.setTaskDecorator(new ContextCopyingDecorator());
        executor.setCorePoolSize(4);
        executor.setMaxPoolSize(8);
        executor.setQueueCapacity(100);
        executor.setWaitForTasksToCompleteOnShutdown(true);
        executor.setThreadNamePrefix("AsyncThread-");
        executor.initialize();
        return executor;
    }
}
```

如上代码所示，注解 @EnableAsync 开启了异步多线程处理，注解 @Bean 给当前异步任务配置 Bean 定义了一个名字。之后的步骤和 Java 的线程池的配置类似了，可以配置核心线程池以最大线程池大小。

- CorePoolSize：核心线程数，核心线程会一直存活，即使没有任务需要执行。当线程数小于核心线程数时，即使有线程空闲，线程池也会优先创建新线程来处理仜务。
- MaxPoolSize：最大线程数，当线程数大于或等于核心线程数 CorePoolSize，并且任务队列已经满时，线程池会创建新的线程来处理任务。当线程数等于最大线程数 MaxPoolSize，且队列已满时，线程池会依据拒绝策略来做相应的任务拒绝处理。
- QueueCapacity：任务队列容量，当核心线程数达到最大时，新提交的任务会在队列里面排队等待被执行，队列存放的数据大小和分配的内存大小有关系。

对于线程池大小的配置没有一个固定的数值。因为每个应用的每个场景和其所面对的流量都有所不同，所以线程池大小并没有所谓的标准输入值或经验值。一般都是先在系统中预定义一个数值（如当前宿主机的 CPU 核数），然后通过系统性能测试监控指标，以更贴切业务的值去配置线程池的大小。

（2）引入注解@Async 以支持异步。

在开启异步任务配置 Bean 后，就可以编写异步任务的代码了，只要在需要异步操作的方法上加上一个注解@Async 即可。例如，在用户下单成功后，在给用户异步发送短信通知时就只需要以下这样编写：

```
@Async(AsyncConfig.ASYNC_EXECUTOR_NAME)
public void sendSms(String userId) {
      BaseResponse baseResponse = null;
      try {
         SMSRequest sms =                    //构造发送短信的请求
         //请求短信接口
         baseResponse = botClient.sendSmsGreeting(sms);
      } catch (Exception ex) {
         String errMsg = "发送短信出现异常！";
         handleException(logger, ex, errMsg);
         throw new ServiceException(errMsg, ex);
      }
      if (!baseResponse.isSuccess()) {
         handleError(logger, baseResponse.getMessage());
         throw new ServiceException(baseResponse.getMessage());
      }
   }
```

所以，进行异步处理的动作很简单：照常写真正执行的代码，只需要在方法上增加@Asyn（异步任务 Bean 的名称）即可自动进行异步处理了。

3. 在 Spring Boot 中使用异步任务的注意点

在 Spring Boot 中使用异步任务是非常简单的，但是在实际开发中需要注意以下两点。

（1）调用方与被调用方异步执行的代码不能在同一个 Bean 中。

例如，在订单系统中成功创建订单后，需要异步发送短信通知，则在创建订单的 OrderService 类中，不能将发送短信的方法 sendSms()写在创建订单的 OrderSrvice 类中，否则异步任务不能正常执行。

既然不能将调用方与被调用方放在同一个 Bean 中，那就把异步执行的方法提取到一个单独的、专门发送异步任务的 Bean 中。例如，可以创建一个名为 AsyncHelper 的 Bean 类，其中放有系统中各种异步执行的代码（发送短信、调用三方系统等），这样就可以使用异步任务工作了。

（2）如何复制线程上下文域。

由于调用方和被调用方是由不同线程执行的，所以，在异步执行中是不能获取调用方的部分信息的，例如请求方的用户相关信息、调用链信息等。那该如何复制上下文的数据信息呢?

在开发时，可以编写一个装饰类将线程上下文进行复制，在执行完后再恢复线程，如以下代码所示：

```
public class ContextCopyingDecorator implements TaskDecorator {
    @Override
    public Runnable decorate(Runnable runnable) {
        RequestAttributes context =
RequestContextHolder.currentRequestAttributes();
        return () -> {
            try {
                RequestContextHolder.setRequestAttributes(context);
                runnable.run();
            } finally {
                RequestContextHolder.resetRequestAttributes();
            }
        };
    }
}
```

以上装饰类 ContextCopyingDecorator 的具体执行过程说明如下。

①通过 RequestContextHolder.currentRequestAttributes()方法复制请求上下文。

②通过 RequestContextHolder.setRequestAttributes(context)方法将上下文传递给信息的线程。

③通过 RequestContextHolder.resetRequestAttributes()方法在返回时恢复上下文。

3.6 DTO 与 PO 的互相转换

在项目开发中，经常会遇到两种数据对象：DTO（Data Transfer Object，数据传输对象）和 PO（Presistent Object，持久化对象）。有些开发人员不习惯定义这两种对象，而习惯定义一个实体类，之后对于传输及持久化通过代码去隔离。

3.6.1 什么是 DTO、PO

DTO 指在接口的请求及响应时传输的对象。

PO 和关系型数据库的数据结构形成一一对应的映射关系，在业务中也常被作为数据模型对象。

DTO 与 PO 的转换流程如图 3-9 所示。

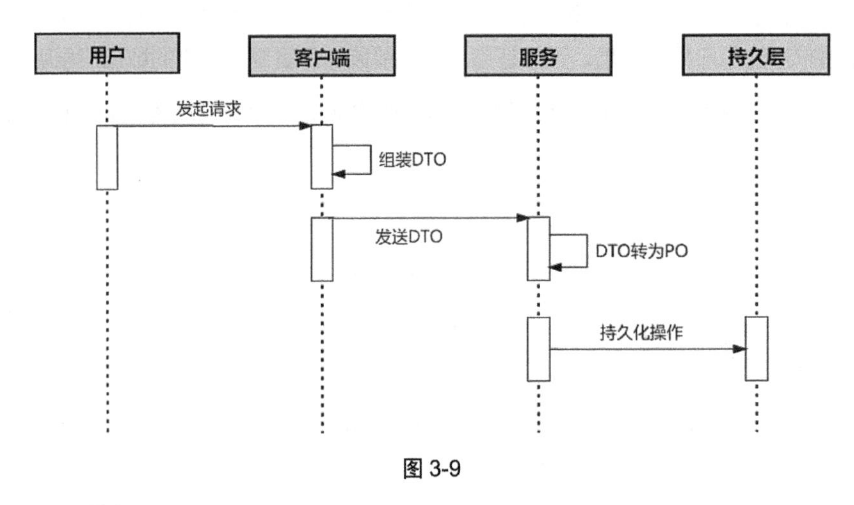

图 3-9

从图 3-9 可看出：

- 在用户发出请求后，客户端对请求参数数据进行了封装。
- 客户端按照与服务端约定的 DTO 数据格式对请求进行了封装，再通过网络将其发送到服务端。
- 服务端接收到客户端传来的 DTO 后，依据业务将 DTO 转为 PO，再进行相应的业务逻辑处理，最后将 PO 进行关系型数据库的持久化处理。

此处定义的 PO 可以被理解为在业务系统中操作的数据模型数据，而不只是持久化数据对象。在有些项目中还定义了很多的这个对象，如 VO、DO 等，它们的用途与 PO 基本相同，只是不同的开发者有不同的定义习惯而已，只要和业务逻辑保持一致即可。

在这里 PO 只是一种泛指，在有些项目中它也被叫作 Entity 数据对象，常见的是在包中有一个 xxx.entity 的包，其中就是这种 Entity 数据对象。

建议：在一个项目中不要定义太多的这种数据对象。如果太多，那么在理解上就可能会增加难度。一般有了 DTO 和 PO 基本就够用了，团队中应保持编码风格一致。

3.6.2 【实战】实现 DTO 与 PO 的互相转换

在系统设计时，DTO 和 PO 数据模型一般都采用同一套模型，那么势必会遇到两者互相转换的问题，所以，需要开发一个工具以实现“只要能进行属性间的相互复制，就能实现它们的互相转换”。

1. ModelMapper 自动映射

ModelMapper 是一个旨在简化对象映射的框架，它根据约定处理对象之间的映射方式，为处理特定用例提供一个简单的、安全的、可重构的安全 API。

如果是由开发人员手动来做这些工作，则需要编写大量的代码，会消耗开发者的大量时间。幸运的是，可以使用 ModelMapper 这种专业映射工具来实现对项目中的 DTO 和 PO 进行转换。

接下来看看在项目中如何使用 ModelMapper 进行自动转换。

（1）引入 ModelMapper 的依赖。

如果想在项目中使用 ModelMapper，则需要在项目中引入其依赖：

```
<dependency>
  <groupId>org.modelmapper</groupId>
  <artifactId>modelmapper</artifactId>
  <version>2.4.2</version>
</dependency>
```

接下来就可以使用 ModelMapper 提供的相关 API 了。如果不是 Maven 项目，则可以去 ModelMapper 官网下载 JAR 包并添加到项目中。

（2）进行 Mapping 映射。

下面使用 ModelMapper 来映射一些对象，如以下两种对象。

- Source model：源数据模型，类似于 PO 数据模型。
- Destination model：目的数据模型，类似于 DTO 数据模型。

Source model 如下：

```
// 假设每个类都已经写好了 setter()和 getter()方法，这里略去
class Order {
  Customer customer;
  Address billingAddress;
}
class Customer {
  Name name;
}
class Name {
  String firstName;
  String lastName;
}
class Address {
  String street;
  String city;
}
```

Destination model 如下：

```
// 假设每个类都已经写好了 setter()和 getter()方法，这里略去
class OrderDTO {
  String customerFirstName;
  String customerLastName;
  String billingStreet;
  String billingCity;
}
```

现在就可以使用 ModelMapper 隐式地将 Order 实例映射为新的 OrderDTO 实例了：

```
ModelMapper modelMapper = new ModelMapper();
OrderDTO orderDTO = modelMapper.map(order, OrderDTO.class);
```

通过上面这两行代码就完成了两种数据模型之间的映射。使用 ModeleMapper 是非常方便的。

接下来，测试所有属性是否都按照预期进行映射：

```
  assertEquals(order.getCustomer().getName().getFirstName(),
orderDTO.getCustomerFirstName());
  assertEquals(order.getCustomer().getName().getLastName(),
orderDTO.getCustomerLastName());
  assertEquals(order.getBillingAddress().getStreet(),
orderDTO.getBillingStreet());
  assertEquals(order.getBillingAddress().getCity(),
orderDTO.getBillingCity());
```

有的开发人员用 Spring 的 BeanUtils 工具做类似以上的工作，但是，BeanUtils 工具只能做一

些简单的一对一的字段映射和复制。而 ModelMapper 是专业的 Java Mapping 框架，具有很灵活的配置和智能映射能力。

（3）ModelMapper 的工作原理。

在调用 map()方法时，会先分析源类型和目标类型，以根据匹配策略和其他配置确定哪些属性需要进行隐式匹配，然后根据这些匹配映射数据。

即使源对象和目标对象的属性不同（如上面的示例所示），ModelMapper 也会尽最大努力根据配置的匹配策略，将源对象和目标对象的属性进行匹配。

所以，在项目开发中进行模型转换时，经常会出现如下操作：

- 服务端在收到客户端的 DTO 后，通过 ModelMapper 框架将 DTO 的内容转换为 PO 的业务数据模型进行操作并存储。
- 服务端在对关系型数据库获取的 PO 进行相关处理后，通过 ModelMapper 框架将 PO 模型转换为与客户端约定好的 DTO 模型。

2. 与 ModelMapper 类似的框架

还有一些与 ModelMapper 功能类似的映射框架，目前比较流行的 Java 映射框架有如下 4 种。

（1）Dozer。

Dozer 使用递归将数据从一个对象复制到另一个对象。该框架不仅能在 Bean 之间复制属性，还能实现不同类型数据之间的自动转换。

使用 Dozer 时，在项目中添加如下依赖即可：

```
<dependency>
    <groupId>com.github.dozermapper</groupId>
    <artifactId>dozer-core</artifactId>
    <version>6.5.0</version>
</dependency>
```

（2）Orika。

Orika 递归地将数据从一个对象复制到另一个对象。

Orika 的工作原理与 Dozer 相似。两者的主要区别是：Orika 是使用字节码生成的，所以它可以用更小的开销生成更快的映射器。

使用 Orika 时，在项目中添加如下依赖即可：

```
<dependency>
    <groupId>ma.glasnost.orika</groupId>
```

```
    <artifactId>orika-core</artifactId>
    <version>1.5.4</version>
</dependency>
```

（3）MapStruct。

MapStruct 是一个自动生成 Bean 映射器类的代码生成器，它能够实现不同数据类型之间的转换。使用 MapStruct 时，在项目中添加如下依赖即可：

```
<dependency>
    <groupId>org.mapstruct</groupId>
    <artifactId>mapstruct</artifactId>
    <version>1.3.1.Final</version>
</dependency>
```

（4）JMapper。

JMapper 旨在提供易于使用的、高性能的 Java Bean 之间的映射。该框架允许以下 3 种配置方式：

- 基于注释。
- 基于 XML。
- 基于 API。

使用 JMapper 时，在项目中添加如下依赖即可：

```
<dependency>
    <groupId>com.googlecode.jmapper-framework</groupId>
    <artifactId>jmapper-core</artifactId>
    <version>1.6.1.CR2</version>
</dependency>
```

开发者在进行技术选型时，可以根据自己的需要进行选择。

3.7 优雅的 API 设计——对接“清爽”，不出错

在微服务架构中，各个微服务之间进行交互一般通过 REST 或 gRPC 的方式，将这样的交互方式固化下来就形成了对外开放的 API（Application Programming Interface，应用程序接口）。有了这些 API，就有了微服务之间交互的桥梁。应用外部的使用者无须关心微服务的内部使用细节，因为 API 帮助其屏蔽了这些细节。这样，API 就成了微服务与应用外部的使用者交互的唯一通信方式。由此可以看出微服务 API 的重要性。从受众的角度来看，微服务 API 的主要使用者是其他微服务（即应用内部的使用者），这与在线的 API 有点不一样——在线 API 的主要使用者是外部用户。

在某些项目的初期，客户端或者 Web 浏览器是可以直接访问微服务的 API 的，但是一般不建议这样做。在项目成型后，客户端或者 Web 浏览器一般使用 API 网关来与微服务进行交互。

3.7.1　最好采用“API 先行”策略

API 是指一些预先定义的接口（如函数、HTTP 接口），或指软件系统不同组成部分衔接的约定。其用来提供应用与开发人员基于某个软件或硬件访问资源的一组例程，而又无须访问源码或理解其内部的工作机制。

由于 API 在整个应用中非常重要，所以，在构建应用和设计微服务之前，必须先将 API 设计出来，即所谓的“API 先行”策略。“API 先行”策略有以下两个好处：

- API 提供者能从全局的角度把控微服务所提供服务的特性，以及业务的功能点。
- API 调用者在前期可以根据 API 文档进行业务的开发，不必等待服务提供者完成全部的 API 功能。

“API 先行”策略把 API 设计放在具体的功能实现之前，更多从 API 使用者的角度来进行 API 设计。

有些服务（对外在线服务或者单体系统）是“先有具体的功能实现，之后才有公开的 API”的。这是因为，在这类服务的建设过程中，起初并没有考虑到要公开 API，在功能实现之后才考虑对服务增加公开的 API。

所以，开发组在接到需求并评审通过后，在实施开发前，首要做的就是设计 API。此时需要注意以下几点：

- 最好让 API 提供者和 API 使用者对业务场景进行充分的讨论，目的是“让 API 为使用而设计”。
- API 提供者和 API 使用者讨论的最终结果，要固化下来形成 API 规范（即由 API 提供者编写出 API 的具体文档）。
- 确定下来的 API 规范，是 API 提供者和 API 使用者之间的契约。API 提供者依据该契约进行具体的逻辑实现，API 使用者依据该契约进行客户端代码的编写，互不影响。

在微服务架构设计与实现中，“API 先行”策略显得尤为重要。清晰且规范的 API，对于整个微服务的落地起到催化剂的作用。

3.7.2 API 的设计原则

每家企业（甚至每个开发人员）的 API 设计习惯可能都不一样，很难对其进行评价。但是，一个好的 API 一定是经过精心设计的，一定是依据自身业务场景进行各方面考量之后得到的。接下来让我们看看在设计 API 时有哪些业界原则可参考。

1. API 实现方式

在设计 API 时，第一步是确定当前 API 的实现方式。表 3-3 中列举了目前常用的 API 实现方式的传输协议和报文格式。

表 3-3

实现方式	传输协议	报文格式
REST	HTTP 1.0	JSON
gRPC	HTTP 2.0	Protocol Buffers
SOAP	HTTP 1.0	XML

在以前的企业级系统对接中，通常使用的是 SOAP 方式。如今的互联网企业已经很少使用 SOAP 方式了。

现在比较流行的是 REST 和 gRPC 方式。REST 和 gPRC 方式有一些区别：

- REST 方式使用文本格式，gRPC 方式使用二进制格式。
- REST 方式比 gRPC 方式更流行。
- gRPC 方式的性能要高于 REST 方式。

2. API 版本兼容

随着企业业务的不断发展，部分功能会发生变更，所对应的接口可能无法满足当前业务发展的需求，需要让接口随着业务不断迭代。

对服务端来说，在 API 实现完成后就可以直接将其打包（由于其在机房中或在云服务器上）。但对客户端来说，API 的升级就没有这么简单了。API 的升级会给 API 使用者带来困扰，导致本来可以正常使用的功能不能使用了，如果要继续使用，则必须将客户端升级为最新版。

为了解决 API 版本不兼容的问题，RESTful API 设计思想中有一个很好的方法——在 API 中利用版本号来选择具体版本。

```
【GET】http://xxx/v1/users/   表示获取版本号为 v1 的用户列表
【GET】http://xxx/v2/users/   表示获取版本号为 v2 的用户列表
```

在 URI 中增加了版本号，服务端就可以依据版本号（v1、v2）来路由到具体版本的接口实现上了。这样，新升级的客户端就可以使用版本号为 v2 的 API，而还没有升级的客户端依然可以使用版本号为 v1 的 API，这样不影响整个产品的迭代。

但这样会有一个问题：接口需要不停迭代，特别是那些原先定义得不太清晰的接口，这样会生成很多版本的 API。开发者要对一个接口维护很多的版本，这是一个很重的负担。所以，常规的做法如下：

- 服务端并不维护所有的版本，而只维护最新的几个版本，如最新的 3 个版本。
- 服务端通过监控平台监控老版本的使用人数。
- 对于使用量不大的客户端，可以将其强制升级为最新版本，让用户使用最新版的 API 服务。

除使用 URI 前缀的方式增加版本号外，也可以使用 Header 或 Query 来传送版本号，只不过需要在服务端编写相应的拦截器。

3. API 功能尽量单一

在设计 API 时，API 所提供的服务应该单一。

例如，在用户修改个人资料和修改密码这两种业务场景中，可以先设计一个 API（/users/{user_id}/update）让用户既可以修改密码又可以修改资料；接着定义以下这样的传输对象：

```
{
  "username": "用户名",
  "content": "个人描述",
  "password": "密码"
}
```

如果是修改用户个人资料，则不需要密码属性，password 属性就多余了；如果是修改密码，则只有一个 password 属性是不够的，一般还需要一个旧密码 oldPassword 属性和一个确认密码 confirmPassword 属性。于是，这个接口就会演化成以下这样才能满足这两个功能：

```
{
  "username": "用户名",
  "content": "个人描述",
  "oldPassword": "旧密码",
  "password": "新密码"
  "confirmPassword": "确认密码"
}
```

这样的 API 设计，对服务开发者来说，需要在同一个实体中设计很多的冗余属性；对于 API 使用者来说，在对接上会产生理解上的困惑，不太友好。

所以，建议使用两个 API，这样就很清晰了：

```
URI: /users/{user_id} //修改用户个人资料
{
  "username":"用户名",
  "content":"个人描述"
}
URI: /users/{user_id}/password
{
  "oldPassword":"旧密码",
  "password":"新密码",
  "confirmPassword":"确认密码"
}
```

然后，在 API 服务端的实现中创建两个对应的 DTO，分别对应这两个 API。

4. API 安全性

安全是设计任何软件时都需要考虑的一个重要因素。在设计 API 时，必须要考虑 API 是否具备足够的安全性，所以，在 API 设计中需要考虑以下几点：

- 非 API 规范的调用是否会对系统造成影响。
- 接口使用方是否存在对接口的不正常混用。
- 从浏览器访问 API 是否会存在因为安全漏洞而非法入侵系统的情况。

所以，在设计 API 时，应该考虑各种场景中响应的应对措施。对于非 API 规范的调用，API 不应该进入业务处理流程，并能够及时给出错误提示信息。对于接口的不正常混用，需要做一些控制方案，如限速/封停方案。对于因为安全漏洞而非法入侵系统的情况，可以让 API 返回一些安全的增强头部，例如 X-XSS-Protection、Content-Security-Policy 等。

对于内部系统，更多考虑的是系统本身的健壮性：对于接收的数据，需要做足够多的参数验证及权限校验；对于非法的访问，要给出对应的错误提示信息，并依据业务逻辑进行正常的处理。

3.7.3 RESTful API 设计的规范

3.7.1 节中已经介绍过，API 在如今的互联网应用的前端和后端之间起到了桥梁的作用，所以这也就促使“API 先行”策略流行起来。而 RESTful API 是目前比较成熟的互联网应用的 API 设计思想。接下来依据 RESTful API 的相关设计规范，来介绍如何设计一套合适、好用的 API。

1. URI

URI 表示资源。资源一般对应于服务器领域模型中的实体信息。URI 有如下几个特性：

- 是地址也是资源。
- 不使用大写，使用小写。
- 使用中横杠（-），不用下横杠（_）。
- 可以携带版本号和后缀以区分功能。
- 在命名上，一般使用名词，不用动词。名词在表示资源集合时使用复数形式。
- 层级结构应清晰，用斜杠（/）来表示。
- 用问号（？）来过滤请求资源。
- 避免使用过深层级的 URI，如 GET /users?name=test。

2. HTTP 动词

HTTP 方法中常用的动词有以下 5 个。

- GET（查询）：从服务器中获取单个资源或者多个资源的集合。
- POST（创建）：在服务器上新建单个资源。
- PUT（更新）：在服务器上更新资源，客户端提供需要更新的完整资源。
- PATCH（更新）：在服务器上更新资源，客户端提供需要更新的部分资源。
- DELETE（删除）：在服务器上删除资源。

下面来看一些例子。

GET /zoos：列出所有动物园。

POST /zoos：新建一个动物园。

GET /zoos/id：获取某个指定动物园的信息。

PUT /zoos/id：更新某个指定动物园的信息（提供该动物园的全部信息）。

PATCH /zoos/id：更新某个指定动物园的信息（提供该动物园的部分信息）。

DELETE /zoos/id：删除某个指定动物园。

GET /zoos/ID/animals：列出某个指定动物园中的所有动物。

DELETE /zoos/ID/animals/id：删除某个指定动物园中的指定动物。

常用的 GET 请求和 POST 请求在资源的处理上是有区别的。下面来看看 GET 请求和 POST 请求的主要流程。

GET 请求的主要流程如图 3-10 所示。POST 请求的主要流程如图 3-11 所示。

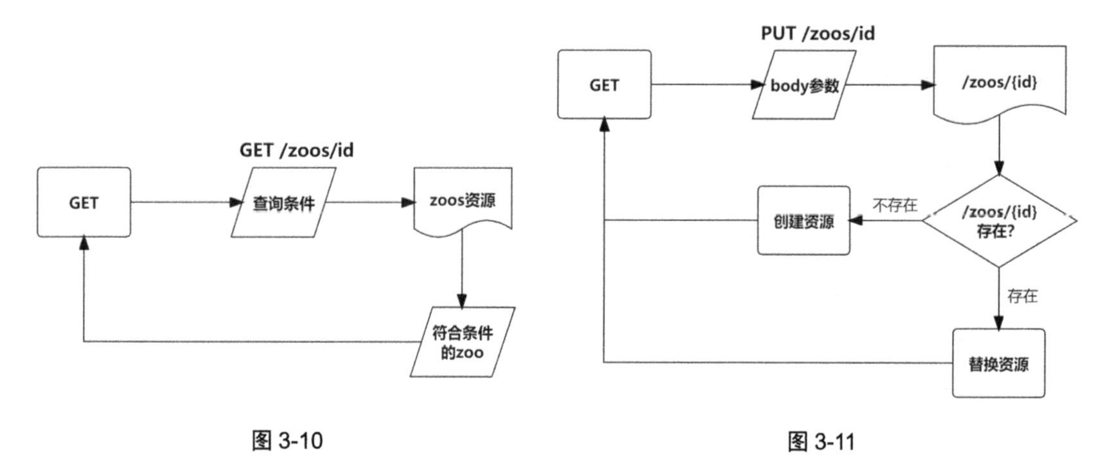

图 3-10　　　　图 3-11

3. 安全性和幂等性

- 安全性：不会改变资源状态。
- 幂等性：执行 1 次和执行 *N* 次后资源的状态是一样的。

HTTP 动词的安全性和幂等性见表 3-4。

表 3-4

HTTP 动词	安全性	幂等性
GET	√	√
POST	×	×
PUT	×	√
PATCH	×	×
DELETE	×	√

安全性和幂等性均不保证反复请求可以拿到相同的 response。以 DELETE 操作为例，第 1 次执行后返回 200（表示“删除成功”），第 2 次执行后返回 404（表示“资源不存在”），这是允许的。

3.8 API 治理——告别“接口满天飞”

本节主要介绍服务对内的 API（特别是微服务架构中的对内 API）。服务对外的 API（即网关）会在第 12 章中详细讲解。

我们在 3.7 节中已经知道，API 就是为了给使用者调用的。如果使用者在调用 API 时觉得很麻烦，甚至不能正确调用，那么在 API 提供者和 API 使用者之间势必会产生大量的沟通成本。另外，随着产品的迭代，如果 API 已经更新了，但 API 文档没有及时更新，则无法知道哪些模块被调用了。所以，API 文档是需要一套 API 治理思想来支撑的。

3.8.1 【实战】基于 Swagger 构建可视化的 API 文档

如果开发人员同时维护 API 服务和 API 文档，则随着时间的推移和版本的迭代，会出现 API 文档更新不及时（甚至不更新）的情况。所以，如果开发者只维护自己所熟悉的 API 服务且 API 文档能自动更新，则省去了维护的麻烦，也避免了 API 服务与 API 文档不一致的情况。

Swagger 框架用于生成、描述、调用和可视化 RESTful API 服务，其总体目标是：使客户端、文件系统与 API 服务以同样的速度更新。“将 API 的方法、参数和模型紧密集成到服务器端的代码中”的目的是，让 API 服务始终与服务器端的代码保持同步。Swagger 让部署、管理和使用 API 服务变得很简单。

所以，只用 Swagger 来编写文档，且按照 Swagger 的规范，则可以保证 API 服务与 API 文档的同步，开发者只需要在代码中加上相应的注解即可。接下来看一下如何在代码中实现 Swagger API 文档的自动生成。

1. 引入 Swagger 依赖

在 POM 文件中引入 Maven 依赖：

```
<!—Swagger -->
<dependency>
  <groupId>io.springfox</groupId>
  <artifactId>springfox-swagger2</artifactId>
  <version>2.9.2</version>
</dependency>
<dependency>
  <groupId>io.springfox</groupId>
  <artifactId>springfox-swagger-ui</artifactId>
  <version>2.9.2</version>
</dependency>
```

2. 编写 Swagger 配置类

```
@Configuration
@EnableSwagger2
public class SwaggerConfig {
    @Bean
    public Docket api() {
        return new Docket(DocumentationType.SWAGGER_2)
                .select()
            //扫描的路径包，设置 basePackage 将包下所有被@Api 标识的类的方法作为 API
```

```
                .apis(RequestHandlerSelectors.basePackage("com.concurrent.d
emo.controller"))
                //处理所有的路径
                .paths(PathSelectors.any())
                .build()
                .apiInfo(apiEndPointsInfo())
                .useDefaultResponseMessages(false);
    }

    private ApiInfo apiEndPointsInfo() {
        return new ApiInfoBuilder().title("Demo REST API")
                .description("Demo REST API")
                .contact(new Contact("overland", "URL链接地址", "邮箱地址"))
                .license("The MIT License")
                .licenseUrl("licenses 地址")
                .version("V1")
                .build();
    }
}
```

注解@EnableSwagger2 的作用是启用 Swagger 的相关功能。Docket 对象主要包含以下 3 种信息：

- 整个 API 的描述信息，即 ApiInfo 对象中包含的信息，主要用于显示在 API 文档的首页。
- 生成 API 文档包名称的信息。
- 生成 API 路径的信息。

3. Swagger 的使用

在使用时，只需要在 API 的控制器层对应的 Controller 上加上注解即可，如：

```
@RestController
@Api(value = "测试swagger", tags = "用户管理模块")
public class UserController {
    @Autowired
    private IUserInfoService userInfoService;

    @GetMapping("/user/test")
    @ApiOperation(value = "根据用户 ID 查询用户信息",notes = "根据用户 ID 查询用户
信息")
    public String getUser(){
        UserInfo userInfo = userInfoService.selectUserInfo(1L);
        if (userInfo != null){
            return "查到用户 1";
        }else {
            return "用户不存在";
        }
```

```
    }

    @PostMapping("/user")
    public UserInfo validateUser(@Valid @RequestBody UserInfo userInfo){
        return userInfo;
    }

    @PostMapping("/user/list")
    @ApiOperation(value = "查询用户列表",notes = "查询用户列表")
    public UserInfoList validateUser(@Valid @RequestBody  UserInfoList
userInfoList){
        return userInfoList;
    }

    @DeleteMapping("/user/deleteById")
    @ApiOperation(value = "根据用户 ID 删除住户",notes = "删除住户")
    public String deleteUser(Integer id){
        return "删除成功";
    }

}
```

4. Swagger API 文档的页面访问

启动服务端项目，然后在浏览器中输入“http://localhost:8090/swagger-ui.html”即可访问 Swagger API 文档的页面，如图 3-12 所示。

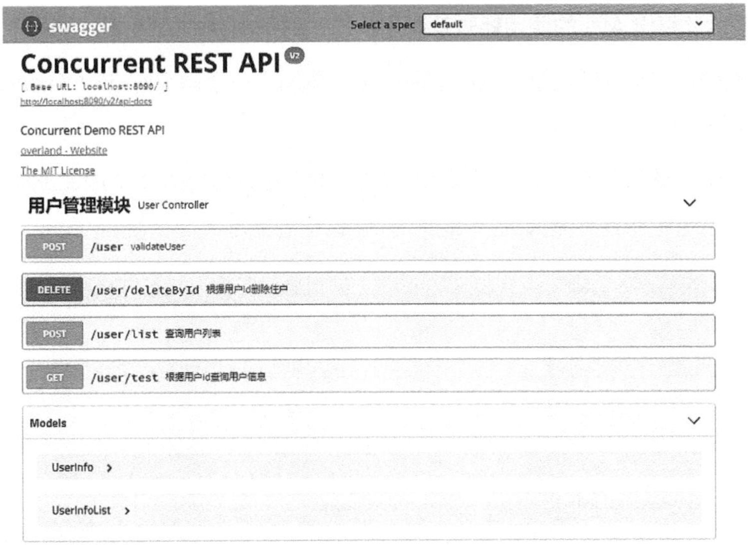

图 3-12

图 3-12 中包含所有的 API 及实体信息。同时，Swagger API 文档支持在线测试功能。

如果在 Spring Boot 项目中集成了 Spring Security，则接口会被拦截，这时需要在 Spring Security 的配置类中重写 configure()方法，然后对 swagger 接口进行过滤，如：

```
@Override
public void configure(WebSecurity web) throws Exception {
web.ignoring()
        .antMatchers("/swagger-ui.html")
        .antMatchers("/v2/**")
        .antMatchers("/swagger-resources/**");
}
```

3.8.2 API 调用链管理

API 服务已经开发成功了，API 文档也能自动生成和自动维护了，接下来就是将其提供给调用者调用了。

那么，该如何去追踪/监控下列这些问题呢?API 被谁调用了，在调用的过程中是否出错了，为什么调用失败了，调用链中各个 API 的性能怎么样（如响应时间是多少），在提供的众多 API 中是否有“僵尸”API。

可以从以下方面考虑：

（1）在使用 Ribbon 客户端时，在 Ribbon 客户端调用 API 之前先将开始时间记录下来，然后在 API 调用返回后计算出 API 的调用耗时及调用状态，对于出错的 API 调用记录下错误的原因。

（2）如果需要对 API 进行追踪，则可以在请求头中加上一个调用链 ID（TranceId），利用这个调用链 ID 将调用关系全部串联起来。

（3）对于 API 本身的性能，可以利用 Spring Boot 的 Micrometer 加上 Prometheus 进行监控。

第 4 章 快速部署上线

第 3 章介绍了在项目开发模式下框架层需要考虑的一些关键点，这是为了更好地实现业务需求。在编码过程结束且完成测试后，即可进行上线操作。

对于用 Spring Boot 构建的应用，在生产环境中可以直接使用“java -jar”命令启动，因为 Spring Boot 框架默认集成了 Tomcat 容器。

4.1 反向代理配置

在单体系统中，用户可以直接访问后端服务器。但随着公司业务的发展，用户量会逐渐增加，此时单台服务器会变得繁忙，响应会变慢，甚至可能出现“卡死”的情况。

这时需要对当前服务器进行横向扩展——使用多台服务器来分担大量的用户瞬时请求，避免出现服务器的单点故障。

4.1.1 什么是反向代理，为什么要使用反向代理

代理相当于中介，它存在于使用者和被使用者之间，转发使用者的相关诉求给被使用者，并将被使用者的响应回传给使用者。

例如，购房者看中了一套房子，将自己的需求告知房产中介。房产中介将购房者的需求转达给业主，最后再将结果告知购房者。这就是一个正向代理过程。

1. 正向代理

正向代理服务器是一个位于客户端与目标服务器之间的服务器。

（1）客户端向代理服务器发送一个请求，并且指定目标地址。

（2）代理服务器请求目标服务器。

（3）代理服务器将目标服务器的响应结果打包发送给客户端。

正向代理就是代表客户端去对已知的目标服务器做一件已知的事情，如图 4-1 所示。

在日常生活中所提到的代理基本都属于正向代理，如房产中介、代理某人做某件事情等。

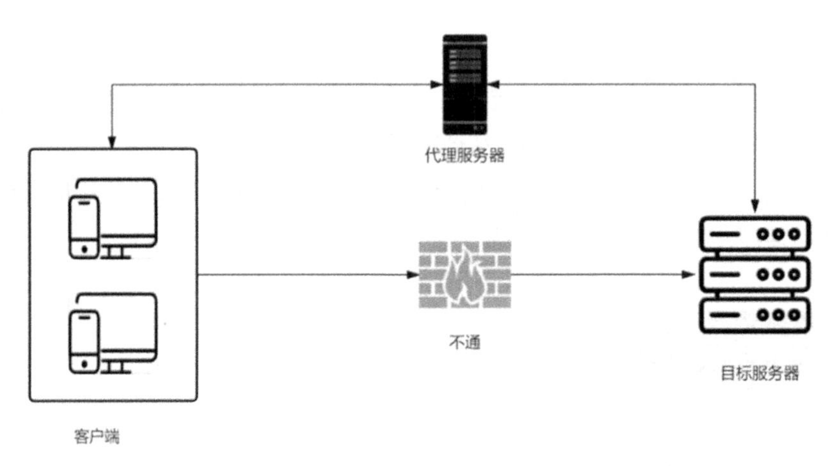

图 4-1

从图 4-1 可看出，代理服务器代理了客户端，与目标服务器进行了交互。目标服务器并不知道真正发起请求的客户端是谁。

2. 反向代理

租客在租房时经常会通过“二房东”租房子。“二房东”手上有很多的房源，它会将房源信息匹配给租客。租客并不知道要找哪个房东租房，以为“二房东”就是真正的房东。

（1）什么是反向代理。

反向代理是指：代理服务器接收客户端的连接请求，并将客户端的连接请求发送给目标服务器，目标服务器和代理服务器在同一个网络内，知道彼此的存在。代理服务器得到目标服务器的处理结果，并将其返给请求自己的客户端。这样的代理服务器就是反向代理服务器。

反向代理其实就是代理目标服务器同客户端进行交互。客户端在通过反向代理服务器访问目标服务器时，并不知道目标服务器具体是哪个，也不知道自己访问的是代理服务器，如图 4-2 所示。

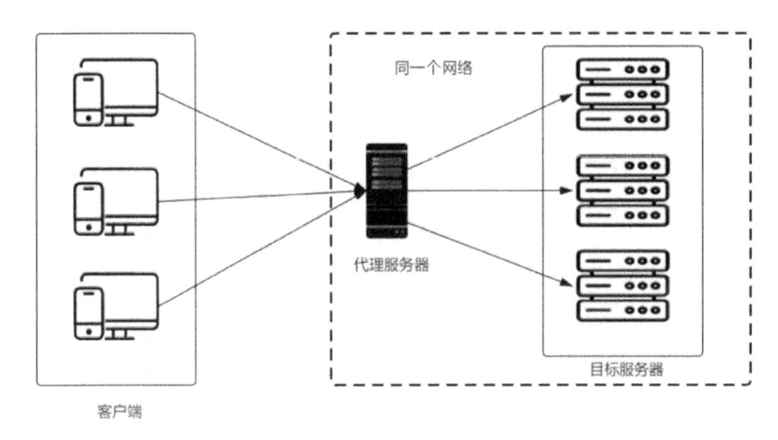

图 4-2

反向代理具有以下特征：

- 客户端需要获取目标服务器的数据，但不知道目标服务器的存在。
- 客户端请求代理服务器获取数据。
- 代理服务器将请求转发给具体的目标服务器。
- 代理服务器将目标服务器的处理结果返给客户端。
- 客户端在获取处理结果后，以为处理结果来源于代理服务器，并不知道是来源于目标服务器。

（2）反向代理的作用。

反向代理除用来替目标服务器返回处理结果给客户端外，还起着以下重要作用。

- 隐藏服务器的内部结构：使用反向代理可以对客户端隐藏服务器的详细信息，如真实的 IP 地址，从而加大了外界恶意破坏服务器的难度，起到保护服务器的作用。
- 提供安全保障：可以集成相关防火墙来防御外界对 DDOS 的攻击，以减轻 DDSOS 的压力，并让合法的流量通过，从而不损害真实的服务器。
- 负载均衡：通过配置合适的负载均衡算法，依据服务器的真实负载情况，将客户端流量分发到不同的服务器上。
- 提升访问速度：代理服务器可以将“静态资源”和“在短时间内会被大量访问的数据”提前进行缓存，以达到提升访问速度的目的。
- 数据压缩：反向代理服务器可以对服务器返回的处理结果进行压缩，以提供更快的响应，降低传输的压力。

3. 正向代理服务器和反向代理服务器的区别

虽然正向代理服务器和反向代理服务器都处于客户端与目标服务器之间，所做的事情也都是“将客户端的请求转发给目标服务器，再将目标服务器的响应回传给客户端”，但是，二者还是有一些差异的。

（1）服务对象不同。

- 正向代理服务器：代理的是客户端，帮助客户端访问其无法访问的服务器资源。
- 反向代理服务器：代理的是服务端，帮助服务端实现安全防护、网络加速和负载均衡等功能。

（2）安全模型不同。

- 正向代理服务器：允许客户端通过它访问任何网站，并且隐藏客户端的详细信息。因此，正向代理服务器必须采取安全措施以确保为已授权的客户端提供服务。
- 反向代理服务器：对外是透明的，客户端并不知道自己访问的是代理服务器，也不知道真实目标服务器的存在，以为处理请求的就是代理服务器。

（3）所处网络模型不同。

- 正向代理服务器：和客户端在同一个网络中。例如，使用者在自己的机器上安装一个代理软件，通过这个代理软件来代理自己的请求。
- 反向代理服务器：和目标服务器在同一个网络中，一般在服务器上架设。例如，在目标服务器集群中部署一个反向代理服务器，用来代理目标服务器。

（4）作用不同。

- 正向代理服务器：主要用来解决客户端访问限制的问题。
- 反向代理服务器：主要用来提供负载均衡、安全防护等功能。

正向代理是从客户端的角度出发的，服务于局域网用户，让其可以访问特定的服务器。

反向代理与正向代理相反，是从服务器的角度出发的，服务于所有用户，隐藏实际的目标服务器。目标服务器的架构对用户是透明的，由代理服务器统一对外提供服务。

4.1.2 【实战】使用 Nginx 配置线上服务

在如今的互联网中，Nginx 是比较流行的反向代理服务器，它被安装在目标服务器上，用于转发客户端的请求。一般在后端会有多个 Web 服务器提供服务，Nginx 的作用是将请求转发给后端 Web 服务器，并且决定由哪台目标服务器来处理当前请求。

1. 如何选择 Nginx 发行版本

目前有以下几种 Nginx 发行版本。

- 商业收费版 Nginx：它在整合第三方模块及运营监控方面都很强，但要收费。
- Tengine：由淘宝网发起的 Web 服务器项目。它在 Nginx 的基础上添加了很多高级功能和特性。Tengine 的性能和稳定性已经在很多大型网站（如淘宝网、天猫商城等）上得到了检验。它的最终目标是成为一个高效、稳定、安全、易用的 Web 平台。
- 开源免费版 OpenRestry：由前阿里巴巴员工用 Lua 语言开发，现在由 OpenResty 基金会和 OpenResty Inc.公司提供支持。
- 商业收费版 OpenResty：在技术支持上做得比较好。

如果项目在业务上没有太多的诉求，则直接使用开源免费版的即可；如果要开发动态网关项目或防火墙，则应选用 OpenRestry。

由于 Tengine 更改了 Nginx 官方版本的主干代码，所以其很多特性优于 Nginx 官方版本，同时其社区也很活跃。其唯一不足是不能与 Nginx 官方版本同步发布。

2. 编译安装 Nginx

安装 Nginx 有两种方式——编译安装和利用操作系统的工具（yum 或者 apt-get）进行安装。

利用操作系统的工具安装 Nginx 的二进制文件可能会有一些问题，因为 Nginx 的二进制文件是将模块直接编译进来的，但并不是每一个 Nginx 的官方模块都被编译进来了。

如果要使用 Nginx 的第三方模块，则必须通过编译安装，这样才能将第三方模块添加到 Nginx 中。

（1）下载 Nginx。

在 Nginx 的官网上找到稳定版本（Stable Version），复制 Nginx 的下载地址，然后在 Linux 服务器上进行下载和解压缩。

```
wget Nginx 的下载地址
tar -xzf nginx-xxx.tar.gz
```

（2）Nginx 目录介绍。

Nginx 在解压缩后有 6 个主要目录。

```
nginx-1.20.0/
├── auto
├── conf
```

```
├── contrib
├── html
├── man
└── src
```

- auto 目录：自动检测系统环境及编译相关的脚本。
- conf 目录：Nginx 的配置目录示例。
- contrib 目录：提供了 Vim 工具。使用它后，Nginx 的配置语法可以被很好地显示出来。
- html 目录：默认站点目录，其中提供了两个标准的静态文件——错误页面和欢迎页面。
- man 目录：Nginx 的帮助目录。
- src 目录：源代码目录。

（3）编译。

这里采用默认的编译方式：

```
# ./configure --prefix=/usr/local/nginx          //指定 Nginx 的安装目录
# make
# make install
```

命令执行完后，Nginx 会被安装在指定的目录下：

```
nginx
├── conf
│   ├── fastcgi.conf
│   ├── fastcgi.conf.default
│   ├── fastcgi_params
│   ├── fastcgi_params.default
│   ├── koi-utf
│   ├── koi-win
│   ├── mime.types
│   ├── mime.types.default
│   ├── nginx.conf
│   ├── nginx.conf.default
│   ├── scgi_params
│   ├── scgi_params.default
│   ├── uwsgi_params
│   ├── uwsgi_params.default
│   └── win-utf
├── html
│   ├── 50x.html
│   └── index.html
├── logs
└── sbin
    └── nginx
```

- Nginx 的可执行文件在 sbin 目录下，可以通过“./nginx -s reload”命令重启 Nginx 服务。
- 日志被存放在 logs 目录下。
- 静态文件资源被存放在 html 目录下。
- conf 目录下存放的是所有的 Nginx 配置文件。

3. 部署静态 Web 前端项目

用 Nginx 搭建静态 Web 前端项目主要分为两步。

（1）添加资源。

将静态资源文件整理到一个目录中，并放进 Nginx 安装目录（/usr/local/nginx）下。例如，添加一个“webtest”目录到 nginx 目录下：

```
nginx/
├── conf
├── html
├── logs
├── sbin
└── webtest //新添加的目录
```

（2）配置服务。

配置文件位于 Nginx 安装目录（/usr/local/nginx）下的 conf 目录（nginx.conf）下。

首先，配置监听模块，如配置监听 9090 端口。

然后，配置 location 模块。这里配置访问地址时使用 alias 的方式来配置，如下所示：

```
server {
    listen       9090;
    server_name  localhost;
    #charset koi8-r;
    #access_log  logs/host.access.log  main;
    location / {
       alias   webtest/;
       #index  index.html index.htm;
    }
```

这样在浏览器中访问 Nginx 服务器的 9090 端口即可访问在线的 Web 项目了。

在配置 location 模块时也可以使用 root 来配置，效果和使用 alias 的效果一样。但是，在使用 root 来配置时，有时会将输入的路径带到配置路径中。

为了提高数据传输效率，可以对静态资源进行 Gzip 压缩，直接在 nginx.conf 配置文件中开启 Gzip 压缩配置，如下所示：

```
    #开启 Gzip 压缩
    gzip  on;
    #压缩文件的最小文件大小
    gzip_min_length 1;
    #压缩级别（1～9）
    gzip_comp_level 2;
    gzip_types text/css text/javascript application/javascript image/jpeg
image/png image/gif;
```

4.2 系统性能测试

如果一个系统没有经过测试或者测试场景不够丰富，那它是不安全的，且风险是未知的。一旦将系统发布上线，其中的各种漏洞及风险就会不定时地暴露出来，甚至会终止系统的寿命。

4.2.1 【实战】进行单元测试

单元测试是系统功能验证的第一步，一般由开发者自行编写单元测试代码进行测试。

单元测试是开发人员所依赖的安全网，它可以确保类和模块的功能正确性。单元测试由于涉及代码层面，所以测试的数量较多、颗粒度较细，对稳定性要求较高，但是在整个系统的覆盖面上要有所限制（不需要对所有功能都进行单元测试）。

1. 单元测试测试哪些内容

单元测试会对一个方法、一个函数、一个类或者一个模块进行正确性校验。进行单元测试，主要是为了保证代码质量，以及代码是按照需求预期进行的，这样可以尽早发现问题。

（1）如何定义“单元”。

一个没有经过单元测试的系统，就好比在生产一辆汽车时没有对发动机、底盘和安全模块等进行测试，这是有风险的。汽车的零部件和模块相当于一个单元，必须进行全方位的测试，即需要用测试用例覆盖所有正常情况和异常情况，之后才能进行组装。

例如，利用 Java 中的 Math.abs(int a)方法，可以编写几个测试用例进行 abs()方法的校验：

- 输入正整数，如 8、10、20 等，期待返回的结果与输入值相同。
- 输入负整数，如−8、−10、−20 等，期待返回的结果与输入值相反。
- 输入 0，期待返回的结果也是 0。

将上述这几个测试用例都归属在一个测试模块中，就是一个对 Math.abs(int a)方法的完整单元测试。

单元测试是指，针对代码编写对应的测试用例，然后将这些测试用例放在一起验证代码所有的正常情况和异常情况。

如果单元测试通过，则说明这个测试方法是符合预期且能正常工作的。如果单元测试没有通过，则可能是输入的参数不对，也有可能是代码有问题，需要进行修改，在单元测试通过后才能进行后面的工作。

对于通过单元测试的代码，如果后期进行了修改，则需要再运行一遍单元测试用例，这样可以知道所做的修改是否影响原有功能。

（2）微服务系统如何进行单元测试。

在微服务系统中，服务是分布式的，而且服务可能有很多依赖。所以，微服务系统在单元测试方面的难度更大。针对这种系统的单元测试，可以采取“分而治之”加上“隔离”来实现。

- 分而治之：将一个大系统分开测试，即对每个微服务按照分层单独进行单元测试。
- 隔离：微服务可能会调用第三方服务或内部接口服务等，对于这些服务，可以使用隔离技术进行隔离，只对服务本身进行测试。

在开发时，通常将服务分为如下四层。

- Controller 层（服务对外接口层）：主要处理参数校验、权限校验等业务逻辑之前的动作。
- Service 层（服务业务逻辑层）：主要处理业务编排操作逻辑。
- Domain 层（服务领域层）：主要处理所属领域的业务逻辑。
- Repository 层（数据存储层）：主要进行数据存储相关的处理，一般会用到各种 ORM 框架（如 Mybatis 和 Hibernate 等）。

对于单个微服务，可以分别对 Controller 层、Service 层、Domain 层及 Repository 层进行单元测试，如图 4-3 所示。对于涉及依赖的部分，需要采用隔离技术进行隔离，通常使用 Mock（模拟返回值）技术来隔离外部依赖。

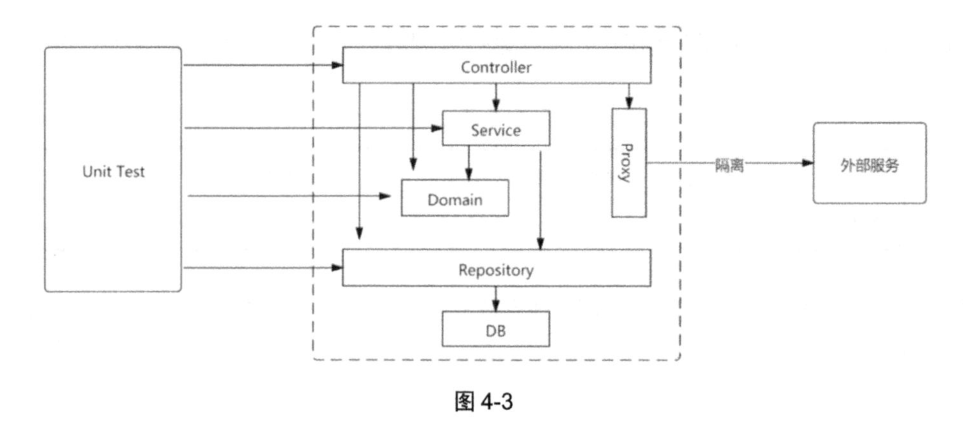

图 4-3

2. 单元测试框架的使用

在进行单元测试开发前，需要选定一个符合当前开发语言的主流单元测试框架。目前，在 Java 语言中比较流行的单元测试框架是 JUnit 和 TestNG；在 C/C++语言中比较流行的单元测试框架是 CppTest 和 Parasoft C/C++test。

（1）JUnit 框架的原理。

下面以 JUnit 单元测试框架为例来讲解如何编写单元测试用例。这里使用的 JUnit 框架版本是 JUnit 5。

JUnit 5 是 JUnit 的一次重大升级。相比以往的版本，它具有更多的测试方法，以及更少的对其他库的依赖。

JUnit 5 具备以下几个特性：

- 提供了对 Java 8 相关特性的支持，如支持 Lambda 表达式、Stream API 等。
- 提供了全新的断言和测试注解，并且支持测试类内嵌。
- 提供了丰富的测试方式，如参数化测试、重复测试及动态测试等。
- 实现了模块化，将测试执行和测试发现等模块进行了解耦，且减少了依赖。

JUnit 5 由以下 3 大组件组成。

- JUnit Platform：作为在 JVM 上启动测试框架的基础，提供了命令行、IDE 和构建工具等方式来执行测试。
- JUnit Jupiter：包含用于编写测试代码的新编程模型和用于扩展的扩展模型，主要用于编写测试代码和扩展代码。
- JUnit Vintage：用于在 JUnit 5 中兼容运行 JUnit 3.x 和 JUnit 4.x 的测试用例。

编写测试用例的模型如图 4-4 所示。

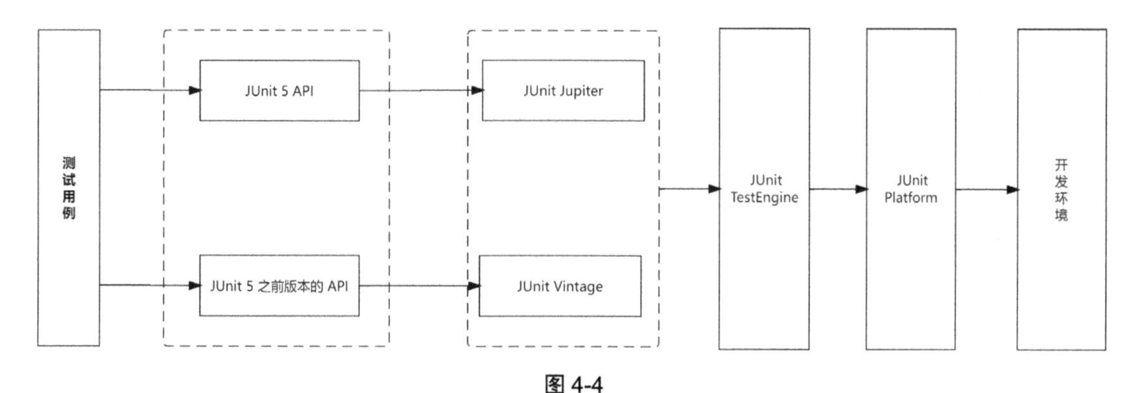

图 4-4

（2）JUnit 5 的使用。

JUnit 5 必须构建在 Java 8 之上。下面来看一看如何使用 JUnit 5 编写单元测试用例。

首先，在环境中引入 JUnit 5 的依赖。在 Spring Boot 的项目中会自动带上 JUnit 框架，如 Maven 依赖：

```
<dependency>
    <groupId>org.junit.jupiter</groupId>
    <artifactId>junit-jupiter-engine</artifactId>
    <version>5.5.2</version>
    <scope>test</scope>
</dependency>
```

然后，使用一个测试类进行测试用例的编写，如下所示。测试用例最好放在项目的“test”目录下，这样可以更好地管理单元测试用例的代码和实际业务的代码。

```
@DisplayName("单元测试用例展示")
public class UnitCaseSample {
    @BeforeAll
    public static void init() {
        System.out.println("初始化数据");
    }
    @AfterAll
    public static void cleanup() {
        System.out.println("清理数据");
    }
    @BeforeEach
    public void before() {
        System.out.println("当前测试方法开始");
    }
    @AfterEach
```

```
    public void after() {
        System.out.println("当前测试方法结束");
    }
    @DisplayName("测试第一个用例")
    @Test
    void firstCase() {
        System.out.println("正在测试第一个用例");
    }
    @DisplayName("测试第二个用例")
    @Test
    void secondCase() {
        System.out.println("正在测试第二个用例");
    }
}
```

最后，在开发编辑器中直接运行，得到的结果如图 4-5 所示。

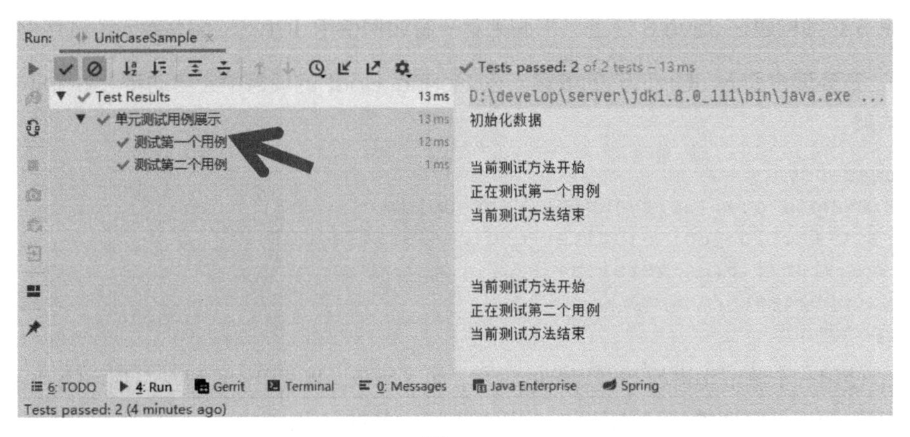

图 4-5

JUnit 5 的常用注解如下。

- @DisplayName 注解：可以被标识在类和方法上，表示为单元测试类和方法自定义一个名字，从而提高可读性，如图 4-5 中箭头所指的部分。
- @BeforeAll 注解：标识在当前单元测试类进行测试之前要做的一些操作，例如，类的各种初始化操作。
- @AfterAll 注解：标识在当前测试类完成测试后的一些清理操作。
- @BeforeEach 注解：在整个测试之前的一些操作。
- @AfterEach 注解：在整个测试完成后的一些操作。

除上面这些常用注解外，还有一些比较重要且经常使用的注解，如@Tag、@ParameterizedTest、@RepeatedTest 及@TestFactory。

- @Tag：为测试类和方法添加标签，用来在运行时过滤需要执行的测试。
- @ParameterizedTest：声明参数化的测试方法。
- @RepeatedTest：声明重复多次的测试方法。
- @TestFactory：声明动态测试的测试方法。

如下代码单元测试类 JUnitSample 展示了@ParameterizedTest、@RepeatedTest 及@TestFactory 的用法。其中，

- stringLength()方法用来验证字符串的长度。
- 注解@ValueSource 用来给参数化测试方法提供实际的参数，它支持 Java 的 8 种基本类型和字符串。在使用时，它以数组的方式赋值给注解上对应的类型属性。
- repeatedTest()方法会被重复执行 3 次。
- dynamicTests()方法返回了一个 DynamicTest[] 数组用于创建动态测试。

```
@DisplayName("JUnit 5 sample")
public class JUnitSample {
    @ParameterizedTest
    @ValueSource(strings = {"hello", "world"})
    @DisplayName("String-length")
    void stringLength(String value) {
       System.out.println(value);
       assertThat(value).hasSize(5);
    }
    @RepeatedTest(3)
    @DisplayName("重复测试")
    void repeatedTest() {
       assertThat(true).isTrue();
    }
    @TestFactory
    DynamicTest[] dynamicTests() {
       return new DynamicTest[]{
             dynamicTest("Dynamic test 1", () ->
                   assertThat(10).isGreaterThan(5)),
             dynamicTest("Dynamic test 2", () ->
                   assertThat("Dynamic").hasSize(7))
       };
    }
}
```

JUnitSample 测试类的测试结果如图 4-6 所示。

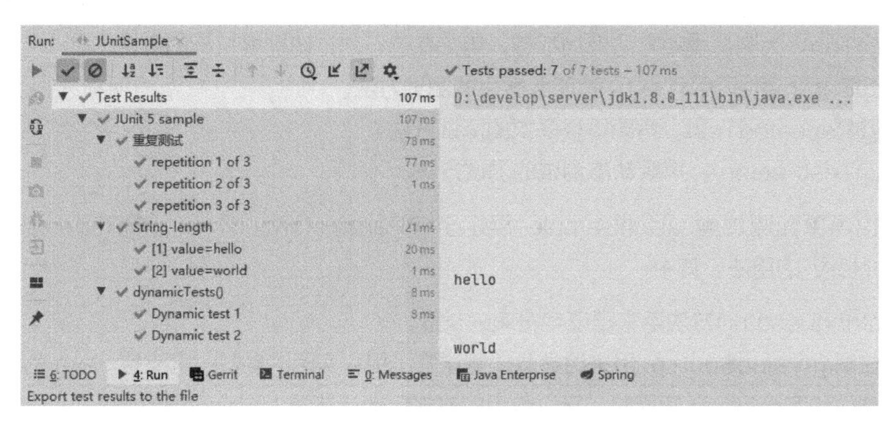

图 4-6

（3）JUnit 5 断言。

断言用来验证测试需要满足的条件，并检查业务逻辑返回的数据是否合理。断言方法都是“org.junit.jupiter.api.Assertions”静态方法。有如下几种常用的断言方法。

- 简单断言：用来对单个值进行简单的验证，例如常用的 assertEquals()、assertNotEquals()、assertTrue()、assertSame()及 assertNull()等方法。
- 数组断言：assertArrayEquals()。
- 组合断言：assertAll()方法接受多个 org.junit.jupiter.api.Executable()函数式接口的实例作为要验证的断言，可以通过 Lambda 表达式很容易地提供这些断言。
- 异常断言：assertThrows()，可以配合函数式编程，抛出断言异常。
- 超时断言：assertTimeout()，断定业务在指定时间内必须完成，否则就失败。
- 快速失败：fail()，直接发起失败操作。

3. Repository 数据库层面的测试

在业务服务开发过程中，绝大部分业务是由数据库驱动开发的，所以开发者有必要对数据库的相关操作进行单元测试。一般的做法是：在实施单元测试时，使用内存数据库或者文件数据库来实现，如 H2 和 HSQLDB。它们都具有标准的 SQL 语法和 Java 接口。

在进行单元测试时，数据本来就是临时的，只是在测试运行时才被使用，所以，可以使用 H2 这样的内存数据库，将数据内嵌在当前测试的 Java 进程中，然后它随着 Java 进程的启动而启用。这样做的好处是：可以降低测试数据库服务器的管理复杂度。

在 Spring Boot 应用中，只需要引入相关嵌入式数据库的依赖，则 Spring Boot 会在测试时自动装配相应的数据源。

下面以 H2 为示例，讲解如何对 Repository 层进行单元测试。

（1）引入内存数据库 H2 的依赖。

在项目的 pom.xml 配置文件中引入 H2 的 Maven 依赖，如下所示：

```
<dependency>
    <groupId>com.h2database</groupId>
    <artifactId>h2</artifactId>
    <scope>test</scope>
</dependency>
```

（2）配置数据源。

在项目的 application.yml 配置文件中增加 H2 的数据源配置，如下所示：

```
spring:
  application:
    name: user-service
  datasource:          # 使用 H2 来做单元测试
    url:
jdbc:h2:mem:user;DB_CLOSE_DELAY=-1;DB_CLOSE_ON_EXIT=FALSE;MODE=MYSQL
    username: root
    password:
    driver-class-name: org.h2.Driver
    continue-on-error: false
    platform: h2
    schema: classpath:/db/schema.sql
  h2:
    console:
      enabled: true
  jpa:
    hibernate:
      ddl-auto: validate
    show-sql: true
    properties:
      hibernate:
        format_sql: true
  output:
    ansi:
      enabled: always
```

（3）编写单元测试用例。

首先来看一下账户处理的数据类 UserRepo，其主要功能是：通过用户 ID 或用户手机号等查询用户的详细信息，或更新用户信息。

```
@Repository
public interface UserRepo extends JpaRepository<User, String> {
    User findUserById(String id);
```

```
    User findUserByEmail(String email);
    User findUserByPhoneNumber(String phoneNumber);
    @Modifying(clearAutomatically = true)
    @Query("update User u set u.email = :email, u.confirmedAndActive = true
where u.id = :id")
    @Transactional
    int updateEmailAndActivateById(@Param("email") String email,
@Param("id") String id);

}
```

然后，对账户处理的数据类 UserRepo 进行单元测试：

```
@SpringBootTest(webEnvironment= SpringBootTest.WebEnvironment.NONE)
@RunWith(SpringRunner.class)
public class UserRepoTest {
    @Autowired
    private UserRepo userRepo;
    private User defUser;

    @Before
    public void setUp() {
        defUser = User.builder()
                .name("test")
                .email("邮箱地址")
                .confirmedAndActive(false)
                .photoUrl("头像地址")
                .phoneNumber("手机号")
                .support(false)
                .build();
        accountRepo.deleteAll();
    }
    @Test//(expected = DuplicateKeyException.class)
    public void createDefUser() {
        accountRepo.save(defUser);
        assertTrue(userRepo.existsById(user.getId()));
    }

    @Test
    public void getUserById() {
        userRepo.save(defUser);
        assertEquals(1, userRepo.count());
        User user = userRepo.findById(defUser.getId()).get();
        assertEquals(defUser, user);
    }
```

- @SpringBootTest 注解：让 Spring 将它所管理的所有 Bean 都加载进来，类似于启动了 Spring Boot 服务。
- SpringBootTest.WebEnvironment.NONE：启动一个非 Web 的 ApplicationContext，即不提供真实的 Web 服务。
- @RunWith 注解：运行器，它将 Spring 和 JUnit 连接起来。

4. Mock 的使用

在开发一个对象时，经常会依赖其他的对象，而被依赖的对象又有自己的依赖对象。例如：A 对象依赖 B 对象和 C 对象，而 B 对象和 C 对象又分别依赖 D 对象和 E 对象，如图 4-7 所示。

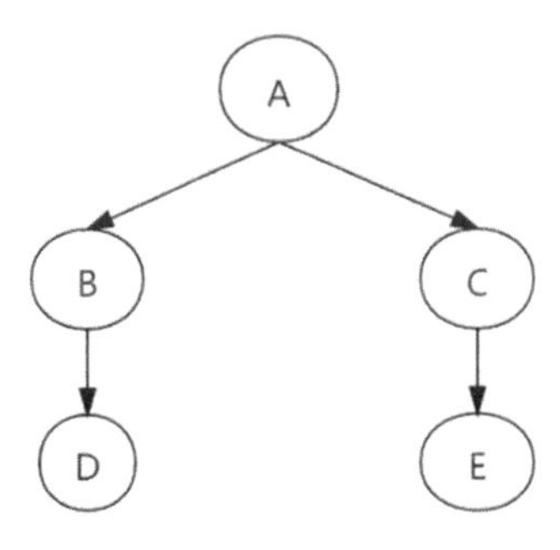

图 4-7

在对 A 对象进行单元测试时，其实更希望测试的是“A 对象本身是否满足需求”。于是对于其依赖的对象只需要模拟出结果即可。这样在编写测试用例的过程中，降低了依赖所带来的各种开发上的复杂度。这种隔离依赖的方式将我们无须关心的依赖 Mock（模拟）掉了。

创建一个 Mock 对象，其实就是用来模拟一个对象的行为。例如，A 对象依赖 B 对象，但是 B 对象还没有开发完成，或尚未被提供，则在对 A 对象进行单元测试时，可以将调用 B 对象的那部分 Mock 掉，而使用自己想要的返回结果来验证 A 对象在不同测试用例下的结果。

目前有很多流行的 Mock 实现框架，例如 Mockito、EasyMock、Jmockit、PowerMock、Spock 等。Spring Boot 默认的 Mock 框架是 Mockito，其只需要依赖 spring-boot-starter-test 即可。

在如下代码中，TestMockService 类依赖一个值更新类 ValueUpdater 和一个事件类 Event，TestMockService 类的主要功能是：

- 在值更新成功后，发送出更新成功的事件，并返回更新的值。
- 当更新不成功时，不做任何事情，直接返回 0。

```
@Service
public class TestMockService {
    @Autowired
    ValueUpdater valueUpdater;
    @Autowired
    Event event;

public int execute(Integer value) {
        Integer oldValue = valueUpdater.getValue();
        if (valueUpdater.updateValue(value)) {
            ValueUpdatedEvent event = new ValueUpdatedEvent(oldValue, value);
            event.publishEvent(event);
            return value;
        }
        return 0;
    }
}
```

在对 TestMockService 类进行单元测试时，需要在测试类中将 ValueUpdater 对象和 Event 对象 Mock 掉，即创建对应的 Mock 对象。如以下代码所示：

```
@SpringBootTest
@ContextConfiguration(classes = TestConfiguration.class)
@DisplayName("Mock service test")
public class TestMockServiceUnit {
    @Autowired
    TestMockService testMockService;
    @MockBean
    ValueUpdater valueUpdater;
    @MockBean
    Event event;
    @Captor
    ArgumentCaptor<ValueUpdatedEvent> eventCaptor;

    @Test
    @DisplayName("Value updated")
    public void updated() {
        int value = 10;
        given(valueUpdater.updateValue(value)).willReturn(true);
        assertThat(testMockService.execute(value)).isEqualTo(10);
        verify(event, times(1)).publishEvent(eventCaptor.capture());
        assertThat(eventCaptor.getValue()).extracting(ValueUpdatedEvent::
getCurrentValue)
                .isEqualTo(value);
    }
```

```
    @Test
    @DisplayName("Value not updated")
    public void notUpdated() {
        int value = 10;
        given(valueUpdater.updateValue(value)).willReturn(false);
        assertThat(testMockService.execute(value)).isEqualTo(0);
        verify(event, never()).publishEvent(eventCaptor.capture());
    }
}
```

Updated()方法用于验证值更新成功的测试用例：

- given()方法通过返回 true 来模拟更新成功。
- 在值更新成功后，如果断言返回值等于 value 值“10”，则发送事件。

NotUpdate()方法用于验证值更新失败的测试用例：

- given()方法通过返回 false 来模拟更新失败。
- 在值更新不成功后，如果断言返回值等于 value 值“0”，则不发送事件。

@mockBean 注解用于将 Mock 对象添加到 Spring 的上下文中，Mock 对象受 Spring 的管理。被@mock 注解的 Mock 对象不受 Spring 的管理。

spy 默认会调用真实的方法，会有返回值，且是真实的返回值。而 Mock 对象默认只具有模拟功能。

4.2.2　【实战】用 AB 工具做上线前的性能测试

在系统开发完成且进行了前期测试后，开发人员和运维人员都想知道当前系统在对外提供 Web 服务时究竟性能如何，如吞吐率、并发连接数、并发用户数及平均请求等待时间等。所以，需要利用工具做进一步的性能测试。

1. AB 工具简介

AB 工具（Apache Bench）是超文本传输协议（HTTP）的性能测试工具。其用于描述当前所安装的 Apache 服务器的执行性能，即 Apache 服务器每秒可以处理多少个请求。

AB 工具是 Apache 服务器自带的压力测试工具，不仅可以对 Apache 服务器进行网站访问压力测试，也可以对其他类型的服务器（如 Nginx、Tomcat、IIS 等）进行压力测试。

2. AB 工具的使用

（1）AB 工具的安装。

在 Linux 服务器上可以直接安装 AB 工具，如在 CentOS 中：

```
yum install -y httpd-tools
```

安装完成后，通过“ab - V”命令验证安装是否成功，如下所示：

```
[root@localhost ~]# ab -V
This is ApacheBench, Version 2.3 <$Revision: 1430300 $>
Copyright 1996 Adam Twiss, Zeus Technology Ltd, http://www.zeustech.net/
Licensed to The Apache Software Foundation, http://www.apache.org/
```

（2）AB 工具的具体使用。

通过以下命令可以查看如何使用 AB 工具：

```
ab [options] [http[s]://]hostname[:port]/path
```

可以看出，AB 工具的使用方式很简单：在 ab 命令后面加上选项，再加上测试目标地址即可。“Options”选项可以选用，可以通过 help 命令来查看其说明，如下所示：

```
Options are:
    -n requests     Number of requests to perform
    -c concurrency  Number of multiple requests to make at a time
    -t timelimit    Seconds to max. to spend on benchmarking
                    This implies -n 50000
    -s timeout      Seconds to max. wait for each response
                    Default is 30 seconds
    -b windowsize   Size of TCP send/receive buffer, in bytes
    -B address      Address to bind to when making outgoing connections
    -p postfile     File containing data to POST. Remember also to set -T
    -u putfile      File containing data to PUT. Remember also to set -T
    -T content-type Content-type header to use for POST/PUT data, eg.
                    'application/x-www-form-urlencoded'
                    Default is 'text/plain'
    -v verbosity    How much troubleshooting info to print
    -w              Print out results in HTML tables
    -i              Use HEAD instead of GET
    -x attributes   String to insert as table attributes
    -y attributes   String to insert as tr attributes
    -z attributes   String to insert as td or th attributes
    -C attribute    Add cookie, eg. 'Apache=1234'. (repeatable)
    -H attribute    Add Arbitrary header line, eg. 'Accept-Encoding: gzip'
                    Inserted after all normal header lines. (repeatable)
    -A attribute    Add Basic WWW Authentication, the attributes
                    are a colon separated username and password.
    -P attribute    Add Basic Proxy Authentication, the attributes
                    are a colon separated username and password.
    -X proxy:port   Proxyserver and port number to use
    -V              Print version number and exit
    -k              Use HTTP KeepAlive feature
```

```
    -d              Do not show percentiles served table.
    -S              Do not show confidence estimators and warnings.
    -q              Do not show progress when doing more than 150 requests
    -g filename       Output collected data to gnuplot format file.
    -e filename       Output CSV file with percentages served
    -r              Don't exit on socket receive errors.
    -h              Display usage information (this message)
    -Z ciphersuite  Specify SSL/TLS cipher suite (See openssl ciphers)
    -f protocol       Specify SSL/TLS protocol
                    (SSL3, TLS1, TLS1.1, TLS1.2 or ALL)
```

（3）AB 工具应用示例。

现在模拟 1000 个请求（50 个并发）对某个网站进行压力测试（如果太多则会被封）：

```
ab -n 1000 -c 50 "https://网站网址"
```

- -n：在测试会话中指定执行的请求数。
- -c：一次产生的请求个数，即并发数。

压力测试结果如图 4-8 所示。

```
Server Software:        BWS/1.1
Server Hostname:        
Server Port:            443
SSL/TLS Protocol:       TLSv1.2,ECDHE-RSA-AES128-GCM-SHA256,2048,128

Document Path:          /
Document Length:        227 bytes

Concurrency Level:      50
Time taken for tests:   4.021 seconds
Complete requests:      1000
Failed requests:        0
Write errors:           0
Total transferred:      1081925 bytes
HTML transferred:       227000 bytes
Requests per second:    248.68 [#/sec] (mean)
Time per request:       201.060 [ms] (mean)
Time per request:       4.021 [ms] (mean, across all concurrent requests)
Transfer rate:          262.75 [Kbytes/sec] received

Connection Times (ms)
              min  mean[+/-sd] median   max
Connect:       17  185 358.4     36    1063
Processing:     6   12   3.3     12      40
Waiting:        6   12   3.1     11      39
Total:         24  197 358.9     48    1078

Percentage of the requests served within a certain time (ms)
  50%     48
  66%     53
  75%     57
  80%     61
  90%   1047
  95%   1055
  98%   1063
  99%   1069
 100%   1078 (longest request)
[root@localhost ~]#
```

图 4-8

从图 4-8 中可以看到以下信息。

- Server：Web 服务器的信息。
- Concurrency Level：并发请求数。
- Time taken for tests：当前压力测试持续的时间。
- Total transferred：整个场景中的网络传输量。
- HTML transferred：整个场景中的 HTML 代码传输量。
- Requests per second：吞吐率（每秒处理的平均事务数）。

3. AB 性能指标

在进行性能测试的过程中，有以下几个关键指标需要关注。

（1）吞吐率（Requests Per Second）。

吞吐率是指，在一定并发用户数下，单位时间内处理的请求数，单位是 reqs/s。它是并发处理能力的一种量化描述。在一定并发用户数下，单位时间内能处理的最大请求数被称为最大吞吐率。

- 吞吐率和并发用户数有关。
- 在不同并发用户数下，吞吐率一般是不同的。

计算公式：

$$吞吐率 = \frac{总请求数}{处理完所有请求所花费的时间}$$

吞吐率代表当前机器的整体性能，与当前机器的性能成正比关系。

（2）并发连接数（The Number of Concurrent Connections）。

并发连接数表示在某个时刻服务器所接收的请求数量（即会话的数量）。

（3）并发用户数（Concurrency Level）。

并发用户数与并发连接数的区别是：一个用户可能会同时产生多个会话，即有多个连接。

（4）用户平均请求等待时间（Time Per Request）。

$$用户平均请求等待时间 = \frac{处理完所有请求所花费的时间}{\frac{总请求数}{并发用户数}}$$

代码如下：

```
Time per request=Time taken for tests/（Complete requests/Concurrency Level）
```

（5）服务器平均请求等待时间（Time Per Request:Across All Concurrent Requests）。

$$服务器平均请求等待时间 = \frac{处理完所有请求数所花费的时间}{总请求数}$$

它是吞吐率的倒数，也等于“用户平均请求等待时间÷并发用户数”。

第 5 章 生产环境监测

在系统被发布到生产环境后，如果不对服务器性能及应用进行监测，则在出现问题后相关人员才能发现问题并进行优化。一般在系统上线后，需要有一套完善的监控平台来保障系统的稳定性。

本章将介绍性能监控及优化的方法和思路，第 17 章会详细介绍监控平台。

5.1 服务器性能日常监测

运维人员需要多关注生产中系统的性能情况，比如，当前应用宿主机的性能如何、CPU 是否遇到瓶颈，以及 JVM 垃圾回收的情况等。

5.1.1 在运维中常说的“服务器平均负载”是什么意思

“服务器平均负载”是指，在单位时间内系统处于“可运行状态”或“不可中断状态”的进程的平均数，即活跃进程的平均数。它与 CPU 和使用率没有直接的关系。

- “可运行状态”的进程：正在使用 CPU 或者正在等待使用 CPU 的进程。
- “不可中断状态”的进程：正在等待进行某些 I/O 访问且不可以被打断的进程，例如等待对磁盘进行 I/O 访问的进程。

可以通过 top、w 或者 uptime 命令获取系统的平均负载，例如，通过 top 命令查看：

```
[root@zh-server008 ~]# top
top - 16:52:26 up 184 days,  2:50,  1 user,  load average: 0.00, 0.01, 0.05
```

load average 即服务器平均负载，0.00、0.01、0.05 是最近 1 分钟、5 分钟、15 分钟的服务器平均负载。

> 当一个进程在进行 I/O 操作时（如正在对磁盘读写数据、在等待磁盘返回数据的过程中），如果该进程被打断，则磁盘数据和进程数据可能就不一致了。所以，为了保证数据的一致性，此过程是不能被其他进程打断的。

1. 通过平均负载衡量性能

通过 uptime 命令可看出，平均负载（load average）有 3 个值：最近 1 分钟的平均负载、最近 5 分钟的平均负载和最近 15 分钟的平均负载。

那么，这 3 个时间段内的平均负载值究竟为多大才好呢（即负载值多大时说明系统负载高，负载值多小时说明系统负载低）？从平均负载的定义中可看出，系统平均负载是和 CPU 有关系的。所以，在最理想情况下，每个 CPU 都运行着一个进程，即平均负载值等于 CPU 个数，这样 CPU 就得到了充分利用。

（1）获取 CPU 数量。

在 Linux 服务器中，可以通过两种方式获取当前机器的 CPU 数量：

- 使用 “grep 'model name' /proc/cpuinfo | wc –l” 命令统计出 CPU 数量。
- 通过 top 或者 htop 命令展示所有 CPU 的使用信息，此时可以看到当前的 CPU 数量。

（2）如何衡量。

在获取 CPU 数量后，可以通过 3 个时间段的平均负载值来判定当前系统的负载情况。

- 如果 3 个时间段的平均负载值相差不是很大，则表示当前系统负载比较稳定。
- 如果最近 1 分钟的平均负载值要远远小于最近 15 分钟的平均负载值，则表示当前系统的负载正在下降。但是最近 15 分钟内平均负载较高，需要再次观察。
- 如果最近 1 分钟的平均负载值要远远大于最近 15 分钟的平均负载值，则表示当前系统的负载正在升高，需要再次观察多个时间段，看平均负载是否会一直升高。

所以，如果最近 1 分钟的平均负载值超过了系统的 CPU 数量，则系统就会出现过载的问题。针对这种情况，建议将指标加入监控平台并可视化展示出来（可视化展示可以使用 Grafana 平台），同时可以设置 CPU 的过载值（通常设置为 70%），达到该值时会触发报警机制。

例如，在只有一个 CPU 的系统中，通过 uptime 命令查看到最近 1 分钟及最近 15 分钟的平均负载值分别为 1.80 和 6.80，则表示最近 1 分钟内系统超载了 80%，最近 15 分钟内系统超载了 580%。从变化趋势来看，系统平均负载呈现下降趋势。

2. 平均负载与 CPU 使用率的区别

在开发和运维过程中经常会混淆平均负载与 CPU 使用率。下面来看看二者的区别。

平均负载，既包含正在使用 CPU 的进程，还包含等待 CPU 和等待进行 I/O 访问的进程。

CPU 使用率表示单位时间内 CPU 的繁忙程度，它和平均负载并不完全一致：

- CPU 密集型进程会占用大量的 CPU 资源，从而导致平均负载升高。
- 对于 I/O 密集型进程，等待 I/O 过程也会导致平均负载升高，但 CPU 使用率不一定随之升高。
- 大量等待 CPU 的进程调度，不仅会导致平均负载升高，也会导致 CPU 使用率升高。

5.1.2 为什么经常被问到“CPU 上下文切换”

5.1.1 节中讲到，在进程竞争 CPU 时，系统的平均负载会升高。在进程竞争 CPU 时，任务并没有真正被运行，怎么会导致系统负载升高呢？最主要原因是存在 CPU 上下文切换。

因为在任务被运行之前，CPU 需要知道这个任务在哪里，以及该从何处开始运行这个任务。即 CPU 在运行任务前，必须依赖 CPU 寄存器和程序计数器（即 CPU 上下文）。

- CPU 寄存器：有限存储容量的高速存储部件，用来暂存指令、数据和地址。
- 程序计数器：一块较小的内存空间，用来存储 CPU 当前执行指令的地址和即将执行的下一条指令的地址。

1. 什么是“CPU 上下文切换”

CPU 在切换时，会先将上一个任务的上下文保存起来，然后将新任务的上下文加载到 CPU 寄存器和程序计数器中，接着跳转到程序计数器指定的地址去执行新的任务。

这些保存下来的任务上下文会存储在系统的内核中。当任务被重新调度时，CPU 会重新加载上下文并接着任务上次的状态运行。

CPU 上下文切换有如下几种：进程上下文切换、线程上下文切换、中断上下文切换。

（1）进程上下文切换。

进程的执行是受操作系统管理的。当一个进程被从内核中移出，另一个进程开始执行时，在这两个进程之间会发生上下文切换。进程上下文切换是指，从一个进程运行切换到另一个进程运行。

操作系统必须记录新进程需要运行的所有信息，这些信息就是上下文信息。

进程的上下文信息包括，指向可执行文件的指针、栈、内存（数据段和堆）、进程状态、优先级、程序 I/O 的状态、授予权限、调度信息、审计信息、有关资源的信息（文件描述符和读/写指针）、有关事件和信号的信息、寄存器组（栈指针、指令计数器）等。

所以，只有在调度进程时才会切换上下文。

Linux 系统为每一个 CPU 都维护了一个就绪队列——将活跃进程按照优先级和等待 CPU 时间进行排序，之后选择出当前最需要 CPU 的进程进行运行（即优先级最高和等待时间最长的进程优先被运行）。

在如下几个场景中，进程都会被调度到 CPU 上运行：

- 在某个进程执行终止释放了 CPU 后，此时会从就绪队列中取出下一个等待的进程去执行。
- 为了保证进程能被公平调度，系统会将 CPU 的时间分成很多的时间片，在这些时间片中 CPU 被依次分配给所有进程。当时间片用完后，进程会被挂起，CPU 切换到其他正在等待执行的进程。
- 进程在遇到系统资源不足时会被挂起，然后其他进程会被调度。待系统资源充足时，被挂起的进程会重新被调度。
- 进程在调用 sleep()函数后会被挂起，系统会调用其他进程，进程被唤醒后会被重新调度。
- 优先级更高的进程可以插队进来被调度。
- 在发生硬件中断时，进程会被挂起，之后执行内核中的中断程序。

当生产环境中出现上下文切换性能问题时，可以通过上面这几个场景进行排查。

（2）线程上下文切换。

线程上下文是指在某个时间点 CPU 寄存器和程序计数器的内容。CPU 是通过时间片分配算法来循环执行任务（线程）的，而时间片非常短，所以 CPU 会不停地切换执行的线程。线程的切换是指，同一个进程中两个线程之间的切换。

线程与进程的区别在于：线程是调度的基本单位，而进程则是资源拥有的基本单位。

内核中的任务调度的实际调度对象是线程，而进程只是给线程提供虚拟内存和全局变量等资源。

线程上下文切换有如下两种场景：

- 发生切换的两个线程不属于同一个进程，这时的切换就等同于进程上下文切换。
- 发生切换的两个线程属于同一个进程，由于它们共享虚拟内存资源，所以，在发生线程切换时，需要切换线程的私有数据、寄存器等不共享的资源。

"同进程的多线程切换"比"多进程之间的切换"耗费更少的资源，所以，多线程切换要优于多进程切换。

（3）中断上下文切换。

为了能快速响应硬件的事件，中断处理会打断正常调度的进程，进而去执行中断程序响应硬件的事件。系统会将这些被打断的进程的状态保存下来，在中断结束后这些进程将从被中断之前的状态继续被运行。

中断上下文只包括"执行内核态中断服务程序所必需的状态"，包括 CPU 寄存器、内核堆栈、硬件中断参数等。对于打断用户态的进程，则不需要保存和恢复进程的相关状态。

2. 如何查看系统的上下文切换情况

通过上面的讲解已经知道，上下文切换对系统影响很大，有没有什么方式可以让运维人员提前知道系统的上下文切换情况呢?

vmstat 命令是最常见的 Linux/UNIX 监控工具，属于 sysstat 包。它可以展现给定时间间隔的服务器状态值，包括服务器的 CPU 使用率、内存使用情况、虚拟内存交换情况、I/O 读写情况。

可以用 vmstat 命令来分析 CPU 上下文切换和中断次数，如以下所示。

```
[root@localhost ~]# vmstat 5
procs ------memory----- ---swap-- --io-- -system-- -----------cpu---------
 r b   swpd  free    buff   cache   si  so  bi  bo  in  cs  us  sy  id  wa  st
 2 0    0  1423168  2104  329368   0   0   1   1  46  64   0   0 100   0   0
```

- vmstat 5：每隔 5s 采集并输出一组数据。
- procs 中的 r：正在执行和等待 CPU 的任务数，如果该值超过了 CPU 数量，则会出现 CPU 性能问题。
- procs 中的 b：等待 I/O 的进程数量。
- system 中的 in：每秒中断的次数，包括时钟中断。

- system 中的 cs：每秒上下文切换的次数，该值越小越好。

从这个例子可看出，上下文切换次数（cs）为 64 次，系统中断次数（in）为 46 次，就绪队列数即正在执行和等待的任务数（r）为 2，等待 I/O 进程数（b）为 0。

利用 vmstat 命令可以对操作系统的虚拟内存、进程、CPU 等进行整体监控，但它不能对某个进程进行深入分析。如果要对某个进程进行深入分析，则需要用到 pidstat 命令，如下所示：

```
    [root@localhost ~]# pidstat -w 5
    Linux 3.10.0-1127.el7.x86_64 (localhost.localdomain)  05/23/2021  _x86_64_
(1 CPU)
    11:44:08 AM    UID       PID   cswch/s   nvcswch/s  Command
    11:44:13 AM     0         6     0.20      0.00     ksoftirqd/0
    11:44:13 AM     0         9    12.02      0.00     rcu_sched
```

- cswch：自愿上下文切换的次数。自愿上下文切换是指，进程因无法获取所需资源而导致的上下文切换。
- nvcswch：非自愿上下文切换的次数。非自愿上下文切换是指，由于时间片已到等原因，进程被系统强制调度而导致的上下文切换。

5.1.3 【实战】快速分析出 CPU 的性能瓶颈

在生产环境中可能会遇到以下问题：由于前期规划不清晰、开发者在编码期间考虑不周、存在影响性能的 Bug，导致当前架构不能匹配业务的飞速发展。当遇到这类问题时，该如何运用前面的相关知识来快速定位出 CPU 的性能瓶颈呢?

1. 影响 CPU 性能的指标

CPU 性能的指标主要有以下四类。

（1）CPU 使用率。

CPU 使用率指单位时间内 CPU 的占用情况，它描述了非空闲时间占总 CPU 运行时间的百分比。根据 CPU 上运行任务的不同，CPU 使用率被分为以下几项。

- 用户 CPU 使用率：CPU 在用户态运行时间占总 CPU 运行时间的百分比。这个值越大，代表应用程序越繁忙。
- 系统 CPU 使用率：CPU 在系统态运行时间占总 CPU 运行时间的百分比。这个值越大，代表系统内核越繁忙。
- 等待 I/O 的 CPU 使用率：等待 I/O 时间占总 CPU 运行时间的百分比。这个值越大，代表系统与硬件设备（如磁盘）的交互时间越长。
- 软中断 CPU 使用率：内核调用软中断处理程序的时间占总 CPU 运行时间的百分比。这个值越大，代表系统发生的中断越多。

- 硬中断 CPU 使用率：内核调用硬中断处理程序的时间占总 CPU 运行时间的百分比。

（2）平均负载。

在理想情况下，平均负载等于 CPU 的数量，这表示 CPU 被充分利用了。如果平均负载大于 CPU 的数量，则表明 CPU 出现了过载，在 5.1.1 节中已经详细讲解了。

（3）上下文切换。

过多的上下文切换会缩短进程真正的运行时间，从而使得 CPU 成为性能的瓶颈。

（4）CPU 缓存命中率。

CPU 的处理速度比内存的处理速度快很多，CPU 在访问内存时需要白白浪费等待内存响应的时间。CPU 缓存用于解决 CPU 速度与内存速度不匹配的问题，如图 5-1 所示。

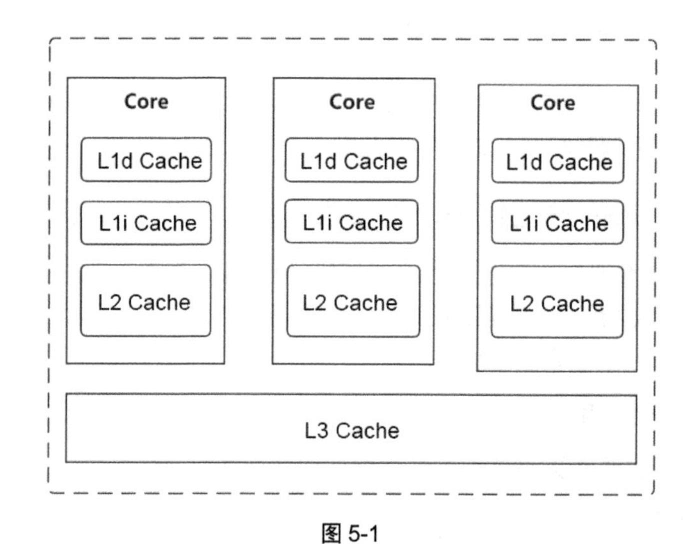

图 5-1

级别越小的缓存越接近 CPU，即其速度越快且容量越小：

- L1 Cache 最接近 CPU，它容量最小，速度最快。每个核上都有一个 L1 Cache。准确地说，每个核上有两个 L1 Cache：L1d Cache 存储数据，L1i Cache 存储指令。
- L2 Cache 比 L1 Cache 容量要大，速度要慢。一般情况下，每个核都有一个独立的 L2 Cache。二级缓存是一级缓存的缓冲器：一级缓存制造成本很高，因此其容量有限；二级缓存用来存储那些“在 CPU 处理时需要用到，但一级缓存又无法存储的数据”。
- L3 Cache 是三级缓存中最大的一级，也是最慢的一级。同一个 CPU 插槽之间的核共享一个 L3 Cache。三级缓存和内存可以被看作二级缓存的缓冲器，它们的容量递增，但单位制造成本却递减。

2. CPU 性能分析工具

接下来使用工具获取这些性能指标并进行分析。

通过命令工具 top、vmstat 和 pidstat，可以获取 CPU 的很多重要指标信息。

- 运行 top 命令工具，可以获取 CPU 的使用率、平均负载和“僵尸”进程等信息。
- 运行 vmstat 命令工具，可以获取上下文切换次数、中断次数、运行状态和不可中断状态的进程数。
- 运行 pidstat 命令工具，可以获取进程用户态 CPU 使用率、系统内核 CPU 使用率、自愿上下文切换和非自愿上下文的切换情况。

通常配合使用这 3 个工具来分析 CPU 的性能瓶颈。

例如，CPU 使用率很高的分析如下：

（1）用 top 命令工具输出 CPU 使用情况，找出用户 CPU 使用率情况。

（2）如果用户 CPU 使用率有问题，则用 pidstat 命令工具通过输出对比判断是否是某个进程所导致的。

（3）在找到导致性能问题的进程后，使用进程工具对进程进行分析。例如，使用 strace 命令工具分析系统调用情况，使用 perf 命令工具分析调用链中各级函数的调用情况。

如果 CPU 平均负载升高，则需要配合 vmstat 命令工具来分析：

（1）通过 top 命令工具输出 CPU 平均负载信息。

（2）如果 CPU 平均负载过高，则可以使用 vmstat 命令工具输出运行状态和不可中断状态的进程数。

（3）如果不可中断状态的进程较多，需要对 I/O 进行分析，则可以使用 dstat 或 sar 命令工具对 I/O 进行详细分析。

（4）如果运行状态的进程较多，则直接进行进程分析即可。

CPU 软中断导致 CPU 使用率升高的分析如下：

（1）通过 top 命令工具输出 CPU 软中断 CPU 使用率信息。

（2）当软中断 CPU 使用率升高时，可以查看“/proc/softirqs”文件中各类型软中断的变化情况。

（3）找出到底是哪种软中断出的问题，如果是网络中断导致的问题，则继续使用网络分析工具 sar 和 tcpdump 来进一步分析。

5.2 优化服务器性能

5.1 节介绍了如何排查和分析服务器性能问题，对于分析出来的性能问题可以进行优化。接下来对服务器的常用性能优化方法进行讲解。

5.2.1 CPU 性能优化方法论

CPU 性能优化包括应用程序优化和系统优化，以提高 CPU 并行处理能力为目的。

- 应用程序优化：用吞吐量和请求延迟来评估应用程序的性能。
- 系统优化：用 CPU 使用率来评估系统的 CPU 使用情况。

1. 应用程序优化

在应用程序中，降低 CPU 使用率可以从减少循环次数、减少递归及减少动态内存空间分配等方面出发，有以下几种策略。

- 编译器优化：如今很多编译器都提供了代码优化选项，开启该选项后，在编译阶段可以得到编译器的帮助以提升性能。
- 算法优化：尽量使用复杂度低的算法，这样可以加快算法的处理速度。
- 异步处理：在特定的场景下，为了避免因等待资源而阻塞，可以使用异步处理，从而提高系统的整体并发能力。例如，使用事件通知代替轮询，因为轮询是很耗费 CPU 资源的。
- 多线程代替多进程：线程上下文切换的资源耗费远远低于进程间切换的资源耗费，5.1.2 节有详细介绍。
- 利用好缓存：可以将一些热点数据或不经常变更的数据放入缓存，这样读取速度会快很多。

2. 系统优化

系统优化主要从 CPU 缓存和控制进程 CPU 使用情况这两方面进行考虑，有以下几种策略。

- CPU 绑定：将进程绑定到一个或多个 CPU 上，可以提高 CPU 缓存命中率，减少跨 CPU 调度带来的上下文切换问题。
- CPU 独占：将 CPU 进行分组，利用 CPU 的亲和性机制为其分配进程，这样其他的线程就不能使用这些 CPU 了。
- 调整优先级：使用 nice 命令调整进程的优先级，降低非核心应用的优先级，提高核心应用的优先级，这样可以确保核心应用得到优先处理。
- 为进程设置资源限制：使用 Linux cgroups 来设置进程的 CPU 使用上限，可以防止由于某个应用自身的问题而耗尽系统资源。

- NUMA（Non-Uniform Memory Access）优化：支持 NUMA 的处理器会被划分为多个 node，每个 node 都有自己的本地内存空间。NUMA 优化其实就是让 CPU 尽可能只访问本地内存空间。
- 中断负载均衡：开启 irqbalance 服务或者配置 smp_affinity，可以把中断处理过程自动负载均衡到多个 CPU 上，以减少耗费 CPU 资源。

性能优化会提升整体复杂性，降低维护性。业务是不断发展的，产品也是不断迭代的，当时的性能优化在下一个阶段可能会演变成其他问题。所以，对于性能优化，不建议过早进行，要依据具体业务真正遇到的性能情况进行针对性的优化。

5.2.2 定位和处理内存泄漏问题

在开发应用程序的过程中，经常会动态地分配和回收内存空间。在这个过程中，可能会出现内存泄漏问题。

1. 内存的分配和回收

应用程序可以访问用户内存空间，对内存段（包括只读内存段、数据内存段、栈内存段、堆内存段及文件映射段等）进行分析，判断是否有发生内存泄漏的风险。

（1）只读内存段。

只读内存段主要包括程序代码和定义的一些常量。由于其是只读的（不会对其再次分配新的内存空间），所以其不会造成内存泄漏。

（2）数据内存段。

数据内存段主要包括程序代码的全局变量和静态变量。在定义这些变量时就定义好了内存大小，所以其不会造成内存泄漏。

（3）栈内存段。

栈内存段是由系统管理的（即分配和回收内存空间）。当分配的内存空间超出了栈内存定义的作用域时，系统会将其回收，所以其不会造成内存泄漏。

例如，在程序中定义一个局部变量：byte a[128]，即分配了可以存储 128 byte 的内存段，这块内存段就是从内存的栈中分配的。当这个局部变量使用完后，系统会将其回收。

（4）堆内存段。

在开发应用程序的过程中，经常有很多不知道具体大小的数据（如构造对象），此时，系统会从内存空间的堆中分配内存空间。这就会用到标准库中的 malloc()函数在应用程序中动态分配内存空间。

堆内存是由应用程序自己管理的，系统不会对这些堆内存空间进行自动回收，除非应用程序退出。所以，需要应用程序自己调用标准库中的 free()函数来释放内存空间，如果没有正确释放，则会造成内存泄漏。

（5）文件映射段。

文件映射段主要包括动态链接库及共享内存。其中，共享内存是由应用程序自己管理的，所以，文件映射段和堆内存类似：如果没有正确回收它们，或者忘记回收它们，则会造成内存泄漏。

2. 内存泄漏的定位和处理

内存泄漏的不断积累会将系统内存资源耗尽，从而触发 OOM（Out of Memory）结束应用程序的进程。所以，内存泄漏会潜藏巨大风险，如果能及时发现并加以解决，则可以很好地保护整个系统和应用进程。

（1）通过 vmstat 工具查看内存是否变动异常。

```
[root@localhost ~]# vmstat 5
procs ------memory---- ---swap-- -----io---- -system-- ------cpu-------
r  b  swpd  free  buff  cache   si   so   bi   bo   in   cs  us   sy  id  wa  st
2  0   0   14132  2104  3416     0    0    0    0   45    1  0    0  100  0   0
0  0   0   14308  2104  3416     0    0    0    0   62   76  0    0  100  0   0
0  0   0   14308  2104  3416     0    0    0    0   64   76  0    0  100  0   0
```

其中，free 列反映了空闲可用内存空间的变化趋势。buffer 和 cache 列变化不大，但是呈下降趋势，说明系统使用的内存空间一直在增加。

但是，系统使用的内存空间在增加，并不一定存在内存泄漏，因为在应用程序中可能会有很多动态分配内存空间的操作。所以，还需要进一步监控。

（2）使用 top 工具查看占用内存空间不正常的进程。

（3）使用 memleak 工具监测内存泄漏。

memleak 是 bcc-tools 包中的一个工具，所以，需要先安装 bcc-tools：

```
# 安装 bcc-tools，需要系统内核为 4.1 以上。如果是旧版本系统则需要先升级
yum install -y bcc-tools
# 配置 PATH 路径
export PATH=$PATH:/usr/share/bcc/tools
```

```
# 验证安装成功
cachestat
```

运行“/usr/share/bcc/tools/memleak -a -p 进程号”查看：

```
# /usr/share/bcc/tools/memleak -a -p 11821
Attaching to pid 11821, Ctrl+C to quit.
[11:41:35] Top 10 stacks with outstanding allocations:
 addr = 7fd7f410eca0 size = 56
 addr = 7fd7f4117400 size = 120
 addr = 7fd7f41a2e40 size = 120
32744 bytes in 1 allocations from stack
# 这下面会打印未释放内存空间的调用栈，即函数信息
```

通过上面的输出可以看到，系统在不停地分配内存空间，但是这些被分配的内存空间并没有被回收。然后可以看到具体的函数调用栈信息，依据这些函数调用栈信息可以到应用程序中查看代码，进一步检查这里的代码是否有问题。

对于 Java 应用程序，这里输出的主要是 JVM 的内存分配信息，所以，建议使用 jmap 工具来查看内存泄漏，这样会更清晰一点。

5.3 Java 虚拟机（JVM）的生产调优

在生产环境中运行应用程序，随着业务体量的增加，可能会出现 JVM 的一些问题。如：CPU 负载过高、请求延迟、TPS 降低等，甚至会出现内存泄漏、内存溢出，从而导致系统崩溃，因此，需要对 JVM 进行调优。

5.3.1 JVM 内存模型分析

在开发过程中，开发者很少关注应用程序对象的内存空间管理，只是一味地编写代码然后运行应用程序，内存空间的分配和回收都是依靠默认的 JVM 来完成的。正是因为这样，有时运行中的应用程序会因为内存溢出或垃圾回收频繁而“卡死”。

大部分 Java 开发者喜欢 Java 语言的一个重要原因是：JVM 有一套自己的内存管理机制，开发人员无须关注每个对象的内存分配和回收，可以将更多的精力花费在业务本身上。

如果读者很熟悉 JVM 的机制，了解它的内存区域划分，则可以避免故障频繁发生，还可以对生产系统进行优化。

JVM 共有 5 大内存区域：堆内存、程序计数器、方法区、虚拟机栈、本地方法栈，如图 5-2 所示。

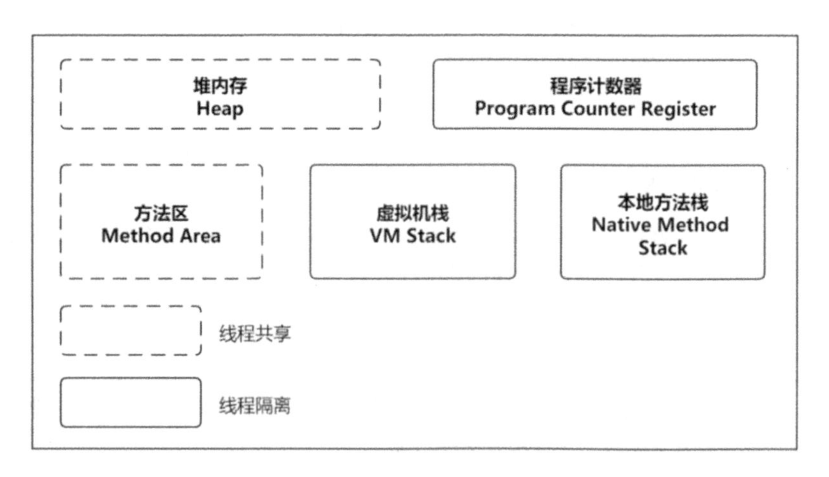

图 5-2

如图 5-2 所示，应用程序是需要多块内存空间的，不同的内存空间用来存放不同的数据。JVM 加上我们在代码中编写的具体逻辑，这才是一个完整的应用程序。

1. 方法区

在 JDK 1.8 之前，方法区被称作“永久代”，它是 JVM 中的一块内存区域，主要用来存放.class 文件中加载进来的类。另外，一些类似常量池的东西也被存放在这个区域中。

在 JDK 1.8 后，这块区域被称作“元空间”（MetaSpace），主要用来存放我们编写的各种 Java 类的基本信息。比如，下面的代码有两个类——MyTest.clss 和 Study.class。

```
public class MyTest {
    public static void main(String[] args) {
        Study study = new Study();
    }
}
```

那么，这两个类的信息就会被加载到 JVM 的方法区中，如图 5-3 所示。

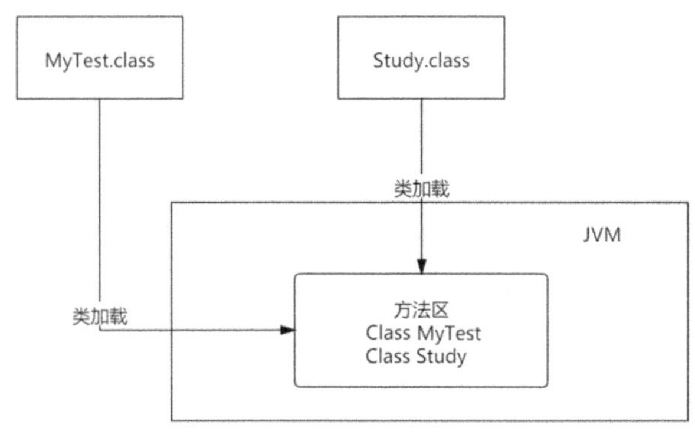

图 5-3

2. 程序计数器

开发人员编写的 Java 应用程序会被编译成字节码，字节码对应着各种字节码指令，这样 Java 应用程序就能被计算机识别了。所以，JVM 在加载信息到内存后，会使用其字节码执行引擎去执行那些编译出来的代码指令。在执行字节码指令时，在 JVM 中需要一块很小的内存空间——程序计数器。

为什么需要程序计数器呢？因为需要有一个东西来记录我们的应用程序执行到哪里了。同时，Java 是支持多线程的，如果开启了多线程，则由多个线程来执行代码指令，即每个线程都会有自己的程序计数器，如图 5-4 所示。

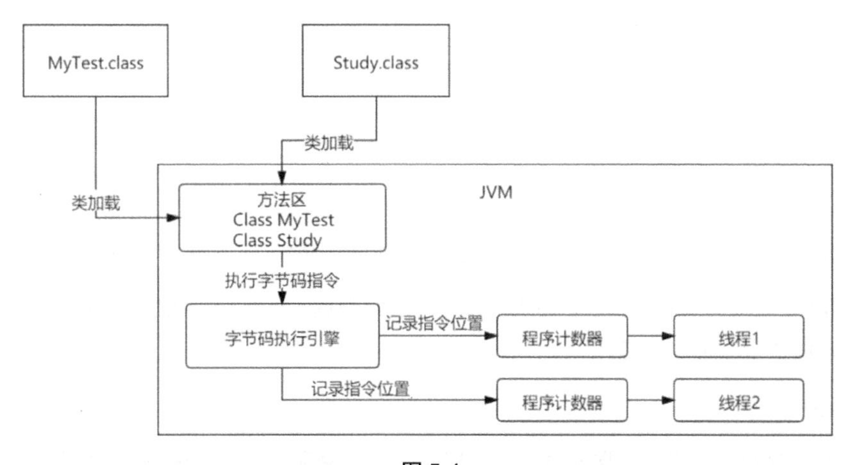

图 5-4

3. 虚拟机栈

每个线程都有自己的虚拟机栈，用来存放它执行的方法中的局部变量等数据。如果线程执行了一个方法，则虚拟机会为该方法创建对应的一个栈帧，栈帧中包含该方法的局部变量。

```
public class MyTest {
    public static void main(String[] args) {
        Study study = new Study();
        study.studyJava();
    }
}
public class Study {
    public void studyJava() {
        String lanuage="java";
    }
}
```

上面 main 主线程执行了 main()方法，就会给这个 main()方法创建一个栈帧，并将该栈桢压入 main 主线程的虚拟机栈中，并且在 main()方法的栈帧中会存放对应的局部变量 study。

接着，main 主线程执行 Study 类的 studyJava()方法，studyJava()方法中有一个局部变量 language，main 主线程会为 stusyJava()方法创建一个栈帧并将其压入自己的虚拟机栈中，如图 5-5 所示。

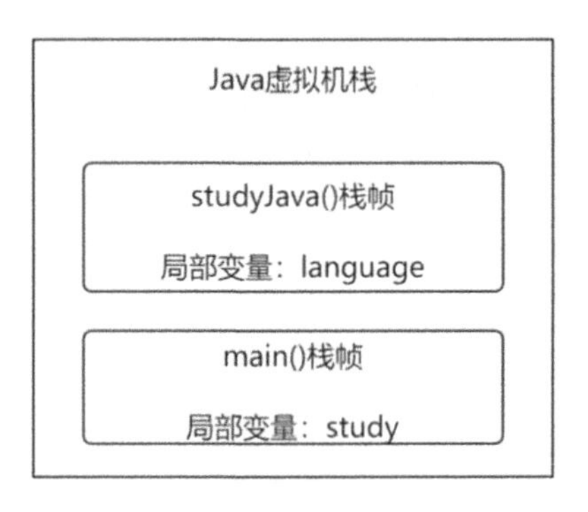

图 5-5

studyJava()方法在执行完毕之后会从 Java 虚拟机栈出栈，接下来 main()方法也出栈。

所以，Java 虚拟机栈的作用是：在线程调用方法时为其创建栈帧。在栈帧中存放有方法的局部变量，以及方法执行的相关信息。

4. 堆内存

现在我们已经知道了每个线程都有自己的程序计数器及虚拟机栈，接下来介绍另一个重要的区域——Java 堆，它也是和我们打交道最多的区域。

我们构造出来的各种对象都会被放在 Java 堆中，如以下代码所示。

```
public class MyTest {
public static void main(String[] args) {
    Study study = new Study();
    study.studyJava();
    }
}
```

现在 Study 实例被存放在堆内存中。当程序执行 main()方法时，Study 实例的内存地址被存放在栈帧中的局部变量 study 中，如图 5-6 所示。

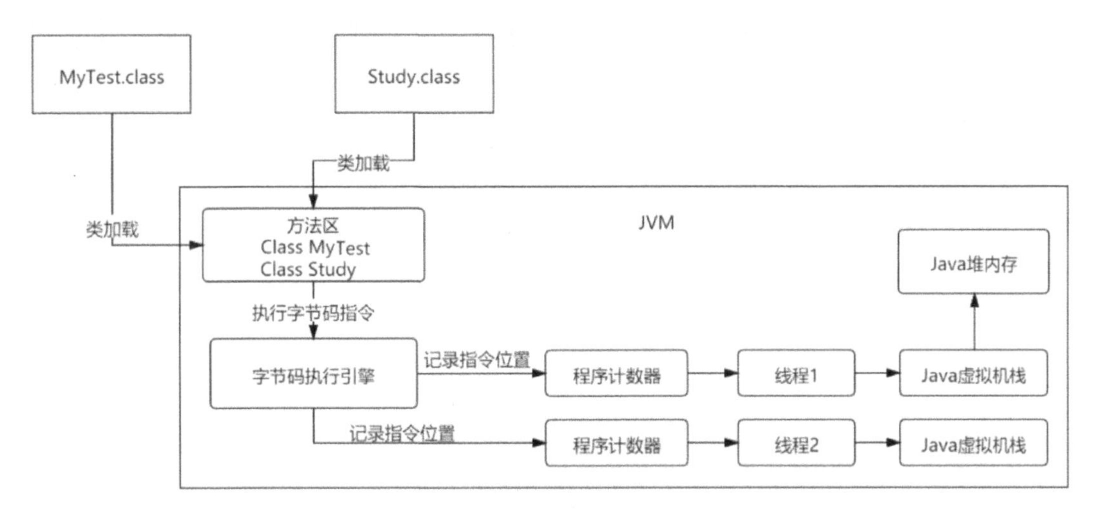

图 5-6

5. 本地方法栈

本地方法栈和虚拟机栈功能类似，但也有不同：

- 虚拟机栈用来管理 Java 函数的调用，而本地方法栈用来管理本地方法。
- 本地方法并不是用 Java 语言实现的，而是用 C 语言实现的。比如，在 Java 类库中好多是用 native 标识的本地方法。

5.3.2 Java 程序是如何在 JVM 中运行的

一个 Java 应用程序从开发到上线运行，有 3 个关键步骤：

（1）在代码编辑器中编写 Java 源代码文件（*.java）。

（2）将开发好的源文件打包成 JAR 包或 WAR 包。

（3）部署。

如今的代码开发工具在源代码文件编写完后，会自动完成编译（将源代码文件编译成“*.class”文件）。通过 5.3.1 节能知道，后缀为“.class”的文件才可以在 JVM 中被运行。

下面来看看编译出来的“*.class”文件是如何在 JVM 运行的。

1. 启动

通过“java -jar”命令执行开发好的应用程序代码，在命令运行成功后会自动启动一个 Java 进程（即 JVM 进程）。

有了这个 JVM 进程，就可以运行编译出“.class”文件（字节码文件）了，从而运行整个应用程序代码。

2. 加载

必须先将“.class”文件加载到 JVM 中，才能让 JVM 成功运行它。可以通过“类加载器”将这些“.class”文件加载到 JVM 中，如图 5-7 所示。

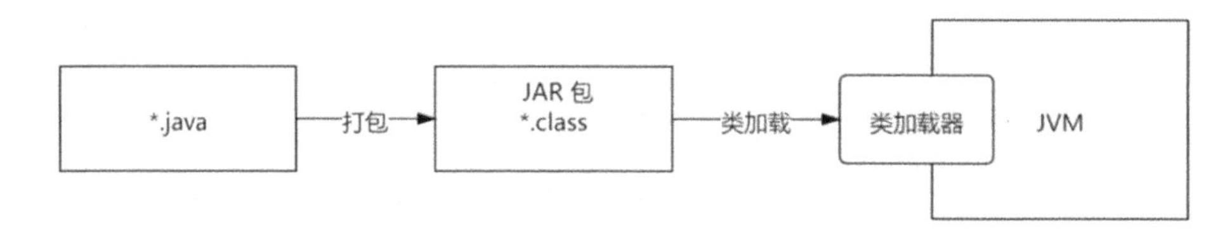

图 5-7

3. 执行

在类被加载进 JVM 后，JVM 就可以根据应用程序代码的逻辑执行代码了，JVM 会用字节码执行引擎区执行已被加载的类。

5.3.3 JVM 优化的思路

在 JVM 运行过程中，最核心的内存区域是堆内存（Heap），应用程序所创建的各种对象都会被放进堆内存中。

堆内存包括“年轻代”和“老年代”两大区域。JVM 优化通常就是指对这两块区域进行优化。

1. JVM GC（垃圾回收）原理

JVM 垃圾回收的原理如图 5-8 所示。只有了解垃圾回收的原理，才能更好地优化 JVM。

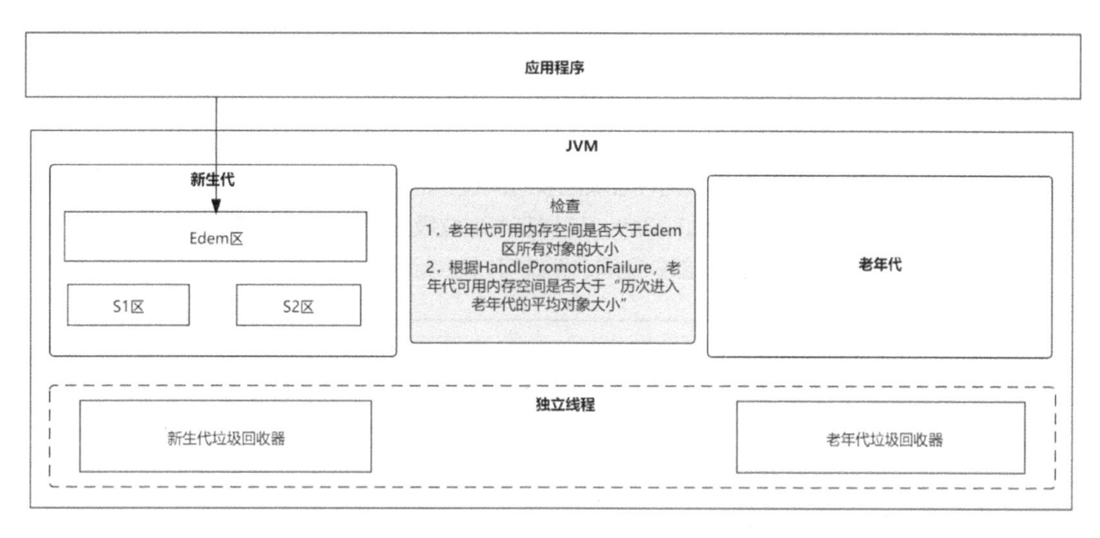

图 5-8

当新生代 Edem 区内存空间满了后，则检查老年代可用内存空间是否大于 Edem 区所有对象的大小：

（1）如果大于，则直接进行新生代垃圾回收。

① 垃圾回收之后的存活对象会被复制到 S 区（包括 S1 区和 S2 区）。

② 在复制之后，如果 S 区内存空间不够存储复制来的对象，则会利用担保规则直接进入老年代。

③ 当 S 区对象年龄超过设置的值，或 S 区同龄对象超过内存空间一半时，也直接进入老年代。

（2）如果小于，则根据 HandlePromotionFailure 查看老年代可用内存空间是否大于“历次进入老年代的平均对象大小”。

① 如果大于，则尝试 Minor 垃圾回收；如果小于，则直接进行 Full 垃圾回收，之后再进行 Minor 垃圾回收。

② 如果在垃圾回收完后老年代依然没有足够的存储空间，则会发生内存溢出（OOM）。

2. 年轻代垃圾回收的调优思路

通常不需要对年轻代垃圾回收进行复杂的调优，因为年轻代的运行逻辑相对简单。如果 Eden 区内存空间满了，无法接收新的对象，则会触发一次垃圾回收，即给系统分配足够的内存空间以满足当前业务需求（主要是分配堆内存和年轻代内存）。

通常年轻代垃圾回收存活的对象很少，所以可采用多线程来回收，这样可以迅速回收垃圾对象（复制算法）。并且，垃圾回收时间很短，基本都是 ms 量级，用户基本是无感知的。

但是，对于部署在大内存机器（例如几十个 GB 以上内存的机器）上的应用，年轻代的垃圾回收停顿时间会增加不少（存活的对象越多，则清理的时间越长）。

对这种大内存机器上的应用，建议使用 G1 垃圾回收器。G1 垃圾回收器天生就适合运行这种大内存机器的 JVM，可以很好地解决大内存垃圾回收时间过长的问题。G1 垃圾回收器可以对每次垃圾回收设置一个期望的停顿时间，例如 20ms，这样在每次垃圾回收时 JVM 最多停顿 20ms，20ms 内回收掉一部分对象会给系统腾出一部分空间，系统可以继续运行。

G1 垃圾回收器是基于 Region 的内存划分原理的：将 Java 堆内存拆分为大量大小相等的 Region，然后追踪每个 Region 中可以回收的对象大小，并预估回收时间。例如，对 2GB 内存的 Region 进行垃圾回收只需要 20ms。

3. 老年代垃圾回收调优思路

通过上面了解到，通常年轻代垃圾回收不会给系统带来太大的性能问题。JVM 中出现的性能问题主要是因为频繁地触发了老年代垃圾回收。

下面来看看对象什么时候能进入老年代：

- 对象年龄太大。对象在年轻代经过了 JVM 默认的 15 次垃圾回收，这样“足龄”的对象才会进入老年代。例如，应用中长期存在的核心组件一般不会被回收。
- 在年轻代发生一次垃圾回收之后，发现 Survivor 区域中几个年龄的对象所占的内存空间加起来超过了 Survivor 区域的 50%。例如，如果年龄 1 对象、年龄 2 对象、年龄 3 对象的内存空间总和超过了 Survivor 区域的 50%，则年龄 3 以上的对象会被放入老年代中。
- 在年轻代发生垃圾回收后，剩余的存活对象太多，以至于 Survivor 区域无法承载，这时对象就会被放入老年代。

如果年轻代中的 Survivor 区域分配到的内存空间过少，则会频繁触发动态年龄判定规则。另外，剩余对象过多也会直接进入老年代。这样会导致频繁地触发老年代垃圾回收。

老年代垃圾回收一般比年轻代垃圾回收要慢很多，所以，一旦 JVM 内存空间分配不合理，则会造成老年代频繁地发生垃圾回收，这会导致系统长时间的卡顿，严重影响用户体验，如图 5-9 所示。

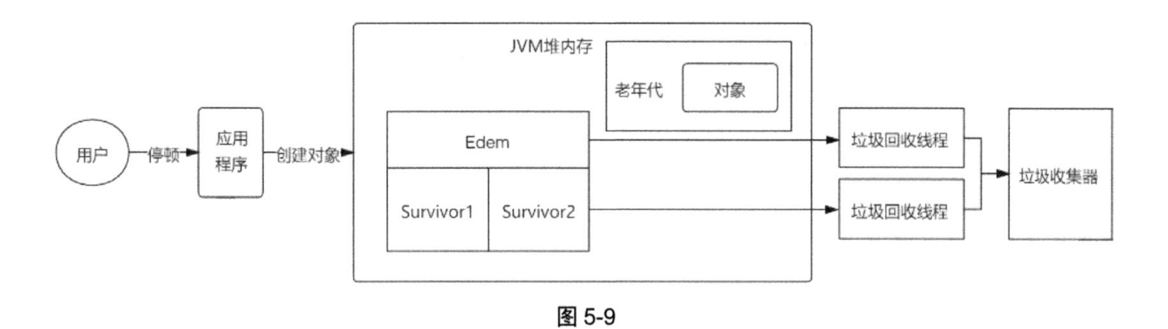

图 5-9

通过上面的介绍可以发现，系统出现问题其实就是因为内存分配、参数设置不合理，导致系统对象频繁进入老年代，从而频繁触发老年代垃圾回收，最终导致系统频繁地卡顿。

所以，JVM 性能优化，应依据 JVM 原理、老年代及年轻代垃圾回收原理，合适地分配内存空间。

第 3 篇

专项突破

第 6 章 应用集群化

通常将一台服务器称为单点。将多台服务器组合起来就是集群。集群主要有两个作用：实现高可用，应对高并发。

6.1 为什么要应用集群化

随着业务的快速发展，一台应用服务器将无法支撑大量的用户请求。在面对高峰流量时，系统可能会出现响应速度缓慢，甚至宕机的现象。所以，此时能直接进行的优化就是引入集群，以防止出现这种单点故障。

6.1.1 什么是集群服务器

集群服务器是指，将多台服务器组合起来提供同一种服务，在客户端看来就像只有一台服务器。集群可以利用多台服务器进行并行计算，从而获得很高的计算速度；也可以用多台服务器做备份，从而使得在任何一台服务器出现故障时整个集群还能正常运行。

集群服务器主要分为高可用集群和高性能集群。

1. 高可用集群

高可用集群通常应用在流量很大的在线应用（如电商应用）上，或者用在提供核心能力的基础组件上，主要用来保障应用持续对外提供服务。由于它是通过冗余的硬件和软件来实现的，所以它避免了系统的单点故障问题。

高可用集群由多个主机组成，这些主机可以在服务器停机时接管服务器，从而确保在发生过载或服务器故障时将停机时间减至最短。高可用集群的出现，使得整体服务尽可能可用，减少了由于计算机硬件和软件易错性所带来的损失。如果某个节点失效，则集群的其他节点将在几秒钟内接管失效节点的职责。因此，对于用户而言，集群永远不会停机。高可用集群软件的主要作用就是实现故障检查和业务切换的自动化。

只有两个节点的高可用集群被称为“双机热备”，即两台服务器互相备份：当一台服务器出现故障时，由另一台服务器承担其任务，从而在不需要人工干预的情况下，自动保证系统能持续对外提供服务。

“双机热备”只是高可用集群的一种，高可用集群系统还可以支持两个以上的节点，提供比“双机热备”更多、更高级的功能，更能满足用户不断出现的需求。

2. 高性能集群

高性能集群分为负载均衡集群、计算集群和存储集群。

（1）负载均衡集群。

负载均衡集群将用户请求分发到多个活动节点，它分摊了整个系统的工作负载，一般用于响应网络请求的 JVM 服务器和数据库服务器。这种集群可以在收到请求时检查接收请求较少或者不繁忙的服务器，并把请求转到这些服务器上，以最大限度地提高资源利用率。

一般来说，Web 服务器集群、数据库服务器集群和应用服务器集群都属于负载均衡集群。对单体架构搭建应用集群，就是搭建负载均衡集群，即将同一种 Web 应用部署在多台服务器上，同时对外提供服务，再通过负载均衡软件将用户请求分发到部署的多台 Web 应用服务器上。

（2）计算集群。

高性能集群主要提供单个计算机所不能提供的强大计算能力，它由许多连接到同一个网络以执行任务的计算机组成。将高性能集群连接到数据存储集群会形成一个复杂的体系结构，可以非常快速地处理数据。存储和网络组件必须彼此同步，以实现无缝性能和高速数据传输。

（3）存储集群。

存储集群可以采用两种架构。

- 紧耦合架构：将数据划分为小块，将它们分别存储在多个存储服务器中。
- 松耦合架构：一般不需要跨节点存储数据，每个节点都可以存储所有数据，类似于主从架构，但是各个节点之间会进行一定的同步。

6.1.2 采用集群服务器有什么好处

相对单台服务器来说，集群服务器的优势比较明显，并且实现起来也比较简单，主要体现在如下几个方面。

1. 高扩展能力

采用集群技术的系统，理论上可以扩展成百上千台服务器，扩展能力具有明显的优势。集群服务还可以不断添加额外的节点，以满足不断增长的应用需求。

相对其他扩展技术来说，服务器集群技术更容易实现，它可以把多台性能较低、价格便宜的服务器连接在一起，这样即可实现整个服务器系统成倍（甚至几十倍、几百倍）地增长。

无论是从软硬件构成成本来看，还是从技术实现成本来看，采用集群都较其他扩展方式成本更低。

2. 高可用性

使用集群服务器可以拥有整个集群系统资源的所有权，例如，磁盘驱动器和 IP 地址将自动地从有故障的服务器上转移到可用的服务器上。当集群中节点的硬件或应用程序出现故障时，集群软件将在可用的服务器上重启失效的应用程序，或将失效节点上的工作分配到其他节点上。在切换过程中，用户只是觉得服务暂时停顿了一下。

以缓存服务器 Memcached 的集群架构为例，在使用时，一开始只搭建了一台 Memcached 服务器，如图 6-1 所示。

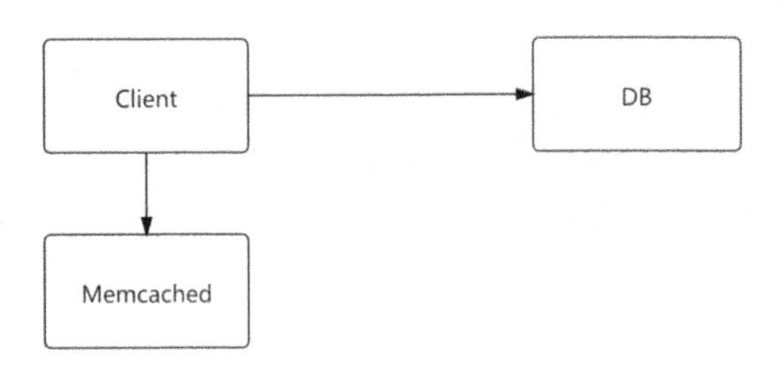

图 6-1

Client 将需要经常访问的数据放进 Memcached 服务器中，目的是减轻数据库的压力。但是，当请求量过大（超过单台 Memcached 服务器能承受的请求压力）时，单台 Memcached 服务器很可能会响应特别慢，甚至会“挂掉”，结果就是请求被全部发送到数据库中，接着就会“压垮”数据库。所以，需要扩展几台 Memcached 服务器来搭建集群以应对请求压力，如图 6-2 所示。

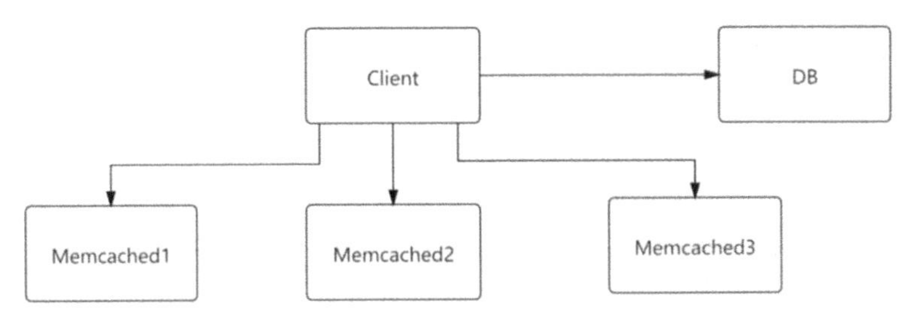

图 6-2

如图 6-2 所示，一旦某个 Memcached 服务器（比如 Memcached1）宕机，那借助一致性 Hash 算法和它的虚拟节点机制，系统会将原本 Client 对 Memcached1 的请求均匀地分配到 Memcached2 和 Memcached3 上，整个缓存服务器依然可以对外提供服务。

3. 易管理

通过集群管理器，可以管理集群系统的所有硬件资源和应用程序，就像它们都运行在同一个服务器上一样。

通过投放集群对象，可以在集群中的不同服务器间移动应用程序，也可以通过同样的方式移动数据，还可以通过这种方式来手工平衡服务器负荷、卸载服务器，从而方便地进行维护。

另外，还可以从网络的任意节点和资源监视集群的状态。当失效的服务器连接回来时，集群技术让该服务器自动返回工作状态，并自动在集群中平衡负荷，不需要人工干预。

对于高可用类型的集群，当应用出现故障需要修复时，其他服务器会接管该应用的数据区，而这个接管过程需要消耗一些时间。应用越大，则接管时间越长，会造成一定的延误。

6.1.3　集群系统和分布式系统有什么区别

集群系统和分布式系统都是为了解决两个关键问题：高性能和高可用。虽然目的相同，但是在实现上两者是不同的。

下面对集群系统和分布式系统进行对比。

1. 概念上的理解

- 集群系统：通俗的理解是，同一个业务被部署在多个服务器上，同时对外提供服务。
- 分布式系统：通俗的理解是，同一个业务被拆分成多个子业务，分别部署在不同的机器上；这些子业务协作完成一件事情，让用户感觉像是一个系统在提供服务。

所以，多台服务器同时提供服务的系统，可以是集群系统，也可以是分布式系统。但并不是将多台服务器堆在一起就是分布式系统。例如，使用 Keepalived 搭建的多台服务器高可用架构，以及使用反向代理（Nginx 或者 LVS）搭建的多台服务器负载均衡架构，都不是分布式系统，而是集群系统。

MySQL 数据库的主从架构、双主架构都不属于分布式系统。

2. 深入理解

从集群系统和分布式系统的概念可以看出，集群系统和分布式系统都是由多个节点组成的。但是，集群系统的节点之间基本不需要进行通信协调，而分布式系统的节点之间必须进行通信协调。即二者最核心的区别是，节点之间是否需要进行通信协调。

下面以一个互联网公司的开发架构来说明集群系统和分布式系统的区别，如图 6-3 所示。

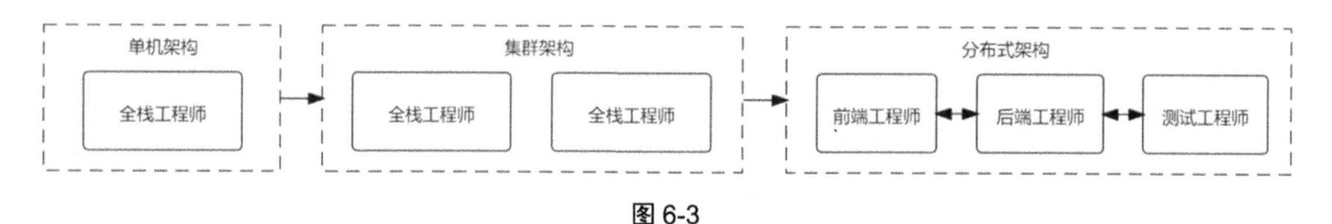

图 6-3

（1）在公司创立初期，由于业务的单一性和成本等原因，只需要一个全栈工程师即可完成业务的所有开发工作。

（2）随着公司的发展，增加了业务线，一个工程师完成不了。于是又招聘了一个全栈工程师来做新业务的开发工作。这两个全栈工程师就组成了公司业务开发的“集群”。

（3）随着公司的继续发展，当前的全栈工程师已经完全不能支撑公司业务发展的速度了。这时进行拆分，分别招聘前端开发工程师、后端开发工程师和测试工程师等。于是，这些工程师互相协作，共同完成公司的业务开发工作，这些工程师就形成了公司的“分布式系统”。

6.2 搭建应用集群

当单机出现瓶颈问题时，可以通过多台服务器来构成集群，所有服务器对外都提供相同的服务，这样整个系统的处理能力提升了好几倍。

在用户请求时，一般通过算法智能选择一个服务器去处理请求，目的是让各个服务器的压力比较平均。要实现这个功能，需要在所有服务器之前增加一个“调度者”的角色，用户的所有请求都先交给它，它根据当前所有服务器的负载情况，决定将这个请求交给哪个服务器来处理。这个“调度者”就是负载均衡器。

6.2.1 【实战】使用反向代理搭建应用集群

下面利用反向代理 Nginx 加上负载均衡器搭建 Web 应用集群。

1. 负载均衡

负载均衡器是搭建 Web 应用集群不可或缺的一个重要的组件，如图 6-4 所示。

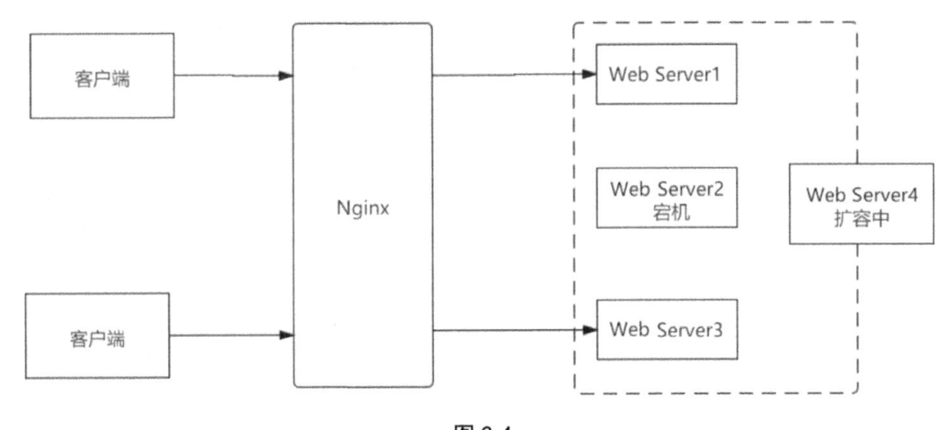

图 6-4

（1）客户端的请求被 Nginx 转发到 Web Server 应用集群中的一台服务器。

（2）本来 Web Server 服务集群中有 3 台正常的服务器，现在 Web Server2 宕机了，于是对整个应用集群进行水平扩容，增加了一台 Web Server4。

图 6-4 是一种负载均衡场景，使用 Nginx 为一个应用集群提供可用性（包括容灾和扩容）。

下面来看看可扩展性是怎么通过负载均衡来保证的。

- 基于无状态进行水平扩展：主要基于 Round-Robin 或 Least-Connected 算法分发请求。但这种扩展方式无法应对单台服务器数据量较大的场景。
- 基于 URL 进行分发：将不同的功能部署在不同的节点上，使用 Location 算法将不同功能的 URL 分发给不同的节点。这种扩展方式能应对单台服务器数据量较大的场景，但是需要进行代码重构。
- 基于用户信息进行扩展：主要使用 Hash 算法进行自动路由，例如，利用用户的基本信息（IP 地址或者用户名等）选择离用户较近的 CDN 节点或服务集群。这种方式不用进行代码重构即可实现水平扩展，能应对单台服务器数据量很大的场景。

在项目中，依据业务需求，可以将这 3 种扩展方式结合起来使用。

2. HTTP 反向代理配置

使用 Nginx 实现 Web 反向代理，可参考如下算法。

- Round-Robin 负载均衡算法：Nginx 使用该算法轮询调用 Web 服务。
- 加权 Round-Robin 负载均衡算法：Nginx 使用该算法对 Web 服务设置权重进行路由。
- 最大连接数负载均衡算法：将服务最大连接次数及最大失败次数设为 2，将失败超时时间设为 20s。
- 基于客户端 IP 地址的 Hash 算法实现负载均衡：Nginx 使用该算法调用 Web 服务。

具体实现方式如下。

（1） Round-Robin 负载均衡算法。

首先指定一组 Web 服务器地址，可以是域名、IP 地址或 Socket 地址。可以在域名或者 IP 地址后面加上端口号，如果不加，则默认使用 80 端口。然后，通过 upstream 指令将这些 Web 服务器地址定义为一组，如下所示：

```
upstream tBackend {
    server localhost:8011 ;
    server localhost:8012 ;
    server localhost:8013 ;
}
location /test {
            proxy_pass http://tBackend;
}
```

upstream 指令有两个通用参数。

- backup：指定当前 Server 为备份服务器。仅当主服务器不可用时，才会调用备份服务器。
- down：标识某台服务器已下线，不再参与集群调度。

（2）加权 Round-Robin 负载均衡算法。

通过加权轮询的方式访问由 Server 指令指定的 Web 服务，需要在 Nginx 的 upstream 框架中进行如下配置：

```
upstream roundups {
    server 127.0.0.1:8011 weight=2 max_conns=2 max_fails=2 fail_timeout=20;
```

```
    server 127.0.0.1:8012;
}

server {
    server_name roundups.test.com;
    error_log myerror.log info;

    location /{
        proxy_pass http:// roundups;
    }
}
```

在上面的代码中，

- weight：指定服务访问的权重，默认为 1。
- max_conns：指定服务器的最大并发连接数，仅作用于单 Worker 进程。默认为 0，即没有限制。
- max_fails：在 fail_timeout 时间段内的最大失败次数。当达到最大失败次数后，在 fail_timeout 秒内这台服务器不允许再次被选择。
- fail_timeout：指定在一定时间内的最大的失败次数 max_fails，以及到达 max_fails 后该 Server 不能被访问的时间（默认为 10 s）。

（3）最大连接数负载均衡算法。

通过复用连接的方式，可以降低在 Nginx 与 Web 服务器之间建立连接、关闭连接的消耗，从而提高整个系统的吞吐量，并且降低延时。

如下所示，8011 服务的最大连接数为 2，最大失败次数为 2，失败超时时间为 20 s：

```
upstream roundups {
    server 127.0.0.1:8011 weight=2 max_conns=2 max_fails=2 fail_timeout=20;
    server 127.0.0.1:8012;
}

server {
    server_name roundups.test.com;
    error_log myerror.log info;

    location /{
        proxy_pass http:// roundups;
         proxy_http_version 1.1;
proxy_set_header Connection "";
    }
}
```

（4）基于客户端 IP 地址的 Hash 算法实现负载均衡。

Nginx 服务器以客户端 IP 地址作为 Hash 算法的关键字，映射到对应的 Web 服务器中：

- 对于 IP v4 地址，使用前 3 个字节作为关键字；对于 IP v6 地址，使用完整的 IP 地址作为关键字。
- 可以使用 Round-Robin 算法的参数。
- 可以基于 realip 模块修改用于执行算法的 IP 地址。

基于客户端 IP 地址的 Hash 算法的实现方式如以下所示：

```
    log_format  varups  '$upstream_addr $upstream_connect_time
$upstream_header_time $upstream_response_time '
                        '$upstream_response_length $upstream_bytes_received '
                        '$upstream_status $upstream_http_server
$upstream_cache_status';

    upstream iphashups {
        ip_hash;
        server 127.0.0.1:8011 weight=2 max_conns=2 max_fails=2 fail_timeout=5;
        server 127.0.0.1:8012 weight=1;
    }

    server {
        set_real_ip_from  192.168.2.28;
        real_ip_recursive on;
        real_ip_header X-Forwarded-For;
        server_name iphash.test.com;
        error_log myerror.log info;
        access_log logs/upstream_access.log varups;

        location /{
            proxy_pass http://iphashups;
            proxy_http_version 1.1;
          proxy_set_header Connection "";
        }
    }
```

6.2.2 【实战】搭建 Linux 服务器集群

在生产环境中往往不只有简单的进程服务，还有缓存集群（如 Redis 集群）、中间件集群（如 Kafka 集群）、大数据相关的集群（如 Storm 集群、Hadoop 集群、ZooKeeper 集群）等。这些都需要宿主机 Linux 具备集群的特性。

运维工程师需要搭建 Linux 服务器集群来支撑公司的各种服务。

搭建 CentOS 服务器集群主要包括以下几个步骤。

1. 准备环境

主要是准备 CentOS 服务器自身的环境，即每台服务器的硬件环境、软件环境及应用所需要的组件，其中需要重点关注的内容如下：

- 确保网络正常。
- 确保配置了 hosts 文件，即配置本机的 hostname 到 IP 地址的映射关系。
- 确保关闭了防火墙，如果没有关闭防火墙则有些组件会连接不成功。
- 确保在系统中已安装了应用所需要的组件。

2. 集群节点的命名及映射

为了更好地识别集群中的所有机器，可以对所有机器进行命名，并且在每台机器的 hosts 文件中配置好所有机器的 hostname 到 IP 地址的映射关系。例如，在 test01 机器上对 hosts 文件的配置如下所示：

```
192.168.2.21 test01
192.168.2.22 test02
192.168.2.23 test03
192.168.2.24 test04
```

3. 配置 SSH 免密码互相登录

（1）在集群中各台机器上配置对本机的 SSH 免密码登录。

首先，使用“ssh-keygen -t rsa”命令生成本机的公钥。

然后，进入“/root/.ssh”目录下，通过“cp id_rsa.pub authorized_keys”命令将公钥复制为 authorized_keys 文件，此时使用 SSH 连接本机就不需要输入密码了。

（2）配置集群中各台机器互相之间的 SSH 免密码登录：使用“ssh-copy-id -i hostname”命令将本机的公钥复制到指定机器的 authorized_keys 文件中。

这样集群各个节点互相登录就不需要密码了。

第 7 章 缓存设计

随着用户越来越多，系统中每天都生产出大量的业务数据。在面临用户请求时，系统往往会出现响应变慢的情况，即查询数据库耗时增加、性能下降。通常可以采用缓存（Cache）方案来解决这种问题。

使用缓存方案主要有几点优势：提高访问性能，降低网络拥堵，减轻服务负载，增强可扩展性。

7.1 什么是缓存

在缓存中通常存储一些经常被访问的热点数据。相比于传统数据库中的数据，这些数据的量要少很多。采用缓存来存储数据，可以减少网络流量、降低网络拥堵。同时，由于减少了解析和计算，使得调用方和存储服务的负载可以大幅降低。

缓存的读写性能比较高，且预热快。在数据访问出现突发流量，系统读写压力大增时，缓存可以通过水平扩展的方式快速部署上线；在流量稳定后，可以随时下线缓存。

7.1.1 缓存的定义

“缓存”的原始意义是，访问速度比一般随机存取存储器（RAM）快的一种高速存储器。通常它不像系统主存那样使用 DRAM 技术，而使用价格更昂贵但速度更快的 SRAM 技术。使用缓存是让计算机系统实现高性能的重要途径之一。

在第 6 章中，通过集群化及相关配置改造对服务进行优化，这的确起到了一定作用。但过了一段时间后，业务又丰富了许多，产品也越来越知名，对服务的请求也越来越多，读取请求的 QPS 也达到了 1 万以上，这时系统面临以下两个问题。

1. 性能降低

以前系统响应速度较快，基本能在 100ms 内查询出数据来响应用户。现在单次查询得在 600ms 以上，并发越大结果越糟糕，这样用户等待时间将越长，可能会导致用户因不耐烦而放弃本次使用。

2. 并发下降

在正常情况下，单台数据库能扛住 2000 左右的 QPS。现在高峰期有 1 万的请求“打”过来，数据库就会很“卡”（甚至会宕机）。对于这种情况该怎么办？使用缓存。

缓存的性能很高，将要被请求的数据放到缓存中，请求将先在缓存中获取数据（单机缓存可承载的并发量可能是 MySQL 单机的几十倍），如图 7-1 所示。

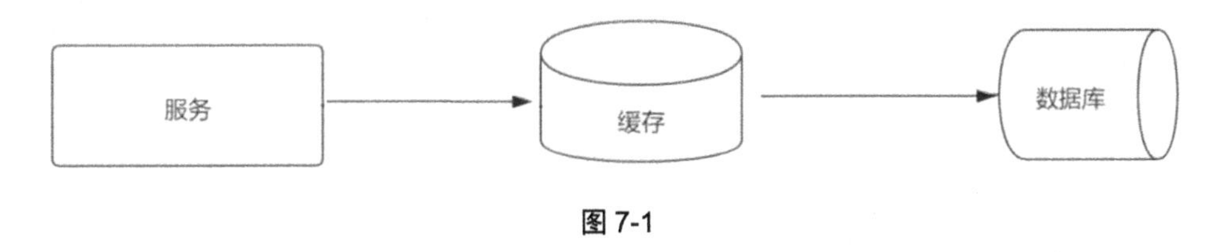

图 7-1

7.1.2　缓存的常见分类

缓存的分类如图 7-2 所示。

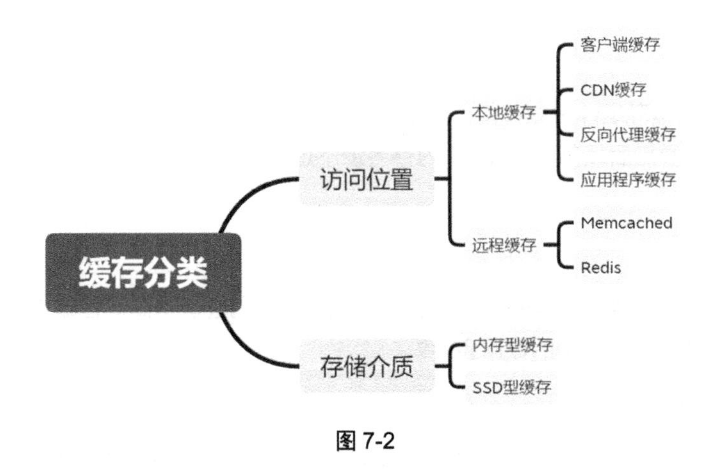

图 7-2

1. 本地缓存

本地缓存分为四类。

（1）客户端缓存。

客户端缓存主要包括 HTTP 缓存及浏览器缓存。为什么需要浏览器缓存？假如我们要启动“商品秒杀”活动，如果将商品信息缓存在浏览器端，则用户每次刷新页面时都能实现瞬间展示，体验极好，这是因为：浏览器离用户请求近，访问缓存时网络请求都被直接省去了。

如果商品有很多图片，是不是也应该将图片缓存到浏览器端呢？

不建议，因为浏览器端存储有限，图片这样的大文件是不能被缓存在浏览器端的（浏览器端可以缓存图标之类的小文件），这时需要将其缓存到客户端本地磁盘上，这样每次“关闭再打开”时可以从本地加载图片等大文件。

（2）CDN 缓存。

CDN 加速技术在第 2 章已经讲解过了，相信大家都已经很清楚了。它也是将资源文件放入 CDN 服务器中，可以快速响应用户。

（3）反向代理缓存。

通过第 4 章我们知道 Nginx 可以用作反向代理。也可以在此基础上增加缓存层，代表技术有 Squid 和 Varnish。当然，Nginx 本身是支持本地静态文件缓存访问技术的。

（4）应用程序缓存。

应用程序缓存是指利用应用程序来实现本地缓存机制，例如，可以基于 Ehcache、Guava Cache 等组件，也可以使用 Map、Set 等 API 来构建本地缓存。

2. 远程缓存

远程缓存是指将缓存组件独立部署，应用程序可以远程获取缓存内容。这样可以避免本地缓存的相关缺陷（如进程重启后缓存内容丢失、内存容量不足等）。其中，远程缓存组件以 Memcached 和 Redis 为代表。

3. 内存型缓存

内存型缓存是指将所需的数据存储在内存中。这样的读写性能很高。但缺点是：在缓存系统重启或者崩溃（Crash）后内存中的数据会丢失。

4. 持久化型缓存

持久化型缓存是指将所需的数据存储在 SSD 或 Fusion-io 等固态技术介质中。这种缓存容量比内存型缓存容量大很多，同时，数据会被持久化存储，不会造成数据丢失，但是其读写性能比内存型缓存慢 1～2 个数量级。Memcached 是标准的内存型缓存，而基于 RocksDB 开发的缓存组件（如 Pika）则属于持久型缓存。

7.2 使用缓存

任何事情都有两面性，缓存也一样，在享受缓存带来一系列便利的同时，也注定要付出一定的代价：

- 在系统中引入缓存会增加系统的复杂度。
- 缓存比传统数据库成本要高，所以，部署及运维方面的费用也会变高。
- 如果设计不当，则容易出现缓存数据和数据库数据不一致的情况。

服务系统在处理业务请求时，需要对缓存的读写方式进行设计：既要保证数据能高效返回，又要尽量避免数据不一致等问题。

7.2.1 如何正确选择缓存的读写策略

缓存读写为什么要考虑策略？难道不是“先读取缓存，如果缓存中没有数据才去数据库中读取，然后再回填到缓存中”吗？其实不然。对于不同业务场景及并发情况，需要慎重考虑读写策略，否则会造成数据的不一致。下面就来分析该如何选择缓存的读写策略。

1. Cache Aside Pattern

Cache Aside Pattern 即旁路缓存策略，是最经典的“缓存 + 数据库”读写模式，分为读策略和写策略。

- 读策略：在读取时先读取缓存，如果命中，则直接返回；如果未命中，则访问数据库，然后回填到缓存中。
- 写策略：先更新数据库，然后删除缓存中的数据。

2. “先更新数据库，再更新缓存”行不行

现在有这样一个场景：在电商平台中下单扣减库存时，本来商品 A 的库存为 100，现在一个扣减的“请求 1”过来了，更新数据库库存为 99。在准备更新缓存时，另一个扣减库存的“请求 2”过来了，更新库存为 98，并立刻更新缓存为 98。接着“请求 1”更新缓存的动作完成了，缓存中的库存变为 99。那么后面读请求得到的缓存中的库存都是 99，而数据库中的库存是 98，这样就造成了缓存数据与数据库数据不一致，如图 7-3 所示。

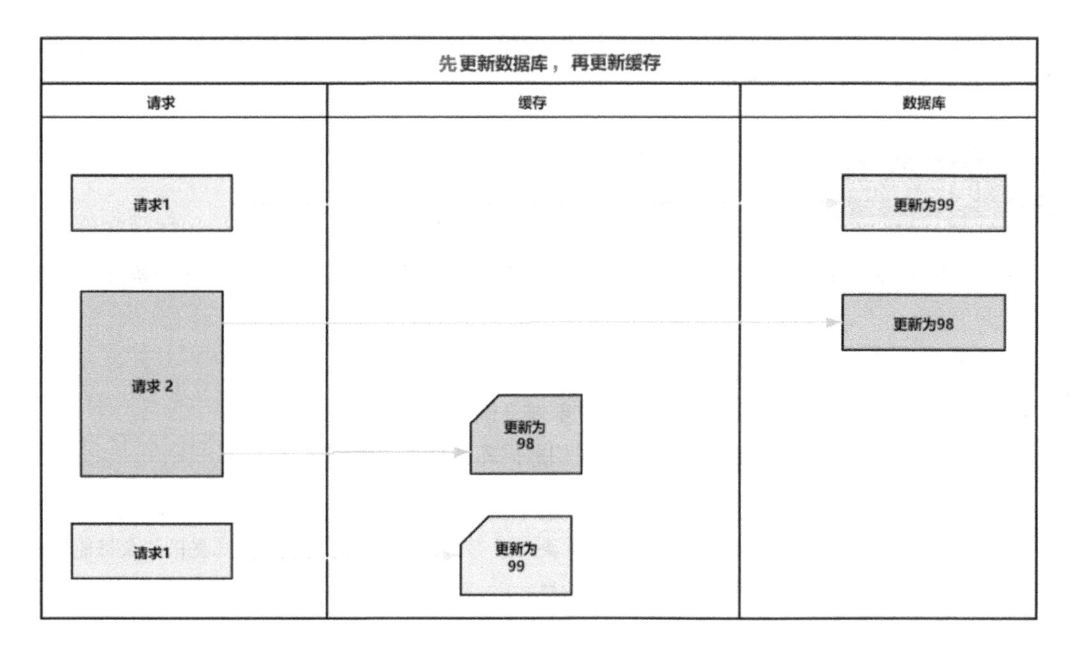

图 7-3

更新缓存是比较耗时的。如果在更新缓存时需要从其他缓存计算得到结果再进行更新，则可能出现缓存中数据丢失的问题。

所以，“先更新数据库，再更新缓存”是会造成数据不一致的。那怎么办呢？使用 Cache Aside Patter 策略：先更新数据库，再删除缓存中的数据。

将图 7-3 中“请求 2”的更新缓存变为删除缓存中的数据，则“读”请求就不会直接命中缓存，而是查询数据库，结果是一致的。

3. “先删除缓存中的数据，再更新数据库”行不行

还是上面的库存，来看看“先删除缓存中的数据，再更新数据库”行不行，如图 7-4 所示。

（1）先删除缓存中的库存数据，然后更新数据库中的库存为 99 ，但在更新尚未完成时来了一个“读”请求，发现缓存中没有数据，它就去数据库中查询，查到是 100，接着就回填到缓存中。

（2）之前那个更新数据库的动作完成了，数据库中的数据变成了 99 ，这时缓存中的数据是 100 。

所以，不能“先删除缓存中的数据，再更新数据库”，这样会造成数据的不一致。

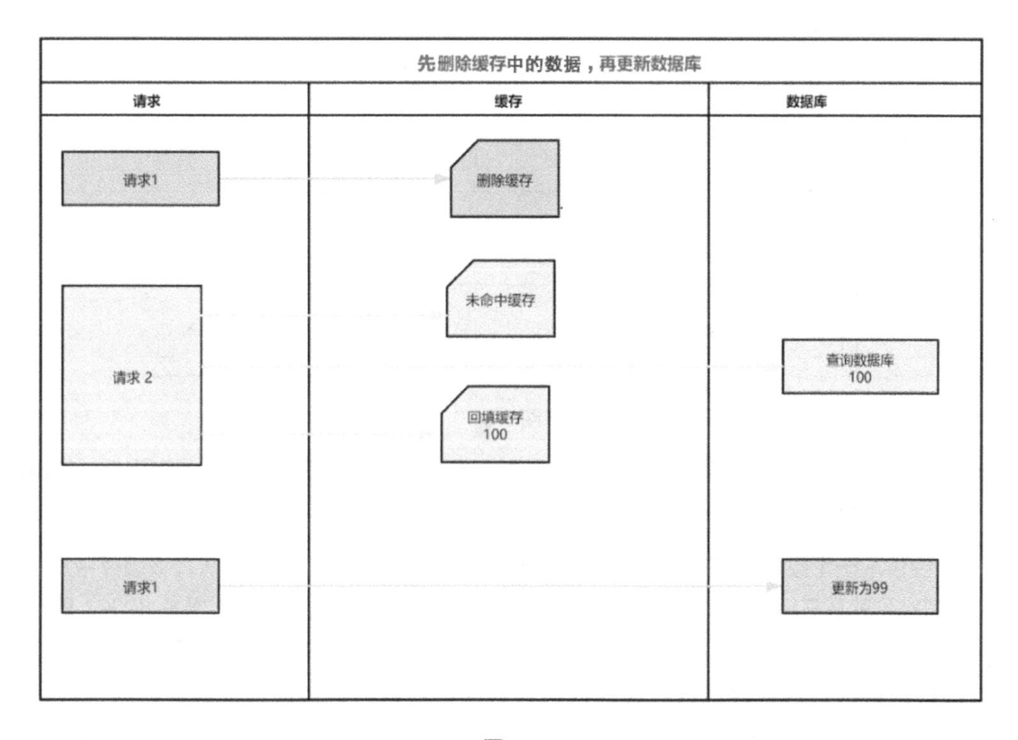

图 7-4

“先删除缓存中的数据，再更新数据”也会出现这样的问题：当缓存数据为空时，“读”请求过来了，就不会命中缓存，然后查询数据库，准备回填到缓存中；在回填时，有一个“写”请求来更新数据库，将 100 更新为 99 ，然后删除缓存中的数据；最后，那个“读”请求完成缓存的写入操作，结果还是 100，这样就出问题了。

不过这种现象很少出现，因为很少有写缓存比“在更新数据库的同时删除缓存中的数据”还慢，只要写入动作发生在删除缓存中的数据之前就没问题。

7.2.2 如何使用多级缓存来提升服务性能

我们先来了解 CPU 的多级缓存（L1、L2、L3）。

CPU 的频率非常快，快到主存跟不上它，结果就是“在处理器时钟周期内，CPU 需要经常等待主存”，这样会造成资源浪费。

多级缓存可以解决 CPU 运行处理速度与内存读写速度不匹配的问题。其主体结构如图 7-5 所示。

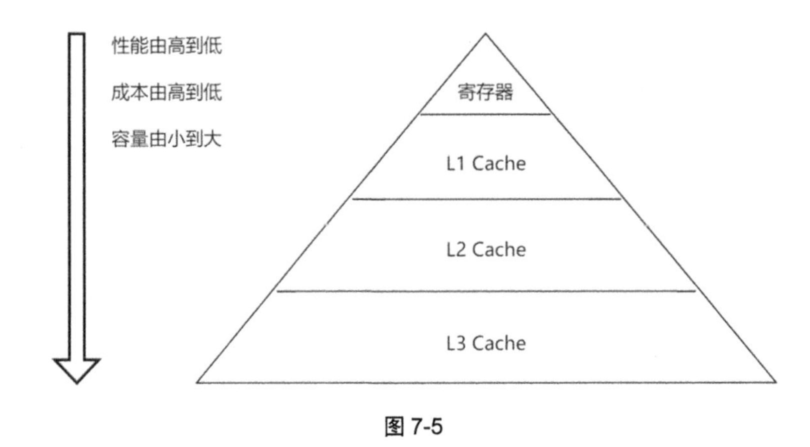

图 7-5

在图 7-5 中，自上往下各层存储器离中央计算单元越来越远，性能和成本由高到低，容量由小到大；其中每一层都是它下一层的缓存。

CPU 要读取一个数据时，它首先从一级缓存中查找，如果没有找到则再从二级缓存中查找，如果还是没有找到就从三级缓存或内存中查找。一般来说，每级缓存的命中率大概是 80%，即全部数据量的 80%可以在一级缓存中找到，只有全部数据量的 20%才需要从二级缓存、三级缓存或内存中读取。由此可见，一级缓存是整个 CPU 缓存架构中最为重要的部分。

通过上面的介绍，相信读者对于多级缓存有了一个基础的认知，也理解了为什么需要多级缓存。

所谓多级缓存系统是指，在一个系统的不同的架构层级进行数据缓存，以提升访问效率。

那么，我们看看对于企业高并发应用系统该如何设计多级缓存。接下来以最出名的“秒杀”系统来实战多级缓存设计。

用户从发起请求到成功获取数据，其间经过了客户端缓存、CDN 缓存、反向代理缓存、远程缓存、应用程序缓存及数据库，如图 7-6 所示。每个环节都可以使用缓存技术来提升性能。

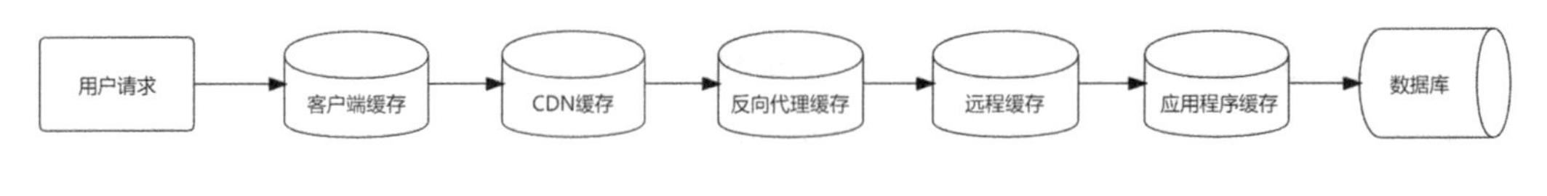

图 7-6

（1）用户请求通过客户端缓存及 CDN 缓存获取变更的数据。

（2）用户请求到达代理服务器，通过反向代理（如 Nginx）缓存获取静态资源。

- 如果反向代理未获取数据，则从远程缓存中获取数据。

- 如果在远程缓存中未获取数据，则从应用程序缓存中获取数据。
- 如果以上都没获取数据，则从数据库中获取数据。

客户端缓存主要包括 HTTP 缓存及浏览器缓存，其中，HTTP 缓存在 Web 开发中使用较为广泛，接下来，先通过 HTTP 缓存来介绍单级缓存的实现，然后介绍多级缓存的设计方案。

1. HTTP 缓存

7.1 节中介绍了客户端缓存，当用户进入活动页时，前端通过 Ajax 请求活动服务接口获取用户活动的基本信息，一般这些基本信息在活动结束前是固定的，所以，这些基本信息就可以缓存在浏览器中一段时间。

用户每次发送 HTTP 请求时，首先会用到 HTTP 缓存，如果获取数据，则立刻返给用户，反之则请求服务器获取数据，如图 7-7 所示。

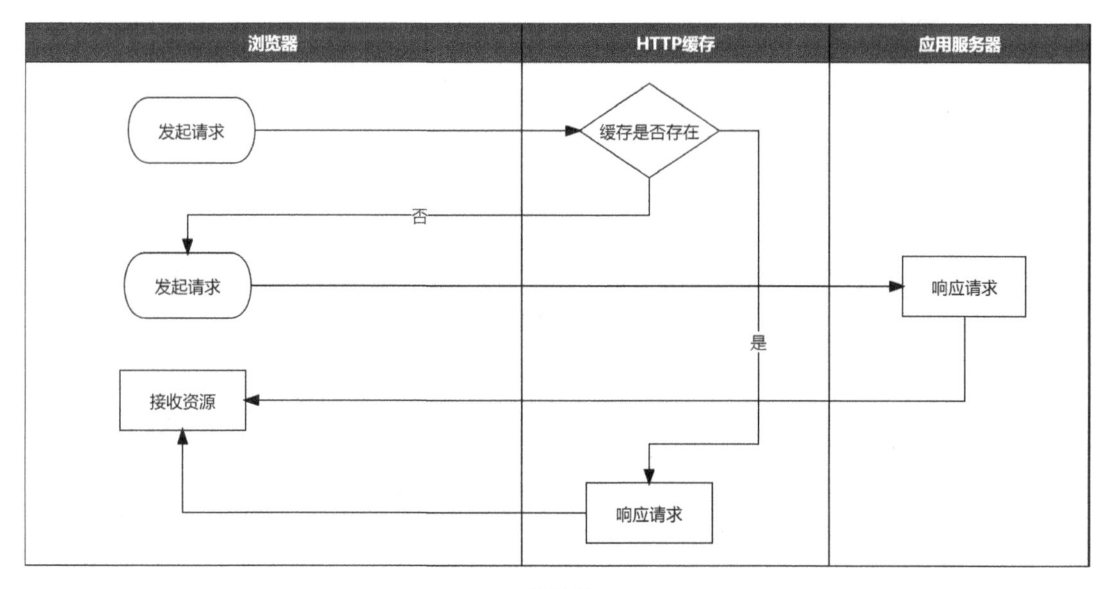

图 7-7

HTTP 缓存信息是通过 HTTP 的请求头 Header 传递的，主要有两种缓存方式：强制缓存和协商缓存。

（1）强制缓存。

强制缓存是指，如果 HTTP 缓存了数据，若其未过期，则直接使用 HTTP 缓存中的数据；若其已过期，则重新请求数据。

如图 7-8 所示，在 HTTP 1.0 中，在 HTTP Response Headers 中有一个 Expires 字段，

它代表服务端返回的数据过期时间。

- 当浏览器第一次请求数据时，服务器会在返回数据的同时返回设置的过期时间 Expires。
- 当浏览器再次请求数据时，服务器会对比请求时间和过期时间 Expires。如果请求时间小于过期时间 Expires，则直接使用 HTTP 缓存中的数据；反之，说明数据已经过期，需要重新请求数据，然后更新数据过期时间。

```
▾ Response Headers    view source
    Accept-Ranges: bytes
    Cache-Control: max-age=315360000
    Content-Length: 1489
    Content-Type: image/gif
    Date: Mon, 22 Mar 2021 14:29:34 GMT
    Etag: "5d1-4532bbb6ca000"
    Expires: Thu, 20 Mar 2031 14:29:34 GMT
    Last-Modified: Tue, 29 Jul 2008 16:00:00 GMT
    Server: Apache
```

图 7-8

在 HTTP 1.1 中，Cache-Control 字段有一个 max-age 属性，它代表数据在 HTTP 缓存中的过期时间，单位为秒。在图 7-8 中，max-age=315360000，说明在数据被缓存后，在 315360000 s 内的客户端请求都会直接获取 HTTP 缓存中的数据，而不是直接请求服务器，当请求间隔超过 315360000 s 后客户端才会去请求服务器。

（2）协商缓存。

协商缓存是指，浏览器每次需要比对前后两次缓存标识来判断是否使用 HTTP 缓存中的数据。

与强制缓存不同的是，协商缓存在每次读取数据时都需要和服务器通信，同时会增加缓存标识。

在第 1 次向服务器请求资源时，服务器会返回资源，同时返回这个资源的缓存标识，它们一起被存到浏览器的缓存中。

在第 2 次请求资源时，浏览器会先将缓存标识发送给服务器，服务器在拿到标识后会判断标识是否匹配：

- 如果不匹配，则表示资源有更新，服务器会将新的数据和新的缓存标识一起返给浏览器。
- 如果匹配，则表示资源没有更新，服务器会返回 200 状态码，浏览器读取本地缓存服务器中的数据。

在 HTTP 1.0 和 HTTP 1.1 中，协商缓存的处理方式有所不同。

① 在 HTTP 1.0 中，协商缓存的处理方式如图 7-9 所示。

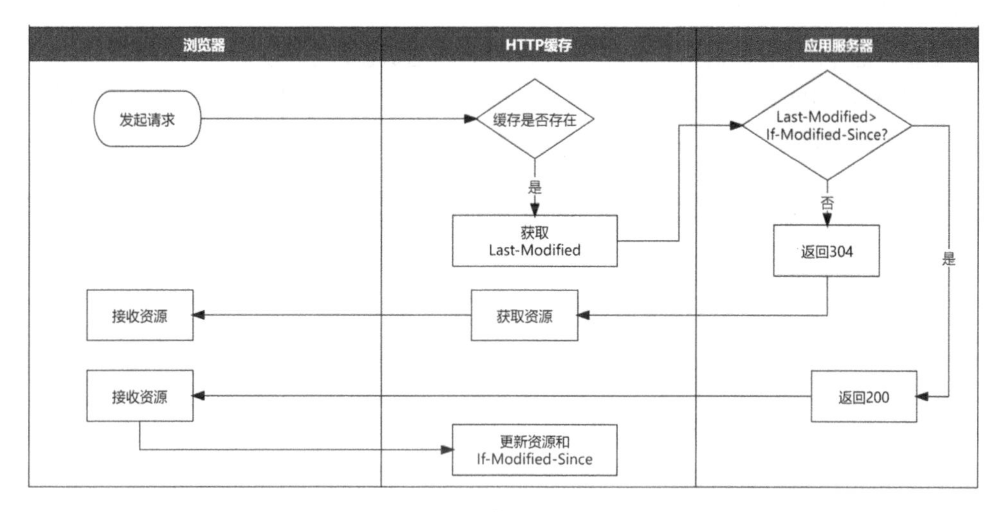

图 7-9

在 HTTP 1.0 中，浏览器第 1 次请求资源时，服务器会使用 Last-Modified 来设置响应头的缓存标识，然后将资源的最后修改时间作为值填入，客户端会将资源和这个响应头的缓存标识字段存储在浏览器本地。

浏览器再次请求资源时，会在请求报文中带上 If-Modified-Since 字段，If-Modified-Since 字段的值就是上一次请求资源时服务器返回的 Last-Modified 的值。服务器在收到请求之后，会判断服务器中保存的 Last-Modified 字段的值是否大于收到的 If-Modified-Since 字段的值：

- 如果服务器中的 Last-Modified（最后修改时间）字段的值大于请求中的 If-Modified-Since 字段的值（即判断结果是“是”），则说明资源有更新，会把资源重新返给浏览器，同时返回状态码 200。
- 如果服务器中的 Last-Modified（最后修改时间）字段的值小于或等于请求中的 If-Modified-Since 字段的值（即判断结果是“是”），则说明资源没有改动过，只会返回 Header，并且返回状态码 304。浏览器在收到这个消息后会使用 HTTP 缓存中的数据。

② 在 HTTP 1.1 中，协商缓存的处理方式如图 7-10 所示。

在 HTTP 1.1 中，当浏览器第 1 次请求资源时，服务器会给资源生成一个 ETag 标识，ETag 标识会随资源一起被发送给浏览器。这个 ETag 标识其实就是根据每个资源生成的唯一 Hash 串。ETag 标识会随着资源的变化而改变，客户端会将资源及 ETag 标识保存在本地。

浏览器再次请求资源时，会将资源的 ETag 标识传给服务器（ETag 标识的字段名被改为 If-None-Match，但值不变）。服务器在收到请求后，会把 If-None-Match 字段的值与服务器上资源的 ETag 标识进行比较。

- 如果不相等，则说明资源有更新，返回资源，返回状态码 200。
- 如果相等，则说明资源没有更新，返回 Header，返回状态码 304。浏览器在收到这个消息后会使用 HTTP 缓存中的数据。

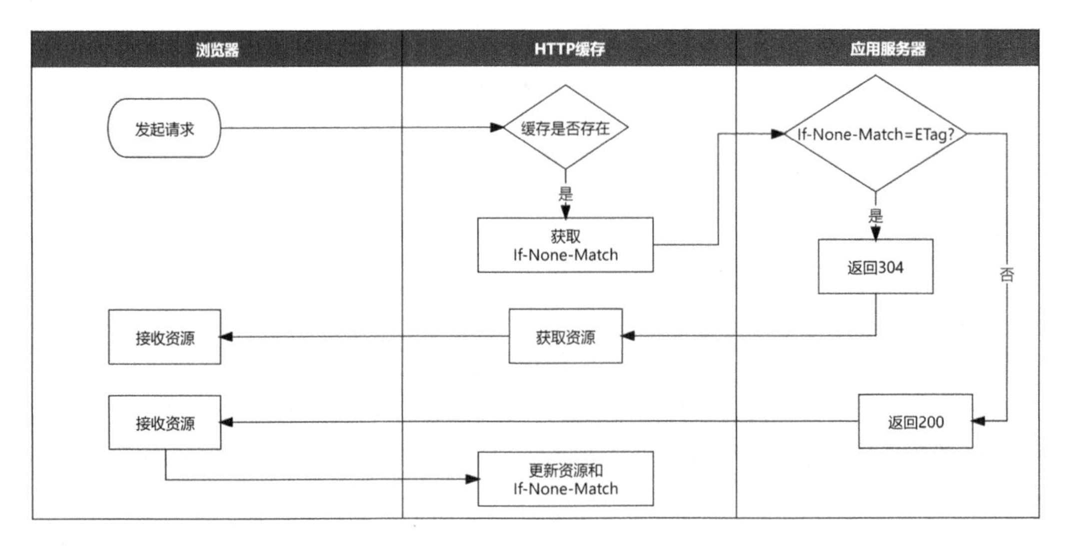

图 7-10

至此，读者应该清楚了客户端如何实现缓存，以及实现缓存的意义，之后的 CDN 缓存、反向代理缓存及分布式缓存等都和这里相差不大，就不再赘述了。

下面来看看多级缓存的整体架构是怎样的。

2. 多级缓存架构

多级缓存架构如图 7-11 所示。

在图 7-11 中，有用户层的客户端/浏览器缓存、CDN 层的 CDN 缓存、反向代理层的 Nginx 集群、分布式缓存层的 Redis 集群、服务层的应用集群及存储层的数据库集群。用户发起一个请求时，缓存过程如下：

（1）从最近的客户端/浏览器缓存中获取资源。

（2）如果客户端/浏览器缓存数据未命中，则请求会被分发到 CDN 节点，获取 CDN 缓存中的资源。

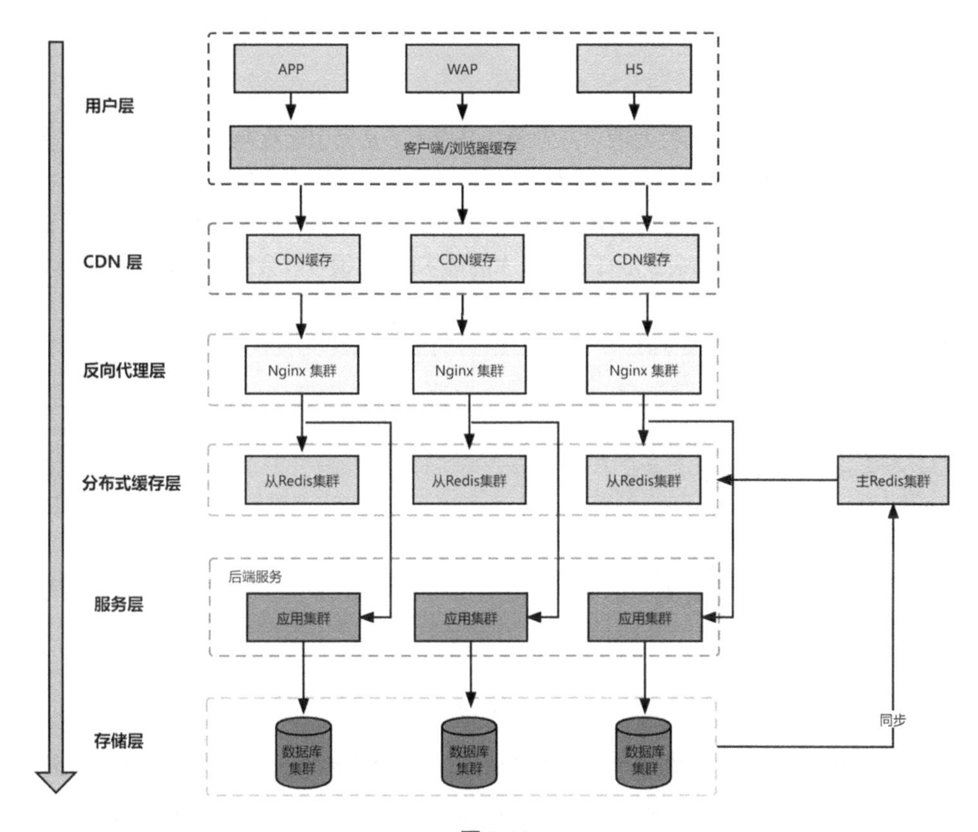

图 7-11

（3）如果 CDN 缓存中的资源未命中，则请求会被分发到反向代理层（如 Nginx 集群）中，被轮询或一致性 Hash 算法路由到其中一台 Nginx 机器上，获取 Nginx 的本地资源。

（4）如果 Nginx 的本地资源未命中，则请求会被分发到分布式缓存（如从 Redis 集群）中获取资源。如果命中，则直接返回并回填到 Nginx 中。

（5）如果 Redis 资源未命中，则请求会被路由到服务层，使用应用服务的本地缓存（当然，应用层也可以访问分布式缓存层）。如果命中，则返回并写主 Redis 集群。

（6）如果以上全没命中缓存，则到数据库中获取资源，并且同步到主 Redis 集群。

7.2.3　多级缓存之痛

在面对超大并发时，多级缓存又会暴露出哪些问题呢?

- 热点缓存问题：在高并发场景下，该如何探测热点 key。
- 数据一致性问题：在多级缓存各层之间会存在数据的不一致。

- 缓存淘汰问题：对于缓存需要淘汰的数据，该如何设计过期策略。

1. 热点缓存问题

热点缓存是指，瞬间超高的并发请求打到缓存节点上，从而引起缓存节点不堪重负。例如，某大明星突然在平台上宣布自己的婚事，引起很多“粉丝”关注。假设，单台缓存节点能“扛住”每秒 5 万条的读请求，在大明星宣布婚事后，突然有 50 万条请求打过来。可想而知，现在存放这条消息的 key 所在的缓存节点会很难扛住这么大的请求压力，很可能会出现宕机，如图 7-12 所示。

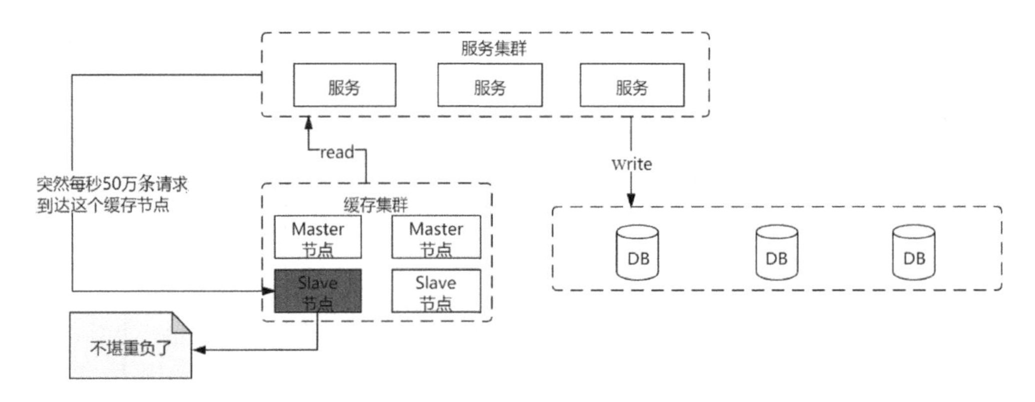

图 7-12

在图 7-12 中，如果有一台缓存节点负载过高，则很有可能会出现缓存节点宕机的现象。

接下来再来想一下，虽然在当前缓存集群中出现了宕机的节点，但是其他正常的节点依然可以接受请求。那么，50 万条请求就又会到其他正常的缓存节点中获取缓存 key 。相信读者现在已经很清楚接下来会发生什么事情了。显然，另一台缓存节点也会因不堪重负而宕机，最终整个缓存集群都不可用了，如图 7-13 所示。

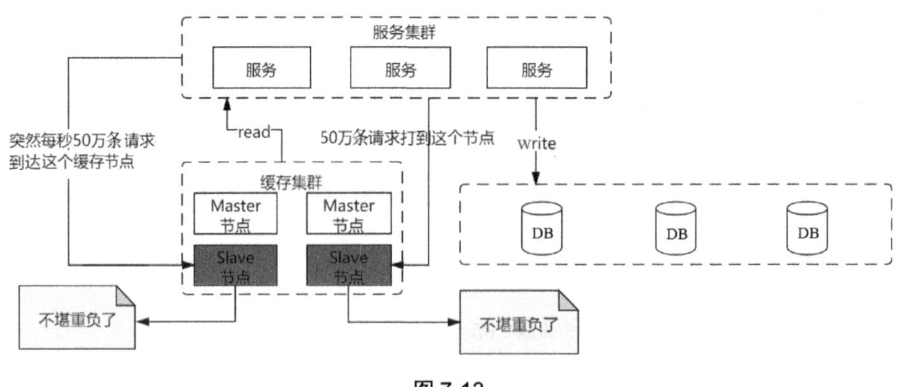

图 7-13

之所以会出现热点缓存节点不可用，乃至最终整个缓存集群不可用，主要是因为我们无法准确探测热点 key。探测热点 key 有以下两种方案。

- 离线计算：不停地分析历史数据，或者针对业务场景预测热点数据，然后将预测出来的热点数据放进缓存中。这种方案比较简单，也很经济，只是效果不会太精确，不能完全自动发现。
- 实时计算：由于每秒的请求量过大，所以可采用大数据领域的流式计算技术（例如 Storm、Spark Streaming、Flink）来实时统计数据的访问次数。接下来，我们来看一下如何基于流式计算技术自动发现热点 key。

如图 7-14 所示，首先，在应用层 Nginx 或后端服务中使用 Flume 组件进行监控和收集日志；然后，将数据输入 Kafka 集群；接着，流式计算集群（如 Flink）会从 Kafka 集群消费数据进行数据统计。

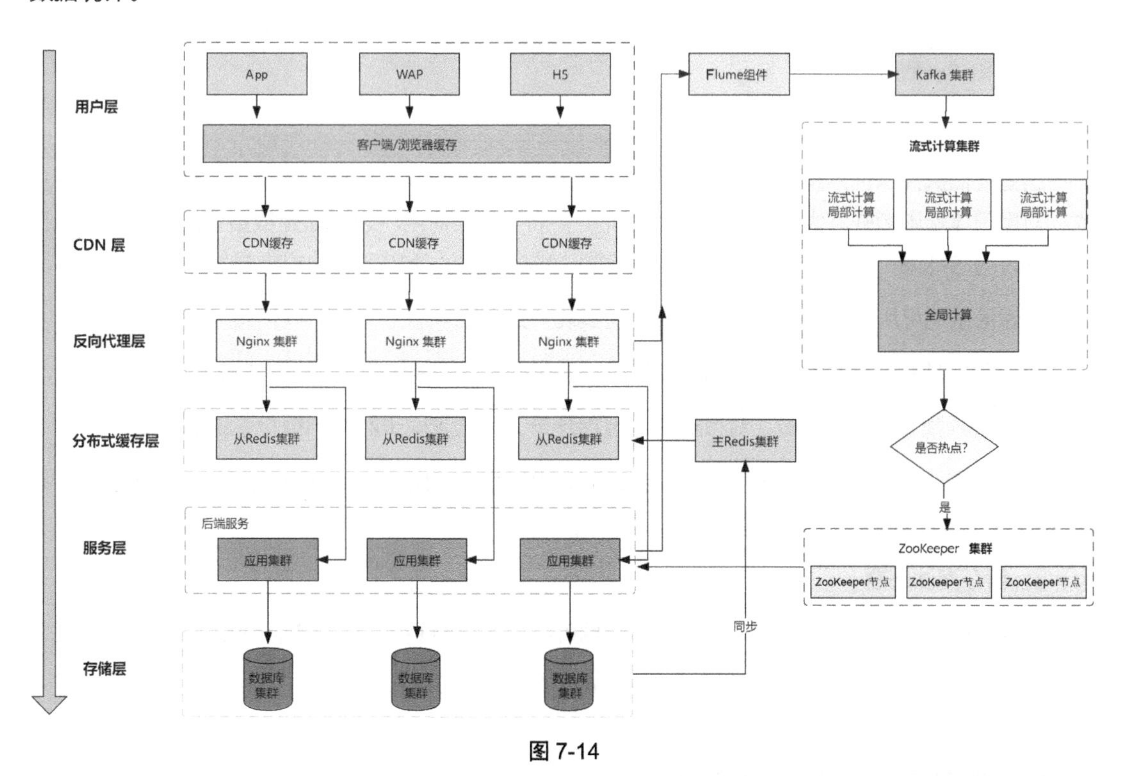

图 7-14

流式计算集群在计算出热点 key 后，会将热点数据存放到 ZooKeeper 集群中。后端服务都在监听 ZooKeeper 节点，当发现节点有变更时，会读取当前节点的热点数据，然后去数据库中针对当前节点的热点数据查询相关数据，并将相关数据加载到本地缓存中。

这样，集中式的数据缓存就被分散为各个应用服务本身的缓存了，几十万条并发请求就会被均衡到各个应用服务中，由应用服务本身的缓存直接返回数据。

2. 数据一致性问题

数据一致性问题主要出现在缓存更新时，那我们要考虑的是“如何更新缓存才能保证数据库和各层缓存的数据一致性”。

对于单层缓存系统，可以采用“先删除缓存中的数据，然后更新数据库”的方案来解决数据一致性问题。如果对于多级缓存系统也采用这样的方案，则需要在每一层缓存中都进行删除，这样系统耗时会增加，会造成系统整体性能的下降。

如果使用分布式事务机制，则需要考虑是否将“写缓存”这个操作放入事务：

- 如果放入，则更新分布式缓存需要通过网络进行通信，而大量的请求会导致网络抖动（甚至阻塞），增加了系统的延迟，导致系统在短时间内不可用。
- 如果不放入，则可能引起短时间内数据不一致，即不能同时达到 CAP 理论中的“高可用”和“一致性”。

那该怎么办呢?

这里我们选择保证系统的可用性。就一般系统（比如“秒杀”系统）而言，“短暂的数据不一致”对用户体验影响并不大（不包括支付系统），而可用性对用户来说却是很重要的（活动可能在很短的时间内结束，用户需要在这段时间内抢到心仪的商品，所以可用性很重要）。

在保证系统可用性的基础上，我们该如何实现一致性呢?

如果对实时性要求不是很高，则可以采用“全量同步 + 增量同步”的方式进行：

（1）按照预计的热点 key，对系统进行缓存预热，即全量同步数据到缓存系统。

（2）在需要更新缓存时，采用增量同步的方式更新缓存。比如，使用阿里巴巴公司的 Canal 框架同步 Binlog 的方式进行数据的同步。

3. 缓存淘汰问题

根据数据的使用频率及场景，缓存中的数据可以分为过期 key 及不过期 key。

那么，该如何淘汰过期 key 呢? 下面是常用的几种方案。

- 使用 FIFO 算法来淘汰过期 key。
- 使用 LFU 算法来淘汰过期 key。
- 使用 LRU 算法来淘汰过期 key。

以上几种方案是在缓存数据达到最大缓存大小时的淘汰策略。如果没有达到最大缓存大小，则有以下几种方式。

- 定时删除策略：设置一个定时任务，在规定时间内检查并删除过期 key。
- 定期删除策略：设置删除的周期及时长（需要根据具体场合来计算）。
- 惰性删除策略：在使用时检查 key 是否过期。如果过期了，则更新缓存，否则直接返回。

7.3 缓存架构设计

如果要深入了解缓存，则需要了解缓存的整体架构设计。

7.3.1 缓存组件的选择

在项目中设计缓存架构时，通常先选定缓存组件。应根据是架构本地缓存还是远程缓存来进行选择。

本地缓存的读写性能非常高，且无网络开销；远程缓存容量大且易扩展，在互联网企业中被广泛使用。不过，远程缓存需要跨机访问，在高读写压力下其带宽容易成为瓶颈。

- 本地缓存组件有 Ehcache、Guava Cache 等。也可以使用 Map、Set 等构建具有专有特性的本地缓存。
- 分布式缓存组件有 Memcached、Redis、Pika 等。

1. Memcached 的原理及特性

Memcached 是一个开源的、高性能的分布式 key-value 缓存系统。它通过在内存中缓存数据和对象来减少读取数据库的次数，从而提高系统的访问速度。

key-value 键值对类似于我们平常使用的 Map，即只能通过 key 进行查找和变更操作。

传统的 Web 应用通常将数据保存在 RDBMS 中，应用服务器从 RDBMS 中读取数据并进行处理。但随着数据量的逐步增加、请求的集中，RDBMS 会出现负载过重，响应变得越来越慢，从而整个系统的延迟变大。

（1）Memcached 的原理。

Memcached 在重启后会丢失所有已存在的数据。Memcached 之间不进行互相通信，需要通过编写客户端程序来对 key 进行 Hash 算法实现路由，以实现分布式功能，如图 7-15 所示。

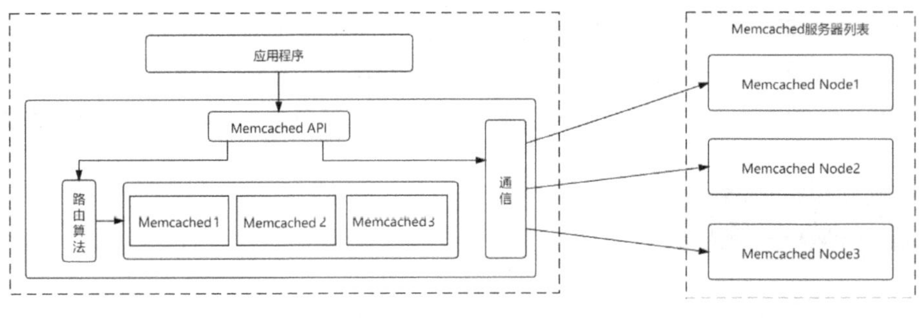

图 7-15

如图 7-15 所示，Memcached 是这样实现数据缓存的：

（1）应用程序处理需要缓存的原始数据。

（2）应用程序调用 Memcached 客户端 API，客户端 API 调用路由算法。路由算法结合 key 及 Memcached 服务器列表进行计算，获得一台服务器的 IP 地址及端口号。

（3）客户端 API 调用通信模块，指定具体的 Memcached 服务器进行写缓存操作。

读缓存和写缓存的过程是一样的，客户端依据 key 选择服务器节点。只要使用的是写缓存的路由算法及服务器列表，就能保证读取时选中的和写入时选中的是相同的服务器。

（2）Memcached 的主从机制。

Memcached 本身并不支持主从部署方式，但是可以在客户端实现主从机制。即为 Memcached 每一组 Master 节点配置一组 Slave 节点，在更新数据时，主从节点同步更新。

在读取缓存时，优先从 Slave 节点读取。如果读取不到，则“穿透”到 Master 节点去读取，并将读取的数据回填到 Slave 节点，以保证 Slave 节点数据的热度。

主从机制的最大优点是：当 Slave 节点不可用时，会有 Master 作为“兜底节点”，这样不会有大量的请求“穿透”到数据库，从而提升了缓存系统的整体可用性，如图 7-16 所示。

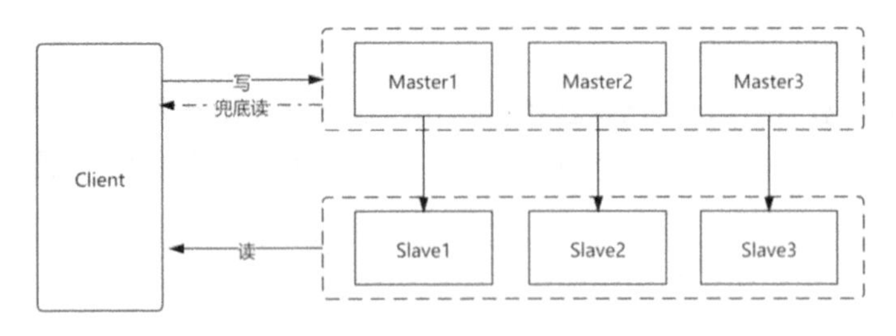

图 7-16

（3）Memcached 的特性。

Memcached 主要有以下几大特性。

- 高性能：在单节点压测时 QPS 能达到百万级。
- 访问协议简单：只有 get、set、cas、touch、gat、stats 等几个命令。
- 存储结构简单：只能存储简单的 key-value 键值对，而且对 value 直接以二进制方式存储，使用者不需要识别内部的存储结构，所以有限的几个指令就可以满足操作需要。
- 完全基于内存操作：在系统运行期间，当有新 key 写进来时，如果没有空闲内存供分配，则会对最不活跃的 key 进行 eviction （剔除）操作。
- 服务节点运行简单：不同 Memcached 节点之间互不通信，由 Client 节点自行负责管理数据分布。

2. Redis 的原理

Redis 是一款基于 ANSI C 语言编写的、遵守 BSD 协议的、高性能的 key-value 存储组件。它的所有数据结构都存在内存中，可以用作缓存、数据库和消息中间件。

（1）Redis 的特性。

同为 key-value 存储组件，Memcached 只能支持“二进制字节块”这一种数据类型；而 Redis 支持 8 种核心数据类型，每种数据类型都有一系列操作指令。Redis 性能很高，单线程压测可以达到 100 000 的 QPS。

总的来说，Redis 具有以下特性。

- 支持数据的持久化：可以将内存中的数据保存到磁盘中，在重启时可以再次加载数据进行使用。
- 支持数据的备份：即支持 Master-Slave 模式的数据备份。
- 支持原子性：Redis 的所有操作都是原子性的，同时 Redis 还支持对几个操作合并后的原子性执行。
- 支持 Cluster 特性：可以通过自动或手动方式将所有 key 按 Hash 算法分散到不同节点，在容量不足时，还可以通过 Redis 的迁移指令把其中一部分 key 迁移到其他节点。

（2）高性能。

Redis 是基于 Epoll 事件模型开发的，可以进行非阻塞网络 I/O。同时，由于它是单线程处理的，且所有操作都在内存中进行，整个处理过程不存在竞争，所以不需要加锁，也没有上下文切换的开销。所以，Redis 的性能非常高。

除主进程外，Redis 还会开辟一个子进程来处理高负荷的任务。有以下 3 种场景会触发 Redis 开辟子进程。

- 当收到bgrewriteaof 命令时，Redis会调用fork命令构建一个子进程，子进程向临时AOF文件中写入重建数据库的所有命令。在写入结束时，子进程会通知父进程，父进程会将新增的写操作追加到临时 AOF 文件中替换老的 AOF 文件，并且重命名。
- 当收到 bgsave 命令时，Redis 会构建一个子进程，子进程将内存中的所有数据通过快照的方式持久化到数据库中。
- 当需要进行全量复制时，Redis 会构建一个子进程，子进程将数据库快照保存到 RDB 快照文件中。在写完 RDB 快照文件后，Master 节点会把 RDB 快照文件发给 Slave 节点，且将后续新的写指令都同步给 Slave 节点。

在 Redis 主进程中，除用于处理网络 I/O 和命令操作的主线程外，还有 3 个辅助的 BIO 线程。这 3 个 BIO 线程主要用于：将 AOF 缓冲数据刷新到磁盘的 fsync 线程、关闭文件的 close 线程，以及清理对象的清理线程，如图 7-17 所示。

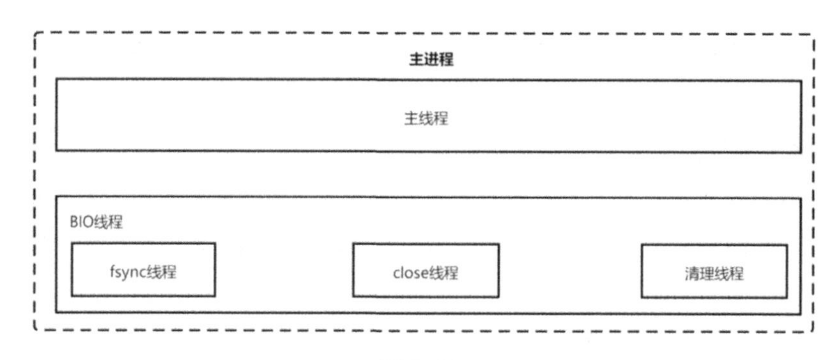

图 7-17

Redis 在启动时，会将 3 个 BIO 线程（fsync 线程、close 线程、清理线程）都启动。启动之后，BIO 线程（fsync 线程、close 线程、清理线程）进入休眠状态以等待任务的到来。当有需要执行的相关类型后台任务时，Redis 会先构建一个 bio_job 结构以记录任务参数，然后将 bio_job 追加到任务队列尾部，接着唤醒 BIO 线程（即开始执行任务）。

（3）Redis 集群管理。

Redis 集群管理主要有以下 3 种方式。

- Client 分片访问：在进行缓存操作时，Client 对 key 进行 Hash 计算，然后依据取模的结果选择 Redis 的实例。
- 使用代理：在 Redis 前面增加一层 proxy（代理），把路由策略、后端的 Redis 状态维护工作都放到 proxy 中进行，client 直接访问 proxy。若后端 Redis 需要变更，则只需要修改 proxy 的配置即可。
- 使用 Redis 集群：从 Redis 3.0 开始引入了插槽（slot），Redis 集群中一共有 16 384

个插槽，每个 key 会在通过 CRC16 算法校验后对 16 384 取模，进而决定存放在哪个插槽中。在后面访问时，首先对 key 进行 Hash 计算找到对应的槽（slot），然后访问槽（slot）所在的 Redis 实例。（在线通过 cluster setslot 和 migrate 指令将 slot 中所有的 key 迁移到目标节点，即可实现扩缩容的目的。）

3. Redis 和 Memcached 的区别

Redis 和 Memcached 有如下几点区别。

- 在存储方式上：Memcached 将所有数据都放在内存中，重启后数据会丢失，并且数据不能超过内存大小；Redis 将部分数据保存在硬盘上，这样能实现数据的持久性。
- 在数据支持类型上：Memcached 只支持简单的 key-value 数据类型；Redis 不仅支持 key-value 数据类型，还支持 List、Hash 等数据类型。
- 在底层模型使用上：两者的底层实现方式及与客户端通信的应用协议不一样。Redis 自己构建了 VM 机制，因为一般的系统调用函数会浪费一定的时间去进行移动和请求。
- 在 value 大小上：Redis 可以达到 1GB，而 Memcached 只有 1MB。

7.3.2 缓存数据结构的设计

在确定好缓存组件后，接下来就是依据业务访问的特点设计缓存数据结构。例如，对于可以直接通过 key-value 读写的业务，可以将这些业务数据封装为 String、JSON、Protocol Buffer 等格式，并序列化成字节序列，然后将字节序列写入缓存中。

在读取时，首先从缓存中获取数据的字节序列，然后进行反序列化操作得到原始数据。

对于只需要存取部分字段或需要在缓存中进行计算的业务，可以把数据设计为 Hash、Set、List、Geo 等结构，存储到支持复杂集合数据类型的缓存（如 Redis、Pika 等）中。

7.3.3 缓存分布的设计

接下来就需要设计缓存的分布了。主要从以下 3 个方面考虑。

1. 分布算法

由于受机器内存、网络带宽及单机器请求量等方面的限制，所以单节点缓存难以应对高并发场景。可以依据分布算法，将数据打散分布到不同的节点上，每个节点都只存储一部分数据。这样在某个节点发生故障时，其他节点可以对外提供缓存服务，从而提高了系统的整体可用性。通常有两种流行方案供选择：

- 取模算法。
- 一致性 Hash 算法。

取模算法，即对需要缓存的 key 先进行哈希计算，然后对总的缓存节点进行取模计算。

例如，由 3 个节点组成的缓存集群，当有新数据需要写入缓存时，首先对这个缓存 key 做 Hash 算法计算得到 Hash 值，接着对 Hash 值进行取模得到最终的缓存节点，如图 7-18 所示。

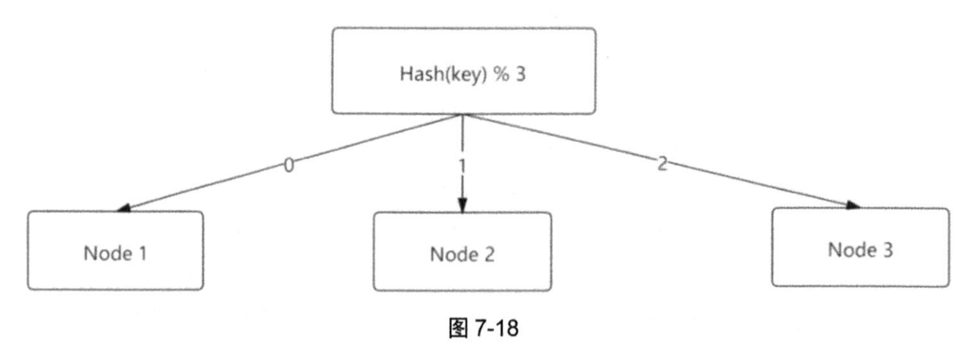

图 7-18

这种算法的优点是：实现起来简单，也比较好理解；缺点是：在增加或者减少缓存节点时，缓存总的节点个数会随之发生变化（即取模的最终结果会发生变化），从而造成缓存失效。

如果系统对于缓存命中率下降不太敏感，则使用取模算法比较适合。

一致性 Hash 算法可以解决取模算法中“在增加或者减少缓存节点时命中率下降”的问题。其原理如下：

- 在算法中，将整个 Hash 值空间组成一个虚拟的圆环（即由 2^{32} 个点组成的 Hash 环）。
- 使用缓存节点的 IP 地址或主机名进行 Hash 计算，然后将计算得到的结果对 2^{32} 取模：hash(ip) % 2^32。
- 取模的最终结果肯定是 0 到（$2^{32}-1$）之间的一个整数，即在 Hash 环上会有一个数与该整数对应，那么各个节点就映射在 Hash 环上了。
- 当需要缓存对象时，先对这个对象的 key 采用同样的 Hash 计算将其映射到 Hash 环上。然后在 Hash 环上按顺时针查找，找到的第 1 个节点就可以作为缓存节点。

Hash 环如图 7-19 所示。

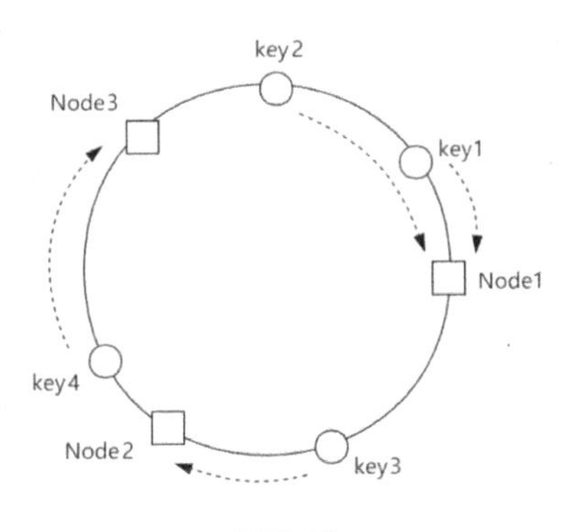

图 7-19

如图 7-19 所示，key1 和 key2 会被缓存到 Node1 节点上，key3 会被缓存到 Node2 节点上，key4 会被缓存到 Node3 节点上。

如果在 Node1 和 Node2 之间增加一个节点 Node4，则原本落到 Node2 的 key3 将会被缓存到 Node4 节点上，其他的 key 均不受影响；同理，如果将 Node3 节点删除，则影响的只是 key4。所以，节点的增加和删除只影响一部分 key，其他的 key 不受影响，从而保证了命中率不会大幅度下降。

虽然一致性 Hash 算法在缓存命中率上影响较小，但它也存在一些问题：

- 缓存节点在哈希环上分布不均匀，这会造成部分缓存节点压力过大。当某个节点发生故障时，对这个节点的所有请求都会被转移到其他节点上，其他节点同样会承受不该承受的压力。
- “脏数据”问题。如果在将数据写入一个节点后进行更新时节点发生故障，则会偏移到另一个节点上去进行操作。等恢复后，再次读取到的是以前的数据，而不是最新的数据。

对于缓存节点分布不均匀问题，可以采用虚拟节点的方式来增加缓存节点的覆盖率，即每个节点都对应多个虚拟节点。

对于“脏数据”的问题，可以在每次写入缓存时都增加缓存过期时间，以减少存在“脏数据”的概率。

2. 读写访问实施

读写访问实施是最终的落地过程，即缓存对象如何被分布到节点上，以及如何从节点中读取数据。通常有如下实施方案：

- 代码层开发，在代码 client 层感知分布策略，直接进行读写。同时，在部署节点发生变化时，要通知所有的 client，避免发生读写异常。这种方式读写性能很高，可控性较强，但是需要编写一部分代码。

- 利用代理（即通过 Proxy）来读写路由。代码 client 直接操作 Proxy，缓存的分布算法逻辑及节点的部署变更都由 Proxy 来处理。这种方式对代码无侵入，所以对业务开发比较友好，但是由于增加了一层 Proxy，所以其访问性能会有一定的损失。

3. 提高缓存命中率

在缓存系统运行过程中，如果待缓存的数据增长速度非常快，则会导致大量缓存数据被剔除，缓存的命中率将下降，最终系统的访问性能也随之降低。

可以将节点数据进行动态拆分：将数据增长迅速的节点的部分数据水平迁移到其他压力不大的缓存节点上。数据迁移可以用 Proxy 或 Server 自身来实现。

Memcached 一般不支持迁移；对于 Redis，社区版本是依靠 Server 来进行迁移的，而对于 Codis ，则是通过 Admin、Proxy 配合后端缓存组件来进行迁移的。

7.3.4 缓存架构部署

设计完缓存分布策略后，基本上就完成了缓存设计，接下来要考虑该如何部署缓存架构了。可以从如下几个方面去思考。

- 分池访问：对于核心的、高并发访问的数据，将其拆分到不同的缓存池中，进行分开访问，避免相互影响；对于非核心的数据和访问量较小的业务数据，可以将它们放在一起访问。
- 分层访问：对于访问量为 10 万到 100 万级别的业务数据，最好进行分层访问，并且要分摊访问量，避免缓存过载。
- 多 IDC 部署：如果业务系统被要求采用多 IDC 部署，甚至实现异地多活，则缓存系统也需要采用多 IDC 部署。需要考虑如何跨 IDC 对缓存数据进行更新，可以采用直接跨 IDC 读写；也可以采用 DataBus 配合队列机进行不同 IDC 的消息同步，然后由消息处理机进行缓存更新；还可以由各个 IDC 的 DB Trigger 进行缓存更新。
- 缓存组件组合：在某些极端场景下，还需要组合使用多种缓存组件，通过缓存异构达到最佳读写性能。
- 运维监控：站在系统层面，要更好地管理缓存，则需要考虑缓存的服务化，以及缓存体系如何更好地进行集群管理、监控运维等。

7.3.5 缓存架构设计的关键点

在缓存架构设计时还需要考虑很多细节，只有这样才能设计出更符合自己业务的缓存架构。

1. 读写方式

对于缓存 value 的读写方式，是采用整体读写，还是采用部分读写？是否需要内部计算?

例如在社交软件中，普通用户的“粉丝”一般比较少，而重要人物的“粉丝”可能是百万、千万级别的。所以，在获取“粉丝”列表时不能采取整体读写，而应该采用部分读写。

另外，在检测一个用户是否关注了某个用户时，也不需要获取该用户的所有关注用户列表，而只需要在关注列表上进行简单的判断，即通过返回 True、False 的方式来判断，这样更高效。

2. KV Size

如果单个业务的 KV size 过大，则需要将其拆分成多个 KV 来缓存。但是，如果不同缓存数据的 KV size 差异过大，则不能将它们缓存在一起，需要将其分到不同缓存中，以避免缓存效率过低和相互影响。

3. Key 的数量

有些公司会将缓存当作 DB 来使用，当 key 的数量不大时，会将全量数据存在缓存中。如果从缓存中读取不到，则代表数据不存在，就不用去 DB 中读取了，性能很高。

如果 key 的数量很大，则不能将缓存当作 DB 来使用，可以将热点数据放进缓存中，对于不会被频繁访问的数据直接去 DB 中读取。

4. 读写峰值

对于读写峰值小于 10 万级别的 QPS，可以使用独立的缓存池。但是，当数据的读写峰值超过 10 万甚至达到 100 万级别时，则需要对数据进行分层处理，如采用多级缓存方案。

5. 命中率

缓存命中率直接影响着系统的整体性能：命中率越高，则系统整体性能越高。所以，在存储容量设计上，对于会进行高并发访问的业务，需要预留出足够的容量，以确保核心缓存可以维持较高的命中率。

为了持续保持缓存的较高命中率，需要有一套监控机制持续对缓存进行监控，当发现缓存异常时应及时进行故障处理或故障转移。

在缓存部分节点出现故障、命中率下降需要进行故障转移时，可以采用一致性哈希分片的访问策略。

6. 过期策略

通常对于缓存数据是需要设置有效时间的。设置有效时间主要有以下两个作用：

（1）节省内存空间。

（2）做到数据弱一致性，即在有效期失效后可以保证数据的一致性。

一般有如下做法：

- 给缓存数据设置一个较短的有效期，让经常被访问的 key 自动过期。
- 在 key 上带上时间信息，并设置一个较长的过期时间，例如，key::20220801。

7. 平均缓存“穿透”加载时间

在某些业务场景下需要关注平均缓存“穿透”加载时间。在发生缓存“穿透”后，如果加载时间很长（或者需要进行复杂的逻辑计算），并且这些业务数据的访问量特别大，则需要配置更多的存储容量来实现更高的命中率，以减少直接“穿透”到 DB 的概率，从而保证整个系统性能的稳定性。

8. 缓存可运维性

对于缓存可运维性，需要考虑缓存的集群管理：如何进行一键扩缩容，如何进行缓存组件的升级和变更，如何快速发现并定位问题，如何持续监控报警。最好有一个完善的运维平台将各种运维工具进行集成。

9. 缓存安全性

一般来说，缓存组件是可以进行安全性配置的，以确保数据的安全。常用的安全性配置如下：

- 限制 IP 地址，只允许在机房内网进行访问。
- 给部分关键指令（如删除指令）增加一定的访问权限，以避免因核心数据被攻击或被误操作。

7.4 用 Redis 构建生产级高性能分布式缓存

接下来看看在生产中如何用 Redis 构建一个高性能的分布式缓存。

7.4.1 Redis 的常见数据类型

Redis 的常见数据类型有如下几种。

1. string（字符串）

string 是 Redis 最基本的数据类型，类似于 Memcached 的 KV，一个 key 对应一个 value。string 类型是二进制安全的，即其中可以包含任何数据（如序列化的对象）。

使用场景：一些常规的 key-value 缓存应用，以及计数之类的数据（如点赞数、“粉丝”数等）。

string 类型对应的 Redis 操作指令主要有 set、get、mset、incr、decr 等。

> string 类型中的 value 并不仅是 String 类型，也可以是数字。但是其编码方式和普通的 string 数据不同。

2. hash（哈希）

hash 是一个键值对（key-value）集合，即它是一个 string 类型的 field 和 value 的映射表。

hash 类型最大的特点：单个 key 对应的 value 哈希结构可以存储多个键值对。

使用场景：用来存储对象，例如要存储一个用户信息对象，用户对象包含姓名、年龄和手机号等属性。Redis 的 hash 类型存储的 value 内部是一个 HashMap，如图 7-20 所示。

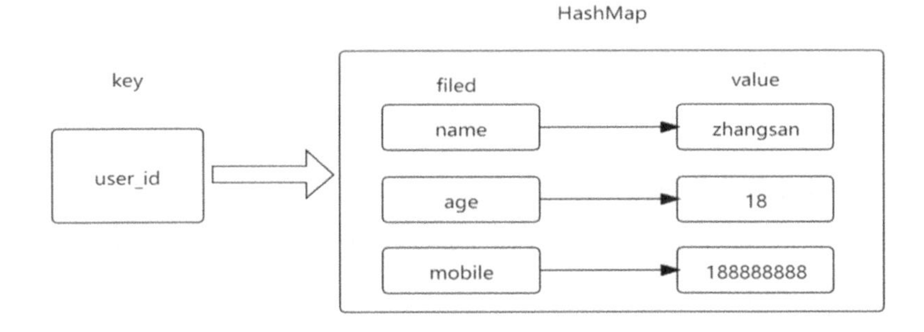

图 7-20

如图 7-20 所示，key 是用户 ID，value 是一个 Map，这个 Map 的 key 是用户成员的属性名，value 是成员属性对应的值。这样操作数据就可以直接操作 Map 中的 key(在 Redis 中称内部 Map 的 key 为 field ）。即通过 key（用户 ID）加上 Map 的 field，就可以操作对象的对应属性了。

hash 类型对应的 Redis 操作指令主要有 hmset、hmget、hexists、hgetall 和 hincrby 等。

- hmset：批量插入多个 field-value 对。
- hmget：获取多个 field 对应的 value 值。
- hexists：判断某个 field 是否存在。
- hgetall：返回所有的 field 和 value 值。
- hincrby：如果 field 对应的 value 是整数，则可以用 hincrby 来对该 value 进行修改。

3. list（列表）

list 是一个快速的双向字符串链表，其中的元素按照插入顺序排序。其主流操作方式如下：

- 使用 lpush 指令将一个或多个元素插到列表头部。

- 使用 rpush 指令将一个或多个元素插到列表尾部。
- 使用 lset、linsert 指令将元素插到列表指定位置或指定元素的前后。
- 使用 lpop、rpop 指令从列表头部和尾部移除元素。如果列表为空，则返回 nil。
- 使用 Blpop、Brpop 指令从列表头部和尾部移出并获取元素。如果列表没有元素，则会阻塞列表直到等待超时或发现有可弹出的元素为止。
- 使用 LRange 指令获取列表中指定范围内的所有元素。

在 list 列表中，获取元素、添加元素的性能是很高的，时间复杂度为 $O(1)$，因为是列表直接追加或弹出。但是随机插入、随机删除、随机范围获取需要轮询列表确定位置，所以性能是较低的。

使用场景：构建消息队列系统、社交中热门信息流等业务场景，均可以使用 list 来作为存储类型。

4. set（集合）

set 是 string 类型的无序集合。set 由一堆不重复的元素所组成。它和数学中的集合概念类似，可以进行交集、并集及差集等操作。

Redis 中的 set 一般是通过哈希表实现的，并且是无序的，所以插入、删除、查询元素的效率很高，时间复杂度为 $O(1)$。

set 类型对应的 Redis 操作指令主要有 sadd、spop、smembers、sismember、sdiff、sinter、sunion 和 srandmember 等。

- sadd：添加一个 string 类型的元素到 set 中，如果成功则返回 1，如果元素已经存在则返回 0。
- spop：弹出一个随机元素。
- smembers：返回集合中的所有元素。
- sismember：判断在 set 中是否存在某个元素，如果存在则返回 1，否则返回 0。
- sdiff：对多个 set 进行差集计算。
- sinter：对多个 set 进行交集计算。
- sunion：对多个 set 进行并集计算。
- srandmember：返回 1 个或者多个随机元素。

使用场景：在社交系统中，可以将某个用户所关注的人存在一个集合中，将该用户的所有“粉丝”存在另一个集合中，Redis 为这两个集合提供求交集、并集和差集等操作，可以非常方便地实现共同关注、共同喜好、二度好友等功能。

5. sorted set （有序集合）

sorted set 也被称为 zset，它和 set 类似，也是一个 string 类型元素的集合，且不允许重复。

sorted set 中的每个元素都是先经过打分再进行存储的，集合中的元素按照分值进行由小到大的排序。

在 sorted set 中，虽然元素不可以重复，但是元素的分值是可以重复的。

sorted set 除包括常规的添加、删除和查找元素操作外，还包括以下操作：

- zscan：按顺序获取有序集合中的元素。
- zscore：获取元素的分值（score 值）。
- zrange：通过指定 score 值返回指定范围内的元素。
- zincrby：在某个元素的 score 值发生变更时，通过 zincrby 指令对该元素的 score 值进行加减。
- zinterstore、zunionstore：对多个有序集合进行交集或并集计算，然后将新的有序集合存到一个新的 key 中。如果有重复元素，则将重复元素的 score 值相加，然后作为新集合中该元素的 score 值。

使用场景：有序集合可以用来做类似统计榜、实时刷新榜单的业务；也用来记录学生成绩，从而轻松获取某个成绩范围内的学生名单；还可以用来做带权重的队列。

6. bitmap（位图）

bitmap 是用二进制表示的 byte 数组，只有 0 和 1 两个数字。bitmap 中每一个 bit 位所在的位置就是 offset 偏移量，如图 7-21 所示。

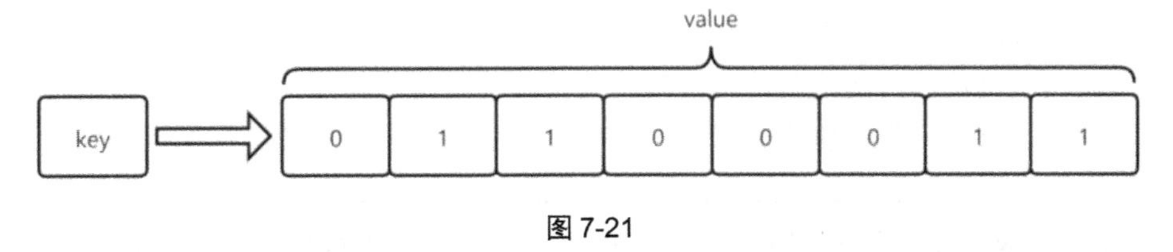

图 7-21

可以用 setbit、bitfield 指令对 bitmap 中每个 bit 进行置 0 或置 1 操作，也可以用 bitcount 指令来统计 bitmap 中被置 1 的 bit 数，还可以用 bitop 指令对多个 bitmap 进行“求与”“求或”“异或”等操作。

bitmap 是按照位进行设置的，同时“求与”“求或”等操作非常高效，并且存储成本非常低。

使用场景：对推荐系统中的新闻、信息流设置一系列的标签（如军事、娱乐、视频、图片、文字等），使用 bitmap 来存储这些标签，即将对应标签的 bit 位设置为 1。在线用户及活跃用户等都可以使用 bitmap 来存储。

7. geo（**地理位置**）

在 LBS 应用（如微信中的附近的人，美团、饿了么中的附近的美食，滴滴打车中的附近的车等）中，需要使用地理位置信息（经纬度）进行搜索。

Redis 从 3.2 版本开始增加了对 geo 地理位置的处理功能。Redis 的 geo 地理位置是基于 sorted set 封装来实现的。

在存储某个位置点时，Redis 首先利用 Geohash 算法将该位置二维的经纬度映射编码成一维的 52 位整数值，将位置名称、经纬度编码 score 作为键值对存储到分类 key 对应的 sorted set 中。

例如，要查找位置 A 附近的人，则过程如下。

（1）以位置 A 为中心点，以一定距离（如 1km）作为半径，通过 Geohash 算法算出 8 个方位的范围。

（2）依次轮询方位范围内的所有位置点，只要某个位置点到位置 A 的距离在要求的范围内，则它就是目标位置点。

（3）在轮询完所有范围内的位置点后重新排序，这样即得到位置 A 附近的所有目标。

geo 类型对应的 Redis 操作指令有 geoadd、geopops、geodist、georadius 等。

- geoadd：增加某个地理位置的坐标。
- geopops：获取某个地理位置的坐标。
- geodist：获取两个地理位置的距离。
- georadius：根据给定的地理位置坐标来获取指定范围内的地理位置集合。

geo 类型利用 Geohash 算法将二维的经纬度转为一维的整数值，这样可以方便地对地理位置进行查询、距离测量和范围搜索。

但由于地理位置点非常多，所以在一个地理分类 key 下可能会有大量元素。因此，在进行 geo 设计时，需要提前进行规划，避免某个 key 过度“膨胀”。

使用场景：查询某个地方的某个具体位置、当前位置到目的地的距离，以及附近的人、餐厅和电影院等。

8. hyperLogLog（基数统计）

hyperLogLog 类型是用来做基数统计的。在对巨大数量的元素做统计时，利用 hyperLogLog 只需要很小的内存即可完成。

hyperLogLog 不保存元数据，只记录待统计元素的估算数量，这个估算数量是一个带有 0.81% 标准差的近似值。在大多数业务场景中，对于海量数据而言，不足 1% 的误差是可以接受的。

hyperLogLog 的特点：在统计过程中不记录独立元素，占用内存非常少，非常适合统计海量数据。在大中型系统中，统计每日、每月的 UV（独立访客数），或者统计海量用户搜索的独立词条数，都可以使用 hyperLogLog 类型。

什么是基数？比如数据集 {1, 3, 5, 7, 5, 7, 8}，那么这个数据集的基数集为 {1, 3, 5 ,7, 8}，基数（不重复元素的个数）为 5。基数估计就是在可接受的误差范围内快速计算基数。

7.4.2 【实战】通过 Redis 的读写分离扛住 10 万以上的 QPS

Redis 不能支撑高并发的瓶颈主要在于单节点，因为单节点的 Redis 不具备自动容错和恢复功能。如果服务器意外宕机，则 Redis 无法对外提供服务。并且，如果服务器磁盘损坏，则会造成数据丢失。

因为，单节点的 Redis 是很难实现高并发的，在通常业务中读请求要多于写请求，所以，一般需要采用读写分离架构。

读写分离架构即主从架构：一个主节点（Master）、多个从节点（Slave）。

- 写请求，直接写到 Master 节点。
- 读请求，直接从 Slave 节点中读。

如图 7-22 所示，Master 节点主要负责写请求，并且将数据同步到各个 Slave 节点中；Slave 节点主要负责读请求。这种主从架构的优点是，Slave 节点可以水平扩容。即如果系统 QPS 持续增加，当前 Slave 节点无法承受，则直接增加一个或多个 Slave 节点即可应对持续增加的 QPS。

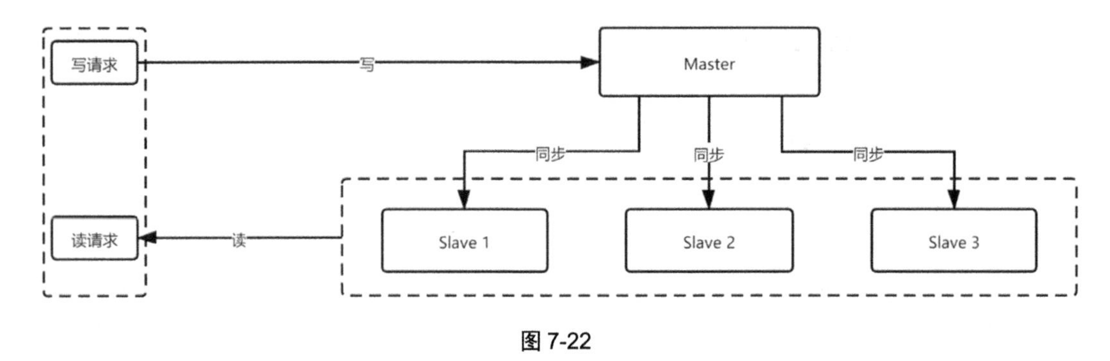

图 7-22

1. 如何使用主从复制

在默认情况下，每个启动的 Redis 节点都是主节点。如果要搭建主从架构，则需要进行相应的配置。使用方法很简单——指定“谁为谁的从节点”。节点主从复制通常有以下 3 种方式。

- 使用配置文件：在从节点的配置文件中增加以下内容。

```
slaveof <masterip> <masterport>
```

- 使用启动命令：在从节点上，在 redis-server 启动命令后面增加以下选项。

```
-slaveof <masterip> <masterport>
```

- 使用客户端命令：在 Redis 服务器启动之后，通过 redis-cli 客户端命令实现。

```
slaveof <masterip> <masterport>。
```

当需要断开主从复制时，可以通过“slaveof no one”命令来断开。在从节点断开复制后，并不会删除节点上已有的数据，只是不再接受主节点新的数据变化。

2. 主从复制的实现原理

在主从节点建立连接后，就可以开始进行数据同步了，即从节点向主节点发送 psync 命令（在 Redis 2.8 版本之前是 sync 命令）开始同步。

数据同步是主从复制的核心阶段。根据主从节点当前状态的不同，主要分为全量复制和部分复制。

（1）全量复制：用于第一次复制，或者在无法进行部分复制时进行的复制，将主节点中所有数据都发送给从节点。

Redis 通过 psync 命令进行全量复制的过程如下：

① 从节点在判断无法进行部分复制之后向主节点发送全量复制的请求；或从节点发送的是部分

复制的请求，但主节点判断无法进行部分复制。

② 主节点在收到全量复制的命令后执行 bgsave 命令，在后台生成 RDB 文件，并使用一个缓冲区记录“从现在开始所执行的所有写命令”。

③ 主节点在执行完成 bgsave 命令后，将 RDB 文件发送给从节点；从节点先清除自己的旧数据，然后载入接收的 RDB 文件，将数据库状态更新至主节点执行 bgsave 命令时的数据库状态。

④ 主节点将之前复制缓冲区中的所有写命令发送给从节点，从节点执行这些写命令并将数据库状态更新至主节点的最新状态。

⑤ 如果从节点开启了 AOF，则会触发 bgrewriteaof 命令的执行，从而保证 AOF 文件更新至主节点的最新状态。

全量复制是一个非常“重型”的操作，主节点通过 bgsave 命令 fork 子进程进行 RDB 文件的持久化，该过程是非常消耗 CPU、内存（页表复制）、硬盘 I/O 的。同时，主节点通过网络将 RDB 文件发送给从节点，会非常消耗主从节点的带宽。

（2）部分复制：在网络中断等情况后进行的复制，将中断期间主节点写入的数据发送给从节点。如果因为网络中断时间过长而导致主节点没有完整地保存中断期间所执行的写命令，则无法进行部分复制，仍进行全量复制。

部分复制的实现主要依赖几点：复制偏移量、复制积压缓冲区、服务器运行 ID。

①复制偏移量。

主节点和从节点分别维护一个复制偏移量（offset），它代表的是主节点向从节点传递的字节数。主节点每次向从节点传播 *N* 个字节数据时，其 offset 增加 *N*；从节点每次收到主节点传来的 *N* 个字节数据时，其 offset 增加 *N*。

offset 用于判断主从节点的数据库状态是否一致：如果二者的 offset 相同，则两者的数据库状态一致；如果二者的 offset 不同，则两者的数据库状态不一致，此时可以根据两个 offset 找出从节点缺少的那部分数据。

例如，主节点的 offset 是 1000，而从节点的 offset 是 500，则部分复制需要将 offset 为 501～1000 的数据传递给从节点。而 offset 为 501～1000 的数据存储的位置就是下面要介绍的复制积压缓冲区。

②复制积压缓冲区。

复制积压缓冲区是由主节点维护的、固定长度的、先进先出（FIFO）队列，默认大小为 1MB。

当主节点开始有从节点时就会创建，目的是备份主节点最近发送给从节点的数据。

在命令传播阶段，主节点除将写命令发送给从节点外，还会发送一份给复制积压缓冲区，作为写命令的备份。在复制积压缓冲区中，除存储了写命令外，还存储了每个字节对应的复制偏移量（offset）。

由于复制积压缓冲区定长且是先进先出的，所以它保存的是主节点最近执行的写命令，时间较早的写命令会被挤出复制积压缓冲区。

从节点将 offset 发送给主节点后，主节点根据 offset 和缓冲区大小来决定能否执行部分复制：

- 如果 offset 之后的数据仍在复制积压缓冲区中，则执行部分复制。
- 如果 offset 之后的数据已不在复制积压缓冲区中（数据已被挤出），则执行全量复制。

③服务器运行 ID。

Redis 节点在启动时，会自动生成一个由 40 个随机的十六进制字符组成的 ID（runid），每次启动时该 ID 都不一样（即这个 runid 用来标识一个 Redis 节点）。可以通过 info Server 命令查看 runid。

主从节点首次进行复制时，主节点会将自己的 runid 发送给从节点，从接点会将这个 runid 保存起来。在断线重连时，从节点会将这个 runid 发送给主节点；主节点根据 runid 来判断能否进行部分复制：

- 如果从节点保存的 runid 与主节点现在的 runid 相同，则说明主从节点之前同步过，主节点会尝试使用部分复制。
- 如果从节点保存的 runid 与主节点现在的 runid 不同，则说明从节点在断线前同步的并不是当前主节点，所以只能进行全量复制。

3. psync 命令执行过程

了解完 Redis 主从复制的基本原理后，接下来介绍 psync 命令的参数和返回值，从而来说明在 psync 命令的执行过程中，主从节点是如何确定是使用全量复制还是部分复制的。

psync 命令的执行过程如图 7-23 所示。

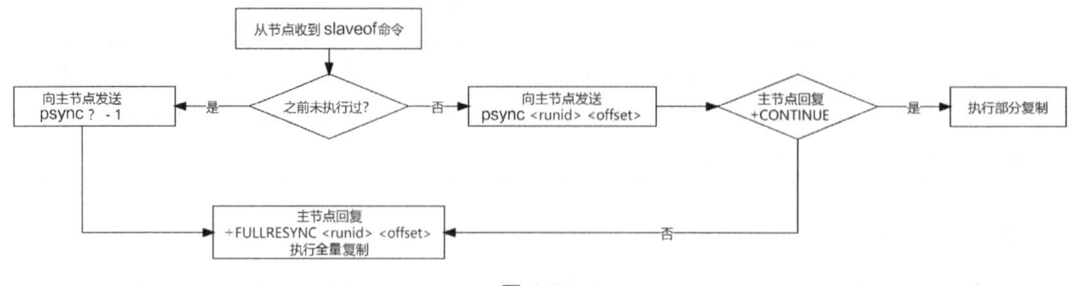

图 7-23

（1）从节点根据当前状态决定如何调用 psync 命令。

- 如果从节点之前未执行过 slaveof 命令，或最近执行了“slaveof no one”命令，则从节点发送“psync ? -1”命令向主节点请求全量复制。
- 如果从节点之前执行了 slaveof 命令，则它会发送“psync <runid> <offset>”命令向主节点请求复制。其中，runid 为上次复制的主节点的 runid，offset 为上次复制截止时从节点保存的复制偏移量。

（2）主节点根据收到的 psync 命令及当前节点的状态，决定是执行全量复制还是部分复制。

- 如果主节点版本低于 Redis 2.8，则回复“ERR”，此时从节点重新发送 sync 命令执行全量复制。
- 如果主节点版本高于 Redis 2.8，主节点上的 runid 与从节点发送的 runid 相同，且从节点发送 offset 后的数据在复制积压缓冲区中都存在，则主节点回复“+CONTINUE”，表示将进行部分复制。
- 如果主节点版本高于 Redis 2.8，但是主节点上的 runid 与从节点发送的 runid 不同，或从节点发送 offset 后的数据已被挤出复制积压缓冲区了，则主节点回复“+FULLRESYNC <runid> <offset>”，表示将进行全量复制。其中，runid 表示主节点当前的 runid，offset 表示主节点当前的 offset。从节点保存这两个值备用。

7.4.3 【实战】在高并发场景下，缓存“雪崩”了该怎么办

缓存“雪崩”是指，因为部分缓存节点不可用，而导致整个缓存系统（甚至整个服务系统）不可用。缓存“雪崩”主要分为以下两种情况：

- 因缓存不支持 rehash 而导致的缓存“雪崩”。
- 缓存支持 rehash 时的缓存“雪崩”。

1. 缓存不支持 rehash 而导致的缓存“雪崩”

通常是由于缓存体系中有较多的缓存节点不可用，且不支持 rehash，所以请求会“穿透”到 DB，从而导致 DB 不可用，最终导致整个缓存系统不可用。

如图 7-24 所示，缓存节点不支持 rehash，当大量缓存节点不可用时会出现请求读取缓存失败的情况。根据读写缓存策略，这些读取缓存失败的请求会去访问 DB。

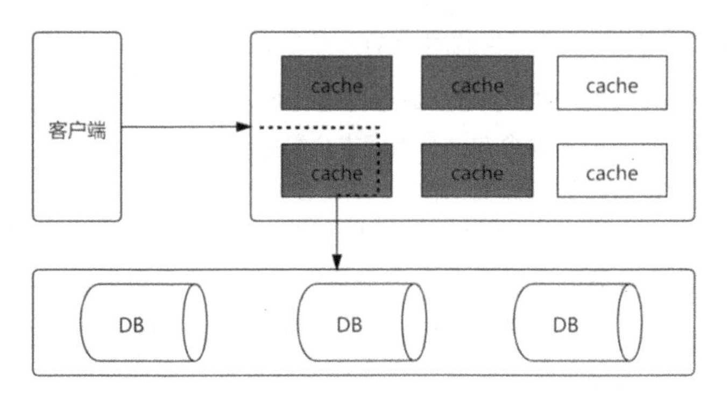

图 7-24

但是，DB 是很难承载这么多请求的，很容易出现大量的慢查询，最终整个系统不可用。

2. 缓存支持 rehash 时的缓存“雪崩”

缓存支持 rehash 时产生的“雪崩”，一般跟瞬时流量洪峰有关。瞬时流量洪峰到达引发部分缓存节点过载，然后流量洪峰会扩散到其他缓存节点，最终整个缓存系统异常。

如图 7-25 所示，在缓存分布设计时，一般会选择一致性 Hash 分片，这样在节点出现异常时将采用 rehash 策略，即将对异常节点的请求平均分散到其他缓存节点上。

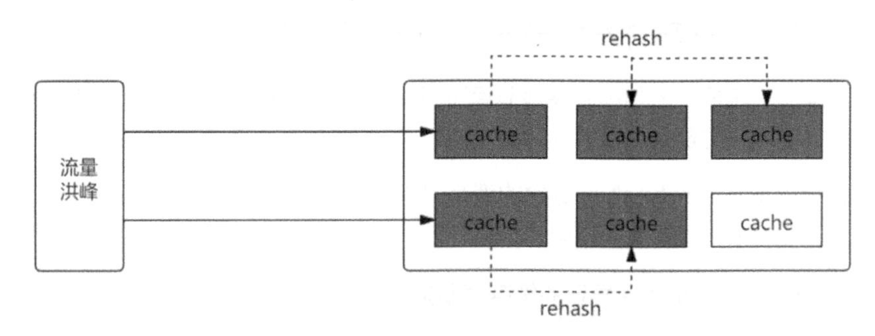

图 7-25

在一般情况下，“一致性 Hash 分布 + rehash 策略”可以很好地应对瞬间流量洪峰。但在较大的瞬时流量洪峰到达时，如果流量比较集中，正好落在一两个缓存节点上，则这些节点很容易因为内存、网卡过载而出现异常，然后这些节点下线，之后大流量 key 请求被 rehash 到其他的缓存节点上，进而导致其他的缓存节点也过载，异常持续扩散，最终整个缓存系统无法对外提供服务。

3. 缓存“雪崩”的解决方案

合理有效的预防，能减小发生缓存“雪崩”的概率。可以从以下 3 个关键点来预防。

（1）对 DB 访问增加读开关。

当发现 DB 请求变慢、出现阻塞，或者慢查询超过阈值时，会关闭读开关，部分或所有读 DB 的请求进行 failfast 立即返回，待 DB 恢复后再打开读开关，如图 7-26 所示。

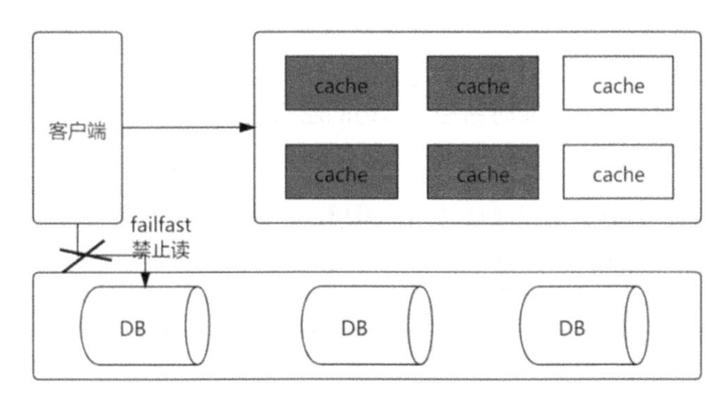

图 7-26

当 DB 负荷严重过载时，会出现 DB 请求严重变慢、阻塞，甚至进程崩溃，最终导致整个系统丢数据、不可用。此时可以通过控制 DB 读开关降低 DB 压力，优先保证“写”，然后保证一部分“读”，从而在不丢数据的情况下尽可能服务更多的用户。部分用户请求失败，比“整个系统不可用、所有用户请求失败”要好。

（2）给缓存系统增加多个副本。

当数据出现缓存异常或请求失败后，客户端可以去读取缓存副本。多个缓存副本应尽量部署在不同的机架上，如图 7-27 所示，这样可以确保在任何情况下缓存系统都可以正常对外提供服务。

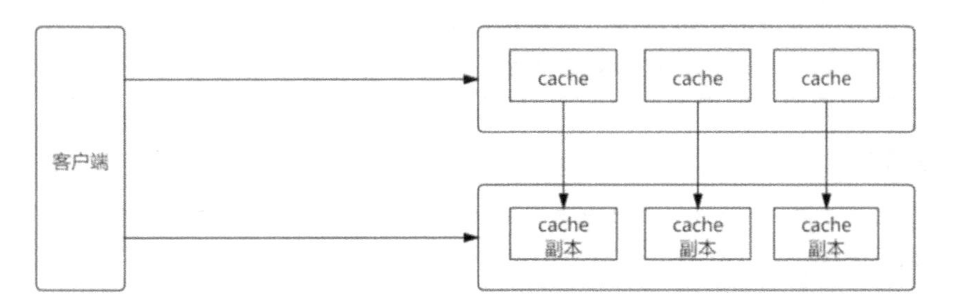

图 7-27

采用多个副本将流量分散到不同的副本中，或者没有足够资源就拒绝部分访问，可以确保系统对大部分用户可用或核心功能可用。

（3）对缓存系统进行实时监控。

开发人员需要对缓存体系进行实时监控。当访问越来越慢超过阈值时，需要及时报警，并通过替换机器或服务进行及时处理。

也可以通过容错降级机制，通过自动关闭异常接口、停止边缘服务、停止部分非核心功能等措施，确保在极端场景下核心功能可以正常运行。

这 3 种方案，读者可以根据自己业务特点进行选用。在一些大流量的项目（如大型社交系统）中，这 3 种方案都会被用到。

7.4.4 【实战】在高并发场景下，缓存“穿透”了该怎么办

通常情况下，被访问的数据即使不在缓存当中，请求也是可以访问数据库然后将结果回填到缓存中的。缓存“穿透”是指，访问的 key 并不存在（即业务系统中没有这个 key），之后请求“穿透”到数据库中，从数据库查询出来的是空值（NULL）。

用户访问一个不存在的 key，“穿透”到数据库中，数据库返回空值，并不会回填到缓存中，那么后续不管查询这个 key 多少次，都会缓存命中失败，直接“穿透”到数据库中。这样会严重影响数据库的性能。

如果是恶意破坏的请求，或者恶意地大量访问不存在的 key，则会使系统的整体性能严重下降，并最终影响正常的用户请求。

1. 解决方案

大量的缓存“穿透”会对系统产生致命的影响，所以，对于缓存“穿透”需要重视起来。一般有以下两种解决方案。

（1）回种空值。

发生“穿透”的原因是，在数据库中根本不存在被访问的数据。这样无论访问多少次都获取不到这些数据，“穿透”会一直发生。

所以，在访问不存在的数据时，虽然第一次“穿透”到数据库获取的是空值（NULL），但可以用这个空值（NULL）回填缓存（称为“回种空值”）。

但是空值并不是真实的业务数据，如果有人恶意访问这些不存在的 key，则会占用很大的内存空间，从而将正常的业务 key 给自动淘汰掉。所以，在将这些不存在 key 写入缓存时，可以加上一个很短的有效期以使其快速过期，伪代码如下：

```
Object nullValue = new Object();
        try {
          //从数据库中查询数据
            Object valueFromDB = selectFromDB(uid);
            if (valueFromDB == null) {

              //如果从数据库查询到空值，则把空值写入缓存，并设置较短的超时时间
                redisCache.set(uid, nullValue, 10);
            } else {
                redisCache.set(uid, valueFromDB, 1000);
            }
        } catch(Exception e) {
            redisCache.set(uid, nullValue, 10);
        }
```

回种空值这种方案，会阻挡很大一部分的“穿透”的请求。但是如果大批量地访问不存在的 key，则这种方案会造成缓存容量的紧张，甚至占满内存空间。

在具体实施时，如果要解决这种“穿透”，则需要额外增加很多的缓存节点，有点得不偿失，此时可以考虑使用第 2 种方案“使用布隆过滤器”。

（2）使用布隆过滤器。

布隆过滤器用来检测一个元素是否在一个集合中。这种算法由一个二进制数组加上一个 Hash 算法组成。其基本原理如下：

① 分配一块内存空间存储 bit 数组，数组的 bit 位初始值全部为 0，这个 bit 数组就表示一个集合。

② 在添加元素时，按照提供的 Hash 算法计算出对应的 Hash 值。

③ 将计算得到的 Hash 值对数组长度进行取模，得到需要计入数组的索引值。

④ 将需要计入数组的索引值所在位置上的 0 改为 1。

⑤ 要判断一个元素是否在某个集合中，则需要采用与添加元素相同的 Hash 算法算出数组的索引值，如果索引值位置上的值为 1 则代表它在集合中。

例如，A、B、C 元素组成了一个集合，由元素 D 计算出来的索引位置值为 1，则证明 D 元素在这个集合中；而由 E 元素计算出来的索引位置值为 0，则证明 E 不在这个集合中，如图 7–28 所示。

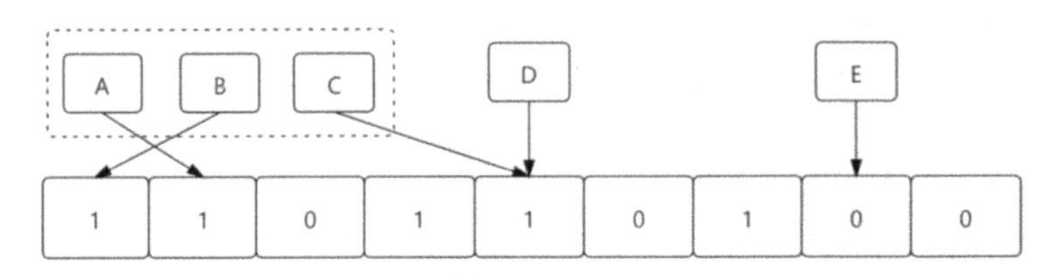

图 7-28

所以，在使用布隆过滤器解决缓存“穿透”时做法如下：

①初始化一个很大的数组，比如长度为 10 亿的数组，初始值为 0。

②对存入的数据进行 Hash 计算，并且将结果映射到该大数组中，映射位置的值为 1。

③当查询一个数据时，先去布隆过滤器中查看是否存在，如果不存在则直接返回空值，而不需要继续查询缓存和数据库。这样极大地减少了异常查询带来的缓存“穿透”。

布隆过滤器的优势：基于内存操作，性能很高，不管是插入还是读取时间复杂度都是 $O(1)$。

布隆过滤器有可能会产生误判（比如将集合中的元素判定为不在集合中），但概率很小。另外，它不支持删除元素。

7.4.5 【实战】构建一个高性能、可扩展的 Redis 集群

在 7.4.2 节中，通过主从复制能实现集群的横向扩展，以提高 Redis 读性能 N 倍。但对于写性能，这种方案还是有问题。引入 Redis 集群可以将写性能提升 N 倍。Redis 集群可以提供更大的容量，提升资源系统的可用性。

1. Redis 集群的作用

Redis 集群由多个节点组成，数据平均分布在这些节点中。集群中的节点分为主节点和从节点。其中，主节点主要负责读写请求和集群信息的维护；从节点主要负责主节点数据和状态信息的管理。

Redis 集群主要有如下作用。

- 数据分区：集群将数据分布在多个节点上，一方面突破了 Redis 单机内存容量的限制，使得集群存储容量大大增加；另一方面每个主节点都可以对外提供读服务和写服务，极大地

提高了集群的响应能力。

- 高可用：集群支持主从复制和主节点的自动故障转移，当任意一个节点发生故障时，集群仍可以对外提供服务。

2. Redis 集群的搭建

搭建 Redis 集群共有两种方式：

- 手动执行 Redis 命令完成搭建。
- 使用 Ruby 脚本完成搭建。

这两种集群搭建方式的原理是一样的，只是 Ruby 脚本将 Redis 命令进行了打包封装。下面就来看看如何使用 Ruby 脚本搭建集群。

（1）安装 Ruby 环境。

首先需要在 Linux 服务器上安装 Ruby 环境。根据自己所使用的系统情况（如 CentOS 或者 Ubuntu）在网上查看具体怎么安装。

（2）启动节点。

启动集群节点仍然是使用 redis-server 命令“redis-server redis-7000.conf”，但需要使用集群模式。如以下配置所示：

```
#redis-6379.conf
port 6379
cluster-enabled yes
cluster-config-file "node-7000.conf"
logfile "log-6379.log"
dbfilename "dump-6379.rdb"
daemonize yes
```

其中，cluster-enabled 和 cluster-config-file 是与集群相关的配置。

- cluster-enabled yes：开启集群模式（cluster），默认是单机模式（standalone）。
- cluster-config-file：指定集群配置文件的位置。每个节点在运行过程中都会维护一份集群配置文件。当集群信息发生变化时（如增加和减少节点），集群内的所有节点会将最新的信息更新到该配置文件中；节点在重启后会重新读取该配置文件以获取集群信息，可以方便地重新加入集群。

（3）搭建集群。

在“{REDIS_HOME}/src”目录下可以看到 redis-trib.rb 文件。这是一个 Ruby 脚本，可以实现集群的自动化搭建。

redis-trib.rb 脚本提供了一个 create 命令用于集群搭建：

```
./redis-trib.rb create --replicas 1 192.168.3.11: 6379 192.168.3.12: 6379
192.168.3.13: 6379 192.168.3.14: 6379 192.168.3.15: 6379 192.168.3.16: 6379
```

- --replicas=1 表示每个主节点都有 1 个从节点。
- 多个“IP 地址:port”表示节点地址，前面的作为主节点，后面的作为从节点。

在使用 redis-trib.rb 搭建集群时，节点不能包含任何槽和数据。

在执行完创建命令后，脚本会给出创建集群的计划。计划包括哪些是主节点、哪些是从节点，以及如何分配槽。输入 yes 确认，脚本便开始按照计划执行。

3. Redis 集群的原理

Redis 集群最核心的功能是数据分区。一个 Redis 集群共有 16 384 个 slot。Redis 集群就是按照 slot 来进行数据的读写和管理的。每个 Redis 分片管理一部分的 slot。

（1）Redis 集群数据分区。

Redis 集群在启动时，会按需要将所有 slot 分配到 Redis 的不同节点上。集群在启动后，会按照 slot 分配策略对访问数据的 key 进行 Hash 计算，并将客户端请求路由到对应的节点，如图 7-29 所示。

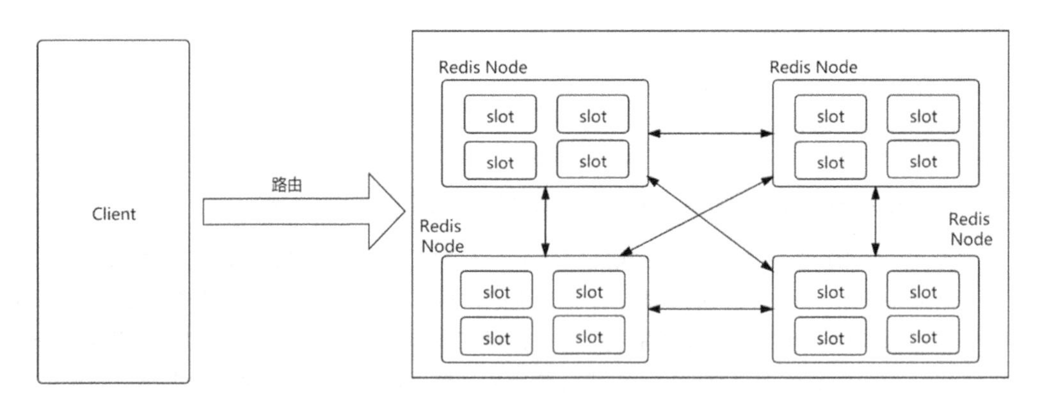

图 7-29

从图 7-29 可以看出：

- Redis 对访问数据的 key 进行 Hash 计算，得到哈希值。
- 依据哈希值，计算数据属于哪个 slot。
- 依据 slot 与节点的映射关系，计算数据属于哪个节点。

在启动集群时，在接入数据读写之前，可以用 Redis 的 cluster addslots 命令将 16 384 个 slot 分配给不同的 Redis 分片节点；用 cluster delslots 命令去掉某个节点的 slot；用 cluster flushslots 命令清空某个节点的所有 slot 信息，以完成 slot 的调整。

Redis Cluster 采用去中心化架构，每个节点都记录全部 slot 的拓扑分布。这样，如果 Client 把 key 分发给了错误的 Redis 节点，则 Redis 会检查请求数据的key 所属的 slot；如果发现 key 属于其他节点的 slot，则会通知 Client 重定向到正确的 Redis 节点进行访问。

（2）Redis 集群节点的通信机制。

Redis 集群中的不同节点使用 Gossip 协议进行通信。使用 Gossip 协议的优点是：它是去中心化的，所以更新不会受中心节点的影响，可以通过任意一个节点来管理通知。其不足之处是：集群的收敛速度较慢，集群操作会在一定的延时后才通知到所有的 Redis 节点。

在使用 Gossip 协议进行通信时，Redis 集群在进行扩/缩容时，可以向集群内的任何一个节点发送 meet 消息，将新节点加入集群，然后新节点就可以同其他节点进行通信了。

4. 客户端访问 Redis 集群

在 Redis 集群中，数据被分布在不同的节点上，从客户端访问某个节点时，可能数据并不在该节点中。下面来看看 Redis 集群是如何处理该问题的。

（1）redis-cli。

当 Redis 节点收到 redis-cli 发来的命令时，其实是这样的一个过程：

① 计算访问数据中的 key 属于哪个 slot：CRC16(key) & 16383。

② 判断 key 所在的槽是否在当前节点中：假设 key 位于第 i 个槽，则通过 clusterState.slots[i] 指向槽所在的节点。如果 clusterState.slots[i]==clusterState.myself，则说明槽在当前节点中，可以直接在当前节点执行命令；否则，说明槽不在当前节点中，则查询槽所在节点的地址(clusterState.slots[i].ip/port)，并将其包装到 MOVED 错误中返回给 redis-cli。

③ redis-cli 收到 MOVED 错误后，根据返回的 IP 地址和端口号重新发送请求。

（2）smart 客户端。

redis-cli 这类客户端被称为 Dummy 客户端，因为它们在执行命令前不知道数据在哪个节点，需要借助 MOVED 错误进行重新定向。

与 Dummy 客户端相对应的是 Smart 客户端。Smart 客户端（以 Java 的 JedisCluster 为例）

的基本原理如下：

①在 JedisCluster 初始化时，在内部维护“slot → node”的映射关系，方法是：连接任意一个节点，然后执行 cluster slots 命令。

②JedisCluster 为每个节点创建连接池（如 JedisPool）。

③在执行命令时，JedisCluster 根据“key → slot → node”选择需要连接的节点并发送命令。如果成功，则命令执行完毕。如果执行失败，则随机选择其他节点进行重试，并在出现 MOVED 错误后用 cluster slots 命令同步“slot → node”的映射关系。

JedisCluster 中包含所有节点的连接池，因此 JedisCluster 要使用单例。

客户端维护了“slot → node”的映射关系，并为每个节点创建了连接池。当节点数量较多时，应注意客户端内存资源和连接资源的消耗。

Jedis 较新版本对 JedisCluster 做了一些性能方面的优化。我们应尽可能使用 2.8.2 及以上版本的 Jedis。

7.4.6 【实战】实现朋友圈的“点赞”功能

接下来使用 Redis 来开发高性能的朋友圈“点赞”功能。

先来看看“点赞”这个功能有哪些需求：

- 用户分享了一个作品后可以查看该作品一共收到多少个赞。
- 用户可以查看该作品都被哪些好友点赞了。
- 好友给用户的作品点赞。
- 好友取消用户作品的点赞。
- 好友在刷朋友圈时，可以查看自己是否给某个内容点赞了。

下面介绍 Redis 实现过程。

首先将 Redis 客户端引进项目：

```
<dependency>
    <groupId>redis.clients</groupId>
    <artifactId>jedis</artifactId>
    <version>3.3.0</version>
</dependency>
```

（1）点赞功能。

```
private Jedis jedis = new Jedis("192.168.1.1");
/**
```

```
* 对朋友圈作品点赞
* @param userId
* @param worksId
*/
public void like(long userId, long worksId) {
jedis.sadd("works_like_users::" + worksId, String.valueOf(userId));
}
```

（2）取消点赞。

```
/**
* 对朋友圈作品取消点赞
* @param userId
* @param worksId
*/
public void nolike(long userId, long worksId) {
jedis.srem("works_like_users::" + worksId, String.valueOf(userId));
}
```

（3）查看是否点赞。

```
/**
* 查看是否对某个作品进行了点赞
* @param userId
* @param worksId
*/
public void hasLiked(long userId, long worksId) {
jedis.sismember("works_like_users::" + worksId, String.valueOf(userId));
}
```

（4）点赞统计。

```
/**
* 统计某个作品被点赞了多少次
* @param userId
* @param worksId
*/
public void likeCount(long worksId) {
jedis.scard("works_like_users::" + worksId);
}
```

（5）查看作品点赞用户列表。

```
/**
* 查看作品点赞用户列表
* @param userId
* @param worksId
*/
public void likeUserList(long worksId) {
```

```
    jedis.smembers("works_like_users::" + worksId);
    }
```

7.4.7 【实战】实现 App 中的“查找附近的人”功能

在社交 App 中一般有“查找附近人”功能，用户可以查看附近几公里以内的所有陌生人列表信息。这个功能是如何开发的呢?

这里采用 geo 地理位置数据结构来实现。

1. 添加地理位置

首先，将用户的当前位置添加到 Redis 中，使用 geo 地理位置数据类型存储，即使用“geoadd key longitude latitude user”来记录所有用户的地理位置，如以下代码所示：

```
public void addLocation(String name, double longitude, double latitude) {
        jedis.geoadd("user_location", longitude, latitude, name);
    }
```

2. 获取指定用户附近指定距离的用户列表

在所有用户的地理位置都被存储后，就可以获取指定用户附近的所有用户列表了（即使用 georadiusByMember key user radius unit='km'）。如果 radius = 1，则将附近 1km 的用户都查找出来，然后从返回的 set 集合里删除掉 user 自己，如以下代码所示：

```
/**
     * 获取附近 1km 内的人
     * @return
     */
    public List<GeoRadiusResponse> getNearbyUsers() {
        return jedis.georadiusByMember("user_location","zhangsan", 1.0,
GeoUnit.KM);
    }
```

第 8 章 存储系统设计

大部分系统最终都要管理数据，所以，承载数据的存储系统就显得尤为重要。存储系统是一个应用系统中最核心的组成部分。

常用的存储系统比较多，有单机的也有分布式的，有文件系统也有数据库系统（如 MySQL、Redis、Elasticsearch 等），它们都有各自适用的场景，也都有各自的优势和劣势。

8.1 池化技术

在一些项目中，会提前分配一块大的内存空间作为数据缓冲区，用来优化内存分配，这就是一种“内存池”技术。还可以用数据库连接池来优化数据库的连接，这就是“连接池”技术。

“内存池”和“连接池”这两种技术都属于“池化技术”。“池化技术”通常是由系统预先分配一些资源并循环利用，以达到资源“池化”的目的，用来解决在高并发场景下由于大量分配资源从而导致性能开销过大的问题。

8.1.1 数据库连接池是如何预分配连接的

如果每次请求都需要新建连接，即 TCP 需要经历“三次握手”，则这个过程很费时间。另外，一旦建立连接则还需要关闭连接，而关闭连接需要 TCP 的“第四次挥手”，这又需要时间开销。

所以，不用连接池会出现如下几个问题：

- 单连接无法支撑高并发。
- 每次请求都需要建立和关闭连接，会增加请求延迟。

- 如果在高并发场景下频繁地建立和关闭连接，则会导致操作系统耗费过多 CPU 资源。

1. 连接池原理

连接池是指，预先分配一批连接，并将它们放入一个缓冲区中循环使用，形成池化效应。数据库连接池有 3 个重要的配置：最小连接数、空闲连接数和最大连接数。其使用原理如下：

- 如果当前连接数小于最小连接数，则创建新的连接来处理数据库的请求。
- 如果连接池中有空闲连接，则复用空闲连接。如果没有空闲连接，且当前连接数小于最大连接数，则创建新的连接来处理数据库请求。
- 如果当前连接数大于最大连接数，则根据配置中设定的时间等待旧的连接可用。
- 如果等待时间超过了设定的时间，则向用户抛出错误。

2. 维护数据库连接池中的连接

数据库连接池中的连接有时也会出现异常，所以需要对连接池中的连接进行维护。导致数据库连接异常的原因有以下几个：

- 数据库域名对应的 IP 地址发生了变更，而连接池中的连接使用的还是旧的 IP 地址，当旧 IP 地址对应的服务器停止服务后，如果再使用旧连接则会出错。
- MySQL 数据库会主动断开一定时间内没活跃的连接，这个过程对于使用方是无感知的，使用方再次使用该连接会出错。

所以，保证“数据库连接池中启动的线程池一定是可用的”很关键，可采取如下两个方案：

（1）启用一个线程池，定期检测数据库连接池中的连接是否可用。例如，使用连接向数据库发送“select 1”命令来查看是否抛出异常。如果抛出异常，则将该连接从数据库连接池中删除，并关闭连接。

目前 C3P0 连接池可以使用这种方式来检测连接是否可用。这种方式被广泛使用。

（2）在获取连接后，先验证其是否可用，如果可用则执行 SQL 语句。例如，DBCP 连接池的 testOnBorrow 配置项就用于控制是否开启该验证。但这种开启验证会增加额外的开销，所以，建议在生产环境中不要开启验证，如果要测试服务则开启它。

8.1.2 线程池是如何工作的

创建线程会产生一定的系统开销，且每个线程会占用系统一定的内存资源。在高并发场景下，创建太多的线程会给系统稳定性带来危害。

在一个系统中不能无限制地创建线程。另外，在线程执行完后还需要将其回收，大量的线程回收会给垃圾回收带来很大的压力。

但是，在现实中的确会面临许多高并发场景，需要执行的任务也特别多，又不能在主线程中串行执行这些任务，这样效率会非常低。所以就出现了线程池，用来平衡线程与系统资源的关系。

1. 不使用线程池会有什么问题

在高并发任务中，如果每个任务都创建一个线程，则会带来如下两个问题：

（1）不停地创建线程占用的系统开销比较大。因为线程的创建和销毁是有时间成本的。如果所执行的任务比较简单，则可能导致“创建和销毁线程所消耗的资源”比“线程执行任务本身所消耗的资源”还要大。

（2）大量地创建线程，不仅会占用大量的内存等资源，还会带来过多的线程上下文切换，最终导致系统不稳定。

所以，可以采用线程池来进行平衡。针对上面两点问题，线程池有对应的解决方案：

- 针对第（1）个问题，线程池可采用一些固定的线程来一直保持工作状态，并且反复地执行任务。
- 针对第（2）个问题，线程池会根据实际需要来创建对应的线程，即需要多少就创建多少，严格控制线程的总数量，避免占用过多的系统内存资源。

2. 线程池工作原理

线程池有 6 个重要的参数，这 6 个参数共同控制线程池的执行过程。

- corePoolSize：核心线程数，即常驻线程池的线程数量。
- maxPoolSize：最大线程数。
- keepAliveTime：空闲线程的存活时间。
- ThreadFactory：线程工厂，用于创建新线程。
- workQueue：用于存放任务的队列。
- Handler：处理被拒绝的任务。

下面来看一下在线程池中创建线程的时机，如图 8-1 所示。

- 在提交任务后，如果线程池线程数小于核心线程数，则创建新的线程执行任务。
- 随着任务的不断增加，如果线程池中的线程数大于核心线程数，则新提交的任务会被放入任务队列中，等待核心线程空闲后再执行队列中的任务。
- 当任务队列 workQueue 中的任务堆满时，线程池会参照最大线程数（maxPoolSize）继续创建线程来执行任务。

- 当线程数达到最大线程数（maxPoolSize）时，如果还有新的任务被提交，则拒绝这些任务。

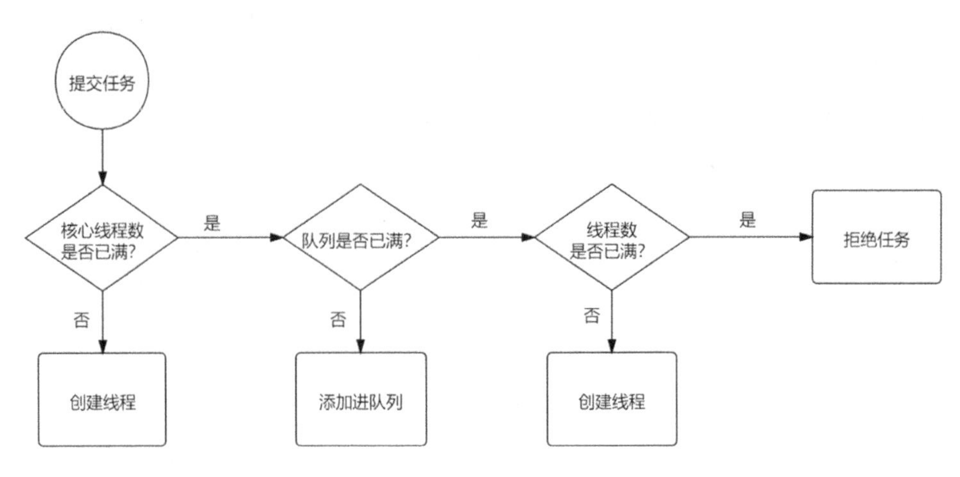

图 8-1

3. 使用线程池的好处

使用线程池相比反复手动创建线程有 3 点好处。

（1）线程池不仅可以解决线程生命周期的系统开销问题，还可以加快响应速度。因为线程池中的线程是可以被复用的，所以，只用少量的线程去执行大量的任务，可以大大减小线程生命周期的开销。而且线程通常不是在接到任务后被临时创建的，而是提前被创建好的，时刻准备执行任务，这样就消除了线程创建所带来的延迟，提升了响应速度，增强了用户体验。

（2）线程池可以统筹内存和 CPU 的使用，避免资源使用不当。线程池会根据配置和任务数量灵活地控制线程数量，不够时就创建，太多时就回收，避免因线程过多而导致内存溢出，或因线程太少而导致 CPU 资源浪费，达到了一个完美的平衡。

（3）线程池可以统一管理资源。比如，线程池可以统一管理任务队列和线程，可以统一开始任务或结束任务，这比单个线程逐一地处理任务要更方便、更易于管理，同时也有利于数据统计（可以很方便地统计出已经执行过的任务数量）。

8.1.3 协程池有什么作用

协程池其实就是由多个协程实现的池化技术。在 Linux 内核中，以进程为单元来调度资源，线程是轻量级进程。即进程、线程都是由内核创建并调度的。

而协程是由应用程序创建出来的任务执行单元，比如 Go 语言中的协程“goroutine”。协程运行在线程上，由应用程序调度，是比线程更轻量的执行单元。

在高并发场景下，线程的创建和销毁都会给 CPU 和内存带来一定的性能开销。所以，协程就诞生了。

1. 协程的作用

在 Go 语言中，一个协程的初始内存空间是 2KB。相比线程和进程来说，它小很多。协程有如下几个好处：

- 协程的创建和销毁完全是在用户态下执行的，不涉及用户态和内核态的切换。
- 协程完全由应用程序在用户态下调用，不涉及内核态的上下文切换。
- 在切换协程时不需要处理线程状态，所以需要保存的上下文也很少，速度很快。

2. 协程池的实现方式

在 Go 语言中，协程池有以下两种实现方式。

（1）抢占式。

在这种实现方式中，所有任务被存放在一个共享的 channel 中，多个协程同时消费 channel 中的任务，谁先拿到谁先执行。

它的优点：下发任务的逻辑很简单，协程拿到任务后直接将其放到共享的 channel 中即可。

它的缺点：多个协程同时消费一个 channel 会涉及锁的争夺，在协程执行比较耗时的任务时，单个 channel 容易带来容量问题。

（2）调度式。

在调度式协程池中，每个协程都有自己的 channel，每个协程只消费自己的 channel。在下发任务时，可以采用负载均衡算法选择合适的协程来执行任务。例如，选择排队中任务最少的协程，或者采用轮询来选择。

8.2 数据库采用主从架构——数据再也不会丢了

数据库主从同步能解决数据可靠性和高可用问题，以及应对高并发。所以，主从架构对于存储系统设计至关重要。

8.2.1 什么是数据库的主从架构

随着公司业务线的增多，各种数据都在迅速增加，且数据的读取流量也大大增加。这时就面临数据安全问题。如果数据被相关人员删除，或者磁盘出现损坏，则会导致公司系统不可用和数据丢失的风险。

1. 主从复制

保证数据安全，最简单且最有效的方式是对数据进行定期备份。这样，如果出现了问题，则可以使用备份的数据进行恢复。有效且安全地备份数据需要用到数据库主从复制技术。

单机数据库是难以应对高并发场景的，一旦流量大增，就会出现系统访问变慢，甚至不可用的情况。主从复制技术是突破单机数据库性能瓶颈的重要技术手段之一。接下来看看 MySQL 的主从复制技术的原理。

MySQL 中有一种 Binlog 文件，它是保存在磁盘中的二进制文件，其中是 MySQL 数据库的操作日志。一旦开启了 Binlog 配置，则 MySQL 的任何更新都会被记录到该文件中。

MySQL 主从复制就是基于 Binlog 文件来实现的：主库中的数据会通过 Binlog 文件传输到从库中，从库会基于 Binlog 文件完成回放以实现主从复制，如图 8-2 所示。

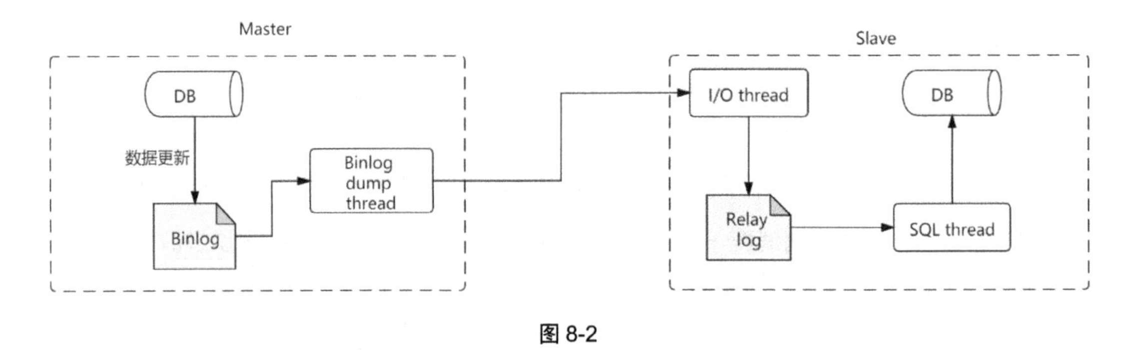

图 8-2

如图 8-2 所示，MySQL 主从复制的关键步骤如下：

（1）主库 Master 将数据的变更记录到 Binlog 文件中。

（2）主库 Master 中的 Binlog dump thread 在收到写请求后读取 Binlog 文件，然后将读取的数据推送给从库 Slave 中的 I/O thread。

（3）从库 Slave 中的 I/O thread 将读取的 Binlog 写入本地的 Relaylog 日志文件中。

（4）从库 Slave 中的 SQL thread 检测到 Relaylog 的变更请求，读取 Relaylog 文件在从库 Slave 中的回放，以实现主从库数据的最终一致性。

2. 主从延迟

对于 MySQL 主从复制，基于性能的考虑，主库的写入流程并不是等待从库完成同步后才给客户端返回结果，而是采用异步的方式直接返回结果。所以，从库中的数据有可能比主库中的数据旧。这就是主从复制过程的“主从延迟”。

一般主从延迟时间非常短，基本在几毫秒内。但是也有一些不正常情况，例如，主库或者从库繁忙，从而导致主从复制出现更长的延迟（一般将“主从复制延迟”简称为“主从延迟”）。

在发生主从延迟时，数据库性能会下降，此时切换到从库中进行读写，可以保证数据可用性。但是，主从延迟的那部分数据会丢失，并且这部分数据是不可逆的。

所以，在遇到主从延迟问题时，需要结合当前业务从保证数据一致性和保证数据库可用性两方面进行权衡。

- 保证数据一致性：在出现延迟时，牺牲可用性，暂时停止对外服务，等到主库的 Binlog 在从库中完成回放后再提供服务。
- 保证数据库可用性：在出现延迟时，第一时间切换到从库中，保证服务对外可用，牺牲丢失的部分数据。

如果既想保证数据一致性，又想保证高可用，MySQL 也是支持的——开启同步复制。但是，同步复制会牺牲服务本身的一些性能。同步复制是指：等从库完成数据同步后，主库再给客户端返回结果。

开启同步复制会牺牲一些性能，还不是百分百的完美。如果从库发生异常或者宕机，而在写入数据时，主库会一直等待从库同步数据的结果，由于从库异常不能返给主库结果，所以主库也会被拖垮。

这时可以再增加从库，即采用“一主多从”架构，对主从复制进行重新配置，配置成“只要有一个从库完成了复制就返回结果”。这样，只要有一个从库没有出现问题，则主库就不会出现异常。如果主库异常宕机，则可以从从库中选择一个作为主库，继续对外提供服务。

“一主多从”架构的缺点是：需要的资源较多，性能还不如一台服务器的性能高。

在实际生产项目中基本无法使用同步复制，因为：要复制到所有从库中才会返回结果，性能很差；主库或从库出现问题都会影响业务的使用，可用性不高。

8.2.2 【实战】配置 MySQL 主从架构

接下来看看如何配置 MySQL 主从架构。

1. 主库的配置

（1）修改 MySQL 配置。

找到数据库的配置文件 my.cnf（Windows 环境中对应的是 my.ini），增加开启 Binlog 文件的配置：

```
[mysqld]文件
server-id=1                # 设置 server-id，唯一
log-bin=binlog              # 开启二进制日志（可以随意命名）
```

（2）创建账户。

重启数据库，打开 MySQL 会话，创建用于同步的用户账户：

```
mysql> CREATE USER 'repl'@'192.168.3.21' IDENTIFIED BY 'slavepass';#创建用户
mysql> GRANT REPLICATION SLAVE ON *.* TO 'repl'@'113.57.42.85';    #分配权限
mysql>flush privileges;   #刷新权限
```

（3）查看主库 Master 的状态。

使用“show master status”命令查看主库的状态，可以看到 Binlog 文件名及当前的位置。

2. 从库的配置

（1）修改 MySQL 配置。

找到数据库的配置文件 my.cnf（Windows 环境中对应的是 my.ini），设置从库的 server-id：

```
[mysqld]
server-id=2               # 设置 server-id，唯一，和主库不能重复
```

（2）执行同步。

重启 MySQL，打开 MySQL 会话，执行同步 SQL 语句：

```
mysql> CHANGE MASTER TO
    ->     MASTER_HOST='192.168.3.20',
    ->     MASTER_USER='repl',
    ->     MASTER_PASSWORD='slavepass',
    ->     MASTER_LOG_FILE='binlog.000001',
    ->     MASTER_LOG_POS=1;
```

（3）启动同步。

使用“start slave”命令启动从库开始同步。

（4）查看状态。

使用“show slave status”命令查看从库的状态，如果 Slave_IO_Running 和 Slave_SQL_Running 都为 YES，则表示主从同步设置成功了。

3. 半同步复制

MySQL 主从架构的核心是主从复制，默认是异步复制，也可以开启同步复制。在异步复制时，主库在提交事务后会给客户端返回响应；而在同步复制时，主库在提交事务后会等待数据复制到所

有从库后再给客户端返回响应。

在异步复制中，主库宕机会造成数据丢失，无法保证数据一致性。

在同步复制中，由于要等待数据被复制到所有从库中，所以其性能和可用性都很差。

为了解决这个问题，MySQL 从 5.7 版本开始增加了“半同步复制”（Semisynchronous Replication）方式。半同步复制介于异步复制和同步复制之间：事务线程不用等所有的复制都成功，只要有一部分复制成功就把响应数据返给客户端。

例如，在“一主二从”架构中配置成半同步复制模式，这样只要其中任意一个从库数据复制成功，则主库的事务线程就直接返回。半复制模式同时具备异步复制和同步复制的优点。

如果主库宕机，那么至少还有一个从库有最新的数据，不存在丢数据的风险。并且，半同步复制的性能也还可以，能保证高可用，从库宕机不会影响主库提供服务。所以，半同步复制这种折中的方式是一种很好的选择。

半同步复制有以下两个关键配置项。

- rpl_semi_sync_master_wait_no_slave：至少等待数据复制到几个从节点再返回结果。这个数量被配置得越大，则丢数据的风险就越小，但是集群的性能和可用性就越差。最多可以配置成和从节点的数量一样，这样就变成了同步复制。通常配置成 1。
- rpl_semi_sync_master_wait_point：用于控制主库执行事务的线程是在提交事务之前（AFTER_SYNC）等待复制，还是在提交事务之后（AFTER_COMMIT）等待复制。默认是 AFTER_SYNC，即“先等待复制，再提交事务”，这样完全不会丢数据。AFTER_COMMIT 具有更好的性能，不会长时间锁表，但存在宕机丢数据的风险。

如果主库提交事务的线程等待复制的时间超时了，则事务仍然会被正常提交，并且，MySQL 会自动降级为异步复制模式，直到有足够多（rpl_semi_sync_master_wait_no_slave）的从库追上主库才恢复成半同步复制。如果在此期间内主库宕机了，则仍存在丢数据的风险。

8.2.3　主从架构中的数据是如何实现同步的

客户端向 MySQL 集群中提交一个事务，直到客户端收到才返回结果。在这个过程中，MySQL 集群执行了如下操作：

- 主库提交事务、更新存储引擎中的数据。
- 主库将 Binlog 文件写入磁盘。

- 主库给客户端返回响应结果。
- Binlog 文件被复制到所有的从库中。
- 每个从库将复制过来的 Binlog 文件写入中继日志。
- 从库回放 Binlog 文件、更新存储引擎中的数据，然后给主库返回复制成功的结果。

默认情况下，MySQL 采用异步复制的模式，执行事务操作的线程不会等待复制 Binlog 文件的线程，如图 8-3 所示。

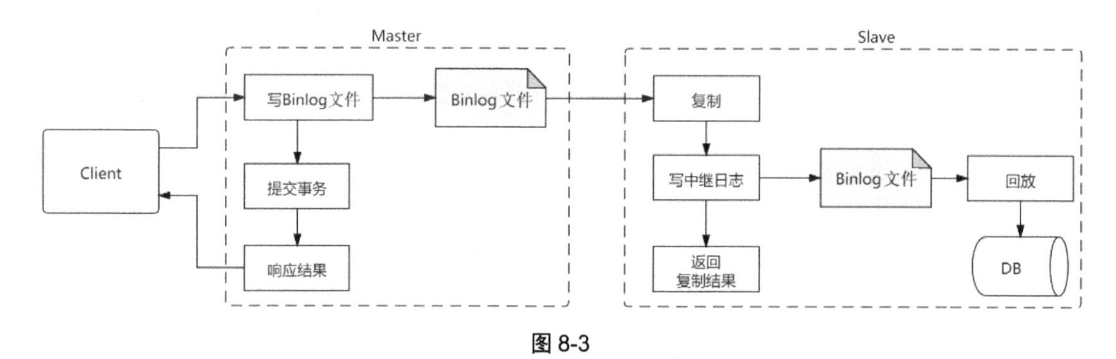

图 8-3

如图 8-3 所示，MySQL 主库在收到客户端提交的事务请求后，首先会写 Binlog 文件；然后提交事务，完成存储引擎的更新操作；之后向客户端返回响应结果。

从库中有一个专门拉取 Binlog 文件的复制线程，它将从主库中接收到的 Binlog 文件写入中继日志，之后向主库返回复制成功的消息。

从库中会有一个回放 Binlog 文件的线程，主要用来读取中继日志，之后回放 Binlog 文件更新存储引擎。提交事务和复制这两个流程在不同的线程中执行，互相不会等待。

8.3 数据库读写分离——读/写数据再也不用争抢了

在第 7 章学习了缓存的强大之处——能支撑高并发，能提高系统整体性能。缓存在电商系统、垂直搜索系统中的效果特别好，命中率很高。因为在这些系统中所有用户看到的数据基本都是一样的（例如商品列表页、航班列表页等），所以，很适合使用缓存来应对绝大部分流量。

但是，对于和用户强相关的请求业务，缓存就没有很大的优势了。例如，在订单系统中，每个人从个人订单模块中查看到的订单都是不一样的，所以缓存命中率就没有那么高，会有很大的流量被转发到 MySQL 数据库中。

8.3.1　数据库读写分离能解决什么问题

随着公司业务的飞速发展及运营活动的不停推进，用户数量大量增加，从而导致访问系统的流量也随之增加，MySQL 的压力也随之变大。之前的单台 MySQL 实例将面临无法满足当前业务的需求。

如今，大部分的流量都是“读”请求，“写”请求远远小于“读”请求。

针对这种并发量很大的“读”请求，最直接且有效的解决方案是：搭建多个单台 MySQL 实例来分摊大量的“读”请求，如图 8-4 所示。这就是所谓的“读写分离”。

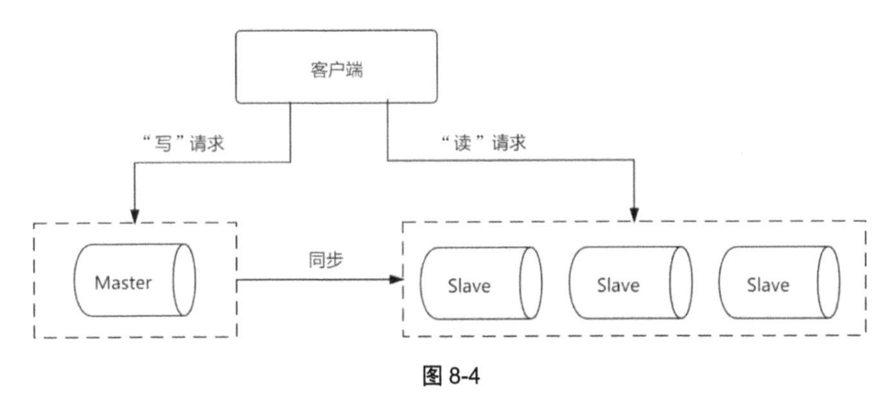

图 8-4

读写分离能解决如下两个问题：

- 提升数据库并发能力，将“读”流量分摊到各个从库中，且从库可以横向扩展。
- 保证数据库的可用性，8.2 节的主从架构中已详细讲解了。

读写分离增加了系统的处理能力。对于以“读”请求为主的应用，使用读写分离是很合适的，这样可以确保“写”服务器的压力变小。

8.3.2　数据库读写分离造成数据不一致，该怎么办

数据库读写分离虽然能够提升并发处理能力，但其缺点是可能会存在数据不一致的情况。从 8.2 节的主从复制中可以知道，主库在更新完数据后，是异步同步到各个从库中的，这个过程可能存在“主从延迟”。

例如，在订单系统中，用户在订单确认页发起“立即支付”，然后打开支付源进行支付，在完

成支付后系统自动跳转到订单页。这时很有可能订单还显示“未支付”状态。这是因为，订单支付成功后，主库已经写入成功了，但从库还没有同步过来。

针对这种读写分离带来的数据不一致问题，是没有绝对的技术手段可以解决的。通常都是在产品端采用中和的方案来解决。例如在订单支付场景下，在支付成功后不是直接跳转到订单页，而是跳转到一个“支付成功”的页面，这样可以让用户对于主从延迟无感知。

对于数据一致性要求极高的场景，需要特殊的方案。例如，在用户对购物车的商品进行更新时，需要立刻重新计算出最新的价格，即不能让商品计价服务查询从库时查到旧数据。

所以，对于那些“在数据更新后需要立刻查询到更新后的数据”的场景，可以采用事务来处理。例如，可以将“购物车更新”及“重新计算价格”放在同一个事务中；在数据更新之后查询主库以获取数据。这样就可以规避主从数据不一致的问题。

对于主从延迟带来的主从数据不一致的问题，并没有一种简单、高效且通用的方案，通常的解决方案是：利用业务的特点来设计业务场景，尽量规避“在更新数据后立即去从库查询刚刚更新的数据”的情况。

8.3.3 【实战】在程序开发中实现读写分离

前面介绍了主从复制技术将数据同步到各个从数据库中，从而可以实现读写分离。这样，应用程序使用数据库的方式会发生变化：

- 以前只有一个数据源，现在有主库和多个从库。
- 需要区分具体的“写”操作和“读”操作。

主库和从库中的数据是一模一样的。在应用程序中，读写分离开发常用的方案有以下 3 种。

（1）硬编码：在应用程序中修改操作数据库的代码，以使用多个数据源，即在写库时使用主库，在读取时使用从库。

（2）第三方组件：使用类似 Sharding-JDBC 这样的第三方组件代替 DAO，第三方组件集成在应用程序内，代理应用程序中的所有数据库请求——自动将请求路由到主库或从库。

（3）代理中间件：在应用程序和数据库之间部署一个代理中间件（例如 Mycat 或 Atlas 等），所有的数据库路由均通过这个中间件来代理。

推荐使用第（2）种方案，因为：这种方式侵入代码最少，且稳定性和性能都能得到保证。

如果代码非常单一且简单，或者采用的编程语言暂时还没有合适的读写分离组件，则可以使用硬编码方式。但这种方式对于正在运行的代码是有一定的风险的，且需要进行各种验证，会推迟上线的时间。

使用代理中间件是一种单独部署的代理方案，例如，早期阿里巴巴公司开源的 Cobar、基于 Cobar 开发的 Mycat、360 公司开源的 Atlas、美团公司基于 Atlas 开发的 DBProxy 等。这类代理中间件被独立部署在独立服务器上，基本不需要改动应用程序的代码，还是和以前使用单库一样。实际上，在这类代理中间件内部管理着很多数据源，在有数据库请求时，它会对 SQL 语句做必要的改写，然后将其发往给指定的数据源。

如图 8-5 所示，部署代理中间件会加长数据请求的链路，有一定的性能损失，且代理服务本身也可能出现故障和性能瓶颈等问题。

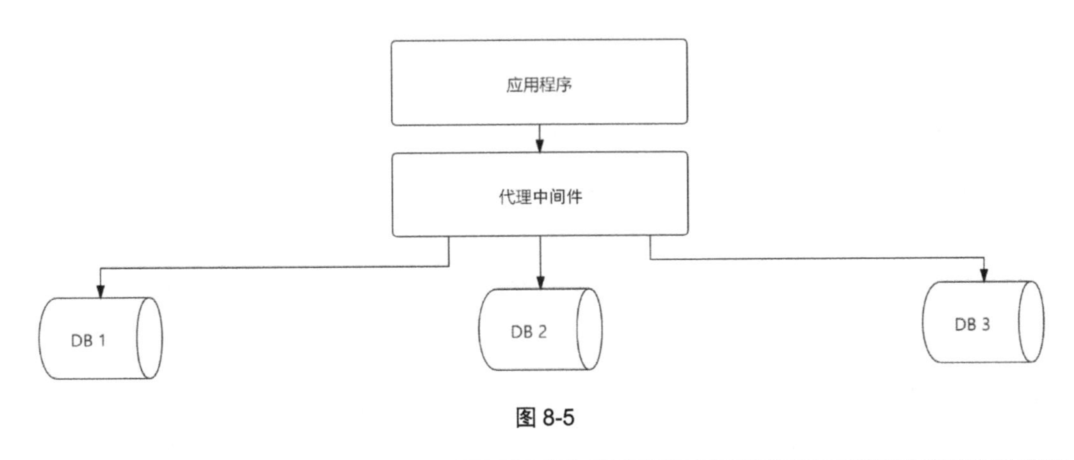

图 8-5

要使用代理中间件，一定要对代理中间件有深入的了解，否则在出现问题后很难去定位和解决。

一般来说，如果不方便修改程序代码，且有自己的中间件团队，则适合采用代理中间件的方案。

8.4 数据库分库分表——处理海量数据的“终极大招”

随着用户数及业务数据的持续增加，数据库及表的存储压力也会增加，查询和写入的性能均会下降，系统的响应速度也会变慢。此时需要寻求更高效的解决方案。

8.4.1 在什么情况下需要分库分表，如何分

在 MySQL 数据库无法承受海量数据压力时，可以采用分布式思想对数据进行拆分。例如对于 1TB 的数据，如果一个库撑不住，就采用 10 个库，每个库存放 100GB 的数据，甚至拆分为更多的库，每个库存放更少的数据。这种数据拆分就是所谓的“MySQL 分库分表”。

1. 分库分表的思考

当系统面临海量数据且增速较迅猛时，开发人员需要分析当前业务的痛点，思考当前是否需要进行分库分表。

（1）如果单张表的数据达到了“千万条”或“亿条”级别，那此时对数据库本身进行优化基本不会提升多少性能。

（2）数据量的飞速增长，使得磁盘空间特别紧张，此时数据的备份和恢复耗时增加不少。

（3）对于部分核心模块的数据（例如与用户相关的数据），可以将其单独存放在一个核心库中。一旦该库出现异常，那该如何隔离其他非核心模块以使其不受影响呢?

（4）必须思考如何突破单台数据库的“写”请求瓶颈。

所以，最有效的解决方法是“分片”——对数据进行分片存储。这样可以将海量数据分摊到各个数据库中，分摊数据库的“写”请求流量。

2. 如何分库分表

分库分表的核心思想是：尽可能将数据平均地分散到多个数据库节点或者多张表中。分库分表能解决 3 个关键问题：

- 提升数据的查询性能，因为所有的节点都只存储了一部分数据。
- 突破单机的存储瓶颈。
- 提升并发的写性能。因为数据被分摊到多个数据节点上了，所以数据的写请求从“单一主库的写入”变为“多个分片的写入”。

在进行具体的分库分表之前，首先要明确一个标准：能不拆分就尽量不拆分，能少拆就不多拆。因为，将数据拆得越散，开发和维护的难度就越大，出错的概率也会增加。

分库分表有两种常见的方案：垂直拆分、水平拆分。

（1）垂直拆分。

垂直拆分是指，将一个数据库中的表拆分到多个数据库中，或者将一张表拆分成多张表。

通常按照业务模型来进行垂直拆分，即将相似的表或业务耦合度较高的表拆分到独立的库中。这就是所谓的“专库专用”原则。例如图书馆的图书管理，可以将不同题材类型的图书放在不同的书架上。

这种拆分将不同业务的数据存放在不同的数据库节点上，如图 8-6 所示。如果某个数据库出现了故障，那只会影响其对应的业务，并不会影响其他的业务，整体服务还可用。这样就实现了不同业务的数据隔离。

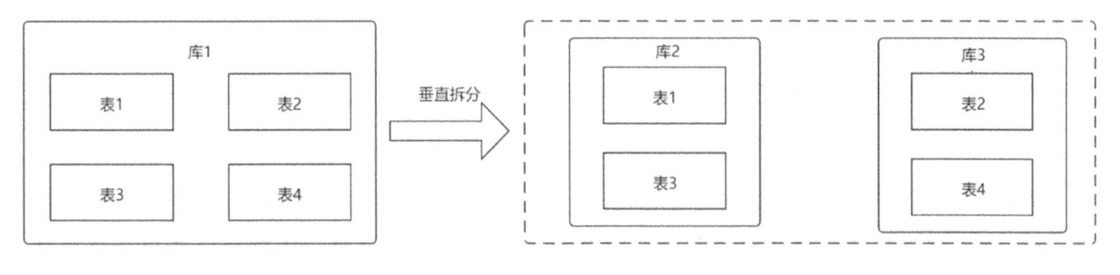

图 8-6

如图 8-6 所示，当一个数据库支撑不住时，可以使用多个数据库实例来分散压力以提升并发性。但这种方案仍不能解决某类业务数据迅速膨胀的问题。

在分库后，如果某类业务数据量暴增，还可能出现性能问题，仍要进行进一步的优化。例如社交系统中的信息流库，在产品被认可之后，信息流存储表会呈指数级增长。此时，单一的数据库或数据表已经不能够满足当前的存储和查询需求了，需要将数据拆分到多个数据库和多个数据表中，这就需要对数据进行水平拆分了。

（2）水平拆分。

水平拆分是指，将单张数据表的数据按照某种算法规则拆分到多个数据库和数据表中。

水平拆分和垂直拆分的关注点不同：垂直拆分更关注业务类型，即将不同类型的业务拆分到不同的库中；水平拆分则更关注数据本身的特点。

需要依据业务的特性选择合适的拆分规则。一般有以下两种常见的拆分方案。

① 按区间维度拆分。

按区间维度拆分常用的是按时间段进行拆分。一般在数据表中会有一个“创建时间”的字段，在业务使用端可以基于该字段来查询对应的数据，例如要查看近 1 个月内或近 3 个月内的订单数据，则可以利用“创建时间”字段来为这种按照时间归档的数据进行分表。例如，将每个月的数据分别放在不同的表中，如图 8-7 所示。在查询时，先根据“创建时间”字段定位出数据所在的表，然后按照相应查询条件对定位到的表进行查询。

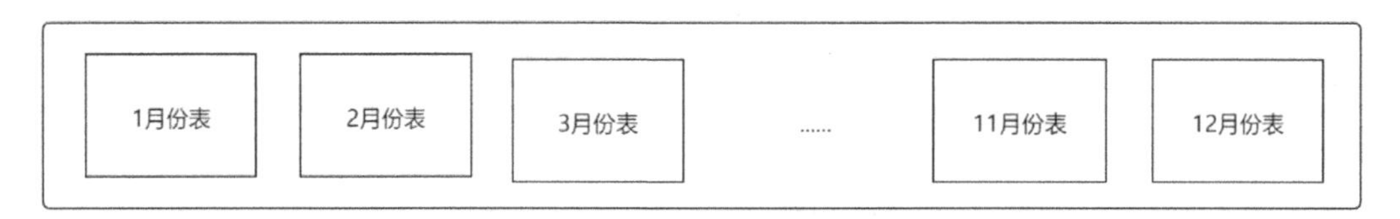

图 8-7

按区间维度拆分可能会遇到热点数据，所以部分表的请求量可能会特别大，对性能会有一定的影响。例如，大部分用户都比较喜欢查看近 1 个月或近 3 个月的订单。并且，这种按区间维度的拆分需要提前将表创建好。

② 按分区键进行 Hash 算法拆分。

按分区键进行 Hash 算法拆分是指，根据某个字段的 Hash 值来拆分。

这种拆分方式比较适合实体表，例如将用户表按照用户 ID 字段进行拆分。例如，将用户库拆分成 16 个库，每个库有 64 张表。那么，可以对用户 ID 做 Hash 计算，然后对 16 取余，得到具体的数据库；然后对 64 取余，得到分表的具体表索引，如图 8-8 所示。

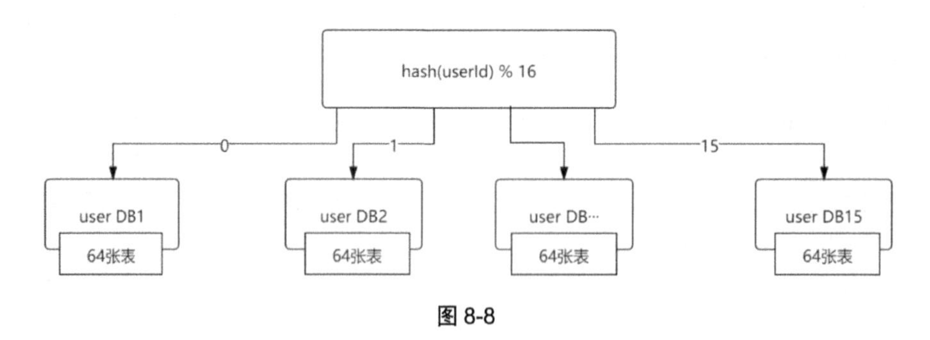

图 8-8

最好先基于当前公司业务发展情况来预估并发量和数据量，然后计算应该分多少个库分多少张表，这样可以避免进行二次扩容，因为二次扩容还需要进行数据迁移，比较麻烦。

8.4.2 【实战】在分库分表后，如何处理主键 ID

在单库单表场景下，有时会利用数据库的自增策略来创建主键 ID。其实现方式特别简单，开发人员不用做额外的工作。但在数据库分库分表后，数据被分到多个库的多个表中了，如果还使用主键自增策略，则在将两个数据插入两个不同的表后可能会出现相同的主键 ID，此时该怎么办呢?

1. UUID

UUID（Universally Unique Identifier，通用唯一识别码）的目的是，让分布式系统中的所有元素都有唯一的标识信息。

在业务中，如果对于全局唯一 ID 没有特殊要求，或不需要遵循某种规律，则通常使用 UUID 来生成全局唯一 ID。但是，如果业务中需要用全局唯一 ID 来进行查询，且该 ID 最好是单调递增的，那使用 UUID 就不太合适了。

全局唯一 ID 单调递增有以下好处。

（1）可以做排序。

例如，在查看关注某个航班的用户列表时，需要按照关注时间进行排序。如果现在的全局唯一 ID 是通过时间规则生成的，则可以直接按照全局唯一 ID 来进行排序。

（2）可以提升数据写入的速度。

在数据库中，ID 其实就是一种索引。索引在 MySQL 数据库的 B+数据结构中是按顺序存储的，所以在每次插入数据时，都是在递增排序后直接将数据追加到最后面。如果采用无序的全局唯一 ID，则在每次插入数据前还得查找它应该在的位置，这无疑增加了数据移动的开销。

如图 8-9 所示，如果生成的全局唯一 ID 是有序的，那 ID 为 50 的数据就直接插在尾部；如果生成的全局唯一 ID 是无序的，那么对于 ID 为 26 的数据来说，还得先找到 26 的存放位置，然后对其后面的数据进行挪位。

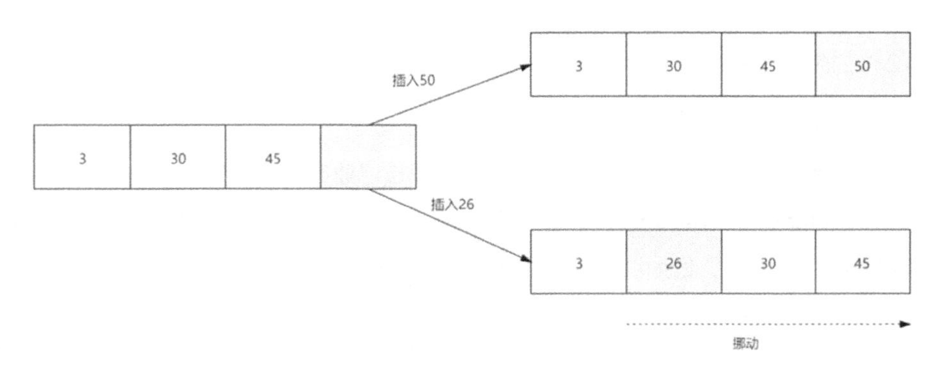

图 8-9

UUID 不具备业务相关性。现在开发的项目大都是依据公司业务开展的，而设计的全局唯一 ID 一般都与业务有关系。比如，在有些订单 ID 中带上了时间的维度、机房的维度和业务类型等信息，这是为了方便判断是哪种业务的订单。

UUID 是由 32 位的十六进制数组成的字符串，不仅在存储空间上会造成浪费，而且不具备业务相关性。那该怎么解决呢？Twitter 提出来的 Snowflake 算法就能够满足要求，它不仅能满足主键 ID 的全局唯一性、单调递增性，还能满足业务相关性。

可以使用 Snowflake 算法来生成全局唯一 ID。该算法其实很简单，下面对其进行介绍。

2. Snowflake 算法的原理

Snowflake 编码由 64 bit 二进制数组成，共分为 4 部分，如图 8-10 所示。

- 第 1 位，默认不使用。
- 41 位时间戳。
- 10 位机器 ID。
- 12 位序列号。

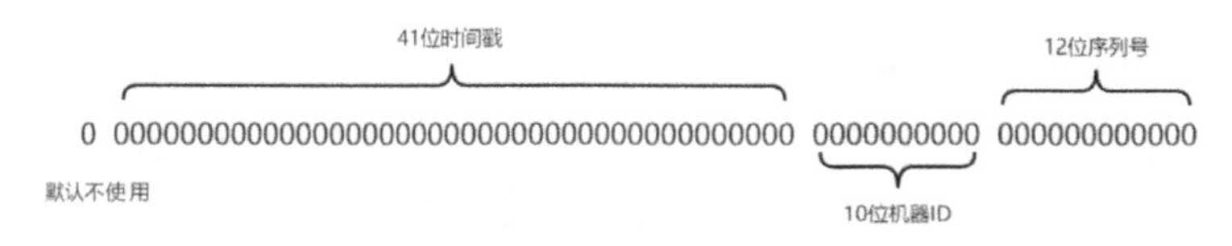

图 8-10

含义说明如下：

- 41 位时间戳，可以支撑（2^{41}/1000/60/60/24/365）年，即约 70 年。
- 10 位机器 ID 可以被划分为两部分：① 2 位或 3 位的 IDC 号可以支撑 4～8 个 IDC 机房；② 7 位或 8 位的机器 ID 可以支撑 128～256 台机器。
- 12 位的序号代表每个节点每毫秒可以生成 4096 个 ID。

3. Snowflake 算法的改造

知道了 Snowflake 算法的核心原理，那就可以根据自己业务进行改造，让 Snowflake 算法更好地为自己的业务服务。不同公司对其进行改造的方式不尽相同，但道理都是一样的。可以这么做：

- 减少序列号的位数，增加机器 ID 的位数，这样可以让单个 IDC 号支撑更多机器。
- 加入业务 ID 以区分不同业务。如图 8-11 所示，第 1 位为 0 + 41 位时间戳 + 6 位 IDC 号（64 个 IDC）+ 6 位业务信息（支撑 64 种业务）+ 10 位自增序列（每毫秒可以生成 1024 个 ID）。

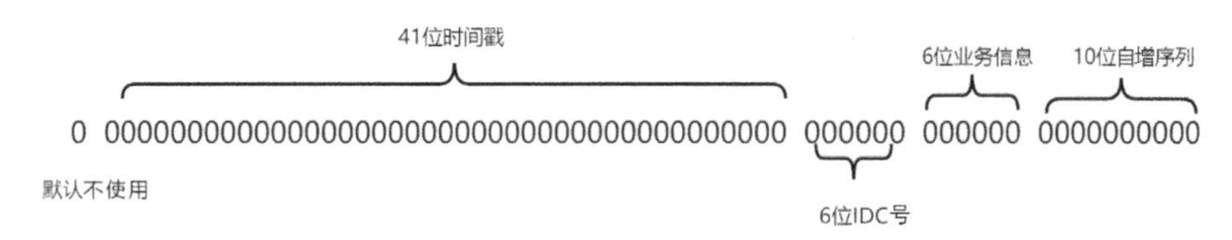

图 8-11

现在就可以在单个机房部署这么一个统一的 ID 发号器，然后用 Keepalived 软件保证高可用。在生成 ID 时，可以将业务模块标识加进去。这样的好处是：当某个业务出现问题后，只需要查看 ID 号就可以分析出是什么业务出了问题。比如，看到 ID 号中有“我的订单 ID”信息，就可以直接去查看我的订单模块。

4. 开发使用

开发人员该怎么使用 Snowflake 算法来为各自的业务生成全局唯一 ID 呢？有以下两种方式。

（1）嵌入业务代码。

将 Snowflake 算法部署在与业务相同的服务器上，这样在代码中使用该算法就不需要进行跨网络调用，性能相对比较好。但也有缺点：通常业务机器是很多的，所以发号器算法需要更多的机器 ID 位数。

如果有太多的业务服务器，则很难保证业务机器 ID 的唯一性，此时可以引用 Zookeeper 来保证在每次机器重启后都能获得全局唯一的机器 ID。

（2）独立部署发号器服务。

可以将发号算法作为单独的服务部署到单独的机器上来对外提供服务。在获取全局唯一 ID 时，需要进行一次网络请求。可以将独立发号器服务部署成“以主备的方式对外提供发号服务”，将机器 ID 作为序列号使用，这样可以得到更多的自增序号。

5. Snowflake 算法的使用注意事项

虽然 Snowflake 算法很优秀，但在使用时需要注意以下几点。

- 它是基于系统时间的，如果系统的时间不准，则生成的 ID 会重复。通常的做法是：利用系统的对时功能，一旦发现时间不一致就暂停发号器，等到时钟准了再启用发号器。
- 当 QPS 并发不高（如每毫秒只生成一个 ID）时，每次生成的 ID 的末尾都是 1，在业务中用这个 ID 去分库分表会造成数据不均匀。

所以，可以将时间戳记录从以“毫秒”改为“秒”，这样 1 秒可以分发好多个 ID。

让序列号的起始号随机（比如这一次起始号是 10，下一次随机变成了 28），这样 ID 就更分散了。

8.4.3 【实战】在程序开发中支持分库分表

为了降低分库分表实现的复杂度，业界出现了很多数据库访问的中间件，它们类似于 8.3.3 节中读写分离的实现。这些中间件大致有以下两类。

1. 客户端代理组件

这类组件以淘宝团队开发的 TDDL 组件及当当团队开发的 Sharding-jdbc 组件为代表，它们以代码的形式内嵌在应用程序中。它们像数据源的代理，在组件配置中管理着应用程序的多个数据源，其中每个数据源对应一个数据库。

在出现数据库请求时，客户端代理组件将请求的 SQL 语句自动转发给其中的一个数据源来处理，然后将数据库处理结果返给客户端。

- TDDL 组件：支持基本的 CURD 语法及读写分离，但是不支持 JOIN 操作、多表查询等，且依赖淘宝的 Diamond 配置管理系统。
- Sharding-jdbc 组件：支持较多的 SQL 语法，没有太多的限制，支持分库分表、读写分离、分布式 ID 生成、柔性事务等。

客户端代理组件的优点：简单易用，没有太多的部署成本。因为它是随应用程序一起运行的，所以比较适合运维能力不太强的中小团队使用。

其缺点：大部分都是基于 Java 语言开发的，无法支持其他语言。

2. 代理中间件

代理中间件比较多，如阿里巴巴公司开源的 Cobar、基于 Cobar 开发的 Mycat、360 公司开源的 Atlas，以及美团基于 Atlas 开发的 DBProxy 等。

- Cobar：介于应用服务器和数据库服务器之间，应用程序通过 JDBC 驱动访问 Cobar 集群，Cobar 根据 SQL 语法和分库规则对 SQL 语句进行分解，然后将其分发到 MySQL 集群的不同数据库实例上执行。不支持读写分离、跨库 JOIN 操作和分页，目前不怎么更新。
- MyCat：功能较完善，社区比较活跃。
- Atlas：目前社区不怎么活跃。
- DBProxy：针对 Atlas 进行了改进。

代理中间件的优点：对各个项目都是透明的，如果需要对分库分表进行升级，则直接操作代理中间件即可。缺点：需要进行部署，需要自己运维，且运维成本较高。

8.4.4　分库分表会带来什么开发难题

分库分表的最大问题是：需要选择一个合适的字段或属性作为分库分表的依据。这个字段一般被叫作分区键。

无论是按照区间维度进行拆分，还是按照 Hash 算法进行拆分，都需要一个分区键。

例如 8.4.1 节中按照时间归档的数据，“创建时间”字段即分区键。每次查询时，都需要带上“创建时间”，这样就能通过该时间定位到数据在哪个库哪张表中，然后去具体的分片查询数据，否则就需要向所有的数据库和数据表发送查询命令。

如果是分了 16 个库 64 张数据表，则一个数据查询请求需要查询 1024 次，查询性能非常差。

1. 如何选择分区键

选择分区键最重要的因素是业务是如何访问数据的。例如在订单系统中，可以把订单 ID 作为分区键来拆分订单表。在拆分后，如果按照订单 ID 来查询订单，则先根据订单 ID 和分片算法计算出要查询的数据分片。

但是，在用户查看“我的订单”时，这里的查询条件只包含用户 ID，并没有订单 ID，所以不知道订单具体在哪个分片上，也就查不到订单列表信息。如果想强行查出，则需要查询订单的所有分片，然后合并查询结果，这样会导致性能极差且不能分页。

如果把用户 ID 作为分区键也是有问题的：在使用订单 ID 作为查询条件时，不能定位出数据所在分片。

对于这种既需要订单 ID 又需要用户 ID 访问业务数据的场景，可以在生成订单号时把用户 ID 的后几位作为订单 ID 的一部分。例如，对于 18 位的订单号，其中第 10～14 位是用户 ID 的后几位。这样在进行订单号查询时，就可以根据订单号中的用户 ID 找到对应的数据存储分片。

2. 分区键映射

在将用户库按照用户 ID 进行分库分表后，就可以通过用户 ID 定位到数据存储分片。如果要按照用户名称进行查询，则需要再次对用户名称进行分库分表，这样会极大地增加存储成本，并且会增加使用的复杂度。对于这种场景，可以建立一个用户名称和用户 ID 的映射表。在需要查询时，先通过用户名称查找出对应的用户 ID，然后通过用户 ID 查找出分片中的数据。

映射表也可以进行分库分表，且比选取新的分区键进行分库分表更节省存储空间。

3. 复杂查询使用困难

在引入分库分表后，数据库的复杂查询变得更加困难。例如，在分库分表前，对于多表的 JOIN 查询在同一个库中就可以实现，但在拆分为多个数据库和数据表后，就不能跨库使用 JOIN 查询了。

对于上述情况，一般先分别查询出要查询的库的所有数据，然后在程序代码中做逻辑处理，再组合数据。同样，对于统计之类的数据，可以将需要统计的数据单独存储在一张表或者 Redis 中。

分库分表极大地限制了数据库的查询能力。之前很简单的查询，在分库分表后可能就没法实现了。但是，相比它在扩展性和性能方面所带来的提升，分库分表是有必要的，它能够突破单机的容量和请求量的瓶颈。

8.4.5 【实战】在分库分表后实行项目无感上线

接下来介绍如何无感上线改造后的分库分表系统。

目前线上已有单库单表数据，该怎么将这些数据应用到多库多表中呢?

1. 停机部署

最容易想到的方案就是停机部署。以前做数据库跑批时，都是采取停机的方案来执行的。即将对外服务停掉，然后在 App 或网站上挂上通告，说系统在 0～6 点需要进行升级，在此期间暂停服务。主要有以下 3 个步骤，如图 8-12 所示。

（1）停机发布通告。

（2）写一个后台程序，这个后台程序用来从目前数据库中查询出所有的数据；接着，通过之前做好的分库分表策略加上数据库中间件，用嵌入代码的 shadding-jdbc 或代理层的 Mycat 将这些数据路由到新的多库多表中去。

（3）在数据都被迁移到新的多库多表中后，将生产中应用的数据源配置到数据库中间件中，然后重新启动服务。

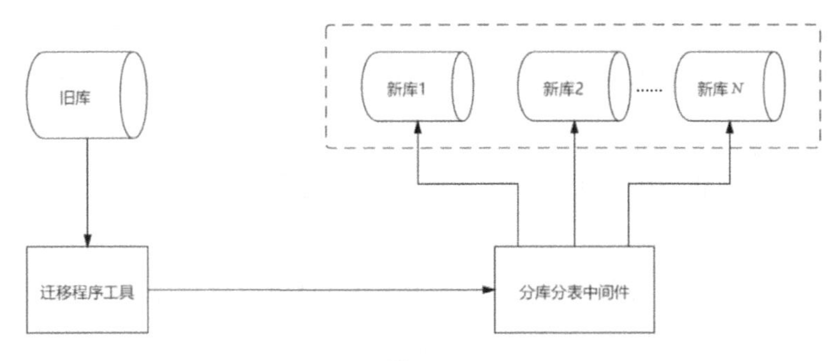

图 8-12

停机部署方案有以下缺点：

- 系统必须停机一段时间。
- 如果在规定的一段时间内未完成数据的迁移，则需要回滚，并重新切回旧库。
- 开发人员工作量增多且容易出错。

如果业务系统可以接受几个小时的停机，则可以采用这种方式。但如果业务系统不能接受停机，则需要在不停机的条件下将数据迁移到新的多库多表中。

2. 不停机部署

在不停机条件对数据进行迁移可以采用双写的机制，如图 8-13 所示。

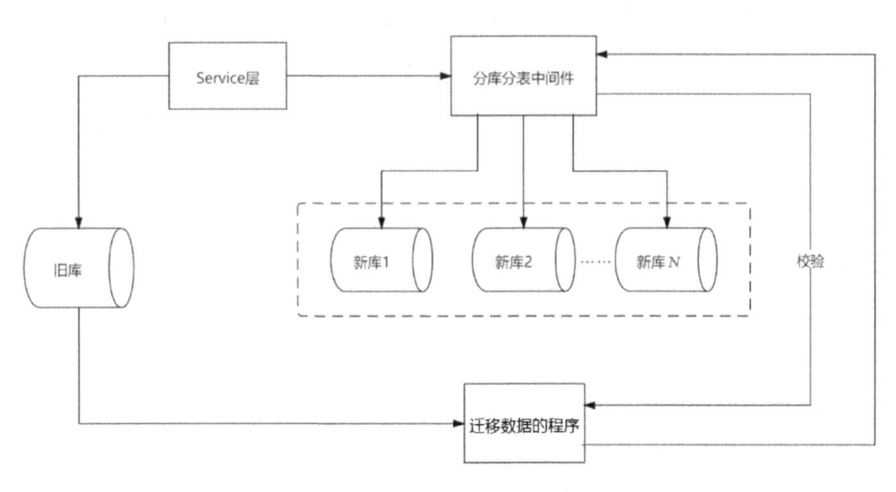

图 8-13

（1）在写旧库时也写一份数据到新库中。

（2）编写一个后台迁移数据的程序，用它将旧库的数据通过数据库中间件迁移到新的多库多表中。

（3）在迁移的过程中，每次插入数据时都需要检测数据的更新情况：如果在新表中没有当前数据，则直接新增；如果在新表中已有数据但已有数据与要插入的数据不同，则让新的数据覆盖旧的数据。

（4）经过一轮（假如旧表中 1000 万条旧数据全部被迁移完）后需要进行校验，校验旧库和新库的数据是否一样。

（5）反复运行一段时间，在观察到旧库和新库一样后就停掉旧库的“写”动作。

不停机部署是目前在生产环境中比较合理的一种分库分表迁移方案。

8.5 引入 NoSQL 数据库

8.4 节中介绍了如何将传统关系型数据库改造成分布式存储服务，以抵抗高并发、大流量的冲击，并突破单机存储的瓶颈。但是，仍然有一些问题是很难被解决的，例如，数据的增速特别快，即使分了再多的库和再多的表，单表数据还是会达到“千万”级别或者“亿”级别，数据量还是会遇到瓶颈。这种问题是关系型数据库很难解决的，因为关系型数据库的扩展性是很弱的。

此时就可以采用 NoSQL 数据库，因为它有着天生的分布式能力，能够提供优秀的读写性能，可以很好地克服关系型数据库的短板。

8.5.1 NoSQL 数据库是什么，它和 SQL 数据库有什么区别

早期只有 MySQL 这样的关系数据库，这种关系型数据库支持 SQL。

后来，出现了很多的 NoSQL 数据库（如 Redis），其性能比关系型数据库要好。由于其存储结构比较简单，所以很容易组成分布式集群，并且能无压力地实现水平扩展，天然支持高可用、高性能。

NoSQL 数据库和 SQL 数据库的最主要的区别有：

- NoSQL 数据库弥补了 SQL 数据库性能上的不足。
- NoSQL 数据库适合互联网业务常见的大数据量场景。
- NoSQL 数据库不支持 SQL，所以没有强大的查询功能。
- NoSQL 数据库没有强大的事务特性。

虽然 NoSQL 数据库优势很大，但是，目前来看它并不能取代 SQL 数据库。

在大部分业务场景下，还需要利用 SQL 数据库的强大查询功能，以及事务和索引等功能。NoSQL 数据库会和 SQL 数据库形成互补，共同解决业务场景中所遇到的各种难题。

8.5.2 常用的 NoSQL 数据库

常用的 NoSQL 数据库有如下这些：

- Redis、Memcached 等这类 key/value 数据库，其读写性能极高。通常在对性能要求较高的场景中会使用它们。
- MongoDB、CouchDB 等这类文档型数据库，这种数据库的字段可以随意扩展。例如，电商系统中的商品信息有很多的字段，并且不同类型的商品有不同的字段，如果采用关系型数据库则需要很多字段。
- HBase、Cassandra 等这类列式数据库，它不像传统数据库以“行”为单位来存储，而是以“列”为单位来存储。通常在离线统计这类场景中会使用它们。

8.5.3 利用 NoSQL 数据库可以提升写入性能

数据库系统一般使用的都是机械磁盘，对于机械磁盘的访问有以下两种方式。

- 顺序 I/O 访问：读写效率较高。
- 随机 I/O 访问：需要花费大量的时间去做磁盘寻址，读写效率要远远低于顺序 I/O 访问。

要提高数据库的写入性能，则应尽量避免使用随机 I/O 访问。

在插入或者更新数据时，MySQL 主键索引需要先找到要插入的位置，再把数据写到该位置，这就产生了随机 I/O 访问。而且，一旦发生了页分裂，则不可避免会产生数据的移动，这会极大地损耗写入性能。

为了避免进行随机 I/O 访问，NoSQL 数据库常采用基于 LSM 树（Log-Structured Merge Tree）的存储引擎。

LSM 树并非一个严格的树状数据结构，而是一种存储结构。目前，HBase、LevelDB、RocksDB 这些 NoSQL 数据库都采用的是 LSM 树。它牺牲一定的读取性能来换取写入的高性能。

LSM 树的核心思想是：在写入数据时，会先写入内存的 active MemTable 中；active MemTable 用于保存最近更新的数据，其中的数据是按照 key 排序的。

由于数据是暂时保存在内存中的，而内存不是可靠性高的存储设备，所以，为了防止内存中的数据因为断电或机器故障而丢失，通常会通过 WAL（Write-ahead logging，预写式日志）的方式将数据备份在磁盘上，以保证数据的可靠性。

active MemTable 文件在达到一定大小（full）后，会被转化成 immutable MemTable 文件。immutable MemTable 是将 active MemTable 文件转变为 SSTable 文件的一种中间状态。

当 SSTable 文件达到一定数量后，会将其进行合并，以减少文件的数量。SSTable 文件是一个有序键值对的集合，所以合并速度非常快，如图 8-14 所示。

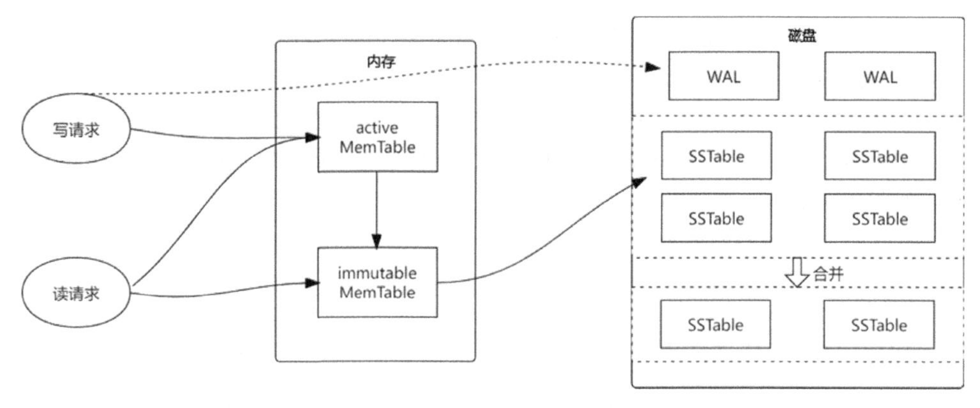

图 8-14

如果需要从 LSM 树中读取数据，则先从内存的 active MemTable 文件中查找；如果没有找到，再从 SSTable 文件中查找。因为磁盘上存储的数据都是有序的，所以查找效率是很高的。因为数据被拆分成了多个 SSTable 文件，所以 LSM 树的读取效率低于 B+ 树。

8.5.4 利用 NoSQL 数据库可以提升扩展性

在扩展性方面，大部分 NoSQL 数据库比 SQL 数据库具有优势，因为它们天生就是为分布式和大数据场景而设计的。例如，MongoDB 具备以下 3 个横向扩展的关键特性。

1. Replica（副本集）

Replica 类似于 8.3 节中讲到的读写分离。它主要是通过将数据复制为多份来做备份，以保证当主节点不可用时数据不丢失。同时，它承担着“读”请求。

在 Replica 中，主节点承担着“写”请求，并将更新数据记录到 Oplog 中；从节点接收到 Oplog 后会更新自身的数据，以实现其和主节点的数据一致性。如果主节点出现故障不可用，则在从节点中选择一个作为主节点，继续对外提供“写”服务。

2. Shard（分片）

Shard 类似于 8.4 节中讲到的数据分库分表。它是将数据按照某种算法规则拆分成多份，然后分散到多台机器上。MongoDB 的 Shard 特性一般需要 3 个角色来支持。

- Shard Server：实际存储数据的节点，是一个独立的 Mongod 进程。
- Config Server：主要存储元数据信息（如哪些数据存储在哪个分片上）。Config Server 是一组 Mongod 进程。

- Route Server：只是作为路由使用，并不实际存储数据，它从 Config Server 获取元数据信息，并将请求路由到 Shard Server。

3. 负载均衡

MongoDB 在发现各个 Shard 之间数据不均衡时，会启动 Balance 进程对数据进行重新分配，目的是让所有 Shard Server 的数据尽量均衡。

当 Shard Server 数据达到极限需要扩容时，数据会被自动迁移到新的 Shard Server 中，这样可以减少数据迁移和验证的成本。

NoSQL 数据库的扩展特性，使其不再需要对数据库做分库分表和主从分离，这弥补了关系型数据库在性能、扩展性等方面的不足。

需要结合具体的场景来决定选用何种 NoSQL 数据库。

第 9 章 搜索引擎——让查询更便捷

在实际生产业务中会经常遇到高性能、高并发的查询场景（即在极短的时间内快速响应用户，以提高用户体验）。这就需要用到搜索技术。本章来学习如何构建一个符合业务需求的高性能搜索引擎。

9.1 为什么需要搜索引擎

在如今的互联网应用中搜索无处不在，例如，商旅网站中的航班、车次及酒店信息搜索，内容网站中的文章搜索等，这些都需要搜索引擎的支持。

在电商网站的商品列表页中，通常会有按照商品名称进行模糊搜索的需求，而且要求延时低、响应迅速。

对于这种搜索场景，最简单的做法是写一条 SQL 语句进行模糊查询，例如：

```
Select * from t_bas_product where name like %***%
```

这种使用 SQL 语句实现的模糊查询，可以应用在一些比较简单且数据量不大的场景中。

但是，实际项目中的搜索可没有这么简单，基本上都是在海量数据中进行搜索，且搜索的关键词多种多样。所以，这条 SQL 语句在实际项目中就不太适合了。

- 对于海量数据的搜索，SQL 语句查询几乎不能达到要求，因为在海量数据中这种查询的响应时间远远超过用户能够接受的等待时间。
- 不能很好命中索引：对于 like 这类模糊查询，只有后模糊匹配语句才能命中索引，一旦没有命中索引，则会扫描全表，性能会很低。

> 后模糊匹配语句能命中索引，例如 SQL 语句“select * from t_bas_product where name like'xxx%'”就能使用上 name 字段的索引；而 SQL 语句“select * from t_bas_product where name like '%xxx'”就不能使用上 name 字段的索引。

搜索并不是简单的查询，而是一套复杂且专业的技术方案，可以解决海量数据及多维度搜索的各种难题。

> 衡量搜索引擎好坏的标准是搜索速度的快慢，以及搜索出来的内容的好坏。

9.2　搜索引擎的通用算法和架构

搜索引擎就是根据一定的策略、运用特定的计算机程序从互联网上收集信息，在对信息进行组织和处理后，将与用户检索相关的信息展示给用户系统。

从搜索信息的对象来看，搜索引擎有如下几类。

- 全文搜索引擎：对网页的文字、图片、视频和链接等内容进行搜索，如百度、Google 等。
- 垂直搜索引擎：对网站垂直领域进行搜集和处理，如在商旅网站中对机票、旅行信息等进行搜索的搜索引擎。
- 元数据搜索引擎：对数据的数据进行搜索和处理，如文章中有多少字数、文件的大小等。可将其看作是将多种搜索引擎的数据进行整合后再提供给用户的搜索引擎。

9.2.1　必须知道的倒排索引

在搜索引擎中，每个文档都有一个 ID，文档的内容是所有关键词的集合。搜索引擎能够实现快速查找的核心就是利用索引：通过用户输入的关键词查找匹配的索引，之后通过索引构建结果页面。

1. 正排索引

在了解倒排索引之前，先来看看正排索引是如何提取文档关键词的。正排索引是以文档 ID 为关键字，正排表中记录文档中每个关键字的位置信息，查询时需要遍历每一个文档。其中，每个文档都对应着一个文档 ID。

正排索引根据文档内容构建出一个“文档 ID→ 关键词列表”的关系，如图 9-1 所示。

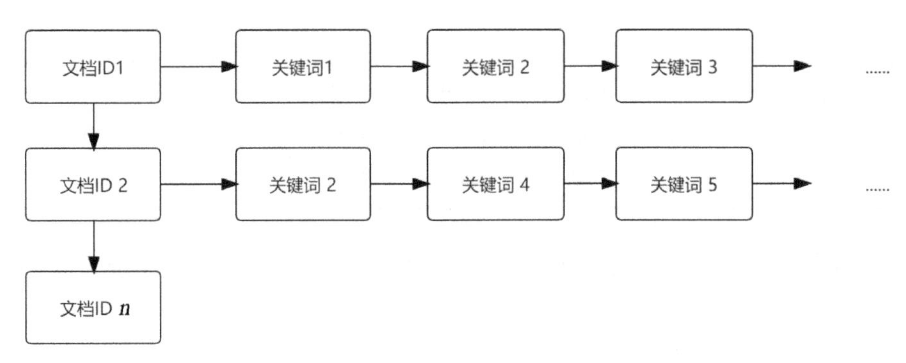

图 9-1

如图 9-1 所示，正排索引是按照 key 去寻找具体的 value。如果用户在搜索页面内搜索一个关键词（如 xxx 手机），则先扫描索引库中的所有文档，找出包含“xxx 手机”关键词的所有文档，然后利用打分算法对文档打分，最后依据打分排名将结果展示给用户。

在搜索引擎中，这种正向索引的方式肯定是行不通的，因为在搜索引擎中具有海量的文档，海量文档的结构是无法满足“实时返回打分排名结果”的。

所以，在搜索引擎中采取倒排索引的方式来构建索引库，即把“文档 ID 到关键词的映射”转换为“关键词到文档 ID 的映射”，每个关键词都对应着一个文档 ID 列表。

2. 倒排索引

倒排索引是指依据关键词查找文档：用关键词作为索引的 key，每个关键词的倒排索引的值是一个列表，这个列表的元素就是包含这个“关键词 → 文档 ID 列表”的关系，如图 9-2 所示。

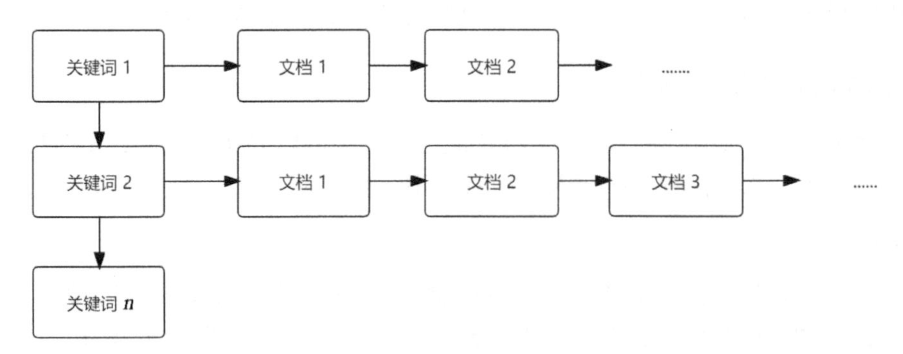

图 9-2

倒排索引其实就是，先将记录中的某些列进行分词，然后形成分词（关键词）与文档 ID（DOCID）的映射关系。例如，在电商项目中有两个商品：华为手机和苹果手机，如图 9-3 所示。

DOCID	商品名称
10001	华为 Mate40 5GV4G 可选手机亮黑色 Mate40E 全网通
10002	Apple 苹果 iPhone 12 全网通 5G 手机紫色 128GB

图 9-3

先利用“分词器”将商品名称进行简单分词，然后建立分词与 DOCID 对应关系，如图 9-4 所示。

分词	DOCID
华为.	10001
Mate40	10001
可选	10001
手机	10001，10002
Apple	10002
苹果	10002
全网通	10001，10002
……	……

图 9-4

在往搜索引擎写入商品记录后，搜索引擎会先对需要搜索的字段（即商品名称）进行分词（分词就是把一段连续的文本按照语义拆分成多个单词），然后按照单词来给商品记录做索引，从而形成如图 9-4 所示那样的倒排索引表。

在用户搜索“手机”时，系统会给用户展示文档 ID 为 10001 和 10002 的两种商品。

9.2.2　互联网搜索引擎的技术架构

百度、谷歌都是面向全网数据的。

全网搜索引擎的架构一般如图 9-5 所示。

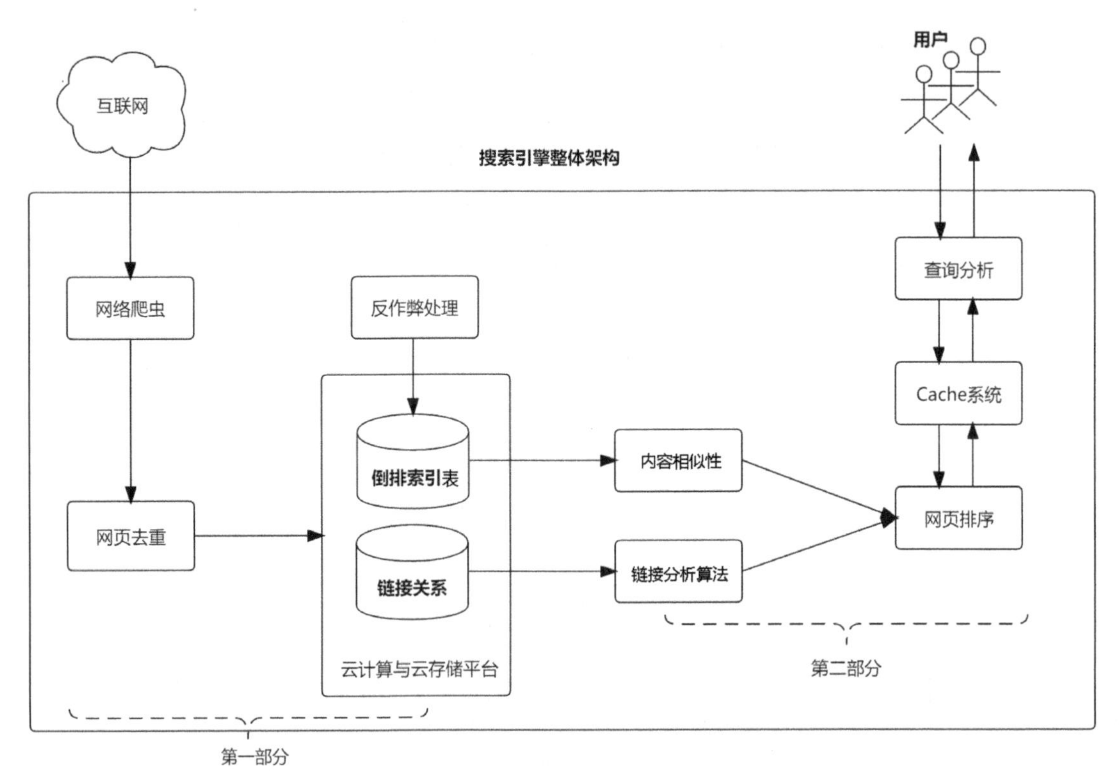

图 9-5

如图 9-5 所示，搜索引擎技术架构主要分为两个部分。

第一部分，发生在用户搜索前

搜索引擎在启动后会进行各种数据的抓取、清洗及解析等工作（即提前处理好绝大部分数据）。

（1）使用爬虫技术抓取网络中的网页并下载到本地（这就是原始文档）。

（2）用去重模块对下载的网页进行去重，确保每个网页都包含独一无二的内容。

（3）用解析模块对去重后的网页进行解析（即抽取网页的内容和链接），用算法对抓取的网页进行解析，构建倒排索引表，并进行相关的操作；最终搭建出一个链接关系。

（4）对已经完成的倒排索引表及链接关系等进行反作弊处理，例如，剔除违法犯罪内容、删除坏网页等。

第二部分，发生在用户搜索过程中

（1）搜索引擎接收用户的搜索关键词，并进行查询分析。

（2）搜索引擎在缓存（Cache）系统中搜索是否有与用户搜索关键词匹配的内容：

- 如果有，则直接返给用户。
- 如果没有，则利用内容相似性、链接分析算法对网页进行排序，把用户最想要的内容放在展示列表的前面，并把列表放入缓存系统中。

9.2.3 Lucene 与 Elasticsearch 的前世今生

要实现一个功能完善、性能强大的全文搜索并不简单。然而，全文搜索又是一个很常见的需求，例如，内容网站和电商网站等都需要全文搜索。

在早期出现的一些开源的搜索引擎中最受欢迎的就是 Lucene。它是当时最先进的搜索引擎。使用 Lucene 来实现搜索功能，开发人员无须关心底层实现，只须专注业务本身即可。

但是，随着业务越来越复杂，对搜索的要求也越来越高。面对高并发访问，需要搜索引擎能够横向扩展，且每个节点都能以近实时的速度来同步数据，并把请求按多种不同算法分发给具体的服务节点。这就要求，搜索的接入方式应尽可能简单，交互方式也应尽可能简洁。

Lucene 是无法满足复杂业务场景的，因为它只是一个库，并不具备分布式的能力。

另外，Lucene 本身非常复杂，开发人员需要深入学习检索的相关知识才能理解它是如何工作的。

后来，开发者基于 Lucene 构建了一套功能强大的搜索平台——Elasticsearch。

Elasticsearch 是一个开源的、分布式且采用 REST 风格的搜索平台。它使用 Java 开发，使用 Lucene 作为核心实现了索引和搜索功能，但是通过简单的 RESTful API 隐藏了 Lucene 的复杂性，从而让全文搜索变得简单。

Elasticsearch 相比 Lucene 具备如下优势。

（1）接近实时。

Elasticsearch 是一个接近实时的搜索平台，主要体现在两个方面：

- 从索引一个文档到这个文档能够被搜索到只有很小的延时。
- 基于 Elasticsearch 执行搜索和分析可以达到“秒”级。

（2）集群（Cluster）。

利用 Elasticsearch 可以很方便地搭建集群。在 Elasticsearch 集群中有很多节点，其中一个是主节点，主节点是通过选举产生的。另外，Elasticsearch 采用的是去中心化的架构。

（3）节点（Node）。

节点即 Elasticsearch 的服务器实例，它主要有以下 3 种类型。

- client_node：做请求分发。
- master_node：主节点。所有的新增、删除及数据分片都是由主节点来操作的，它也提供搜索请求功能。
- data_node：只能进行搜索操作，具体 Elasticsearch 会分配哪个 data_node 来进行操作是由 client_node 决定的。data_node 的数据都是从 master_node 同步过来的。

（4）文档（Document）。

文档是 Elasticsearch 的最小数据单元。一个文档可以是一条商品数据，也可以是一个订单数据，通常是以 JSON 结构来表示。

（5）索引（Index）。

索引主要用来存储 Elasticsearch 的数据。索引包含一堆相似结构的文档数据，例如商品索引。一个索引包含很多文档（相似或者相同的文档）。

在一个文档中有多个 Field，每个 Field 是一个数据字段，如下所示：

```
{
"productId": "10001",
"productName": "Mate40",
"productDesc": "华为 Mate40 5G 手机",
"categoryId": "801",
"categoryName": "电子产品"
}
```

（6）文档类型（Type）。

文档类型（Type）用来规定文档中字段内容的数据类型和其他的一些约束，相当于关系型数据库中的表。一个索引（Index）可以有多个文档类型（Type）。

例如，商品 Index 有多个 Type：电子商品 Type、生鲜商品 Type。每个 Tpye 下的文档的 Field 可能不一样。

（7）分片（Shard）。

单台机器无法存储大量数据，Elasticsearch 可以将一个索引中的数据切分为多个分片，这些分片分布在多台服务器上。有了分片就可以横向扩展，存储更多数据，让搜索和分析等操作分布到多台服务器上去执行，从而提升吞吐量和性能。

每个分片都是一个 Lucene Index。

（8）副本（Replica）。

任何一个服务器随时可能出现故障或宕机，此时分片可能会丢失。因此，可以为每个分片创建多个副本。副本可以在分片出现故障时提供备用服务，保证数据不丢失。多个副本一起使用，可以提升搜索操作的吞吐量和性能。

> Shard 分为 Primary Shard 和 Replica Shard。
>
> Primary Shard 一般被简称为 Shard；Replica Shard 一般被简称为 Replica。

9.3 用 Elasticsearch 搭建高性能的分布式搜索引擎

接下来看看在项目中如何使用 Elasticsearch 搭建一个高性能的分布式搜索引擎。

9.3.1 Elasticsearch 分布式架构的原理

Elasticsearch 用于构建高可用和可扩展的系统。扩展的方式，可以是购买更好的服务器（纵向扩展），也可以是购买更多的服务器（横向扩展）。

> Elasticsearch 虽然能通过更强大的硬件获得更好的性能（纵向扩展），但是纵向扩展有其局限性。真正有效的扩展应该是横向扩展，即通过增加节点来均摊负载和增加可靠性。对于大多数数据库而言，横向扩展意味着程序要做非常大的改动。
>
> Elasticsearch 天生就是分布式的，它知道如何管理节点来提供高扩展和高可用。这意味着程序员并不需要关心这些内容。

1. 添加索引

Elasticsearch 中存储数据的基本单位是索引。为了将数据添加到 Elasticsearch 中，需要添加索引。

Elasticsearch 中索引与分片的关系：

- 分片是最小级别的工作单元，它只保存了索引中所有数据的一部分。
- 所有的文档均存在分片中，而直接与应用程序进行交互的是索引。

以酒店搜索为例，添加酒店索引 hotel_idx 如下所示：

```
PUT /hotel_idx
{
  "settings" : {
```

```
        "number_of_shards" : 3,
        "number_of_replicas" : 1
      }
    }
```

现在启动 3 个 Elasticsearch 节点，当前 hotel_idx 被分配了 3 个主分片（P0、P1、P2），每个主分片包含 1 个副本分片（R0、R1、R2），如图 9-6 所示。说明，主副分片的对应关系是：P→R0，P1→R1，P2→R2。

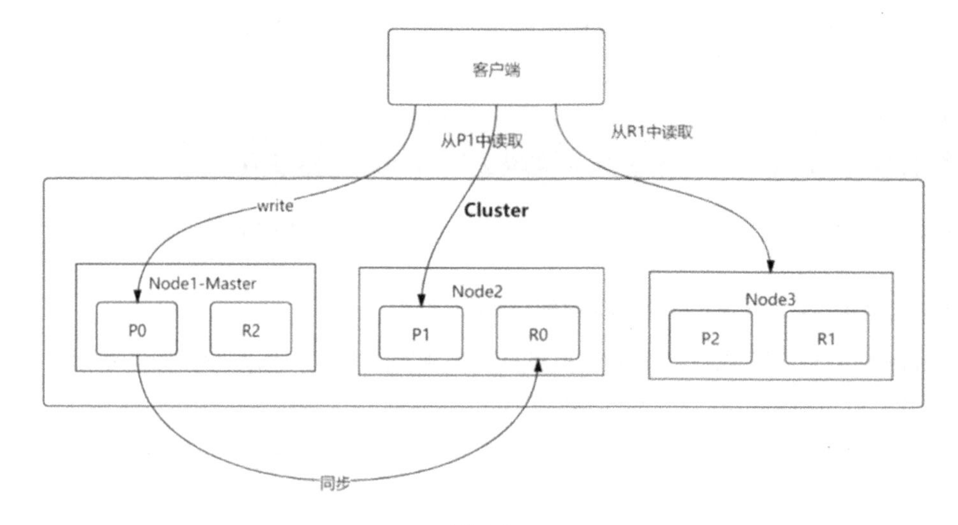

图 9-6

- 客户端会挑一个 Node 节点（图 9-6 中挑选了 Node1 节点）成为主节点，即由该节点负责写入数据。此时 Elasticsearch 是如何知道将一个文档（一条酒店数据）路由到哪个分片中呢？实际上是根据以下公式来决定的：

```
shard=hash(routing)%number_of_primary_shards
```

- routing 是一个可变值，默认值是文档的 ID（_id），也可以将其设置成一个自定义的值，例如设置为酒店的 ID（hotel_id）。
- routing 通过 hash() 函数生成一个数字，然后将这个数字除以 number_of_primary_shards（主分片的数量）得到余数。这个分布在“0 ~ number_of_primary_shards − 1”的余数就是所寻找的文档所在分片的位置。
- 写完 P0 后，Node1 节点会同步到它的副本到 R0 中去。如果同步成功，则会返回结果给协调节点 Node1 节点，最后返给客户端。
- 客户端读取数据时，可以读取主分片或副分片。

2. 如何保证高可用

如果图 9-6 中的 Node1 节点宕机了，则 Elasticsearch 会进行重新选举，例如选出 Node2 节点为 master 节点。

如果是非 master 节点宕机了（例如 Node2 节点），则 master 节点会将 Node3 节点的 R1 转为主分片来接收写操作。在 Node2 节点恢复后，R1 转为副本分片。

3. 如何扩展

Elasticsearch 要求在创建索引时就指定主分片的数量，所以，主分片在指定后就不能再进行扩充了。

当存储容量超过 Elasticsearch 所有节点的总容量时，一般在生产中的做法是：重新建立索引（其比之前多一点分片），然后导入数据。但这种做法的缺点是，重新建立索引需要消耗时间。所以，通常的做法是进行预分配。通过预分配可以完全避免这个问题。

副本分片是可以动态扩展的。在读取量很大的场景下，适当地扩充副本分片可以增加吞吐量，如下所示：

```
PUT /hotel_idx/_settings
 {
   "number_of_replicas" : 2
 }
```

4. 如何预估分片容量

预估分片容量涉及的因素较多，例如硬件的容量、文档的大小和复杂度、文档的索引分析方式、运行的查询类型、执行的聚合方式，以及采用的数据模型等。

预估分片容量的步骤如下：

（1）基于“准备用于生产环境的硬件”创建一个拥有单个节点的集群。

（2）创建一个和生产环境相同配置的索引，但是让它只有一个主分片，没有副本分片。

（3）在创建的索引中添加文档。

（4）运行查询和聚合。

（5）利用与真实环境相同的方式将文档全部压缩到单个分片上直到它宕机。

一旦定义了单个分片的容量，就很容易推算出整个索引需要的分片数。用“需要索引的数据总数 + 上一部分预期的增长”的和除以“单个分片的容量”，结果就是整个索引需要的分片数。

9.3.2 【实战】将 Elasticsearch 应用在电商系统中

下面用 Elasticsearch 实现一个商品搜索系统。虽然 Elasticsearch 主要用于搜索，但其本质还是一个存储系统。为了更好地使用 Elasticsearch 进行搜索，可以将其和关系型数据库进行对比，见表 9-1。

表 9-1

Elasticsearch	关系型数据库
Index	表
Document	行
Field	列
Mapping	表结构

1. 安装 Elasticsearch

直接按照其官网的安装步骤即可：

```
    docker network create elastic
    docker pull docker.elastic.co/elasticsearch/elasticsearch:7.13.3
    docker run --name es01-test --net elastic -p 9200:9200 -p 9300:9300 -e
"discovery.type=single-node"
docker.elastic.co/elasticsearch/elasticsearch:7.13.3
```

2. 安装中文分词器插件

为了让 Elasticsearch 支持中文分词，需要为 Elasticsearch 安装一个中文分词器插件，例如，安装一个 elasticsearch-analysis-ik 插件。在安装完成后重启 Elasticsearch 以验证分词器插件是否安装成功。

3. 定义数据结构 mapping

为了实现搜索，需要将数据（如商品信息）存储进 Elasticsearch。所以，需要在 Elasticsearch 中先定义商品的数据结构 mapping，如图 9-7 所示。

Field	数据类型	描叙
skuId	long	商品ID
title	text	商品标题名称

图 9-7

主要定义了以下两个属性。

- skuId：商品的 ID。
- title：商品标题名称。

在用户搜索商品时，会先在 Elasticsearch 中匹配商品标题名称，之后返回商品的 ID 列表给客户端。

4. 创建 Index

接下来使用定义的数据结构来创建索引，类似于在 MySQL 中创建一张表：

```
curl -X PUT "localhost:9200/sku" -H 'Content-Type: application/json' -d '{
        "mappings": {
                "properties": {
                        "sku_id": {
                                "type": "long"
                        },
                        "title": {
                                "type": "text",
                                "analyzer": "ik_max_word",
                                "search_analyzer": "ik_max_word"
                        }
                }
        }
}'
```

在上述代码中，

- 使用 PUT 来创建一个索引，索引名称为 sku。
- 请求体为一个 JSON 对象，内容就是上面定义好的数据结构。
- 由于需要在 title 上进行全文搜索，所以将数据类型定义为 text。另外，为了支持中文分词，指定 IK 中文分词插件为该字段的中文分词器。

5. 写入数据

在创建完索引后，就可以向索引中写入商品数据了。使用 HTTP POST 方法写入数据：

```
curl -X POST "localhost:9200/sku/_create/" -H 'Content-Type:
application/json' -d '{
        "sku_id": 10001,
        "title": "华为 Mate40 5G\/4G 可选 手机 亮黑色 Mate40E 全网通"
}'
curl -X POST "localhost:9200/sku/_create/" -H 'Content-Type:
application/json' -d '{
        "sku_id": 10002,
        "title": "Apple 苹果 iPhone 12 全网通 5G 手机 紫色 128GB"
}'
```

6. 搜索

向 Elasticsearch 索引 sku 中新增两条商品数据，之后就可以用关键词进行搜索了：

```
curl -X GET 'localhost:9200/sku/_search?pretty' -H 'Content-Type:
application/json' -d '{
    "query" : { "match" : { "title" : "苹果手机" }}
}'
```

搜索结果如下：

```
{
  "took" : 23,
  "timed_out" : false,
  "_shards" : {
    "total" : 1,
    "successful" : 1,
    "skipped" : 0,
    "failed" : 0
  },
  "hits" : {
    "total" : {
      "value" : 2,
      "relation" : "eq"
    },
    "max_score" : 0.8594865,
    "hits" : [
      {
        "_index" : "sku",
        "_type" : "_doc",
        "_id" : "zBQWSHABiy2kuAJGgim1",
        "_score" : 0.8594865,
        "_source" : {
          "sku_id" : 100000177760,
          "title" : " Apple 苹果 iPhone 12 全网通 5G 手机 紫色 128GB"
        }
      },
      {
        "_index" : "sku",
        "_type" : "_doc",
        "_id" : "yxQVSHABiy2kuAJG8ilW",
        "_score" : 0.18577608,
        "_source" : {
          "sku_id" : 100002860826,
          "title" : "华为 Mate40 5G\/4G 可选 手机 亮黑色 Mate40E 全网通"
        }
      }
    ]
  }
}
```

在上述代码中，

- 搜索请求中的“sku”代表在 Elasticsearch 中的 sku 索引中进行搜索。
- _search 是搜索关键词，表示搜索动作。
- pretty 参数表示格式化返回的是 JSON 格式结果。
- query 中的 match 表示要进行全文匹配，匹配的字段是“title”，关键字是“苹果手机”。

Elasticsearch 本质上是一个支持全文搜索的分布式内存数据库，特别适合用来构建搜索系统。Elasticsearch 之所以有非常好的全文搜索性能，主要是因为它采用了倒排索引。

但是，相比一般数据库采用的 B 树索引，倒排索引的写入和更新性能都比较差，因此倒排索引也只适合进行全文搜索，不适合用来更新频繁变化的数据。

9.3.3 【实战】快速实现 Elasticsearch 的搜索建议

在电商平台中搜索商品时，在搜索框下方都会自动提示一些内容。例如在输入“华为”时，在搜索框下方会自动提示“华为手机”“华为手表”等搜索建议。

1. Elasticsearch 搜索建议的实现原理

Elasticsearch 为这种搜索建议提供了 suggestion API，即使用“completion suggestion”接口来实现。

在此场景下，用户每输入一个字符，都会及时发送一次查询请求到后端以查找匹配项。如果用户输入的速度较快，则这种方式对后端的响应速度要求比较高。因此，Elasticsearch 索引并不是通过倒排索引来实现的，而是将解析过的数据编码成 FST 结构数据和索引存放在一起。

对于一个 open 状态的索引，FST 结构数据会被 Elasticsearch 整个装载到内存中，所以，利用 FSF 结构数据进行前缀查找的速度极快。下面看看是如何实现搜索建议的。

2. 具体实现

（1）安装分词器。

因为需要同时实现中文及拼音的自动补全，所以需要有中文分词器（elasticsearch-analysis-ik）和拼音分词器（elasticsearch-analysis-pinyin）。

（2）定义 mapping 数据结构。

```
curl -X PUT "localhost:9200/sku" -H 'Content-Type: application/json' -d '{
        "mappings": {
                "properties": {
                        "sku_id": {
```

```
                    "type": "long"
                },
                "title": {
                    "type": "completion",
                    "analyzer": "ik_max_word",
                    "search_analyzer": "ik_max_word"
                }
            }
        }
}'
```

（3）写入数据。

```
POST sku/_doc/_bulk
{"index": {}}
{"title": "华为手机"}
{"index": {}}
{"title": "华为手表"}
{"index": {}}
{"title": "华为笔记本"}
```

（4）实现“搜索建议”的查询过程。

```
POST sku/_doc/_search?pretty
{
  "size": 0,
  "suggest": {
   "my-suggest": {
     "prefix": "华为",
     "completion": {
      "field": "title",
      "skip_duplicates": true
     }
    }
  }
}
```

9.3.4 【实战】在海量数据下，提高 Elasticsearch 的查询效率

在面临海量数据时，Elasticsearch 的查询可能会变慢，所以需要对其进行优化。

1. 性能利器 Filesystem Cache

向 Elasticsearch 中写入的数据最终都存储在磁盘文件中。

在查询数据时，Elasticsearch 主要依赖底层的 Filesystem Cache，即先通过任意一个分片 Shard 在 Filesystem Cache 中查找数据，如果查到则直接返回；否则查询磁盘文件并将数据缓存

到 Filesystem Cache 中，然后将其返回，如图 9-8 所示。

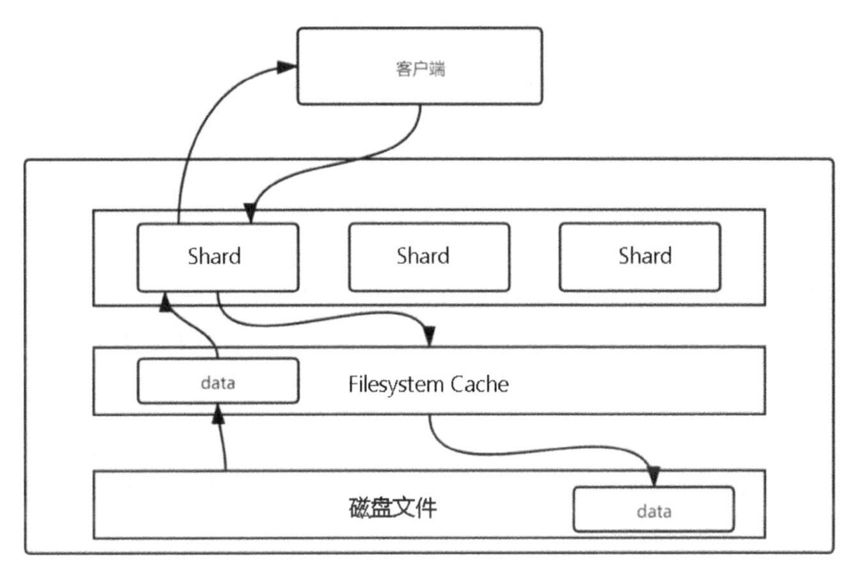

图 9-8

如图 9-8 所示，性能的关键在于 Filesystem Cache 能缓存多少数据，即性能由内存决定。如果 Filesystem Cache 足够大，则缓存的索引数据就多，那么在搜索时基本都从内存中查询数据，性能很高。

假如，有 3 台服务器，内存都是 32 GB，Elasticsearch 的 JVM heap 被设置为 16 GB，留给 Filesystem Cache 的还有 16G。

此时，3 台机器能够缓存的数据量 = 3×16 GB = 48GB，即只有这 48GB 的数据查询速度会很快，其他数据都从磁盘文件查询，所以速度也就慢了。

所以，要想搜索性能好，需要将服务器的内存配置得大一些，确保有足够多的数据能被缓存（至少能容纳数据的一半）。建议在 Elasticsearch 中只存储用来搜索的索引数据。

例如，商品有 id、title、desc、imgUrl 等字段，只需要存储 id 和 title 字段用来搜索，其他字段存储在 MySQL 或 HBase 中。HBase 非常适合存储海量数据，但不能进行复杂的搜索，可以根据 id 或范围查询数据。

2. 数据预热

如果 Elasticsearch 集群中每个机器写入的数据都超过 Filesystem Cache 的容量很多，例如，写入的数据有 70 GB，但是 Filesystem Cache 只有 30 GB，那么，还有 40 GB 的数据是放进磁盘中的。

可以使用数据预热的方案来解决这种问题：

（1）将被频繁访问的热点数据提前放进 Elasticsearch 索引中（这个索引只存储热点数据），或者用一个热点数据监测系统定时或者实时地找出热点数据。

（2）将发现的热点数据提前放进 Filesystem Cache。这样在用户正常访问时性能会很高。

3. 冷热分离

可以将大量很少被访问的数据放进一个单独的 Elasticsearch 索引中，将热点数据放进另一个索引中，即将冷数据和热数据分别放在独立的索引中，这样可以避免热点数据在写入 Filesystem Cache 后被冷数据“挤掉”。

4. 索引文档设计

在 MySQL 中经常会遇到复杂查询，例如关联查询。在 Elasticsearch 中不建议使用复杂的关联查询，因为它会严重影响搜索性能。

对于复杂查询，一般是通过代码的方式来解决：先在应用程序中将需要关联查询的数据查询出来，然后将其写入 Elasticsearch。这样，在搜索时就不需要利用 Elasticsearch 的搜索语法来完成关联 JOIN 之类的查询了。

在 Elasticsearch 中应尽量避免一些复杂的查询操作。如果有这种场景，则尽量在设计文档模型时就先设计好查询的逻辑。同时，避免使用“join、nested 及 parent-child”API 进行搜索，它们的性能比较差。

5. 分页性能优化

Elasticsearch 中的分页是这样的：当前每页显示 10 条数据；查询第 100 页，本质上就是将 Elasticsearch 中所有分片中的前 1000 条数据都查询到一个协调节点上去。如果是 6 个分片，那一共有 6000 条数据。之后，协调节点会对这 6000 条数据进行处理及合并，最终获取前 10 条数据。

所以，Elasticsearch 中的分页页数越多，则协调节点处理的数据就越多，处理时间就越长，搜索响应就越慢。

对于 Elasticsearch 分页问题，可以从以下几点来考虑。

- 避免使用深度分页：从产品侧避免问题，页码翻得越深则性能越差。
- 使用游标查询（scroll API）：适合于一页页下翻的场景。但这种方式不能让用户点击跳转至任意一页。
- 使用 search_after 搜索：和 scroll API 类似，也是一页页地查询。

第 10 章 消息中间件设计——解耦业务系统与核心系统

随着业务越来越复杂，业务线也会增加，新的业务线需要用对应的业务系统来承载。这样，这些新的业务系统和核心系统的交互就比较频繁，并且都是通过接口进行互相调用的。那么，核心系统就需要进行相应的变更，此时必须深度思考“核心系统的变更是否会影响关联的新的业务系统”。

不仅系统之间的交互需要通过接口，有些数据也需要通过接口发送，如果每新增一个业务系统都需要用到核心系统的数据，则核心系统需要向这些新的业务系统都发送一遍数据。

如果系统间的耦合性太高，则会造成核心系统和业务系统有很多重复的开发工作，以及可能因为不必要的修改而引发不可预知的问题。所以，此时需要对它们进行解耦，让各个业务系统能健康地发展。目前主要通过引入消息中间件来实现业务系统与核心系统的解耦。

10.1 同步和异步

不同系统之间的交互有同步方式，也有异步方式。对于不需要及时响应结果的交互，一般都采用异步方式，否则采用同步方式。

10.1.1 何为同步/异步

同步与异步指的是消息通信机制。

- 同步：在发出一个调用后没有得到结果之前，该调用不返回，即调用者主动等待这个调用的结果。
- 异步：与同步相反，在调用发出后直接返回结果。即在一个异步调用发出后，调用者立刻返回去做其他事情。在调用结果发出之后，被调用者通过“状态”“通知”“回调”这 3 种方式通知调用者。

使用哪一种方式，依赖于被调用者的业务实现，一般不受调用者控制。

- 如果被调用者使用“状态”来通知，那么调用者需要每隔一定时间检查一次，效率很低。
- 如果被调用者使用“通知”或“回调”来通知，则效率很高，因为被调用者几乎不需要做额外的工作。

例如，当你去邮局查看有没有信件：

- 如果采用同步通信机制，那么是这样的：你去邮局问有没有自己的信件，在那里等待邮局工作人员帮你查找邮件，当场将查找结果告诉你。
- 如果采用异步通信机制，那么是这样的：你和邮件人员说过之后就先回家，邮局查找信件之后会给你打电话告知你。这里的“打电话告诉你”就是回调的异步通信机制。

异步通信机制能更有效地使用资源：调用者会创建一个任务，在有事件发生时会立即得到通知并等待事件完成。这样就不会阻塞，不管事件完成与否都会及时返回，程序可以利用剩余的这段时间做一些其他的事情。

10.1.2 【实战】使用回调函数获取数据

回调是异步处理的一种技术。一个回调就是一个被作为参数传递的方法。

下面使用一个回调函数来展示如何获取数据。

（1）构建数据模型 Data：

```
public class Data {
    private int n;
    private int m;
    public Data(int n, int m) {
        this.n = n;
        this.m = m;
    }
    @Override
```

```
    public String toString() {
        int r = n / m;
        return n + "/" + m + " = " + r;
    }
}
```

（2）定义回调接口：

```
public interface FetcherCallback {
    void onData(Data data) throws Exception;
    void onError(Throwable cause);
}
```

（3）定义具体的操作逻辑：

```
public interface Fetcher {
    void fetchData(FetcherCallback callback);
}
// 实现类
public class MyFetcher implements Fetcher {
    final Data data;
    public MyFetcher(Data data) {
        this.data = data;
    }
    public void fetchData(FetcherCallback callback) {
        try {
            callback.onData(data);
        } catch (Exception e) {
            callback.onError(e);
        }
    }
}
```

（4）定义调用端的逻辑：

```
public class Worker {
    public void doWork() {
        Fetcher fetcher = new MyFetcher(new Data(1, 0));
        fetcher.fetchData(new FetcherCallback() {
            @Override
            public void onError(Throwable cause) {
                System.out.println("An error accour: " + cause.getMessage());
            }

            @Override
            public void onData(Data data) {
                System.out.println("Data received: " + data);
            }
```

```
        });
    }

    public static void main(String[] args) {
        Worker w = new Worker();
        w.doWork();
    }
}
```

在上述回调示例中，Fetcher.fetchData()方法会传递一个 FetcherCallback 类型的参数，在业务正常和异常时该方法都会被调用。

- FetcherCallback.onData()：在业务正常时会被调用。
- FetcherCallback.onError()：在业务异常时会被调用。

10.2 为何要使用消息中间件

如果核心系统与业务系统耦合度太高，则调用方式和开发模式也是很复杂的。可以通过消息中间件来解决这个问题。

10.2.1 什么是消息中间件，它有什么作用

消息中间件用来解决系统存在的以下问题：系统间耦合度太高，难以维护；系统遇到瞬时高并发流量出现瓶颈等。

1. 什么是消息中间件

消息中间件（MQ）其实就是一个开发好的系统，可以被独立部署。业务系统通过它来发消息和收消息，以达到异步调用的效果，如图 10-1 所示。

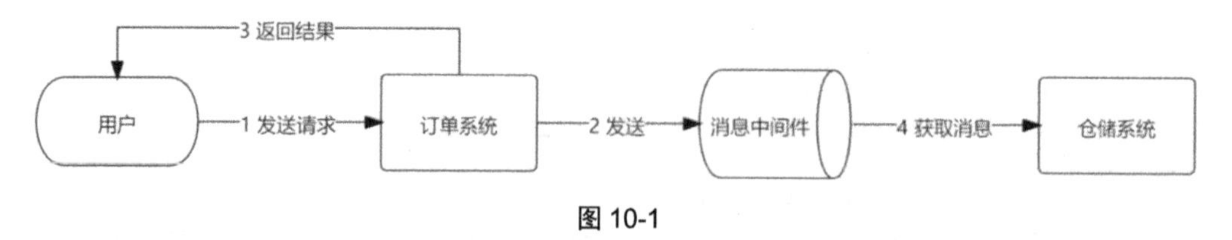

图 10-1

消息中间件可以被看作一个用来暂时存储数据的容器。它还是平衡低速系统和高速系统处理任务时间差的工具。

例如，市民在某个地方接种疫苗，如果全部市民都一窝蜂地争抢打疫苗，那么秩序会很乱。可以在接种台外设置一个等待区域，所有市民都在等待区域中有序排队，按序进行疫苗接种。

这个等待区域就相当于消息中间件。

2. 消息中间件的作用

消息中间件对系统最直接的影响就是提升系统性能、系统间解耦、大流量削峰等。接下来详细介绍。

（1）提升系统性能。

假设有两个系统 A 和 B，A 系统处理业务大概需要 20 ms，B 系统处理业务大概需要 180 ms，当用户向 A 系统发送请求时，A 系统需要调用 B 系统共同完成用户的请求，则用户获得返回结果总耗时会大于 200 ms（20 ms + 180 ms）。

如果使用消息中间件，则是这样的情况：A 系统处理业务花费 20 ms，发送消息到消息中间件中花费 2 ms，然后消息中间件直接返回“处理成功”的结果给用户，A 系统不需要关心“B 系统什么时候去消息中间件中获取消息”（达到异步处理的效果），如图 10-2 所示。用户大概等 22 ms 就得到了响应，即使用消息中间件能提升系统的性能。

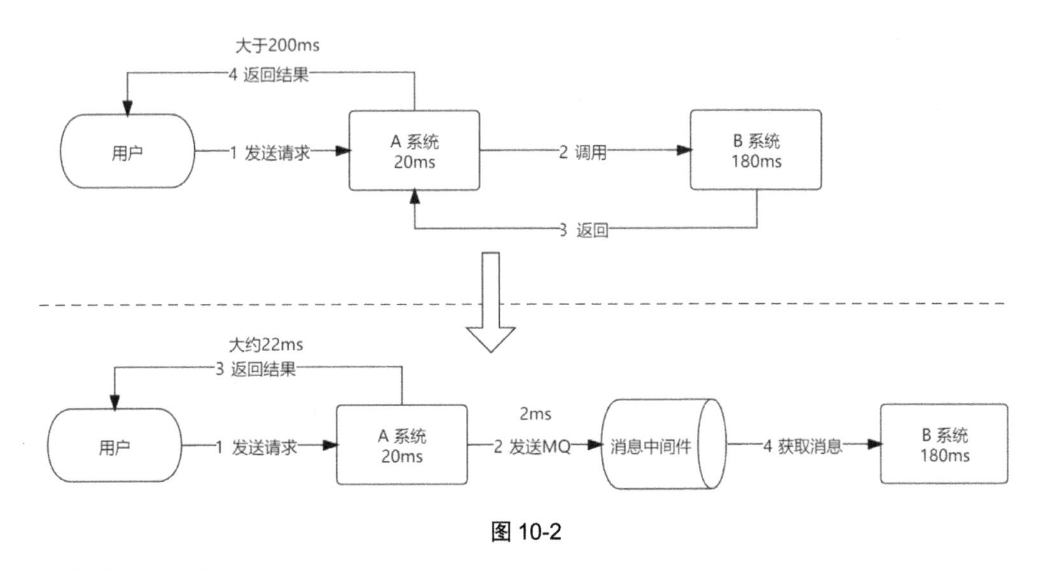

图 10-2

（2）系统间解耦。

如图 10-2 所示，即使 B 系统出现了故障，A 系统也不受影响，即用户是无感知的，B 系统恢复后会自动获取消息来处理。

所以，消息中间件能使系统间解耦，且使系统间不直接影响，如图 10-3 所示。

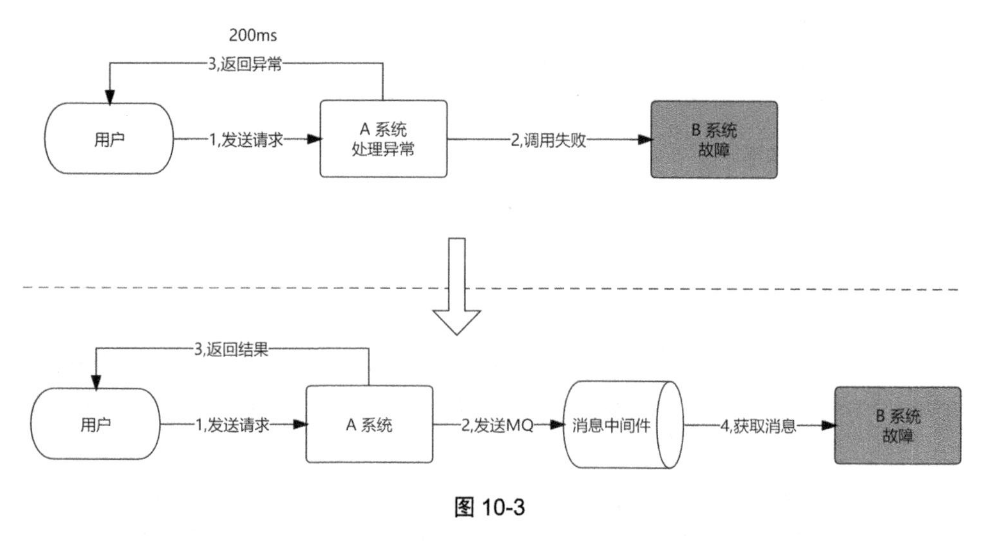

图 10-3

（3）大流量削峰。

现在假设公司在做大型促销活动，在线系统 A 面临超过 10 000 的 QPS，而后端数据系统（B 系统）每秒只能处理 5000 左右的并发流量，这时，如果将并发流量全部发送到 B 系统，则它很可能会宕机，促销活动会失败。

可以引入 MQ，将超过 10 000 的并发流量先打到 MQ 中，然后 B 系统按照其每秒 5 000 左右的处理能力从 MQ 中获取消息，如图 10-4 所示，这样就实现了大流量削峰。

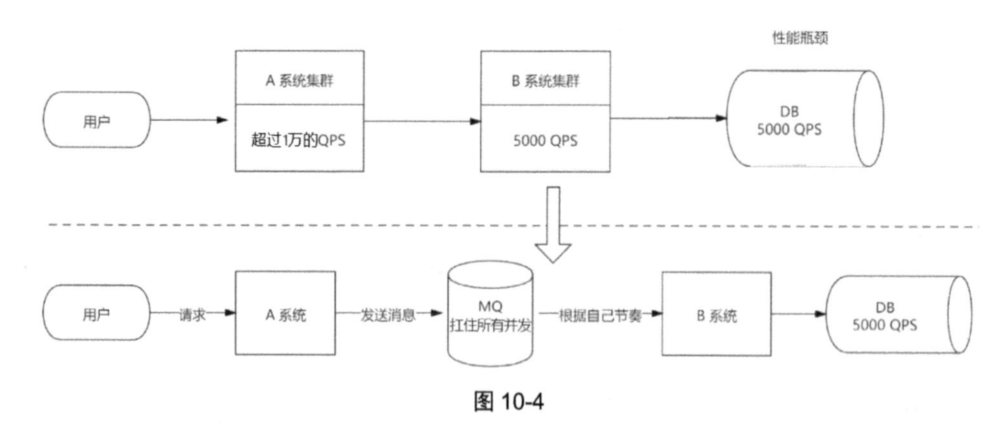

图 10-4

10.2.2　生产级消息中间件的选型

该如何去选择适合自己系统的消息中间件呢?

消息中间件的选型应从系统要解决的问题出发，可以从以下几点来考虑：

- 调研目前业内最常用的消息中间件有哪些。
- 了解这些消息中间件表现如何，即它们各有什么特点。
- 在同等机器配置的情况下，看这些消息中间件 MQ 到底能扛住多少的 QPS。
- 了解这些消息中间件各自的性能怎么样，即收/发固定数量的消息大概要几毫秒。
- 看消息中间件本身是否支持高可用，是否易扩展。另外，如果宕机了它是否有故障迁移方案、数据防丢失方案。
- 看消息中间件是否具备常用功能，如延迟消息、事务消息、消息堆积、消息回溯、死信队列等。
- 看消息中间件的社区是否活跃，文档是否齐全，应用是否广泛，基于什么语言开发。

1. Kafka、RabbitMQ 及 RocketMQ 调研

目前业界使用较多的消息中间件有 3 个：Kafka、RabbitMQ 和 RocketMQ。

（1）Kafka 的优缺点。

Kafka 消息中间件有如下优点：

- 支持高吞吐量。在“4 CPU + 8 GB 内存”配置下，一台机器可以扛住十几万的 QPS，这是相当优秀的。
- 性能较高。发送消息基本都是“毫秒”级别的。
- 支持集群部署。部分机器宕机不会影响 Kafka 集群的正常使用。

其主要缺点如下：

- 有可能丢失数据。因为，它收到消息后并不是直接写入物理磁盘，而是先写入磁盘缓冲区中。
- 功能比较的单一。主要支持收/发消息，适用场景受限。

业界一般用 Kafka 来进行用户行为日志的采集和传输，因为在这种场景下可以接受数据的丢失且对吞吐量的要求极高。

（2）RabbitMQ 的优缺点。

RabbitMQ 的优点如下：

- 能保证不丢失数据。
- 能保证高可用，即部分机器宕机了还可以继续使用。
- 支持很多高级功能，如消息重试、死信队列等。

RabbitMQ 的缺点如下：

- 吞吐量比较低。对于大型电商平台的“秒杀”活动，它就不能胜任。
- 集群线性扩展比较麻烦。
- 开发语言是 Erlang，了解的人不是很多，无法对其进行改造。

（3）RocketMQ 的优缺点。

RocketMQ 是阿里巴巴公司开源的消息中间件，各方面表现比较优秀，几乎同时解决了 Kafka 和 RabbitMQ 的缺点，有如下几个优点：

- 吞吐量很高，普通机器一般可以达到十万 QPS 以上。
- 能保证高可用、高性能。
- 保证数据绝对不丢失。
- 支持大规模集群部署，线性扩展方便。
- 支持各种高级功能，如延迟消息、消息回溯等。
- 基于 Java 语言开发，能满足国内绝大部分公司的技术栈。

目前 RocketMQ 的缺点是，其文档没有 Kafka 和 RabbitMQ 写得详细。

2. 选用建议

了解了这几种消息中间件的优缺点，再结合自己业务场景，就可以很方便地选出适合自己的消息中间件。下面是一些选用的建议：

- 如果业务只是收/发消息这种单一类型的需求，且可以容忍小部分数据丢失，但又要求有极高的吞吐量和高性能，那直接选择 Kafka 即可。例如，公司想收集和传输用户行为日志，并进行日志相关的处理，那就选用 Kafka。
- 如果公司业务比较平稳，未来几年内也不会出现飞速发展，且没有修改源码的需求，那就选用 RabbitMQ。
- 如果公司发展迅猛，且经常搞一些特别大的“秒杀”活动，公司技术栈基于 Java 语言，那就选用 RocketMQ。

10.2.3 在高并发场景下如何处理请求

配置良好的 Kafka 集群可以支撑每秒几十万甚至上百万的超高并发写入。

下面以 Kafka 为例来介绍成熟的消息中间件是如何应对高并发场景的。

1. **磁盘顺序写**（Sequence I/O）

Kafka 在将数据写入磁盘时，采用的是磁盘顺序写方式（因为磁盘随机写方式的性能很差），即将数据追加到文件的末尾。这种方式极大地降低了寻址时间，能很好地提高性能。

所以，采用磁盘顺序写的方式，能规避磁盘访问速度慢对性能的影响。

2. **页面缓存**（PageCache）

为了保证高效的写性能，Kafka 采用基于操作系统的页面缓存（PageCache）来实现文件的写入。

PageCache 是操作系统级别的缓存，它把尽可能多的空闲内存当作磁盘缓存来使用，从而进一步提高 I/O 效率。另外，当其他进程申请内存时，回收 PageCache 的代价也很小。

- 当遇到写操作时，操作系统只是将数据写入 PageCache，并标识 Page 属性为 Dirty。
- 当遇到读操作时，操作系统先从 PageCache 中查找，如果发生缺页才进行磁盘调度，最终返回需要的数据。

另外，PageCache 可以避免在 JVM 内部缓存数据，以及不必要的 GC 和内存空间占用。如果 Kafka 重启，则 JVM 的进程缓存会失效，而操作系统管理的 PageCache 依然可以继续使用。

在向磁盘写入文件时，可以直接写入 PageCache 中，即写入内存中。接下来，由操作系统自己决定什么时候把 PageCache 中的数据真正写入磁盘，如图 10-5 所示。

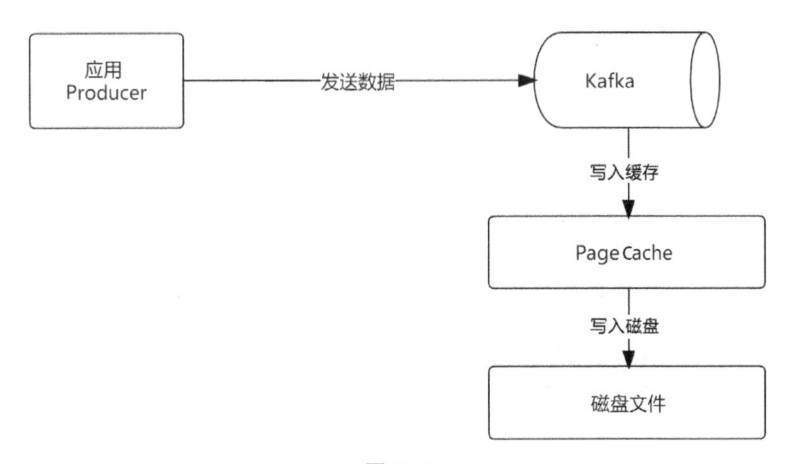

图 10-5

如图 10-5 所示，producer 把消息发到 Kafka 后，消息并不会被直接写入磁盘，而是先写入

PageCache 中，之后内核中的处理线程采用同步或异步的方式将 PageCache 中的数据写入磁盘。

Consumer 在消费消息时，会先从 PageCache 获取消息，获取不到时才会去磁盘获取，并且会预读出一些相邻的块放入 PageCache 中，以方便下一次读取。

如果 Producer 的生产速率与 Consumer 的消费速率相差不大，那么几乎只靠对 PageCache 的读写就能完成整个生产和消费过程，磁盘访问非常少。

3. 零拷贝（SendFile）

传统的网络 I/O 过程如下，如图 10-6 所示。

（1）操作系统把数据从磁盘中读到内核区的 Read Buffer 中。

（2）用户进程把数据从内核区的 Read Buffer 中复制到用户区的 Application Buffer 中。

（3）用户区的 Application Buffer 把数据写入 Socket 通道，数据被复制到内核区的 Socket Buffer 中。

（4）操作系统把数据从内核区的 Socket Buffer 发送到网卡中。

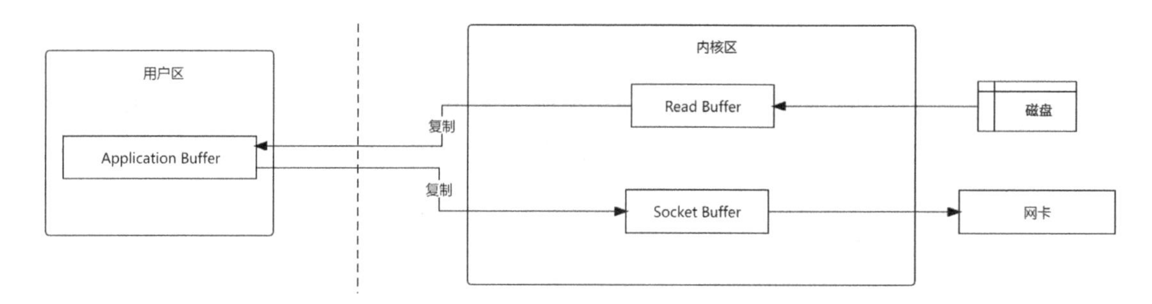

图 10-6

可以看出，同一份数据在操作系统内核区的 Read Buffer 与用户区的 Application Buffer 之间需要复制两次。为了进行这两次复制，发生了好几次上下文切换，一会儿是应用程序在执行，一会是操作系统在执行。所以，用这种方式读取数据是比较消耗性能的。

为了解决这个问题，Kafka 在读取数据时使用了零拷贝技术：直接把数据从内核区的 Read Buffer 复制到 Socket Buffer 中，然后发送到网卡中，如图 10-7 所示。这样避免了在操作系统内核区的 Read Buffer 和用户区的 Application Buffer 之间来回复制数据的弊端。

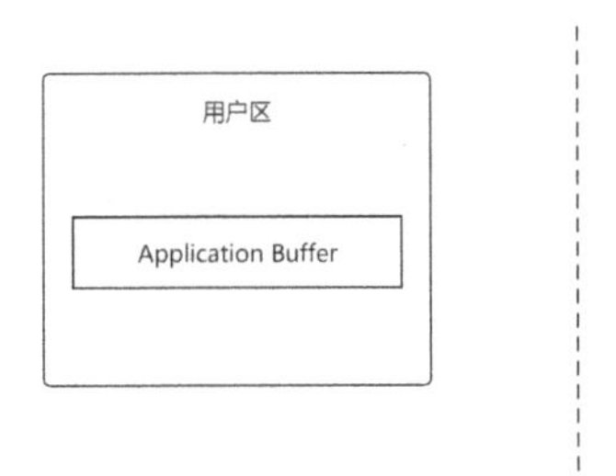

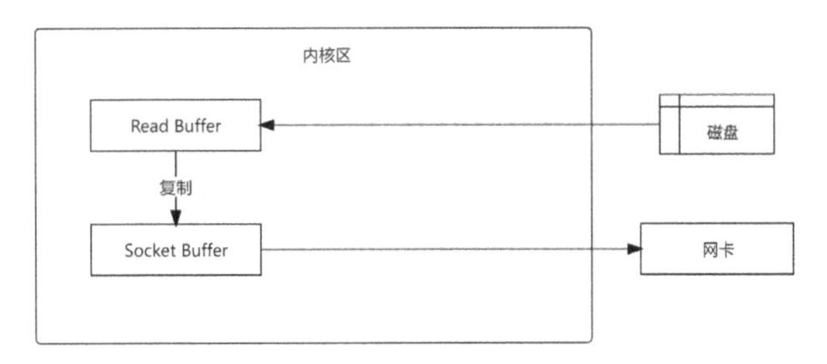

图 10-7

通过零拷贝技术，不需要"先把操作系统内核区 Read Buffer 中的数据复制到用户区中，再从用户区复制到内核区的 Socket Buffer 中"，两次复制过程都省略了。

Socket 缓存极大地提升了数据消费时读取文件数据的性能。

10.3　RocketMQ 在项目中的使用

下面来看看在项目中如何使用 RocketMQ。

10.3.1　RocketMQ 架构原理

本节分析 RocketMQ 是如何保障高可用性的。先来了解 RocketMQ 中的两个关键概念：NameServer 和 Broker。

1. NameServer

NameServer 是 RocketMQ 的路由中心，主要提供路由管理、服务注册及服务发现功能。它将 Broker 节点的路由信息聚合起来，客户端依靠 NameServer 去获取对应主题（Topic）的路由，从而决定同哪些 Broker 节点进行连接。

- NameServer 集群之间采用 share-nothing 的设计，互不通信。
- 客户端在连接 NameServer 时，会随机连接 NameServer 集群中一个节点，以实现负载均衡。
- NameServer 的所有状态都是从 Broker 节点上报而来的。NameServer 节点本身不存储任何状态，所有数据均在其内存中。
- 如果所有 NameServer 节点都出现了异常，则只会影响路由信息的更新，不会影响客户端和 Broker 的通信。

2. Broker

Broker 是 RocketMQ 的核心模块，主要提供消息的接收、存储和拉取等功能：

- Broker 以 group 划分。每个 group 只能有一个 Master 节点，但可以有若干个 Slave 节点。
- 只有 Master 节点具备写功能。
- 在 Slave 节点同步 Master 节点数据时，同步策略取决于 Master 节点的配置，可以采用同步双写、异步复制这两种方式。
- Broker 向所有的 NameServer 节点建立长连接，注册 Topic 信息。

如图 10-8 所示，所有的 Broker 都注册到 NameServer 集群的所有节点上，这样如果一台 NameServer 宕机，则不会造成数据丢失，并且数据是分布式存储的。

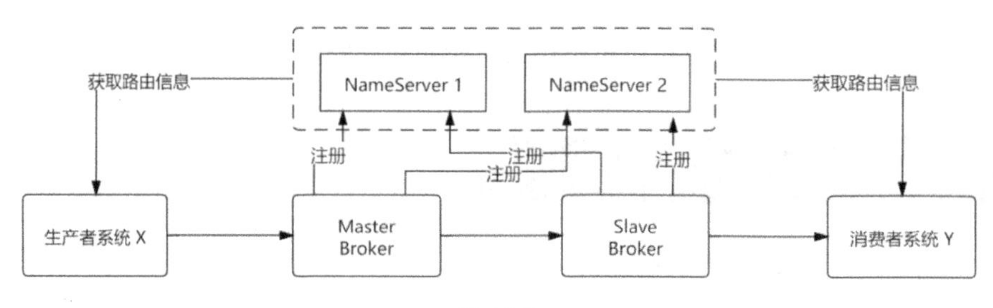

图 10-8

生产者系统和消费者系统会定时、主动地从 NameServer 集群拉取最新的 Broker 路由信息，从而知道在哪个 Broker 上进行发送消息或获取消息了。

3. 如何保障高可用

RocketMQ 中的数据是分布式存储在 Broker 中的。如果有节点宕机，那 RocketMQ 是如何保证数据不丢失（即如何保证数据的高可用）的呢?

RocketMQ 采用主从架构及多副本策略，来保证 Broker 数据的高可用。即 Broker 具备两种角色：Master Broker、Slave Broker，如图 10-9 所示。

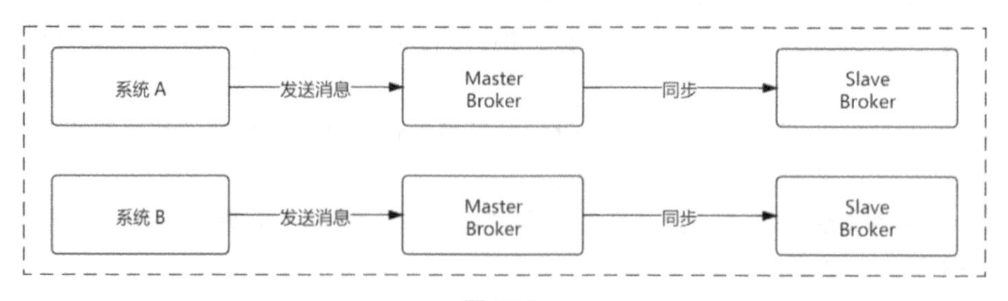

图 10-9

如图 10-9 所示，Master Broker 收到消息之后，会同步给 Slave Broker，这样，同一条消息在 RocketMQ 集群中就有了两份副本数据，分别存在 Master Broker 和 Slave Broker 中。

此时，如果 Master Broker 出现故障，其对应的 Slave Broker 上有数据副本，这样就可以保证数据不丢失，继续对外提供服务，即保证了 RocketMQ 的高可用。

4．NameServer 如何感知 Broker 的健康状态

Broker 在启动后会自动向所有 NameServer 集群注册，这样所有的 NameServer 节点都知道了这个 Broker。业务系统可以通过 NameServer 集群拉取 Broker，从而进行消息的发送/获取。

但是，如果其中某个 Broker 节点宕机了，那 NameServer 是如何感知到的呢? RocketMQ 在 Broker 和 NameServer 之间建立了心跳机制，即 Broker 会每隔 30s 给所有的 NameServer 发送心跳包，告知自己目前还存活。

如图 10-10 所示，NameServer 每次收到 Broker 的心跳信息后，都会更新最近一次心跳时间。NameServer 有一个后台任务，它每隔 10s 会检查所有 Broker 最近一次的心跳时间，如果某个 Broker 超过 120s 都没发送心跳包，则认为该 Broker 出现了异常，如图 10-11 所示。

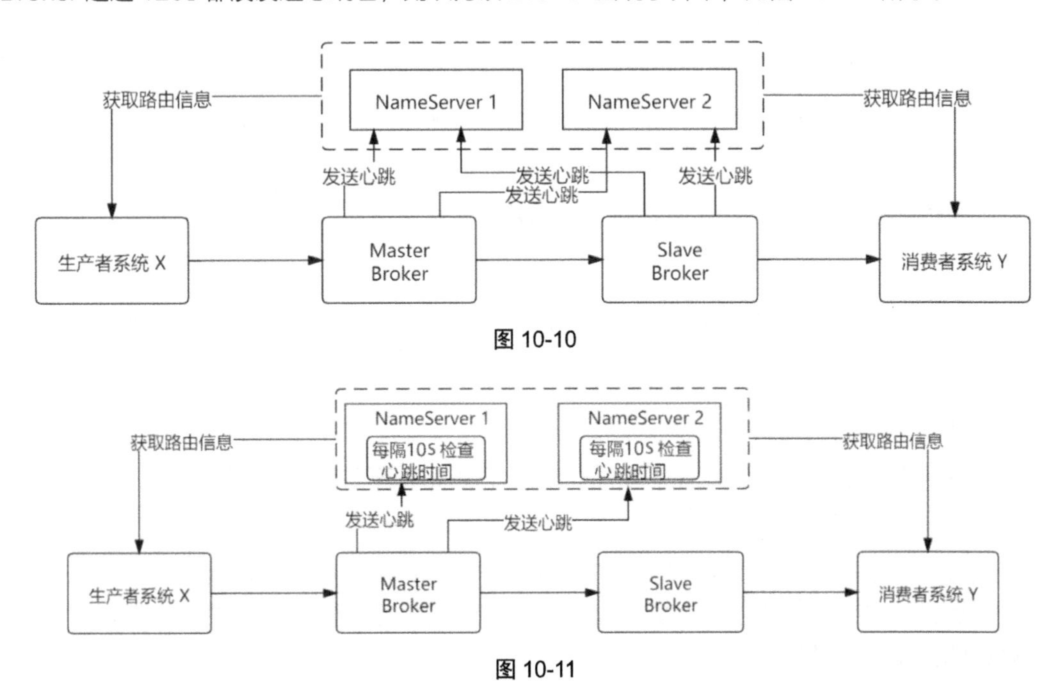

图 10-10

图 10-11

10.3.2　【实战】利用 RocketMQ 改造订单系统，提升性能

本节基于一个传统的订单系统，通过引入消息中间件来解决其所遇到的性能问题，主体业务流

程如图 10-12 所示。

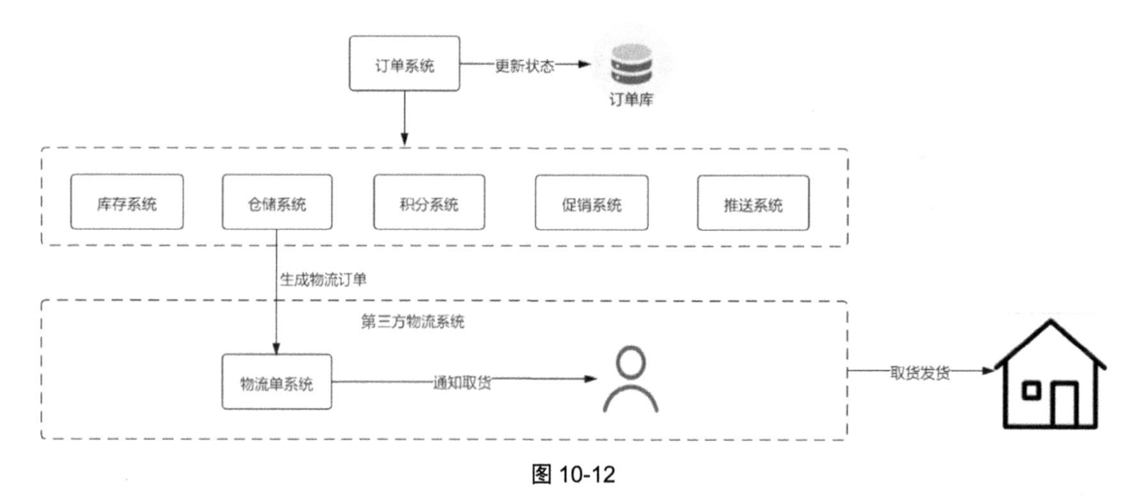

图 10-12

如图 10-12 所示，每当订单成功支付后就会进行一系列的操作，主要包括：订单状态更新、库存扣减、积分处理、发放优惠券、短信发送和发货处理。其中涉及很多耦合系统：各个系统自身的库存系统、仓储系统、积分系统、促销系统、推送系统和物流单系统。

可以看出，下单链路中的耦合系统较多且交互复杂，所以，在并发稍大的情况下，下单链路的耗时将增加，会影响用户的下单体验。

下面来优化这个链路，以缩短下单时间，提升用户体验。

1. 目标

在用户完成支付后，应确保从支付界面跳转回订单界面的速度足够快，要让用户迅速感知到已完成订单。

2. 改造思路

与订单系统关联的那几大系统并不都需要耦合，只需要保证下单的核心流程简单、顺畅即可。那么，哪些流程要确保连在一起呢？

经过分析，完成订单支付只需要完成这个核心操作：更新订单状态、扣减库存。至于积分的变化、发放优惠券、短信发送及通知发货等操作，可以把它们放到消息中间件中去，利用消息中间件（RocketMQ）的异步特性去实现。

改造后的架构如图 10-13 所示。

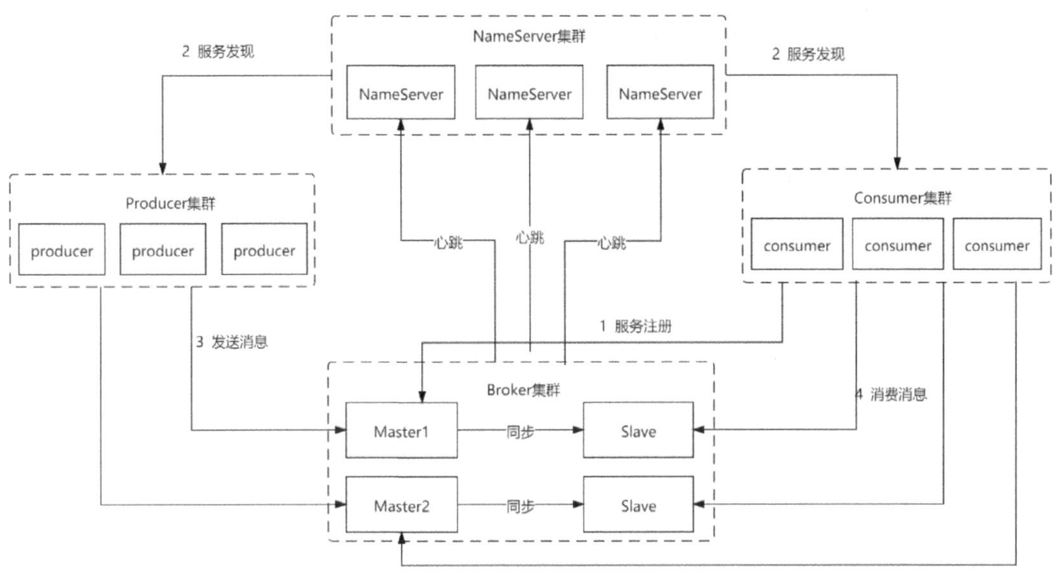

图 10-13

3. 方案落地

改造后架构如图 10-14 所示。

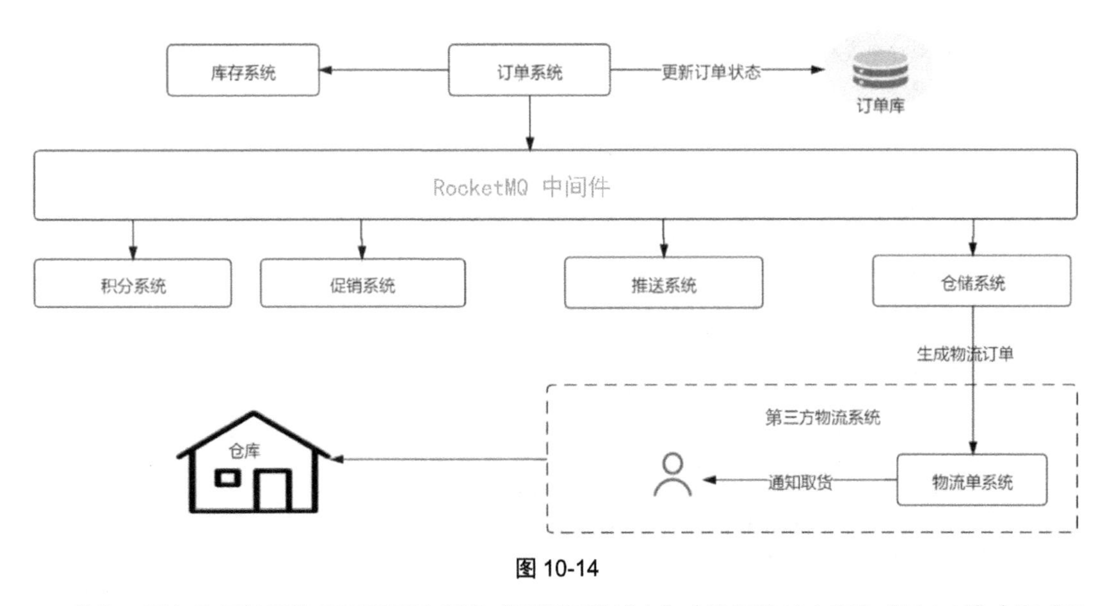

图 10-14

首先，现在的订单系统只需要同步实现“更新订单状态”（将订单状态变为“已支付”）和“扣减库存”，即可保证订单核心数据不会错乱。

之后，订单系统会向 RocketMQ 发送一个“订单已支付”的消息，之后关联系统就会进行各自的业务处理：

- 积分系统从 RocketMQ 获取消息，然后累加积分。
- 促销系统从 RocketMQ 获取消息，然后给用户发送优惠券。
- 推送系统从 RocketMQ 获取消息，然后向用户推送短信。
- 仓储系统从 RocketMQ 获取消息，进而生成物流订单和发货单，并通知仓库管理员打包商品并交给物流公司发货。

4. 代码落地

接下来就可以实施我们的技术方案了。主要涉及两块：

- 订单系统自身的改造。
- 耦合系统的改造。

（1）订单系统自身的改造。

下面使用 RocketMQ 来改造下单流程：将“订单已支付”的消息发送到 RocketMQ 中去。

之前的订单系统代码如下：

```
/**
     * <p>
     * 收到订单支付成功的通知
     * </p>
     */
    public void payOrderSuccess(Order order) {

        //更新本地订单状态
        updateOrderStatus(order);
        //调用库存服务接口，扣减库存
        stockService.updateProductStock(order);
        //调用积分服务接口，增加积分
        creditService.updateCredit(order);
        //调用促销服务接口，发送优惠券
        marketingService.addVoucher(order);
        //调用推送服务接口，发送短信
        pushService.sendMessage(order);
        //调用仓储服务接口，通知打包并发货
        warehouseService.deliveryGoods(order);
    }
```

下面对上面的代码进行改造。按照上面的技术方案，只需要保留“更新本地订单状态”及“扣减库存”这两块的代码逻辑，其他逻辑通过 RocketMQ 来解决。下面引入 RocketMQ 中间件。

将 RocketMQ 的依赖加入项目：

```
<dependency>
<groupId>org.apache.rocketmq</groupId>
<artifactId>rocketmq-client</artifactId>
<version>4.3.0</version>
</dependency>
```

然后封装 RocketMQ 的一个消息生产类：

```
public class RocketMQProducer {
    //这是 RocketMQ 的生产类，利用它可以发送消息到 RocketMQ
    private static DefaultMQProducer producer;
    static {
        //构建一个 Producer 实例对象
        producer = new DefaultMQProducer("order_producer_group");
        //为 Producer 设置 NameServer 地址，让它可以拉取路由信息
        //这样就可以知道每个 Topic 的数据分散在哪些 Broker 上，之后就可以把消息发送到这
些 Broker 上
        producer.setNameSrvAddr("localhost:9876");
        //启动 Producer
        producer.start();
    }
    public static void send(String topic, String message) throws Exception {
        //构建一条消息对象
        Message messge = new Message(
                topic, // 指定发送消息到哪个 Topic 上去
                "",   // 消息的 Tag
                message.getBytes(RemotingHelper.DEFAULT_CHARSET) // 具体消息内容
        );
        //使用 Producer 发送消息
        SendResult sentResult = producer.send(message);
        log.info("sendResult= {}", sentResult);
    }
}
```

增加了上面的代码后，系统就可以将“订单已支付”的消息发送到 RocketMQ 中的一个 Topic 上去了。这样支付成功的 Topic 消息（TopicOrderPaySuccess）就会被分发到两个 Master Broker 中了。

在发送“订单已支付”消息到 RocketMQ 中后，RocketMQ 会依据自己的负载均衡算法及容错算法将消息发送到其中一个 Broker 中去。

（2）耦合系统改造。

对订单系统自身的改造，需要先保留“更新订单状态”和“扣减库存”，然后将“订单已支付”

的消息推送到 RocketMQ 中去。

接下来在关联系统中获取订单系统发送来的消息，然后依据系统自身的业务来进行相应的处理，示例代码如下：

```
public class RocketMQConsumer {
    public static void start() {
        new Thread() {
            public void run() {
                try {
                    //构建 RocketMQ 消费者实例对象
                    //credit_group 为消费者分组
                    DefaultMQPushConsumer consumer =
DefaultMQPushConsumer("credit_group");
                    consumer.setNamesrvAddr("localhost:9876");
                    //订阅“TopicOrderPaySuccess”的消息
                    consumer.subscribe("TopicOrderPaySuccess");
                    //注册消息监听器处理拉取的消息
                    consumer.registerMessageListener(new
MessageListenerConcurrently() {
                        public ConsumerConcurrentlyStatus consumeMessage(
                                List<MessageExt> msgs,
                                ConsumerConcurrentlyContext context) {
                            //处理业务逻辑
                            return
ConsumerConcurrentlyStatus.CONSUNER_SUCCESS;
                        }
                    });
                    //启动消费者实例
                    consumer.start();
                    log.info("Consumer Started...");
                    while (true) {
                        Thread.sleep(1000);
                    }
                } catch (Exception e) {
                    e.printStackTrance();
                }
            }
        }.start();
    }
}
```

如上代码所示，积分系统、促销系统、推送系统及仓储系统均从 RocketMQ 消费“TopicOrderPaySuccess”的消息，然后依据自己的业务逻辑进行相关的业务处理。

改造完成之后，只要支付成功，订单系统所需的时间是“更新订单状态（30 ms）+ 扣减库存（80 ms）+ 发送订单已支付消息到 RocketMQ 中（10 ms）”，总共约 120 ms，完美地控制在 1 s 以内。

10.4　引入消息中间件会带来什么问题

利用消息中间件能解决系统的各种瓶颈问题，但也会提高系统的复杂度，所以需要解决消息中间件自身的各种问题，这可能会降低系统的可用性及稳定性。

10.4.1　需要保证消息中间件的高可用

在系统引入消息中间件后，首先要考虑的是如何保证消息中间件自身的高可用，因为一旦消息中间件不可用则会导致整个系统不可用。

下面结合 RabbitMQ 和 Kafka 来看看主流的消息中间件是如何保证高可用的。

1. RabbitMQ 的高可用方案

RabbitMQ 主要采用镜像集群模式来保证高可用，能够保证数据百分之百不丢失。与 RabbitMQ 的普通集群模式不同，在 RabbitMQ 的镜像集群模式下，所创建队列 queue 中的消息及元数据都存在多个 RabbitMQ 实例上。即在所有的 RabbitMQ 节点上都有这个 queue 的完整镜像（mirror queue），在写入消息时会自动将消息同步到多个 mirror queue 中，如图 10-15 所示。

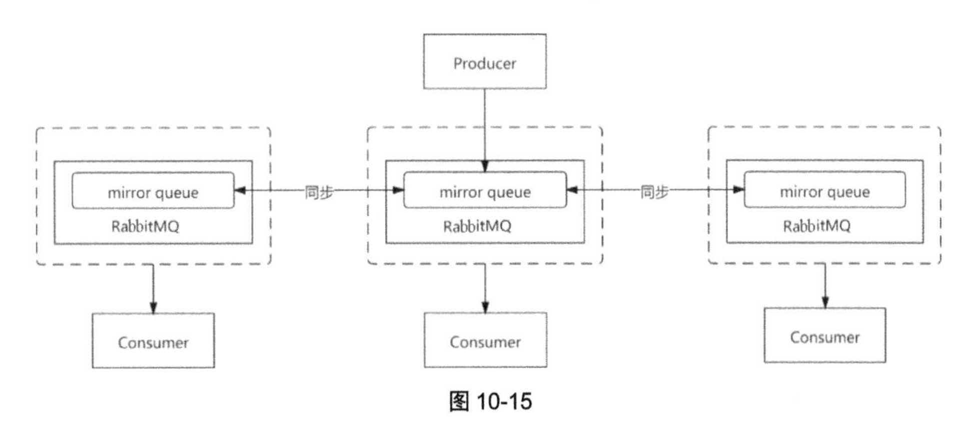

图 10-15

如图 10-15 所示，RabbitMQ 镜像集群模式的优缺点如下。

- 优点：任何一台机器宕机，其他机器还保留了 queue 的完整消息数据，这样 Consumer 就可以去其他好的节点上消费消息。

- 缺点：性能开销较大，因为消息需要同步到所有节点，所以网络传输消耗很大。并且，数据并不是分布式存储的，所以扩展性不是很理想。

RabbitMQ queue 就是一个存储消息的队列，其中的消息可以持久化，也可以被消费。

2. Kafka 的高可用方案

Kafka 由多个 Broker 组成，每个 Broker 就是一个节点。一个 Topic 可以被划分为多个 Partition。Partition 可以存在于不同的 Broker 节点上，每个 Partition 只存放一部分数据。

Kafka 是天然的分布式消息中间件，即一个 Topic 的数据是分散存放在多个机器上的，每个机器只存放一部分数据。

任何时候，Broker 节点都拥有 Partition，只有当应用程序读取/写入都通过这个节点时，这个节点才被叫作 Partition Leader。它将收到的数据复制到 N 个其他 Broker 节点，这些接收数据的 Broker 节点被叫作 Follower 节点。Follower 节点也存储数据，一旦 Leader 节点宕机，则 Follower 节点就准备竞争上岗成为 Leader。这样可以保证成功发布的消息不会丢失。通过更改复制因子，可以根据数据的重要性来交换性能，以获得更强的持久性。

在 Kafka 中，Partition Leader 节点和 Partition Follower 节点复制数据的流程如图 10-16 所示。

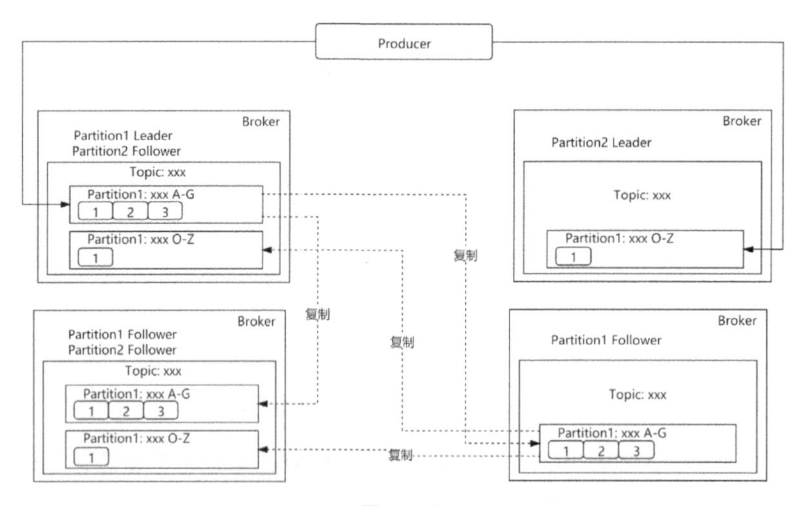

图 10-16

如图 10-16 所示，在写数据时，生产者只写入 Leader，然后 Leader 将数据写入本地磁盘。接着，其他 Follower 主动向 Leader pull 数据。一旦所有 Follower 都同步好数据了，就会发送 ack 给 Leader。Leader 在收到所有 Follower 的 ack 后，会返回写成功的消息给生产者。

在消费数据时，消费者只会从 Leader 读取。但是，只有当一个消息已经被所有 Follower 都同步成功并返回 ack 后，这个消息才会被消费者读到。

消费者属于消费者组。消费者组有一个或多个消费者。为了避免两个进程读取同样的消息两次，每个 Partition 只能被一个消费者组中的一个消费者访问。

10.4.2　需要保证消息不被重复消费

一旦消息被重复消费，则可能造成业务逻辑处理错误。例如，消费者会在消费一条消息后就将处理结果写入数据库，如果重复消费消息，则在数据库中会存在多条相同的数据。所以，避免消息被重复消费是很重要的。

要完全避免重复消费消息是很难做到的，因为网络的抖动、机器的宕机和处理的异常都是难以避免的，在工业上目前没有成熟的方法。通常都是从业务角度出发，只要保证"即使消费者重复消费了消息，重复消费的最终结果和只消费一次的结果是一样的"即可，即保证在生产消息过程和消费消息过程中是"幂等"的。

1. 什么是幂等

所谓"幂等"是指，一件事无论是做多次还是只做一次，其结果都是一样的。有关幂等的相关知识可以回顾 3.1 节。

2. 如何保证消息的幂等

在生产及消费过程中消息可能会重复，所以需要在生产过程和消费过程中保证消息的幂等。

（1）生产过程中。

Kafka 已经支持消息在生产过程中的幂等了：即使在生产过程中产生了重复的消息，最终在消息中间件中只存储一份消息。

要确保生产过程中的消息幂等可以这样设计：

- 给每个生产者定义一个唯一的 ID。
- 给生产的每一条消息定义一个唯一的 ID。

消息中间件服务端在存储消息时，存储生产者 ID 和最后一条消息 ID 的映射，如：

```
<producer_id,msg_last_id>
```

如此，在生产出一条新消息后，消息中间件服务端会先将新消息 ID 与其存储的最后一条消息 ID 进行比对，如图 10-17 所示。

- 如果相等，则是重复消息，直接丢弃，不存储。
- 如果不相等，则进行存储。

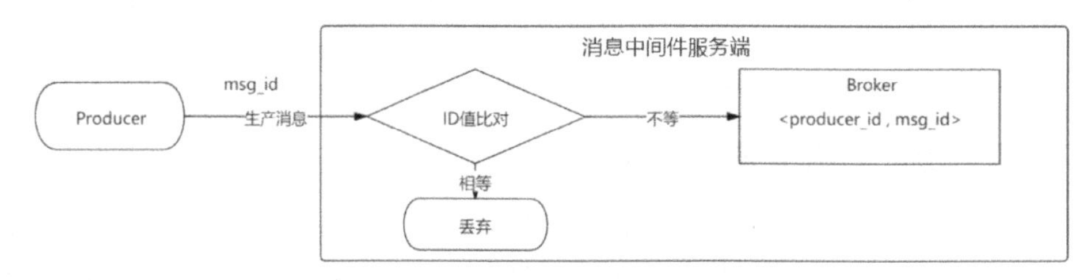

图 10-17

（2）消费过程中。

其做法同生产过程类似：

①给消息生成一个唯一的 ID，在消息被消费后将 ID 存储到数据库中。

②在消费下一条消息前，先在数据库中查询是否有这个消息 ID，如果有则是重复消息，不处理，反之进行消费。

但这种做法也有问题：在消息 ID 写入数据库之前，消费者自身的一些异常可能会导致服务不可用，甚至宕机，那么这条处理过的消息 ID 将无法被成功存储；在服务恢复之后重新消费时，在数据库中会找不到该消息 ID，会重复消费消息。这就需要引入事务了，会增加消息处理的成本。

如果是对消息重复不是太敏感的业务，则不建议引入事务。

除通过基础方案保证消息幂等外，还可以结合业务自身来保证消息幂性，主要从如下几点出发：

- 使用乐观锁。例如，要给某个账号增加积分，则可以给每个账号增加“版本号”字段，这样在生产消息时，可以先查询当前账号的版本号，然后将消息和版本号一起发送给消费者；消费者在拿到消息和版本号后，直接在条件中带上版本号即可查询出当前账号的积分信息。
- 对于写数据库的场景，先根据主键进行查询，如果查询到则不插入，而是进行更新。
- 如果是写 Redis 的场景则不用担心，因为 Redis 是天然幂等的。

- 利用数据库的唯一键来保证不插入多条重复数据。有了唯一键的约束，在插入重复数据时只会报错，不会在数据库中出现“脏数据”。

在避免消息被重复消费的方案中，需要尽量结合业务场景，始终以业务为导向，但是不能要求所有的业务处理逻辑都支持幂等性（这样会给开发和运维带来额外的负担）。

10.4.3 需要保证消息的顺序性

对于消息顺序有要求的业务场景，需要确保消费的消息保持原来的顺序。例如，有 3 条消息，分别是新增操作、修改操作、删除操作，在消费时必须是“新增 → 修改 → 删除”，不能是“删除 → 新增 → 修改”。

1. 场景演示

下面以 Kafka 为示例来演示消息顺序不一致的情况。

现在有 1 个 Topic，它有 3 个 Partition 。如果生产者在生产消息时指定了由具体某个 key 发送消息（例如指定用某个订单号作为 key），则与这个订单相关的消息数据都会被发送到同一个 Partition 中，且这个 Partition 中的数据肯定是有一定顺序的。

之后，消费者消费消息时也采用和之前一样的顺序，并没有错乱。

如果要提高消费的速度，则可以在消费者中增加多线程来进行消费，这样可以提升并发性，增加吞吐量。但是，多线程处理的顺序就不能得到保证了：有些线程由于资源充足会优先执行，这会导致后面的消息被先处理，从而出现消息顺序错乱的问题，如图 10-18 所示。

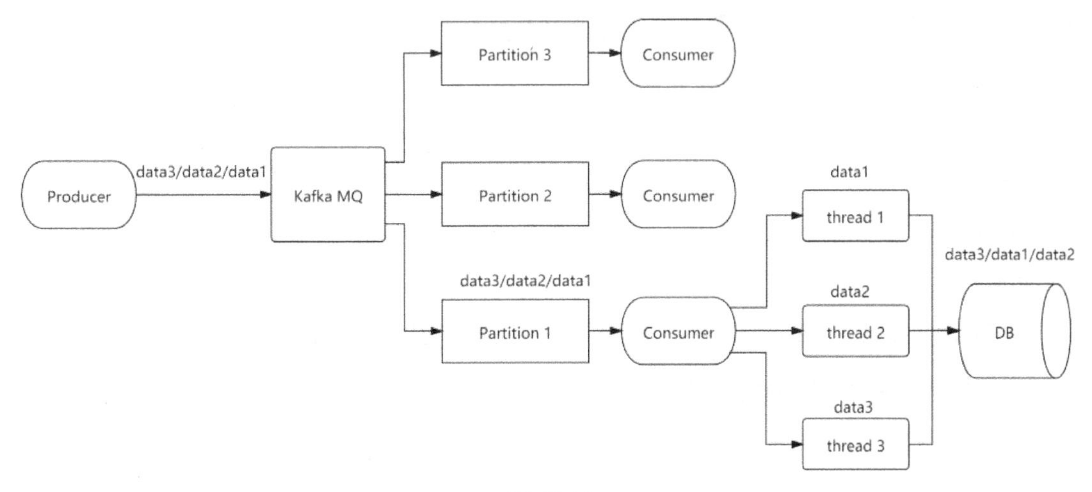

图 10-18

如图 10-18 所示，线程 thread2 先执行完，将 data2 数据写入数据库，最终的消息顺序从原本的“data3/data2/data1”变成了“data3/data1/data2”，出现了顺序不一致。

2. 解决方案

在 Topic 中，一个 Partition 对应一个 Consumer，只能单线程消费。在对性能及并发要求稍微高的场景中，这就很不适合了，因为单线程吞吐量太低，可以如下这样来改造：

- 在消费端程序中写多个内存队列。
- 将相同 key 的消息数据放到同一个内存队列中。
- 在多线程消费时，每个线程对一个内存队列进行消费。

这样，由于每个内存队列中的数据是有顺序的，所以每个线程消费的数据也是有顺序的，从而保证了消息的顺序性，如图 10-19 所示。

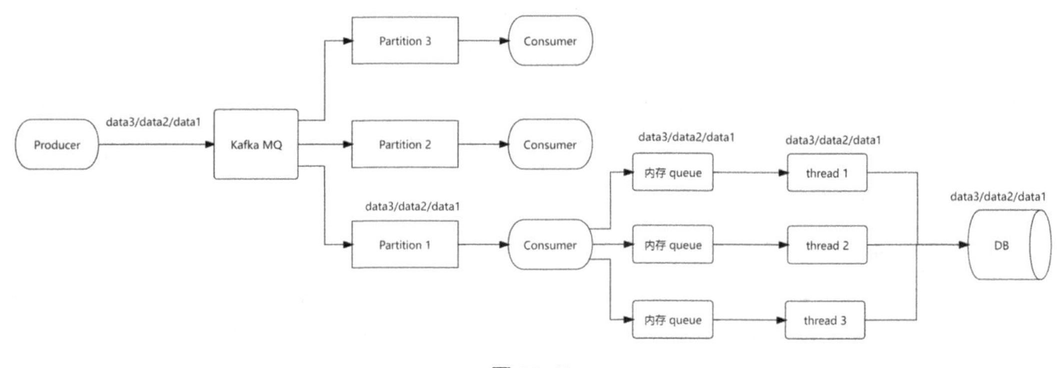

图 10-19

10.4.4 需要解决消息中间件中的消息延迟

消息会出现延迟，是因为消息在消息中间件中出现了堆积。

例如，在用户订单支付成功后，系统会将支付成功的消息发送到消息中间件中，其他系统（如积分系统、优惠券系统）会消费消息，然后给用户发放积分和优惠券。

如果用户等了几个小时甚至几天，发现积分和优惠券都没有到账，则用户体验是非常差的。这就是所谓的消息延迟。

要提升消费性能，则需要缩短消息中间件的消息延迟。可以从两方面出发。

1. 监控消息中间件中的消息延迟

监控消息中间件中的消息延迟有以下两种方式。

（1）利用工具监控消息延迟。

通常消息中间件都提供了监控消息延迟的工具，例如，Kafka 就提供了“kafka-consumer-groups.sh”工具来获取消息当前的进度，使用方式如下：

```
./bin/kafka-consumer-groups.sh --bootstrap-server localhost:9092
--describe --group test-consumer-group
```

通过以上命令能看出当前消息中间件中消费者的消费进度、生产消息总数，以及消费消息的堆积数。

同时，Kafka 也通过 JMX 暴露了消息堆积的数据，使用 Jconsole 连接 Consumer 就可以看到 Consumer 中的堆积数据。

（2）开发消息监控程序。

除利用消息中间件自身提供的工具外，还可以通过开发消息监控程序生成监控消息的方式来监控消息的延迟。可以这么做：

- 定义一种特殊的消息，消息内容可以是生成消息的时间戳。
- 启动一个定时程序，将消息定时、循环地写入消息队列中，同时该定时程序还具备消费功能。
- 如果正常业务消费到特殊消息，则将其直接丢弃。
- 如果定时监控程序消费到特殊消息，则将当前消费时间和该消息的生成时间做比较，如果时间差达到某个阈值就报警。

2. 如何减少消息中间件中的消息延迟

要减少消息中间件的消息延迟，则需要在消费端和生产端来实现。

在消费端，主要是提升消费者的消息处理能力，可以这么做：

- 优化消费代码以提升性能。
- 增加消费者数量。

增加消费者数量的方式受限于消息队列的自身实现。Kafka 无法通过增加消费者数量的方式来提升消息处理能力，但可以通过增加 Partition 及使用多线程的方式来解决。

在生产端，主要是优化消息中间件本身的读取性能，主要体现在消息的存储和零复制技术。这两部分内容在 10.2.3 节详细介绍过，读者可以去复习一下。

第 11 章 微服务设计——将系统拆分

随着系统越来越复杂，其会面临各种挑战，如：高并发和大流量请求的挑战，高可用的挑战，海量数据的挑战，网络情况复杂、安全性差的挑战，以及需求快速变更、发布频繁的挑战。

为了应对这些挑战，需要对系统进行优化。

11.1 好好的系统为什么要拆分

随着业务的增加，很多业务需要对一些服务进行复用。此时可以对系统进行拆分，让系统变得低耦合，让服务变得更可复用，从而提升整个系统的处理能力。

在微服务出现之前，互联网系统以单体系统为主，即整个系统由一个应用构成。例如 Java 应用，其在部署时只是一个 JAR 包或 WAR 包。该包包含系统的所有功能，如果系统需要更新，则需要将整个应用进行重新编译打包。

单体系统主要面临以下问题：

- 代码分支管理困难。
- 编译和部署困难。
- 数据库连接易耗尽。
- 服务复用困难。
- 新增业务困难。
- 发布困难。
- 团队协作开发成本高。

- 系统高可用性差。

11.2　如何拆分服务

在出现 11.1 节的问题时，就需要进行对服务进行拆分。

11.2.1　不可忽略的 SOA 架构

在进入信息化浪潮后，很多传统企业开始采购大量的信息化系统，例如 CRM、ERP、OA 系统等。这些系统基本都不是同一个供应商所提供的，运行一段时间后会逐渐形成信息孤岛。

由于这些系统是采用不同技术开发的，且并没有提供外界访问的接口，所以企业想打通这些系统是很困难的。

于是，面向服务的 SOA 架构就诞生了。SOA 架构用服务拆分的思想来解决企业内部大量异构系统集成的问题。其解决思路如下，如图 11-1 所示。

（1）将系统所需要的能力封装成一个个的独立接口或打包成独立的服务系统。

（2）外部系统通过这些独立接口或服务系统访问内部系统，达到异构系统互通的目的。

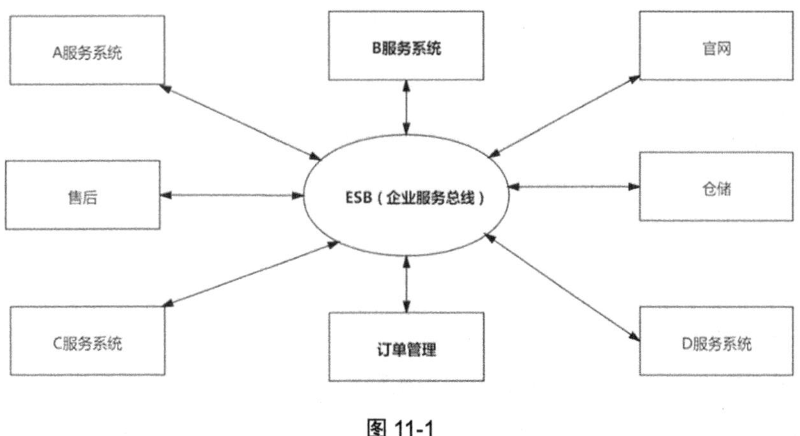

图 11-1

如图 11-1 所示，在 SOA 架构中，所有接口或服务系统都部署在一个中心化的平台(Enterprise Service Bus，企业服务总线）上。ESB 负责管理系统调用过程中的技术复杂性，包括服务注册、服务路由、对各种通信协议的支持等。

SOA 的思想很好，但在落地时较复杂，并且依赖 ESB，交互方式上比较重量级，开发成本较高。

11.2.2 如何对已有系统进行微服务改造

大部分初创型公司的系统都是从单体架构成长起来的，底层数据基本都放在一个数据库中。随着业务的发展，数据达到了很庞大的量级。

所以，需要对公司现有系统进行微服务改造，保证公司系统能随着业务的发展而不断扩展和复用。

1. 面临哪些挑战

相比从头开始构建微服务系统，对现有系统进行微服务改造会面临更多挑战，主要如下：

（1）应用和数据表紧耦合在一起，所有的数据库操作在应用中都是通过编写 SQL 代码来实现的。

（2）一个代码模块对应着多张数据表，一张表也被多个代码模块访问。

（3）表关联关系复杂，有很多的 JOIN 操作，很难清晰地划分代码和数据表的边界。

（4）系统正在线上稳定运行，改造的影响面较大。

（5）需要和所有业务开发团队紧密配合。

要应对这些挑战，需要对当前系统进行影响最小且合理的服务设计，这样才能达到系统优化改造的目的。

2. 微服务改造

现有系统一般可复用性和稳定性不高。如果某个模块或者某个系统出现慢查询，则会导致整个数据库负载过重，甚至最终不可用。

所以，一般对同一个大数据库中的系统进行微服务改造，可以从数据库去思考：

- 将大数据库按照业务维度进行垂直拆分，例如在电商中，将大数据库拆分为商品库、库存库、价格库和订单库等。
- 对于拆分后的数据库，针对其各自的业务构建微服务。
- 将各个业务系统统一接入微服务，完成整个系统的微服务改造。

微服务改造的关键点包括以下几个：

（1）圈表。

如果在大数据库中有整个系统的所有表，则可以按照业务维度将相同业务的表圈定在一起，即确定服务的数据模型。例如，将与商品相关的表圈定在一起形成商品库，将与库存相关的表圈定在一起形成库存库，将与订单相关的表圈定在一起形成订单库等，如图 11-2 所示。

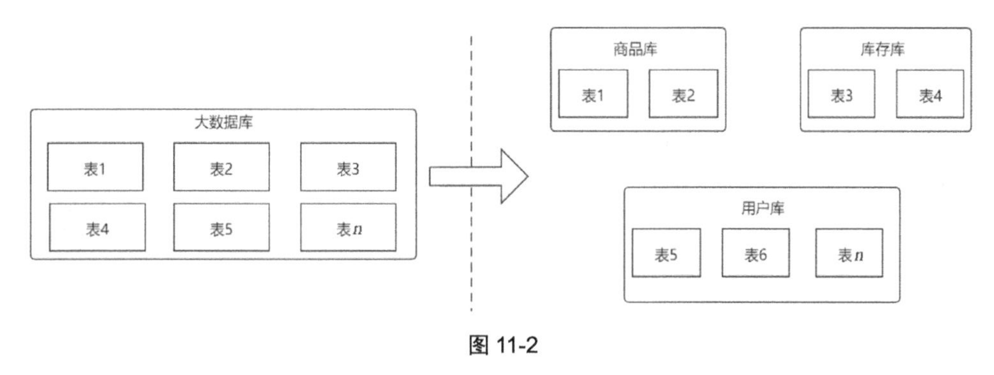

图 11-2

如图 11-2 所示，在圈定表之后，微服务就负责各自的库表，如商品微服务就只负责对商品库中表的访问，库存微服务就只负责对库存库中表的访问。其他业务系统通过访问商品或者库存表，对商品微服务或者库存微服务进行访问。

圈表是对现有系统进行微服务改造的第一步，也是最重要一步，它需要对服务边界进行划分。在真实落地时，可以优先选择核心且表数量不是很多的（最好 10 张以下）业务进行圈表，这样可以尽快将微服务改造工作落地。

对现有系统进行微服务改造，之所以从数据库表去思考，而不是从常规的“一个服务该有哪些功能”去思考，主要原因如下：

- 表是现成的且正在线上稳定运行，所以，确定了具有哪些表，也就确定了微服务具有哪些功能，这更符合当前系统的改造目标。
- 构造的服务和表是对应的，服务包含的是完整的表，不会产生“一个表的一部分字段属于一个服务，而该表的另一部分字段属于别的服务”的情况，避免了表字段拆分带来额外的复杂性。

（2）收集 SQL 语句。

在确定了服务所属表后，接下来收集这些表所关联的 SQL 语句，包括业务场景、访问频率等。

一般由微服务开发团队提供收集 SQL 语句的模板，业务开发团队收集这些 SQL 语句放入模板中，两个团队应紧密协作。

（3）拆分 SQL 语句。

收集过来的 SQL 语句，其中有些可能是有关联关系的，即它不只是当前服务的 SQL 语句。例如，在商品详情页中，会同时获取商品基本信息和库存信息。所以，业务团队需要将此 SQL 语句拆分成商品服务的 SQL 语句和库存服务的 SQL 语句。

通过拆分 SQL 语句，切断了各个服务表之间的直接联系。在微服务落地后，业务系统就可以通过接入微服务来完成对现有 SQL 语句的替换。

（4）构建微服务。

构建微服务是微服务落地的过程，主要包括如下几点：

- 接口设计。
- 代码开发。
- 功能测试。
- 自动化测试。

在具体开发时，需要先仔细梳理业务方提供的 SQL 语句，然后将 SQL 语句结合业务场景进行模型设计和抽象设计，做到接口的统一化设计，避免出现“对所有 SQL 语句都单独设计接口”的现象，以保证服务的复用性。

前期的接口设计一定要做好把关，应以业务场景为导向，确保服务能有效落地。这样使用方只需要对接接口文档即可，如果后期有优化，也不会影响使用方系统。

（5）接入微服务。

在微服务开发完成后，经过了功能测试、自动化测试及性能测试，其他业务系统就可以进行接入工作了。

业务开发团队在自己的业务系统中将所涉及的 SQ 语句替换成微服务，然后通过微服务来操作对应服务的数据库。

（6）数据库独立。

在完成微服务接入后，所有的 SQL 语句都被替换了。业务系统无须再直接访问数据库表了，此时可以参考如下方案：

- 将圈定的微服务库表从大数据库中分离出来，各自单独部署成独立的数据库。
- 业务系统通过微服务访问数据库，数据库的迁移对于业务系统是透明的。

通过将服务库表独立出来，可以从物理层面上切断业务团队对数据库的直接依赖，以降低各个数据库的压力。

并且，当某个服务数据库遇到瓶颈时，可以通过横向扩展的方式进行优化，如图 11-3 所示，这为后续的性能提升打下了基础。

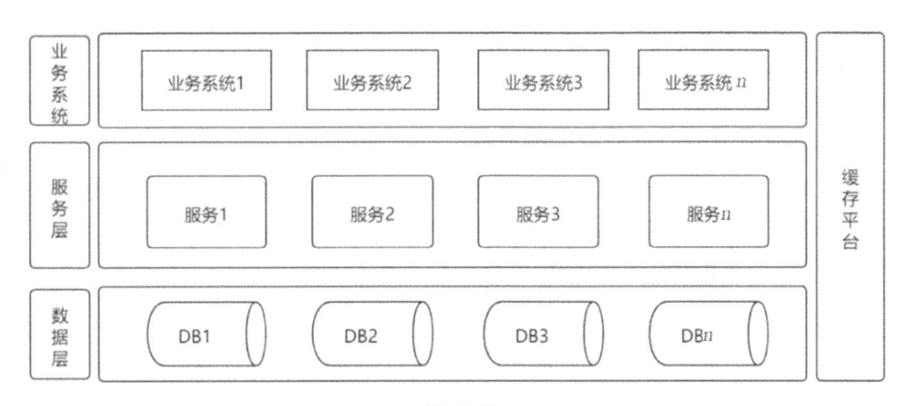

图 11-3

在对现有系统进行微服务改造的过程中，业务开发团队和服务开发团队需要紧密协作。

- 在圈表和收集 SQL 语句阶段，业务开发团队需要深度参与，以确保服务边界清晰。
- 在服务设计阶段，业务开发团队也需要深入参与，以确保服务被合理接入，避免因考虑不周而造成后期出现较大或者较多的改动。

11.2.3　微服务拆分的方式

微服务拆分通常有两种比较流行的方式——从业务维度拆分、从公用维度拆分。

1. 从业务维度拆分

从业务维度拆分是指按照业务关联程度来拆分：将关联较紧密的业务放在一起，构建成一个微服务；将关联不紧密的、较独立的业务构建成独立的微服务。例如在电商中，

- 商品基本信息、商品规格信息等紧密关联，可以将它们放在一起构建成商品微服务；
- 订单列表、创建订单、订单详情等关联紧密，可以将它们放在一起构建成订单微服务；
- 消息推送这类独立业务，可以构建成独立的消息推送微服务。

2. **从公用维度拆分**

这种拆分方式需要提炼出系统中公用的业务模块。这部分模块依赖的资源相对独立，不与其他业务模块耦合。

例如，大部分在线系统都有“用户相关信息的处理”，这部分信息的处理在优惠信息中会用到，在订单中会用到，在计算价格时也会用到。

这样，“用户相关信息的处理”就可以被构建为公用服务。如果“用户相关信息的处理”发生改变是不会影响其他业务的。

11.2.4 有哪些好用的微服务开发框架

微服务架构，可以先按照业务的关联程度及可复用的程度进行合理拆分，然后构建独立的服务进行独立部署，并且提供外界系统访问的接口。外界业务系统可依据业务场景及复用情况来依赖微服务、进行服务编排以完成整个业务需求，如图 11-4 所示。

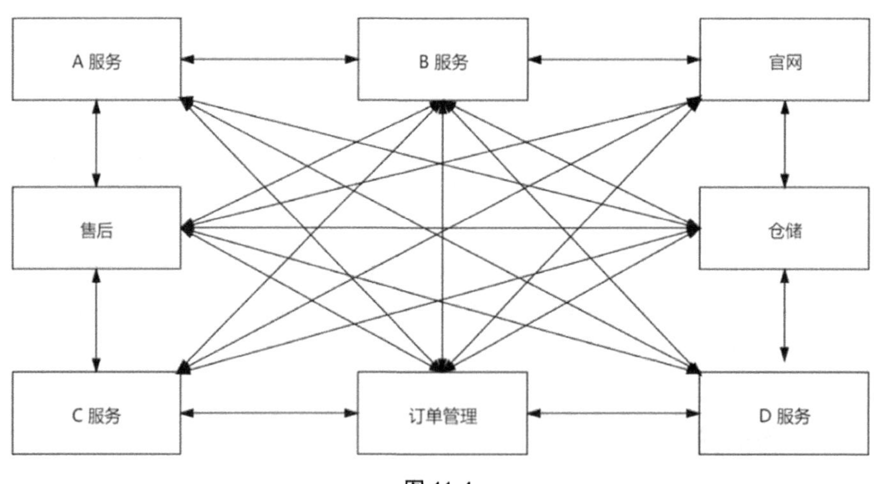

图 11-4

接下来看看有哪些流行的微服务开发框架。

1. Dubbo

Dubbo 是国内最早的微服务开发框架，由阿里巴巴公司开源。其架构如图 11-5 所示。

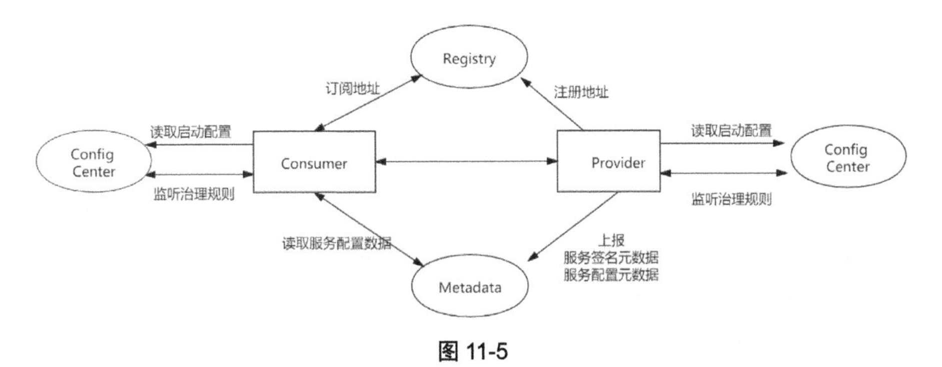

图 11-5

- 注册中心（Registry）：协调 Consumer 与 Provider 之间的地址注册与发现。
- 配置中心（Config Center）：用于存储 Dubbo 启动阶段的全局配置，保证配置的跨环境共享与全局一致性，以及负责服务治理规则（路由规则、动态配置等）的存储与推送。
- 元数据中心（Metadata）：接收 Provider 上报的服务接口元数据，为 Admin 等控制台提供运维能力（如服务测试、接口文档等）。同时，它作为服务发现机制的补充，提供了额外的"接口/方法"级别的配置信息同步能力，相当于注册中心的额外扩展。

以上 3 个中心并不是运行 Dubbo 的必要条件，用户可以根据自身业务情况决定只启用其中 1 个或多个，以达到简化部署的目的。

在通常情况下，用户会利用独立的注册中心进行 Dubbo 服务开发，而配置中心和元数据中心则会在微服务演进过程中被按需逐步地引入。

2. Spring Cloud

Spring Cloud 是基于 Spring Boot 进行开发的，它利用 Spring Boot 的特性整合了很多的开源组件，提供了一套服务治理解决方案。其基本架构如图 11-6 所示。

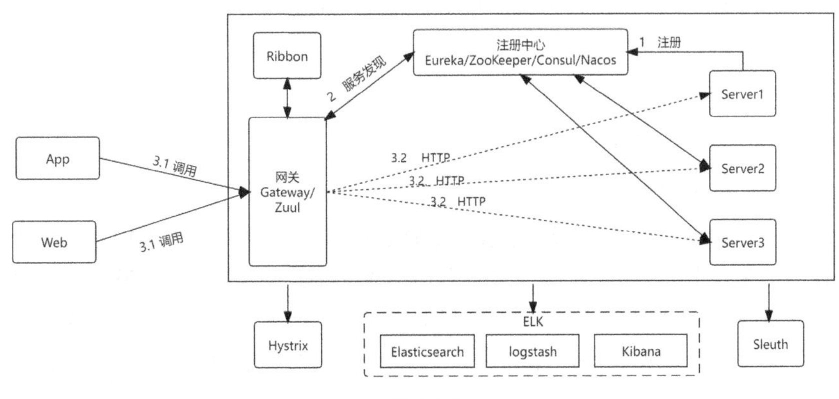

图 11-6

Spring Cloud 的基本交互方式如下：

（1）Spring Cloud 的服务提供者（Server1、Server2、Server3）由 Spring Boot 启动，然后它们主动向注册中心注册。

（2）网关（Gateway/Zuul）访问注册中心进行服务发现，获取所有已注册的远程服务地址。

（3）客户端（App、Web）调用网关（Gateway/Zuul），网关根据获取的远程服务地址通过 HTTP 方式向远程服务发起调用请求。

（4）服务提供者在完成处理后，将处理结果通过 HTTP 向客户端返回。

在整个请求过程中，Hystrix 组件负责熔断、超时管理；Turbine 组件负责监控服务间的调用和熔断等；其他是一些保障组件，例如用于日志管理的 ELK（Elasticsearch、Logstash、Kibana），用于调用链管理的 Sleuth 等。

11.3 微服务设计参照模型

在微服务具体落地的过程中，最重要的是业务先行：先梳理出业务边界及相关依赖，然后将独立的服务功能抽取出来成为模块，最终实现分布式微服务。

11.3.1 在开发中如何定义软件分层

通常，随着业务的不断发展，需求会越来越多，一个设计良好的应用会不断被拆分出新的应用，从而形成这样一种情况：应用之间相互依赖，边界开始越来越模糊，彼此间互相调用关系越来越复杂。

例如，在电商场景中，在用户下单支付时共涉及以下 4 个应用。

- 支付中心：进行支付动作。
- 会员中心：确认会员积分情况。
- 营销中心：发放优惠券。
- 消息中心：发送通知信息。

这里就涉及应用的逻辑架构，以及应用的相互依赖关系。如果不采用架构分层设计，则可能会出现“需要在支付中心中调用会员中心、营销中心和消息中心；需要在支付中心中处理各种超时相关的异常信息”的情况。另外，如果需要增加其他依赖需求，则又得在支付中心中进行处理。这样应用就会瞬间膨胀起来，应用耦合性太高，从而造成长链条依赖和循环依赖问题，如图 11-7 所示。

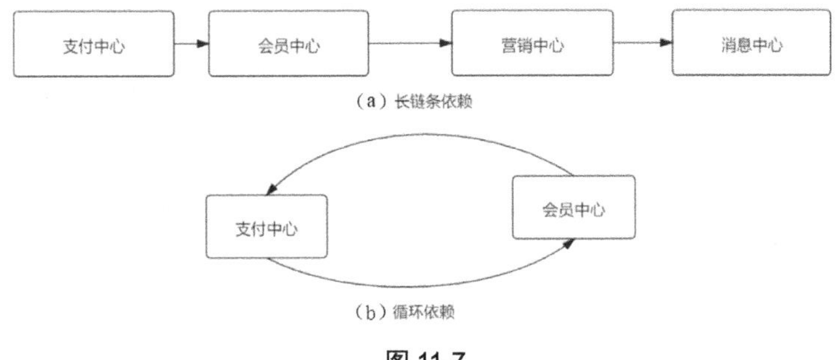

图 11-7

1. 架构分层设计

通用的架构分层设计如图 11-8 所示。

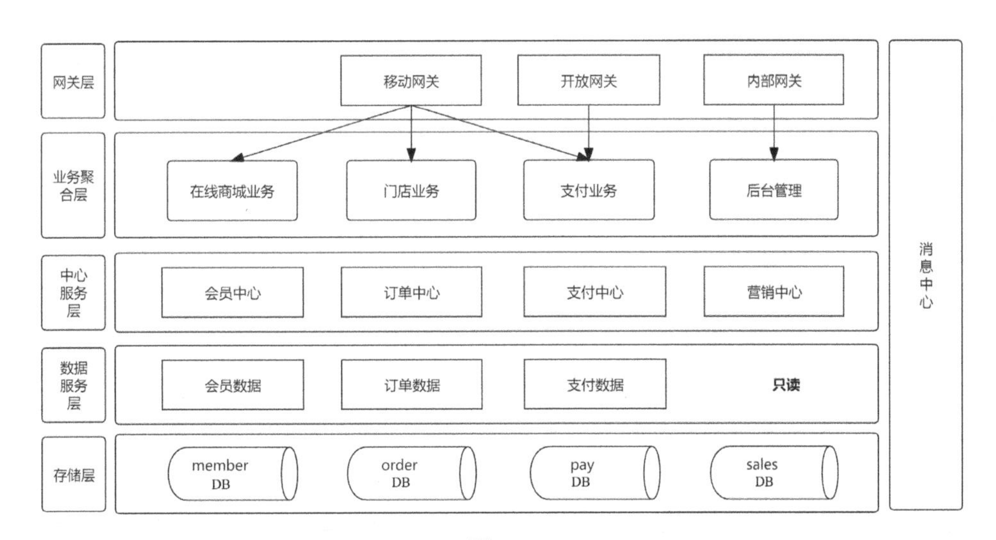

图 11-8

如图 11-8 所示，架构共分为 5 层。

- 网关层：统一对外提供 HTTP 接口服务，主要用于实现统一的鉴权、流控及降级等功能。
- 业务聚合层：进行所有业务的逻辑处理。它依赖中心服务，通过对中心服务的编排实现业务场景的整合开发。它还具备业务流程异常的处理、超时重试和各种状态的处理能力。
- 中心服务层：独立的原子业务功能，是功能单一的服务，具备“高内聚、低耦合”特性，对数据库可进行读/写操作。
- 数据服务层：只提供对业务数据的“读”操作，不提供“写”操作。
- 存储层：只提供业务数据存储服务。

中心服务层的服务之间禁止相互调用，以避免出现相互依赖或者循环依赖。如果非要调用，则可以通过消息中间件进行异步调用。

中心服务层和数据服务层共享同一个 DAO 类库，其中，数据服务层只提供“读”接口。

数据服务层并不是一定需要的，如果没有数据查询的需求，则可以省略这一层，这样可以节省服务器成本。

2. **代码结构**

对于应用的命名，建议制定一套规范，如图 11-9 所示，这样团队成员可以快速识别应用的功能。规范的命名可以使得团队之间的沟通变得更加方便。

project-demo

- demo-async 业务异步调用（包括消息或定时任务）
- demo-gateway 业务网关
- demo-business 业务聚合层应用
- demo-business-api 业务聚合层接口定义
- demo-center 业务中心服务应用
- demo-center-api 业务中心服务接口定义
- demo-data 业务数据服务应用
- demo-data-api 业务数据服务接口定义
- demo-dao 数据库访问类库

图 11-9

架构分层设计提供了一个自顶向下的设计思路。一旦理顺了架构分层，在团队内掌握好架构分层的要点，则应用的边界定义、架构的可扩展性和团队的沟通协作都是水到渠成的事情。

11.3.2 运用好“微服务的使用模式”可以事半功倍

在落地微服务的过程中，除需要具备具体的业务设计及开发能力外，还需要具备使用微服务的能力。常见微服务的使用模式有：

- 事件溯源。
- 命令与查询职责隔离（CQRS）。
- 断路器。
- 超时。

1. 事件溯源

事件溯源是指，将用户请求整个过程中的每一次的状态变化都记录到事件日志中，并以时间序列的方式进行持久化存储。

微服务架构涉及的服务较多，可能会出现服务调用链路很长的情况，一旦某个服务调用出现了异常，可以使用事件溯源模式来监控和管理这种异常。

使用事件溯源模式有以下两个好处。

（1）能精确复现用户状态变化。

用户执行的每一步操作都会被记录下来，之后可以通过事件溯源模式追溯用户以往的操作，从而进行复核和审计。

在遇到用户投诉、用户状态不一致时，可以通过事件溯源中的日志进行审计和查找定位。

（2）可以通过监控用户状态变化来实现分布式事务。

在分布式场景下，服务都被部署在独立的服务器上，所以对数据的操作是在多个独立服务中分别进行的。这时无法使用传统数据库的事务来进行管理，需要使用分布式服务。

由于事件溯源将所有的数据变更都以日志的方式记录下来了，所以，如果日志不完整，则证明事务是不完整的。此时，可以对事务进行重组或者补偿操作，以实现数据一致性。

2. 命令与查询职责隔离（CQRS）

命令与查询职责隔离模式是指，在接口服务层将查询操作和命令操作隔离开来，即在服务层实现读写分离。

使用 CQRS 模式主要有如下好处：

- 领域模型更清晰。可以根据操作方式的不同，使用不同的领域模型。
- 可以进行读写优化，以达到更好的性能。

由于 CQRS 模式是命令与查询职责隔离的，所以，可以在接口服务中使用不同的优化方式。

查询操作不会修改数据库。所有来自查询接口的服务可以统一连接到只读数据库中，这样可以起到保护数据库的作用。

3. 断路器

当某个微服务出现异常时，如果响应时间过长或者失败率很高，则继续调用它的服务实例会出现请求阻塞。请求阻塞会导致资源消耗增加，还会进一步造成调用方不可用，最终整个调用链路出现故障（即产生“雪崩”现象）。

此时，可以使用断路器对出现故障的服务进行隔离。断路器有 3 种状态：关闭、打开和半开。

当服务出现故障时，通过断路器阻断对故障服务的调用，可以防止故障服务影响整个链路系统。

在 Spring Cloud 框架中，可以使用 Hystrix 组件来实现断路器。

4. 超时

在设计微服务时，有一个很重要的设置：服务超时时间的设置。

如图 11-10 所示，如果采用统一的超时机制，当 Service 3 服务出现故障时，Service 2 会发生超时， Service 1 也一定会超时，因为服务的调用是阻塞的。因此，在设置超时时间时，需要设置“上游调用者超时时间”大于“所有下游调用者（Service 2、Service 3）超时时间之和（如果 Service 3 也调用了另一个服务）”。

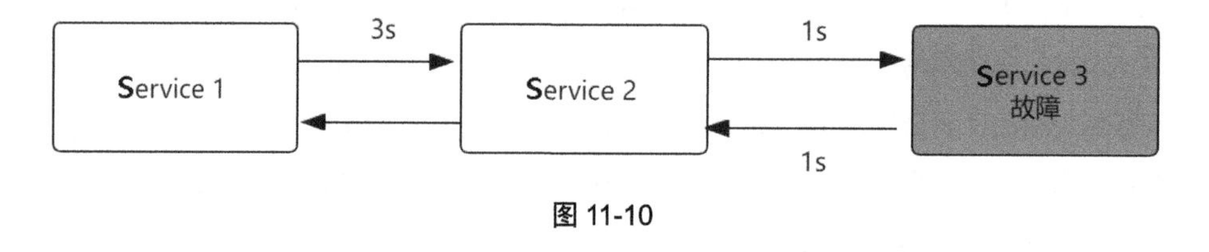

图 11-10

11.4 引入微服务架构会带来什么问题及其解决方案

将大的单体架构改造成微服务架构的确有很多好处，如易于扩展、发布简单、系统解耦、技术异构等。

但是，引入微服务架构也会带来一些问题，例如数据一致性问题、分布式事务问题、复杂度问题等。需要利用合理的方案去解决这些问题。

11.4.1 数据一致性问题

在微服务架构中经常会遇到跨多个服务的操作，因为每个服务都有各自的数据库，所以需要更新多个数据库中的数据，如图 11-11 所示。

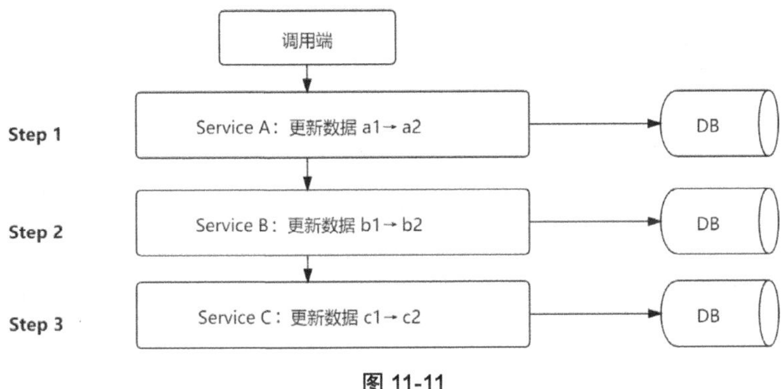

图 11-11

如图 11-11 所示，如果业务正常运转，则 3 个服务的数据分别是 a2、b2、c2。这说明数据是一致的。但如果出现网络抖动、服务异常或数据库 CPU 满负荷的情况，则 3 个服务均有失败的可能。

如果 Service B 处的服务出现异常，则最终数据结果就是 a2、b1、c1。如果 Service C 处的服务出现异常，则最终数据结果就是 a2、b2、c1。这样就出现了数据不一致。

解决微服务中的数据一致性问题，要基于业务进行思考，通常有两种解决方案：

- 保证最终一致。如果可以容忍当前实时数据不一致，则只要保证数据最终一致即可。
- 保证实时一致。必须保证当前实时数据的一致，否则不能继续执行。

1. 最终一致性方案

最终一致性方案如图 11-12 所示。如果 Service B 处出现异常，则结果为 a2、b1、c1，但是最终结果为 a2、b2、c2。

实现最终一致比较流行的做法是使用消息队列，其实现思路如下：

（1）在每个步骤完成后，生产一条消息到 MQ 中告知消费者接下来需要处理的数据。

（2）在消费者消费 MQ 中的消息完成数据处理后，生产者再生产消息并发送到 MQ 中。

（3）在消费者消费 MQ 中的消息失败后，消息会被保留，等待下次重试。

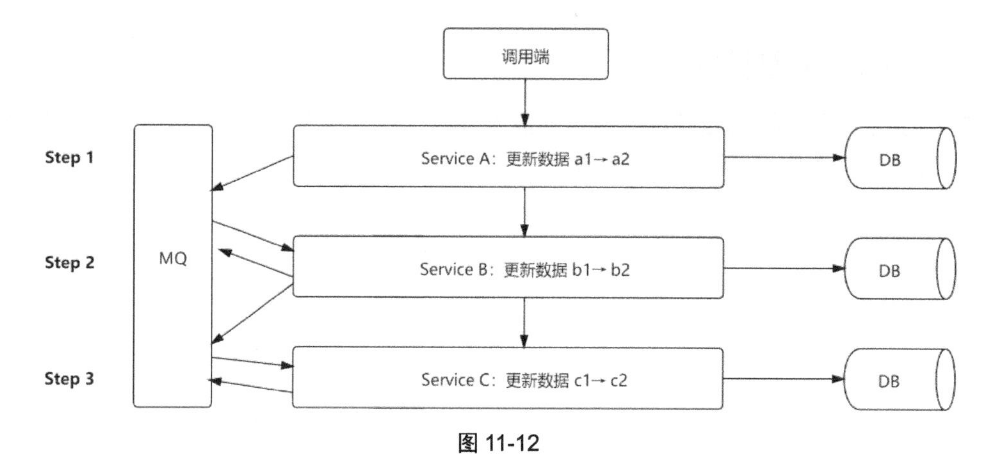

图 11-12

利用消息中间的机制可以达到数据最终一致的目的。2.2.4 节中详细讲解了数据最终一致性的实现方案。

2. 实时一致性

实时一致性方案如图 11-11 所示。如果 Step 2 和 Step 3 都成功，则数据会变成 a2、b2、c2；如果在 Step 3 出现了异常，则 Step 2 和 Step 1 都需要立即回滚，将数据回滚到 a1、b1。

可以使用数据库的分布式事务来确保微服务架构中数据的实时一致性。

11.4.2 分布式事务问题

MySQL 有一个"两阶段提交"的分布式事务方案（MySQL XA），但该方案存在严重的性能问题。例如，一个数据库的事务与多个数据库之间的事务性能可能相差 10 倍。另外，该方案会长期占用锁资源，所以我们一般不考虑该方案。

对于分布式事务通常采用：

- 基于 XA 协议的二阶段提交协议。
- 基于 XA 协议的三阶段提交协议。
- TCC。

可以到 2.2.4 节回顾一遍分布式事务管理。

11.4.3 复杂度问题

把单体架构改造成微服务架构，主要会在如下几个方面增加系统的复杂度。

1. 定义服务

在单体架构中，所有模块都在同一个进程中，模块之间的交互通常是以函数、类库的方式进行的。

在微服务架构应用中，每个服务均是独立部署的，即每个服务都运行在各自的进程中，那“进程之间该如何进行通信”是一个问题。

一般通过接口的方式（如通过 HTTP 协议或 RPC 协议）来进行服务间的通信，服务之间的调用都是通过接口描述来约定的，约定的内容包括接口名、接口参数和接口返回值等。

2. 发布/订阅服务

在单体架构中，服务是通过一个 WAR 包或 JAR 包的方式来进行部署的，接口之间的调用都在同一个进程中。

而在微服务架构中，服务是独立的，在服务部署发布成功后，调用方如何才能拿到提供者的服务地址是一个关键。另外，调用方如何能智能感知提供者的服务已经上线，并且在提供者的服务异常退出时，调用方又如何能立马感知服务已下线，这都很关键。

3. 监控服务

在微服务架构中，服务众多，如何用一种通用的方案来有效地对服务的 QPS、平均耗时及吞吐量等指标进行监控变得很复杂。并且，对于业务埋点、数据收集、数据处理，乃至最终数据展示的全链路又该如何处理和监控变得很复杂。

4. 治理服务

服务拆分得越多，依赖关系也会越复杂。服务间的关系变复杂了，一个小问题就可能引起整个系统的不可用。例如，一个下游系统的耗时慢处理，可能会导致上游系统因为等待时间过长而崩溃。所以，在微服务架构中服务治理至关重要。

5. 定位异常

将单体架构改造成微服务架构后，由于服务拆分的原因，服务之间的依赖关系变得复杂，所以，当其中一个服务出现问题时，很难快速定位问题。

11.5 如何有效治理微服务

在微服务架构中，需要利用服务治理平台进行服务治理，需要在出现异常后能够迅速追溯异常。

11.5.1 管理服务

在微服务架构中，服务都需要注册到注册中心中。所以，可以通过调用注册中心提供的各种管理接口来管理服务。管理服务通常有如下几种操作。

- 服务上线/下线：在上线一个服务时，可以调用注册中心提供的“服务添加”接口来实现；在下线一个服务时，可以调用注册中心提供的“服务注销”接口来实现。
- 节点管理：在给服务添加一个节点时，可以调用注册中心的“节点注册”接口来实现；在有故障或者临时下线一个节点时，可以调用注册中心的“反注册”接口来实现。
- 服务查询：通过调用注册中心的“服务查询”接口，可以查看在当前注册中心中有多少个服务，以及每个服务的详细信息。
- 服务节点查询：通过查询注册中心的“服务节点查询”接口，可以查看在某个服务下共有多少个节点。

11.5.2 治理服务

在微服务治理平台中，可以通过调用配置中心提供的接口，动态地修改各个服务的相关配置，以达到服务治理的目的。

通常有如下几种比较流行的服务治理手段。

- 限流：如果系统在短时间内遇到流量骤增，则其性能会受到影响。此时，可以调用配置中心的接口去修改非核心服务的限流阈值，给核心系统留有充足的冗余度，从而保护核心系统。
- 降级：同“限流”类似，瞬时大流量的冲击会导致系统容量不足，此时可以降级一些非核心业务来增加系统的冗余度。例如，有些依赖服务出现了问题，导致系统被拖慢，此时可以对依赖服务的调用进行降级，避免系统被“拖死”。
- 切流量：通常在多个 IDC（Internet Data Center，互联网数据中心）场景下，当其中一个 IDC 出现异常时，可以通过调用配置中心接口向所有订阅了故障 IDC 服务的消费者下发指令，将流量全切换到其他正常的 IDC 中，从而避免服务消费者受影响。

11.5.3 监控服务

在微服务架构中，通常包括以下两个监控。

- 系统整体监控：将系统中所有服务的依赖关系及调用关系形成调用链，进行可视化展示。
- 具体服务监控：对服务自身指标的监控（如 QPS、吞吐量、AvgTime 等）进行监控。

可以使用服务追踪系统提供的服务依赖拓扑图来对整个系统进行监控。至于对具体服务的监控，可以依据业务及指标选择相应的工具进行可视化展示。

11.5.4　定位问题

在微服务架构中，一旦系统出现问题则需要一种快速且有效的方法来定位问题。通常需要从两个层面来定位问题。

- 从宏观层面：通过系统监控大屏初步定位到出现问题的大概位置。例如，发现某个服务吞吐量骤降、耗时增加等。
- 从微观层面：通过服务追踪系统定位到一次用户请求的整个路径。可以定位到该请求具体失败的原因，并知道在哪个部分出现了失败。

11.5.5　查询日志

无论是单体应用还是微服务架构应用，日志的处理都至关重要。日志能够反映异常的原因，是定位问题的有效手段。

单体应用的日志查询相对比较简单，在单个进程、单个机器中就可以查看。

在微服务架构应用中，服务被部署在不同的机器中，日志分散在各地，这时就需要一个日志系统。通常在微服务架构应用中接入分布式日志系统，例如 ELK 日志系统，这样就能实时查询用户请求的详细信息，以及相关数据的统计信息。

11.5.6　运维服务

高效的服务运维在企业中很重要，能够节约产品的迭代成本，以及降低线上出现问题的风险。通常运维服务有以下两种操作。

- 发布部署：当服务上线或者有功能变更时，需要重新发布部署，这时需要一个稳定且高效的上线发布机制，例如使用容器管理平台。
- 扩缩容：当系统面临流量增加或者减少时，需要相应地增加/缩减服务在线上部署的实例。

如果读者想详细了解微服务，可以参考《Spring Cloud 微服务架构实战派》和《微服务项目实战派——从 Spring Boot 到 Spring Cloud》这两本书。

12

第 12 章 API 网关设计——让服务井然有序

本章来学习微服务架构中另一个重要的组件——网关。

12.1 为什么要引入 API 网关

随着业务越来越复杂，产品越来越受欢迎，难免会遇到竞争对手对企业产品进行攻击，例如竞争对手抓取电商平台中的商品信息，这时需要在商品服务中进行相应的限制处理。

如果限制之后竞争对手又去对其他服务进行攻击，这时若我们还进行一样的限制处理，则会导致多个服务增加了相同的代码。这样做，不仅会让研发人员增加很多工作量，而且会增加出错的可能。如果服务是由多种语言开发的，则无用的工作量会更大。此时就需要引入 API 网关。

12.1.1 什么是 API 网关

通常“单个服务提供的 API”的含义与“客户端真实请求”的含义不一定完全匹配。客户端的一次请求，可能需要多个服务共同组合完成，即需要聚合多个服务提供的 API 才能满足客户端的请求。

同时，API 网关能够起到隔离客户端和微服务的作用。随着时间的推移，以及业务越来越复杂，各个微服务可能会进行相应的调整和升级。API 网关背后的服务升级对客户端应该是透明的，如图 12-1 所示。

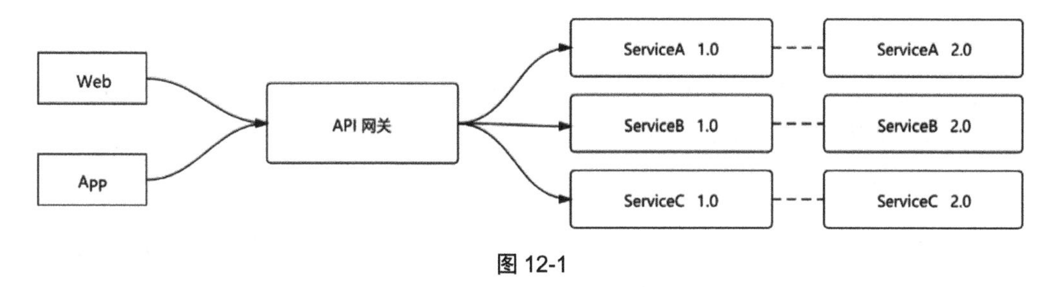

图 12-1

如图 12-1 所示，在 API 网关中可以实现一些非业务功能性的需求，如：

- 安全管理。
- 路由规则。
- 日志记录。
- 服务适配。

12.1.2 API 网关的作用

从 12.1.1 节可以知道，API 网关能将多个服务非业务的共同功能抽取整合在一起，且独立部署成应用，以达到服务治理的目的。

API 网关主要有如下作用。

（1）提供统一的接入地址。

API 网关对外提供统一的接入地址，API 网关将用户请求动态地路由到具体服务上，并完成必要的协议转换工作。

在某些业务复杂的系统中，不同服务对外暴露的协议可能是不相同的，有些对外提供的是 HTTP 服务，有些提供的是 RPC 服务，甚至有些老系统提供的还是 Web Service 服务。

API 网关的作用是：对使用端屏蔽这些服务的部署地址及复杂协议的细节，但对客户端完全透明，方便客户端调用服务。

（2）提供服务治理策略。

可以将服务治理的相关策略植入 API 网关中。例如，可以在 API 网关中实现服务熔断、降级、限流和分流等策略。

（3）统一鉴权。

通常在线系统都有认证和授权功能。不同系统客户端的认证方式可能不同，有些使用 OAuth 认证，有些使用 Cookie 认证，还有些使用 Token 认证。对于这些认证方式不同的场景，可以在 API 网关中进行统一认证。其他应用服务不需要知道具体的认证细节。

（4）黑白名单处理。

产品知名度越来越大之后，难免会受到一些恶意的攻击，此时，API 网关可以实现黑白名单功能，进行相关的屏蔽处理。例如，设置针对设备 ID、用户 IP 地址、用户 ID 等维度的黑白名单。

（5）日志处理。

在 API 网关中，还可以将记录日志进行统一处理，例如，记录用户请求的访问日志、生成用户链路日志、生成标识用户唯一请求的 requestId 等。

12.2 API 网关的通用设计方案

知道了什么是 API 网关，以及 API 网关的作用，接下来看看该如何设计一个优秀的 API 网关。

12.2.1 设计 API 网关要考虑哪些关键点

了解 API 网关设计的关键点，无论是对于采用自研的 API 网关，还是对于采用开源的 API 网关，都非常有益。

1. 处理性能

在设计一个 API 网关时，首先要考虑的是其性能问题。因为，API 网关承载着外部所有的流量，所以其性能直接影响着整个系统的性能。

例如，后端服务处理需要耗时 10ms，而 API 网关的耗时是 1ms，这意味着每个接口的响应时间增加了 10%。所以，API 网关的性能直接影响着整个系统的性能。

提升 API 网关性能的关键在于 I/O 模型。

Netflix 开源的 API 网关 Zuul，在 1.0 版本时使用的是同步阻塞的 I/O 模型。即 Zuul 在收到客户端请求时，在网关中进行权限验证、协议转换及服务路由等操作，之后调用后端服务将处理后的结果返给客户端。

在 Zuul 2.0 中，Netflix 团队采用 Netty 服务代替了 Servlet 的服务，并将“同步阻塞调用后端服务”方式换成了“使用 Netty 客户端非阻塞调用”方式。Netflix 团队测试发现整体性能提升了 20%左右。

2. 可扩展性

在 API 网关中会遇到以下两种业务场景。

- 预先定义：在 API 网关中，预先定义了一些策略规则（如黑白名单的配置、流量限制、服务的动态路由配置等），之后按照期望的那样去执行。
- 按照业务规则定义：有些业务方有自己的业务需求，需要在网关中进行自定义。

这说明，API 网关需要应对多变的业务场景，需要考虑扩展性（即可以随时在网关的执行链路上增加一些逻辑，也可以随时减少一些逻辑）。

通常这么做：在 API 网关中，将每一个操作定义成一个过滤器（Filter），然后使用“责任链模式”将这些 Filter 串起来。

责任链可以动态地组织这些 Filter，以及解耦这些 Filter 之间的关系。无论是增加 Filter 还是减少 Filter，都不会对其他的 Filter 产生任何影响。

Zuul 1.0 中定义了以下 3 种 Filter。

- Pre Routing Filter：路由前过滤器。
- Routing Filter：路由过滤器。
- Post Outing Filter：路由后过滤器。

其中，每一个 Filter 都被定义好了执行顺序。Filter 在注册时，会被按照顺序插入过滤器链（Filter Chain）中；Zuul 在接收到用户请求后，会按照顺序依次执行注册在过滤器链中的 Filter，如图 12-2 所示。

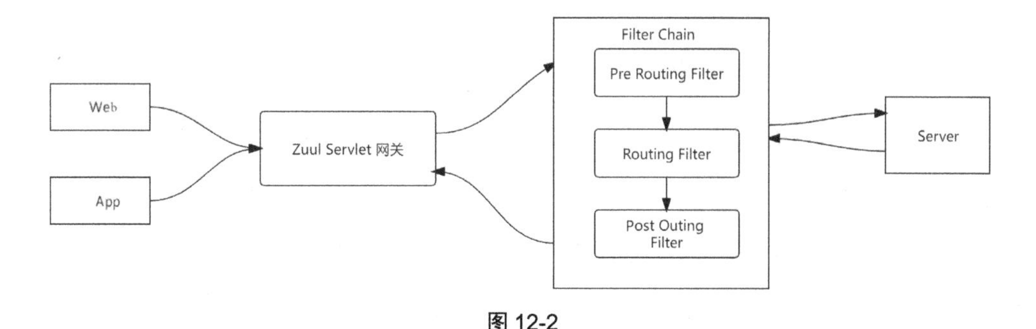

图 12-2

3. 线程隔离

为了提升网关对请求的并行处理能力，通常会引入线程池。这会带来一个问题：当后端某个服务出现异常响应很慢时，则调用该服务的线程会阻塞无法释放。随着时间的推移，线程池中的所有线程都会被这个异常缓慢的服务所占据，这样其他服务会受到影响。

所以，需要针对不同的服务做线程隔离处理，以达到保护资源的目的。可以如下这么做：

- 对于不同的服务使用不同的线程池。这样在服务之间线程池就不共用了，其中某个服务出现问题不会影响其他服务。
- 在线程池内部，对不同的服务或不同的接口进行线程保护。例如，线程池的最大线程数是 1000，则可以给每个服务或者接口设置一个最多可以使用的线程数。

在正常情况下，服务的执行时间很快，基本在“毫秒”级别。线程在被使用之后，会很快回到线程池中以供其他请求使用。并且，同时执行的线程数不会太多，对服务或者接口设置最大线程数不会影响正常的执行。

一旦发生故障，则某个接口或者服务的响应时间变长，会造成线程数暴涨，但因为有了最大线程数的限制，所以不会影响其他的接口或者服务。

在实际应用中，可以将这两种方式结合使用。例如，针对不同的服务使用不同的线程池；在线程池内部，针对不同的接口设置不同的最大线程数。

4. 细节

除上面几点外，在设计生产级 API 网关时还需要考虑以下细节：

- 限流熔断。
- 负载均衡和动态路由。
- 基于 Path 的路由。
- 支持截获过滤器链。
- 日志采集及 Metrics 埋点。

12.2.2 API 网关的选型

1. Nginx

利用 Nginx 的高性能优势，可以通过嵌入 Lua 脚本开发 API 网关。“Nginx + Lua 脚本”开发 API 网关的优点如下：

- 高性能。
- 稳定。

其缺点：门槛较高，且需要懂 Lua 语言；可编程能力偏弱。

2. Kong

Kong 也是运行在 Nginx 中的 Lua 程序，其优点如下：

- 高性能。
- 提供可编程 API。

其缺点：门槛较高，需要用 OpenResty/Lua 来实现。

3. Zuul

Zuul 是 Spring Cloud 家族的成员。如果在项目中使用 Spring Cloud 中的组件，则可以选择使用 Zuul 进行无缝集成。其优点如下：

- 比较成熟。
- 开发简单，门槛较低。

其缺点：性能一般，可编程性一般。

4. Spring Cloud Gateway

Spring Cloud Gateway 是 Spring Cloud 的一个全新子项目，其基于 Spring 5.0。利用 Spring Boot 2.0 和 Project Reactor 等技术开发的网关，旨在为微服务架构提供一种简单、有效、统一的 API 路由管理方式。其优点如下：

- 支持异步。
- 配置比较灵活。

5. Tyk

Tyk 是基于 Go 语言实现的轻量级 API 网关，有着丰富的插件资源。对于 Go 语言技术栈的团队来说，它是一种不错的选择，但是在生产中用得不是很多。

12.3 将 API 网关应用到生产项目中

接下来将两个比较流行的开源 API 网关（Zuul 及 Spring Cloud Gateway）应用到项目中。

12.3.1 【实战】基于 Zuul 搭建生产级 API 网关

基于 Zuul 搭建生产级 API 网关不是很复杂，因为 Zuul 本身就是一个微服务。

1. 基于 Zuul 构建 API 网关

由于 Zuul 自身就是一个基于 Spring Boot 的微服务，所以，可以通过创建一个新的 Maven

工程的方式轻松搭建 API 网关。

（1）引入依赖。

构建 Zuul 服务，需要引入 spring-cloud-starter-netflix-zuul：

```
<dependency>
      <groupId>org.springframework.cloud</groupId>
      <artifactId>spring-cloud-starter-netflix-zuul</artifactId>
</dependency>
```

（2）创建启动类。

```
@SpringBootApplication
@EnableZuulProxy
public class ZuulApplication {
 public static void main(String[] args) {
        SpringApplication.run(ZuulServerApplication.class, args);
     }
}
```

注解 @EnableZuulProxy 用于标识该 Bootstrap 类为 Zuul 服务器的入口类。该注解有非常丰富的功能，基于此注解可以使用 Zuul 中的各种内置过滤器来实现复杂的服务路由。

（3）关联注册中心。

API 网关的功能会涉及服务的发现和调用。以 Eureka 为代表的注册中心，为服务路由提供了服务定义信息，这是 API 网关能够实现服务路由的基础。

为了实现 Zuul 与 Eureka 的交互，需要在 Zuul 服务的配置文件中增加对 Eureka 的集成。配置内容如下所示：

```
server:
  port: 8080
eureka:
  instance:
    preferIpAddress: true
  client:
    registerWithEureka: true
    fetchRegistry: true
    serviceUrl:
    defaultZone: http://peer1:8661/eureka/
```

2. 基于 Zuul 实现服务路由

API 网关最重要的功能是服务路由，即通过 Zuul 服务访问的请求会自动被路由到对应的后端服务中。访问 Zuul 网关的 URL 的通用格式如下所示：

```
http://zuul-server-adress:8080/service
```

其中，zuul-server 代表 Zuul 服务部署地址；service 对应于后端服务，主要依赖 Zuul 服务中的服务路由配置。

在 Zuul 中有如下几种服务路由信息配置方式：基于服务发现映射的服务路由、基于动态配置映射的服务路由、基于静态配置映射的服务路由。下面分别介绍。

（1）基于服务发现映射的服务路由。

Zuul 可以基于注册中心的服务发现机制，实现自动化服务路由功能。所以，使用 Zuul 实现服务路由最常见、最推荐的做法是：利用这种自动化的路由映射关系来确定路由信息。

让系统自动映射，对于开发人员而言很简单，因为在 Eureka 中已经保存了所有服务的定义信息，Zuul 会将这些服务的名称和目标服务进行自动匹配。匹配的规则是，直接将目标服务映射到服务名称上。

例如：在 orderservice 服务配置文件中，通过以下配置项指定该服务的名称为 orderservice：

```
spring:
  application:
   name: orderservice
```

要访问 orderservice 服务，可以直接通过 “zuul-server-adress:8080/orderservice” 来访问。该 URL 中的目标服务和 orderservice 服务定义的名称（即 orderservice）应保持一致。

Zuul 在启动的过程中，会从 Eureka 中获取当前注册中心中所有已注册的服务信息，之后自动生成服务名称和目标服务之间的映射关系。

在采用这种系统自动映射方式时，如果注册一个新服务或下线某个已有服务，则这个映射列表也会做相应的调整。整个过程对开发人员完全可见。

（2）基于动态配置映射的服务路由。

基于服务发现机制实现服务路由，虽然使用非常方便且对开发人员透明，但也有一定的局限性。在日常开发中，往往对服务路由有一些特别的需求，可能不会使用默认的服务名称来命名目标服务，而是在请求路径前加上一个统一的前缀来进行标识。Zuul 是支持这种需求的，使用人员可以通过配置实现服务路由的灵活映射。

例如，在 Zuul 网关服务中，通过 orderservice 配置“指定的服务名称”与“请求地址”之间的映射关系，如下所示：

```
zuul:
```

```
    routes:
  orderservice: /order/**
```

这里使用“/order”来为 orderservice 指定请求的根地址。在访问“http://zuul-server-adress:8080/order/”时，请求将被转发到 orderservice 实例上。

在大型的微服务架构中有很多的微服务，对这些微服务进行全局性规划，可以通过模块或子系统的方式进行。可以在各个服务请求地址上添加一个前缀，以标识模块和子系统，以便进行服务路由。这时就要用到 Zuul 提供的前缀（prefix）配置项，如下所示：

```
zuul:
 prefix:  /serverapi
    routes:
       orderservice: /order/**
```

这里将 prefix 配置项设置为 “/serverapi”，代表在所有配置的路由请求地址之前都会自动添加“/serverapi”前缀，以识别这些请求都属于 serverapi 微服务系统。

（3）基于静态配置映射的服务路由。

Zuul 通过注册中心（如 Eureka）来映射服务路由，可以支持大部分日常场景。另外，Zuul 也提供了不依赖注册中心的服务路由方式。这种方式让 Zuul 具备更强的扩展性。可以使用自定义的路由规则来实现其与第三方系统的集成。

系统可能需要和第三方服务进行交互，而该第三方服务是无法注册到注册中心的，所以该第三方服务提供了一个 HTTP 接口供外部系统访问。

针对此种场景，可以使用静态配置的方式来完成，如下所示。这样第三方的请求就可以通过 Zuul 转发到第三方外部服务中了。

```
zuul:
  routes:
    thirdservice:
      path: /thirdservice/**
    url: http://third.com/thirdservice
```

12.3.2 【实战】基于 Spring Cloud Gateway 搭建生产级 API 网关

12.3.1 节介绍了如何基于 Zuul 实现 API 网关，并分析了在 API 网关中该如何路由服务。现在来看看怎样基于 Spring Cloud Gateway 搭建生产级 API 网关。

1. Spring Cloud Gateway 是什么

Spring Cloud Gateway 是 Spring Cloud 新推出的 API 网关框架，它提供了一个库，用于在 Spring WebFlux 上搭建 API 网关。

Spring Cloud Gateway 旨在提供一种简单且有效的方式来路由到服务 API，并为服务 API 提供跨领域的关注点，如安全性、监控/度量和弹性。

Zuul 的实现原理是：对 Servlet 进行封装，在通信上采用的是阻塞式 I/O 模型。而 Spring Cloud Gateway 基于最新的 Spring 5 和 Spring Boot 2，以及用于响应式编程的 Project Reactor 框架，采用的是响应式、非阻塞式 I/O 模型。所以，较之 Netflix Zuul，Spring Cloud Gateway 在性能上更胜一筹。

2. 搭建 Spring Cloud Gateway

Spring Cloud Gateway 是一个独立的微服务，即一个独立的 Spring Boot 应用程序。

（1）引入依赖。

构建一个单独的 Spring Boot 的 API 网关服务，并在 Maven 中添加如下依赖：

```
<dependency>
    <groupId>org.springframework.cloud</groupId>
    <artifactId>spring-cloud-starter-gateway</artifactId>
</dependency>
```

（2）配置启动类。

在启动类上添加 @EnableDiscoveryClient 注解，如下所示：

```
@SpringBootApplication
@EnableDiscoveryClient
public class GatewayApplication {
    public static void main(String[] args) {
        SpringApplication.run(GatewayApplication.class, args);
    }
}
```

3. Spring Cloud Gateway 的基本架构

Spring Cloud Gateway 有以下 3 个核心概念。

- 路由（Route）：网关的基本组成部分，由标识符、目的地 URI、断言的集合和过滤器的集合组成。
- 过滤器（Filter）：对 HTTP 请求和响应进行处理，它们都是 GatewayFilter 接口的对象。多个过滤器串联在一起可以组成过滤器链。前一个过滤器的输出作为下一个过滤器的输入，这一点与 Servlet 规范中的过滤器是相似的。
- 断言（Predicate）：用来判断是否匹配 HTTP 请求。其本质上是一个 Java 中的 Predicate 接口的对象。在进行判断时，输入的是 Spring 的 ServerWebExchange 对象。

当客户端的请求被发送到网关时，网关会通过路由的断言来判断该请求是否与某个路由匹配。如果匹配，则请求会由该路由的过滤器来处理。过滤器既可以在请求被发送到目标服务前进行处理，也可以对目标服务返回的响应进行处理，如图 12-3 所示。

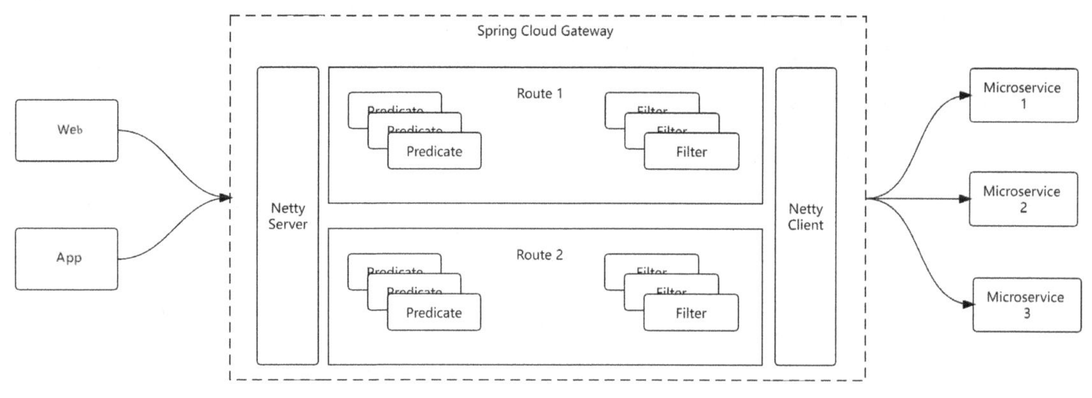

图 12-3

Spring Cloud Gateway 中的过滤器与 Zuul 中的过滤器是同一个概念。它们都用于在处理 HTTP 请求之前或之后修改请求本身及对应的响应结果。

使用 Spring Cloud Gateway，除可以指定服务的名称和目标服务地址外，还可以配置谓词和过滤器规则。

4. 使用 Spring Cloud Gateway 实现路由

同 Zuul 一样，Spring Cloud Gateway 也通过配置项来设置 Spring Cloud Gateway 对 HTTP 请求的路由行为。

但与 Zuul 不同的是，Spring Cloud Gateway 默认并不支持服务发现功能。为了使用该功能，需要在 Zuul 的配置文件中添加相关的配置项，如下所示：

```
spring:
  cloud:
 gateway:

     discovery:
       locator:
         enabled: true
```

接下来看一个完整路由配置的基本结构：

```
spring:
  cloud:
 gateway:
      routes:
      - id: testroute
        uri: lb://testservice
        predicates:
        - Path=/test/**
        filters:
        - PrefixPath=/prefix
```

在上述配置中，

- 用 id 配置项“testroute”指定了这条路由信息的编号。
- uri 配置项中的“lb”代表负载均衡（LoadBalance）。
- Predicate 断言用来对请求路径进行匹配。其中的“Path=/test/”代表所有以“/test”开头的请求都将被路由到这条路径中。
- 定义了一个过滤器 Filter ，其作用是为路径添加一个前缀。这样，当请求“/test/”时，最后转发到目标服务的路径会变为“/prefix/test/”。

Spring Cloud Gateway 提供了大量的内置断言，以及过滤器的工厂实现。

对于断言来说，可以通过 HTTP 请求的头、方法、路径、查询参数、Cookie 和主机名等来进行匹配。

对于过滤器来说，内置的过滤器工厂可以对 HTTP 请求的头、路径、查询参数和内容进行修改，也可以对 HTTP 响应的状态码、头和内容进行修改，还可以实现请求速率限制、自动重试和断路器等功能。

5. Spring Cloud Gateway 过滤器的使用

Spring Cloud Gateway 提供了一个全局过滤器（即对所有请求路由都生效的过滤器）。在全局过滤器内部也提供了很多的内置过滤器。

（1）全局过滤器。

下面来看看如何使用全局过滤器（GlobalFilter）对所有的 HTTP 请求进行拦截。其实，只需要实现 GlobalFilter 接口即可，如下所示：

```
@Configuration
public class JWTAuthFilter implements GlobalFilter {
    @Override
    public Mono<Void> filter(ServerWebExchange exchange, GatewayFilterChain
chain) {
```

```
            ServerHttpRequest.Builder builder =
exchange.getRequest().mutate();
            builder.header("Authorization","JWTToken");
           return
chain.filter(exchange.mutate().request(builder.build()).build());
        }
    }
```

在以上代码中，利用全局过滤器在所有的请求中添加了 Header 的实现方法，即给所有经过 API 网关的 HTTP 请求添加了一个消息头，用来设置与 JWT Token 相关的安全认证信息。

（2）pre、post 阶段的过滤器。

在 Zuul 网关中，有 pre、route、post 和 error 这 4 个阶段的过滤器，分别对应一个 HTTP 请求的不同生命周期。

在 Spring Cloud Gateway 中也提供了可用于 pre 和 post 这两个阶段的过滤器。

以下代码展示了一个 post 阶段的过滤器，主要通过继承一个 AbstractGatewayFilterFactory 类来实现，然后通过覆写 apply()方法来提供针对 ServerHttpResponse 对象的所有操作：

```
    public class PostGatewayFilterFactory extends AbstractGatewayFilterFactory {
        public PostGatewayFilterFactory() {
            super(Config.class);
        }
        public GatewayFilter apply() {
            return apply(o -> {
            });
        }
        @Override
        public GatewayFilter apply(Config config) {
            return (exchange, chain) -> {
              return chain.filter(exchange).then(Mono.fromRunnable(() -> {
                  ServerHttpResponse response = exchange.getResponse();
                  //对于 Response 的处理可以在此执行
                }));
              };
        }
        public static class Config {
        }
    }
```

以上代码实现了 post 阶段的过滤器。pre 阶段的过滤器的实现方式与这里相同，只不过处理的目标是 ServerHttpRequest 对象而已。

（3）请求限流过滤器。

在大型系统中，请求限流经常被使用到，它对系统有着至关重要的影响。所以，Spring Cloud Gateway 专门提供了一个请求限流过滤器（RequestRateLimiter）。

请求限流的一般做法：衡量请求处理的速率，并对其进行控制。因此，RequestRateLimiter 抽象了以下两个参数来实现这个目标。

- replenishRate：允许用户每秒执行多少请求，而不丢弃任何请求。
- burstCapacity：用户在一秒钟内执行的最大请求数。

如果把请求看成往一个桶里倒水，那么 replenishRate 参数用于控制水流的速度，burstCapacity 参数用于控制桶的大小。

在 Spring Cloud Gateway 中是如何进行请求限流的呢?

只需要进行相关配置即可，如以下代码所示：

```
spring:
  cloud:
    gateway:
     routes:
        - id: requestratelimiterroute
             uri: lb://interventionservice
          filters:
             - name: RequestRateLimiter
               args:
                  redis-rate-limiter.replenishRate: 50
                  redis-rate-limiter.burstCapacity: 100
```

请求限流过滤器的实现需要依赖 Redis，所以，在项目中需要引入 spring-boot-starter-data-redis-reactive 以支持响应式编程。其中，参数 replenishRate 和 burstCapacity 可根据实际情况进行调整。

第 4 篇

高并发项目设计及实战

第 13 章 高并发系统设计原则

本章介绍在面临复杂业务时，设计高并发系统有哪些通用原则。

13.1 高并发系统的通用设计原则

随着公司业务的飞速发展，以及业务的多样性，用户数会迅猛增长，系统的流量会越来越大。因此，大规模的并发用户访问会对系统的处理能力造成巨大的冲击，系统必须要有足够强的处理能力才能应对。

下面介绍高并发系统的通用设计原则，利用这些原则可以保障系统基本稳定。

13.1.1 利用负载均衡分散流量

在系统的演变过程中，为了应对出现的各种技术挑战及系统瓶颈，需要不断迭代产品及优化系统架构，以不断增强系统的处理能力。

在流量增长的过程中，首先要考虑的一般是应用服务器的负载均衡，即将多个应用服务器构建成一个集群，共同对外提供服务。

负载均衡的核心思想是：通过一个负载均衡服务器，依据相应的负载均衡算法，将用户的请求分发给多个应用服务器。

这种负载均衡的设计架构，不仅可以提高系统的处理能力，还可以保证整体系统的可用性，从而解决高并发用户请求下的系统性能问题。

如图 13-1 所示，用户的请求先到达负载均衡服务器，之后被负载均衡服务器分发到 Web 服务器上。

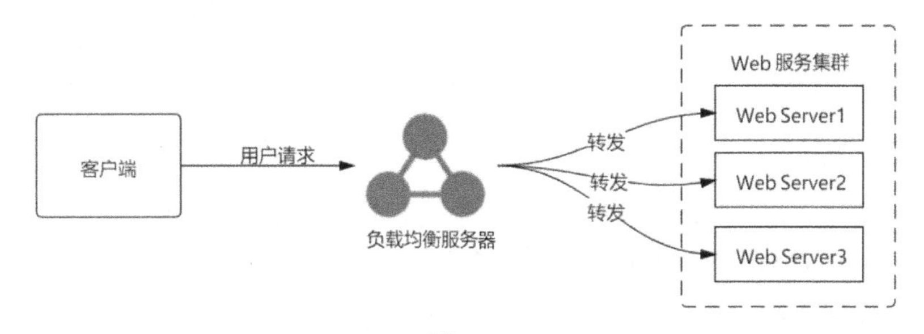

图 13-1

当其中一个 Web 服务器出现异常不能被访问时，负载均衡服务器会通过自己的策略（如响应超时或心跳策略）自动感知 Web 服务器的异常，从而将用户请求转发给其他正常的 Web 服务器。这样就保证了用户的请求总是成功的，整个系统对外是可用的，即其中某个 Web 服务器不可用不会影响整个系统的可用性。

负载均衡服务器在转发用户请求时，是根据负载均衡算法来实现的。负载均衡算法决定着请求最终被转发到哪一台应用服务器。目前常用的负载均衡算法有：

- 随机算法。
- 轮询算法。
- 加权轮询算法。
- 最少活跃连接算法
- 一致性 Hash 算法。

1. 随机算法

随机算法就是在可用的应用服务节点中随机挑选一个节点来访问。在具体实现上，通常通过生成一个随机数来实现。例如，当前有 10 个节点，那么就每次生成一个 1～10 的随机数，然后即可得到要访问的节点。如以下伪代码所示：

```
List<Referer<T>> referers = getReferers();
        int idx = (int) (ThreadLocalRandom.current().nextDouble() *
referers.size());
        for (int i = 0; i < referers.size(); i++) {
            Referer<T> ref = referers.get((i + idx) % referers.size());
            if (ref.isAvailable()) {
                return ref;
            }
        }
        return null;
```

在节点数量足够多且访问量较大的情况下，使用随机算法可以让每个节点被访问的概率基本相同。

2. 轮询算法

轮询算法就是，在可用的服务节点中，按照固定的顺序依次访问节点。

在具体实现上通常是：将所有的可用节点放进一个数组里，然后按照数组编号依次转发请求。

例如，现在有 10 个节点，如果将其放进一个大小为 10 的数组，则可以从数组编号为 0 的节点开始访问，下一次就访问数组编号为 1 的节点，以此类推。

轮询算法能够保证所有节点被访问的概率都是相同的，如以下伪代码所示：

```
int[] arr = { 9, 8, 7, 6, 5, 4, 3, 2, 1, 0 };
  int index = 0; // 索引：指定起始位置
  for (int i = 0; i < 10; i++) {
   int nextIndex = (index + 1) % arr.length;
   index = nextIndex;
   System.out.println(arr[index] + " ,index=" + index);
}
```

3. 加权轮询算法

加权轮询算法，就是在轮询算法的基础上给每个节点添加一个权重，从而使得每个节点被访问的概率不相同，即权重大的节点被访问的概率高，权重小的节点被访问的概率低。

在具体实现上，可以生成一个节点序列，该序列里有 n 个节点，n 是所有节点的权重之和。在这个序列中，每个节点出现的次数就是它的权重值。

例如，有 3 个节点 node1、node2、node3，对应的权重分别是 3、2、1。那么生成的序列就是{node1、node1、node2、node3、node2、node1}。按照这个序列来访问节点，前 6 次请求分别访问 node1 节点 3 次，node2 节点 2 次，node3 节点 1 次。从第 7 个请求开始，又重新按照这个序列的顺序来访问节点。一段 Motan 框架的代码如下：

```
static abstract class RefererListCacheHolder<T> {
        abstract Referer<T> next();
    }

class MultiGroupHolder<T> extends RefererListCacheHolder<T> {
        private int randomKeySize = 0;
        private List<String> randomKeyList = new ArrayList<String>();
        private Map<String, AtomicInteger> cursors = new HashMap<String,
AtomicInteger>();
        private Map<String, List<Referer<T>>> groupReferers = new
HashMap<String, List<Referer<T>>>();
        MultiGroupHolder(String weights, List<Referer<T>> list) {
```

```
            LoggerUtil.info("ConfigurableWeightLoadBalance build new
MultiGroupHolder. weights:" + weights);
            String[] groupsAndWeights = weights.split(",");
            int[] weightsArr = new int[groupsAndWeights.length];
            Map<String, Integer> weightsMap = new HashMap<String,
Integer>(groupsAndWeights.length);
            int i = 0;
            for (String groupAndWeight : groupsAndWeights) {
               String[] gw = groupAndWeight.split(":");
               if (gw.length == 2) {
                  Integer w = Integer.valueOf(gw[1]);
                  weightsMap.put(gw[0], w);
                  groupReferers.put(gw[0], new ArrayList<Referer<T>>());
                  weightsArr[i++] = w;
               }
            }

            // 求出最大公约数，若不为 1，则对权重做除法
            int weightGcd = findGcd(weightsArr);
            if (weightGcd != 1) {
               for(Map.Entry<String,Integer> entry: weightsMap.entrySet()) {
                  weightsMap.put(entry.getKey(),entry.getValue()/
weightGcd);
               }
            }

            for (Map.Entry<String, Integer> entry : weightsMap.entrySet()) {
               for (int j = 0; j < entry.getValue(); j++) {
                  randomKeyList.add(entry.getKey());
               }
            }
            Collections.shuffle(randomKeyList);
            randomKeySize = randomKeyList.size();

            for (String key : weightsMap.keySet()) {
               cursors.put(key, new AtomicInteger(0));
            }

            for (Referer<T> referer : list) {
               groupReferers.get(referer.getServiceUrl().getGroup()).
add(referer);
            }
         }

         @Override
         Referer<T> next() {
            String group = randomKeyList.get(ThreadLocalRandom.current().
```

```
nextInt(randomKeySize));
            AtomicInteger ai = cursors.get(group);
            List<Referer<T>> referers = groupReferers.get(group);
            return referers.get(MathUtil.getNonNegative
(ai.getAndIncrement()) % referers.size());
        }

        // 求最大公约数
        private int findGcd(int n, int m) {
            return (n == 0 || m == 0) ? n + m : findGcd(m, n % m);
        }

        // 求最大公约数
        private int findGcd(int[] arr) {
            int i = 0;
            for (; i < arr.length - 1; i++) {
                arr[i + 1] = findGcd(arr[i], arr[i + 1]);
            }
            return findGcd(arr[i], arr[i - 1]);
        }
    }
```

在实施加权轮询算法时，要尽可能保证生成的序列是均匀的，如果不均匀则会造成节点被转发请求失衡。

4. 最少活跃连接算法

最少活跃连接算法，就是每次都选择连接数最少的服务节点来转发请求。因为不同的服务节点处理请求的速度不一样，所以每个服务节点上的连接数也是不同的。

连接数大的服务节点，处理请求可能要慢一点；连接数小的服务节点，可能处理请求要快一点。所以，可以依据连接数来选择连接数较少的服务节点转发请求，如以下代码所示：

```
    protected Referer<T> doSelect(Request request) {
        List<Referer<T>> referers = getReferers();

        int refererSize = referers.size();
        //获取一个起始的索引
        int startIndex = ThreadLocalRandom.current().nextInt(refererSize);
        int currentCursor = 0;
        int currentAvailableCursor = 0;

        Referer<T> referer = null;
        //获取最多不超过MAX_REFERER_COUNT、状态是isAvailable的referer进行判断
activeCount
        while (currentAvailableCursor < MAX_REFERER_COUNT && currentCursor <
refererSize) {
```

```
            Referer<T> temp = referers.get((startIndex + currentCursor) %
refererSize);
            currentCursor++;

            if (!temp.isAvailable()) {
                continue;
            }

            currentAvailableCursor++;

            if (referer == null) {
                referer = temp;
            } else {
                if (compare(referer, temp) > 0) {
                    referer = temp;
                }
            }
        }

        return referer;
    }
```

在实现时，需要记录每一个服务节点的连接数。这样在选择服务节点时，才能找到连接数最小的服务节点。

5. 一致性 Hash 算法

一致性 Hash 算法，是通过某个 Hash 函数把同一个来源的请求都映射到同一个节点上。其核心思想是：同一个来源的请求只会被分配到同一个服务节点（具有记忆功能）；只有当这个服务节点不可用时，请求才会被分配到相邻的可用服务节点上。如以下代码所示：

```
    protected Referer<T> doSelect(Request request) {
        //对请求计算 Hash 值
        int hash = getHash(request);
        Referer<T> ref;
        for (int i = 0; i < getReferers().size(); i++) {
        //通过 Hash 值获取目标节点
            ref = consistentHashReferers.get((hash + i) %
consistentHashReferers.size());
            if (ref.isAvailable()) {
                return ref;
            }
        }
        return null;
    }
```

```
    private int getHash(Request request) {
            int hashcode;
            if (request.getArguments() == null || request.getArguments().length
== 0) {
                hashcode = request.hashCode();
            } else {
                hashcode = Arrays.hashCode(request.getArguments());
            }
            return MathUtil.getNonNegative(hashcode);
        }
```

对于这 5 种常用的负载均衡算法，可以根据企业实际业务情况及生产节点情况，选择最优最匹配业务的算法。

13.1.2 利用分布式缓存扛住“读”流量

随着用户的进一步增加，读/写请求会越来越多，原先的数据库已表现出“很吃力”的现象，系统整体性能呈下降的趋势。这时就可以使用分布式缓存来改善整个系统的性能，如图 13-2 所示。

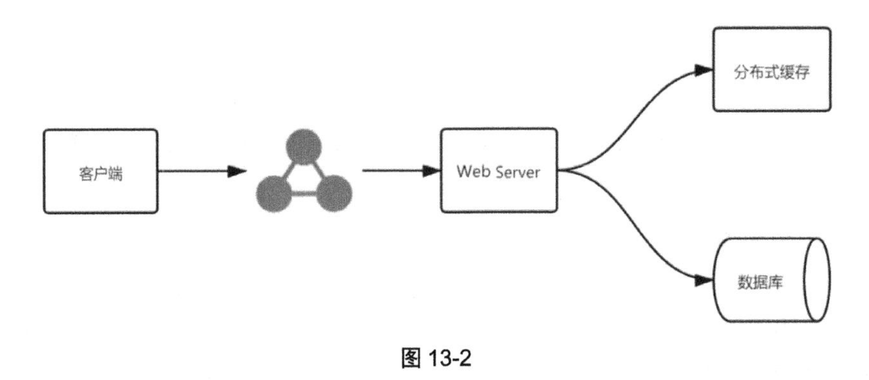

图 13-2

缓存是提升系统性能的一个“利器”，也是应该最先被想到提升系统性能的方案。在第 7 章中已经介绍了缓存的作用及难点突破。

13.1.3 实现数据库的读写分离

在绝大部分的业务场景中都是“读多写少”。例如，商品浏览的请求，肯定比下单的请求要多很多。

那么就需要思考数据库怎么面对这种巨大的读请求压力。比较流行且有效的做法是，将读请求的流量和写请求的流量分开，这样可以针对读请求进行单独的扩展优化。这就是数据库的读写分离。

可以让用户的读请求访问 Slave 库，写请求访问 Master 库，如图 13-3 所示。在 8.3 节中详细介绍了读写分离方案。

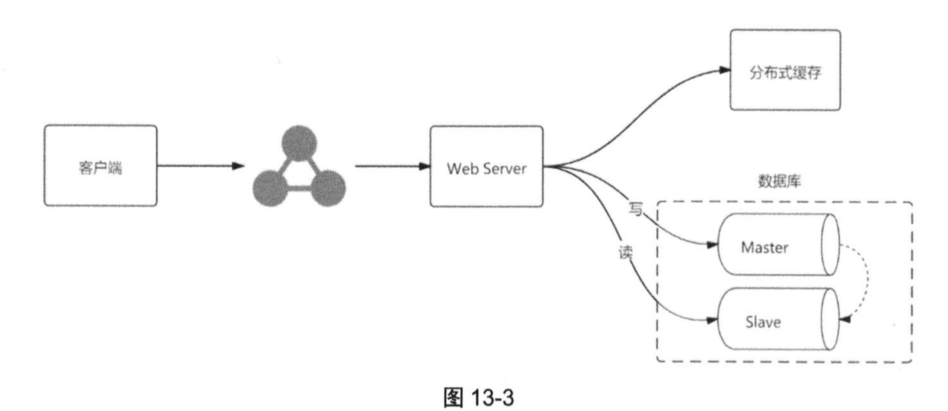

图 13-3

13.1.4 实现数据库分库分表

当单台数据库难以承受高并发请求（如每秒上万甚至十万的并发请求）时，CPU 很有可能会宕机。这时，需要更多的数据库实例来承载这种高并发请求，即部署多个相同的数据库实例来分摊高并发请求。假如，有 10 000 个请求，分库后每个数据表平均分摊 3 000 多个请求，并且可以横向扩展。另外，单个数据库中表的数据也在减少，如图 13-4 所示，数据库中每张表的内容变成了之前的 1/3（原来只有一个数据库，现在变成了 3 个数据库——DB1、DB2、DB3）。

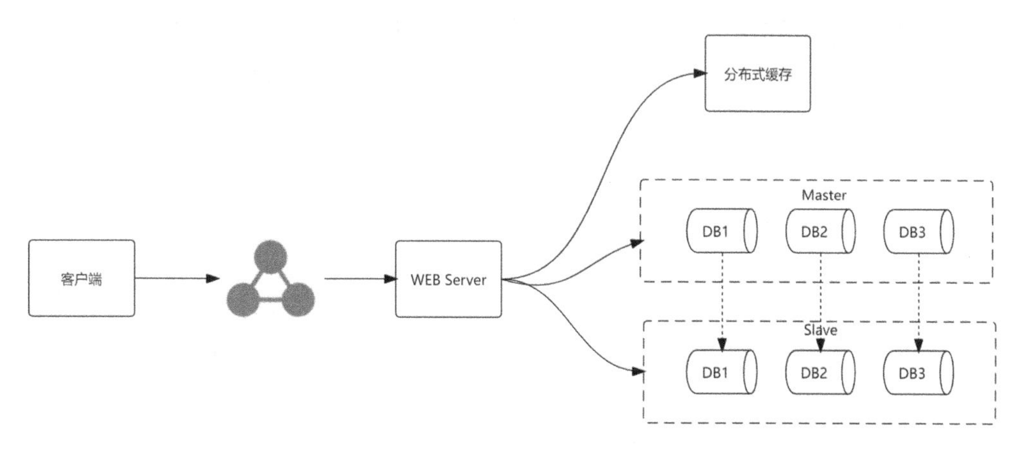

图 13-4

如果其中某个表中的数据依然增长迅速，超过了单表的最大承载范围，则需要对其进行拆分，用更多的表来分摊，如图 13-5 所示。

如图 13-5 所示，拆分后每张表的数据量就非常少了。在设计时，可以考虑一次性拆分出足够多的表，这样可以为系统未来的运行做好充分的准备。在 8.3 节中详细介绍了分库分表方案。

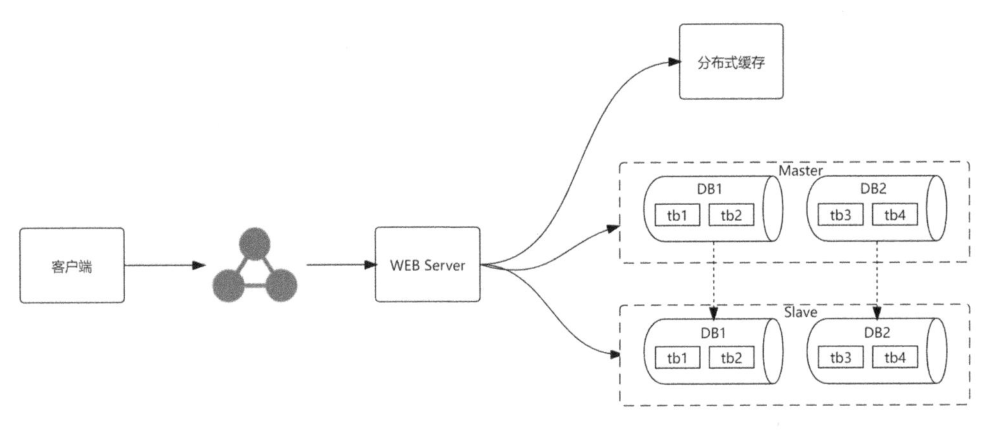

图 13-5

13.1.5 使用 NoSQL、消息队列及搜索引擎技术

随着用户进一步的增加（甚至达到“亿”级别），系统将会面临更多的挑战：传统数据库的不足；搜索场景的多样化；系统瞬时流量高峰；系统吞吐量下降。

这时可采用的技术手段如图 13-6 所示。

- 使用 NoSQL 数据库来和传统数据库进行互补。
- 使用消息中间件提高系统整体吞吐量，以及削峰填谷。
- 使用搜索引擎应对复杂的搜索场景，提高用户搜索体验。

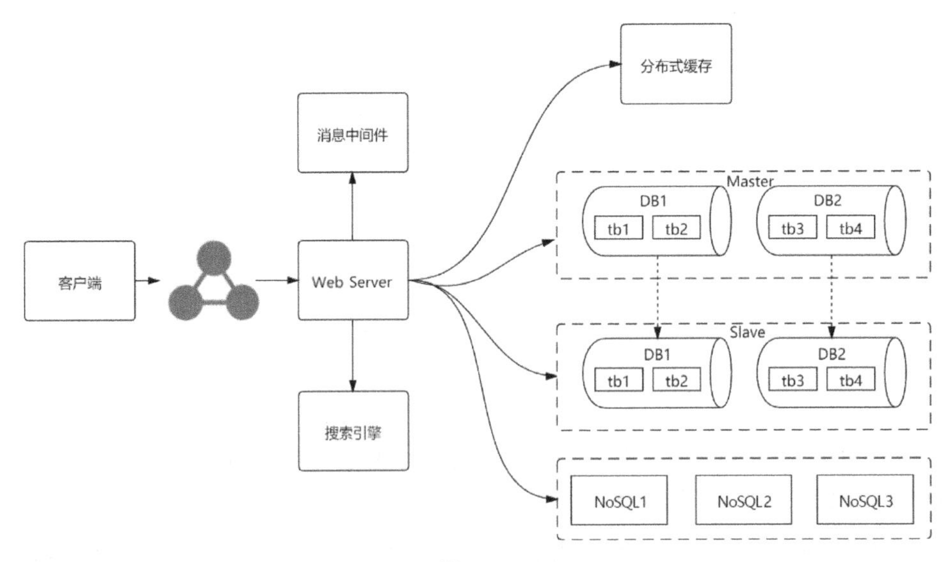

图 13-6

13.1.6 将大应用拆分为小应用

随着业务的发展，很多服务会重复出现——该服务被很多业务复用。这时可以考虑对该服务进行拆分，使用分布式的服务去解决服务复用问题，如图 13-7 所示。

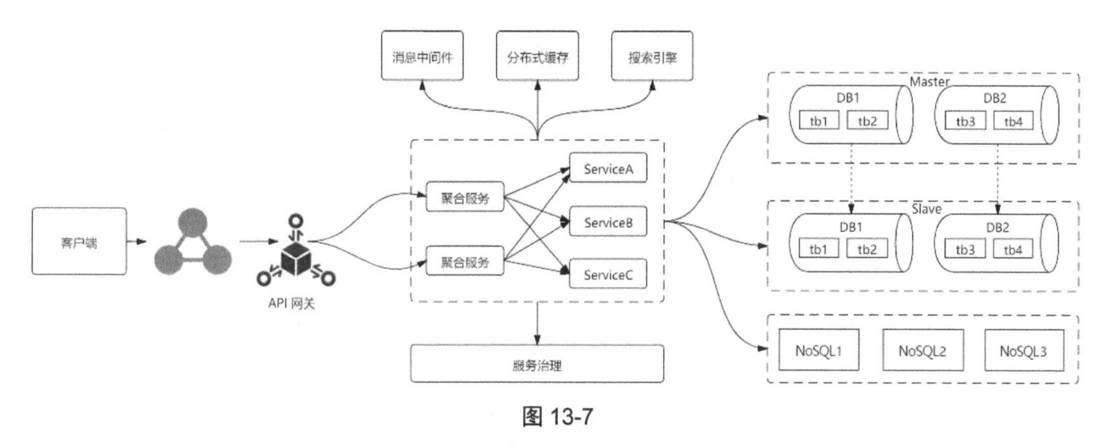

图 13-7

使用微服务与异步架构，可以使系统变得更低耦合，使业务变得更可复用，提升业务处理能力，从而支撑起一个大型系统架构。

13.2 提升系统性能的策略

通过前面章节的学习已经知道，大型互联网架构所面临的主要挑战如下：

- 高并发挑战。
- 大流量挑战。
- 高可用挑战。
- 海量数据挑战。
- 需求变更挑战。
- 频繁发布挑战。

为了应对这些挑战，需要提升系统的处理能力。提升处理能力有两种手段：垂直伸缩、水平伸缩。

13.2.1 垂直伸缩

垂直伸缩是指提升单台服务器的处理能力，如图 13-8 所示。例如，用更快频率、更多核的 CPU，用更大的内存，用更快的网卡，用更多的磁盘组成一台服务器，使单台服务器的处理能力得到提升。

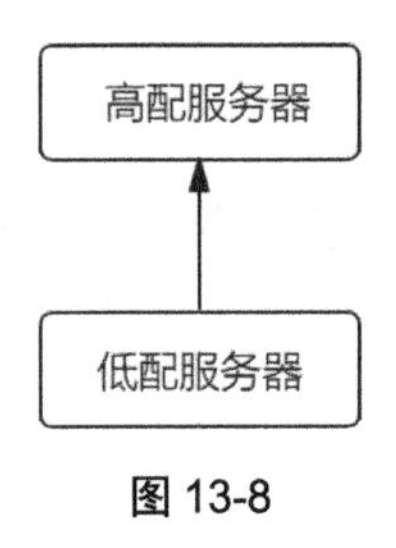

图 13-8

在早期，传统企业中都采用垂直伸缩方案来实现系统能力提升：先提升服务器的硬件水平；当某种服务器能力到达瓶颈之后，再使用更大的服务器。但是，这样成本会越来越高，运维也会越来越复杂。

13.2.2 水平伸缩

水平伸缩是指，使用更多的服务器构成一个分布式集群，这个集群统一对外提供服务，以提高系统整体的处理能力，如图 13-9 所示。水平伸缩并不会提升单机的处理能力，也不使用更昂贵的、更快的硬件。

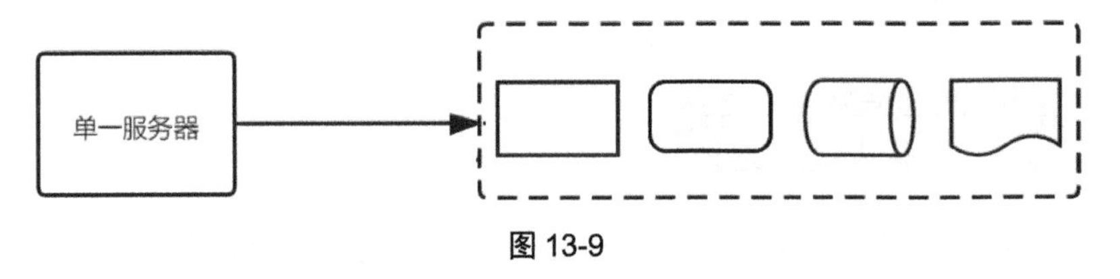

图 13-9

采用水平伸缩，只要架构合理那系统是可以始终正常运行的。系统性能没有极限，成本也不会在某个临界点突然增加。

水平伸缩只是让应用程序部署在更多的服务器上，并不需要对应用程序进行太多的改变，应用程序不会受硬件制约。

第 14 章 【项目实战】搭建千万级流量“秒杀”系统

前面章已经介绍了不少高并发知识及解决方案，本章将具体实战一个“秒杀”系统。

14.1 搭建“秒杀”系统工程

在正式开发项目前，需要进行技术选型和工程搭建。

14.1.1 技术选型

技术选型是指，依据当前业务特性，选择最适合当前业务的技术。这样，开发者可以更轻松、更快地开发和迭代产品。

1. 选型标准

可以依据以下标准来进行技术选型。

- 简单：逻辑和架构应尽可能简单。比如 Spring Cloud 本身很庞大、复杂，但是内部组件划分清晰，耦合度很低，每个组件可以被单独拿来使用。
- 易用：上手容易，技术文档丰富，社区活跃，看文档就能学会使用。
- 易扩展：支持快速扩展功能，这样能够实现一些组件当前所不支持的功能。
- 稳定：在生产环境中运行可用性高，问题较少，有固定的开发者进行维护。

- 高效：主要体现在开发效率和运行性能上。
- 低成本：主要考虑长期维护成本，比如机器成本、运维成本及功能扩展成本等。

2. **技术列表**

该“秒杀”系统所使用的技术共分为三大块：前端技术、后端技术及中间件技术。

（1）前端技术。

为了更清晰地描述“秒杀”业务场景，前端技术用来展示商品列表、商品详情页及“秒杀”动作，并做相应的动静分离处理。前端技术主要涉及如下部分。

- Bootstrap：来自 Twitter，是目前最受欢迎的前端框架。Bootstrap 基于 HTML、CSS 和 JavaScript，简洁灵活，使得 Web 开发更加快捷。
- jQuery：一个 JavaScript 库，极大地简化了 JavaScript 编程。
- Thymeleaf：用来开发 Web 和独立环境项目的服务器端模板引擎。

在 Spring 官方支持的渲染模板中并不包含 JSP 技术，而是包含 Thymeleaf 和 Freemarker 等模板技术。Thymeleaf 模板作为 SpringBoot 的视图展示，几乎没有任何使用成本，开发者只用关注 Thymeleaf 的语法即可。

（2）后端技术。

后端技术用于实现“秒杀”业务逻辑，以及提供相关的动态数据。

- Spring Boot：后端整体开发框架。
- MyBatis：ORM 框架。
- MySQL：数据库。

（3）中间件技术。

中间件技术让“秒杀”系统能支撑更大的并发，以及保持持续的稳定。

- RabbitMQ：消息中间件。
- Redis：分布式缓存。
- Druid：JDBC 连接池组件。
- Guava：Java 项目广泛依赖的核心库。

消息中间件有多种，可以依据实际项目的情况进行选择，可参考第 10 章内容。本案例使用 RabbitMQ。如果想深入了解 RabbitMQ，可以关注一下电子工业出版社出版的《RabbitMQ 分布式消息实战派》一书。

14.1.2 工程搭建

该案例基于 Maven 构建，并引入了关键组件：

```
<dependency>
    <groupId>org.springframework.boot</groupId>
    <artifactId>spring-boot-starter-web</artifactId>
</dependency>

<dependency>
    <groupId>org.springframework.boot</groupId>
    <artifactId>spring-boot-starter-thymeleaf</artifactId>
</dependency>

<dependency>
    <groupId>org.mybatis.spring.boot</groupId>
    <artifactId>mybatis-spring-boot-starter</artifactId>
    <version>1.3.1</version>
</dependency>
<!-- MySQL 驱动程序连接 -->
<dependency>
    <groupId>mysql</groupId>
    <artifactId>mysql-connector-java</artifactId>
</dependency>
<!-- Druid 数据库连接池 -->
<dependency>
    <groupId>com.alibaba</groupId>
    <artifactId>druid</artifactId>
    <version>1.0.5</version>
</dependency>
<!-- Redis 客户端 -->
<dependency>
    <groupId>redis.clients</groupId>
    <artifactId>jedis</artifactId>
</dependency>
<!-- validation 参数校验 -->
<dependency>
    <groupId>org.springframework.boot</groupId>
    <artifactId>spring-boot-starter-validation</artifactId>
```

```
</dependency>
<!-- 消息队列 -->
<dependency>
    <groupId>org.springframework.boot</groupId>
    <artifactId>spring-boot-starter-amqp</artifactId>
</dependency>
<!-- 谷歌 Guava 包 -->
<dependency>
    <groupId>com.google.guava</groupId>
    <artifactId>guava</artifactId>
    <version>19.0</version>
</dependency>
```

目录结构分为以下两部分：

- 代码层，主要包含业务逻辑实现。
- 资源层，主要包含配置信息及 Web 端静态资源。

（1）代码层的目录结构。

代码层的目录结构如下所示：

```
├── bean
├── config
├── controller
├── exception
├── mapper
├── mq
├── redis
├── result
├── service
├── utils
├── validator
├── vo
```

其中，bean 目录用于存放实体类文件，config 目录用于存放配置类文件，controller 目录用于存放控制器类，exception 目录用于存放异常类文件，mapper 目录用于存放数据库映射类，mq 目录用于存放消息中间件处理类，redis 目录用于存放缓存处理类，result 目录用于存放接口返回实体类，service 目录用于存放业务逻辑类，utils 目录用于存放工具类，validator 目录用于存放参数校验类，vo 目录用于存放界面端显示的实体类。

（2）资源层的目录结构。

资源层的目录结构如下所示：

```
├── static
├── templates
```

```
├── application.properties
```

其中，static 目录用于存放一些静态的资源文件，如图片、JS、CSS 文件等；templates 目录用于存放 Web 页面模板文件；application.properties 目录用于存放项目配置文件。

14.2 分析“秒杀”业务

“秒杀”是商家通过少量库存和超低价格的方式吸引用户的一种营销手段。随着电商用户爆发式增长，竞争愈加激烈，各大电商平台纷纷利用“秒杀”活动争抢用户。

在大型促销活动中，老系统在并发性能、可用性和公平性等方面遇到挑战。

14.2.1 “秒杀”业务场景分析

下面分析“秒杀”系统中的一些关键业务需求。

1. “秒杀”详情页

“秒杀”详情页中是“秒杀”活动的详细信息，例如活动场次、“秒杀”商品、“秒杀”价格和活动规则等。

有些平台会在“秒杀”详情页中展示多场“秒杀”活动信息，以及每场“秒杀”活动的商品信息，让用户选择自己感兴趣的活动场次。

所以，通常大的电商平台都会将“秒杀”详情页分为以下两个展示区。

- “秒杀”活动场次信息区：可以随意切换活动场次。
- “秒杀”商品列表区：点击商品可以查看商品详情。

2. 查看商品列表

商品列表中主要包括以下信息：

- 商品图片。
- 商品名称。
- 库存信息。
- 原价、活动价。
- “秒杀”动作。

用户点击商品后会有两种情况：

（1）活动已开始，已登录用户显示“立即抢购”，未登录用户显示“登录后抢购”。

（2）活动未开始，显示“提醒我”按钮，用户可以通过点击该按钮订阅活动通知。

3. 高可用指标

高可用指标包含如下几项。

- MTBF（Mean Time Between Failure，平均可用时长）：一段时间中系统正常、稳定运行的平均时长。比如，在 3 天内系统共出现了 3 次故障，每次持续 1 小时，那么这 3 天的平均可用时长是 23 小时。
- MTTR（Mean Time To Repair，平均修复时长）：系统从失效到恢复正常所耗费的平均时间，比如前面提到的每次故障持续 1 小时。
- SLA（Service-Level Agreement，服务等级协议）：用于评估服务可用性等级，计算公式是 MTBF/(MTBF+MTTR)。一般我们所说的可用性高于 99.99%，是指 SLA 高于 99.99%。

通常在看监控数据时会关心 SLA 这个指标。在使用第三方服务和平台时，一般会关注第三方平台的可用性指标，如某个第三方支付平台的可用性高于 99.999%。

接下来，看看在实际项目中该如何计算 SLA。

一个系统依赖四个子系统（A、B、C、D），如图 14-1 所示。只要其中一个子系统不正常，则整个系统就无法正常工作。那么，整个系统的 SLA = SLA(A) × SLA(B) × SLA(C) × SLA(D)。

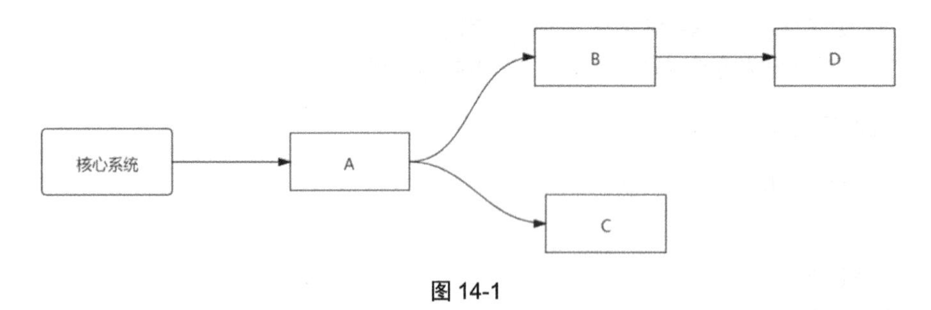

图 14-1

如图 14-1 所示，这 4 个子系统的 SLA 分别为 99.99%、99.995%、99.995%、99.999%。整个系统的 SLA 为 99.979%，小于每一个子系统的 SLA。

如果将两个子系统以主备关系提供服务，那么，只有当两个子系统都出问题时才会影响整个系统，那么整个系统的 SLA = 1 − (1−SLA(a1)) × (1 − SLA(a2))，如图 14-2 所示。

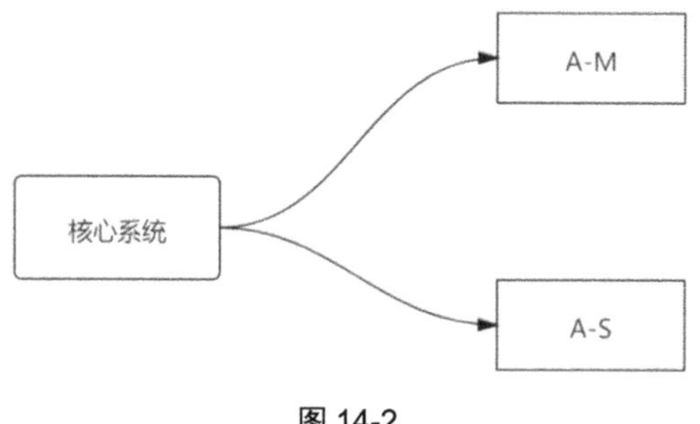

图 14-2

如图 14-2 所示，如果 A-M 系统的 SLA 为 99.99%，A-S 系统的 SLA 为 99.995%，那么整个系统的 SLA 为 99.9999995%。

主备切换也需要耗费时间，在实际计算时需要将主备切换的耗时考虑在内。

如下几个关键因素会影响 SLA：

- 服务因自身问题宕机或不能正常工作。
- 服务因机器物理故障无法正常工作，比如磁盘故障、内存故障成主板故障等。
- 服务器物理机因机房断网、断电、空调损坏无法降温等原因不能正常工作。
- 地震、洪水和台风等灾害导致机房损坏。
- 服务依赖的组件因故障无法正常工作。
- 被黑客攻击无法正常工作。
- 因并发量超过系统承载能力，而导致的系统崩溃、数据错乱。

在设计上，通常下层系统的 SLA 要高于上层系统的 SLA：只有下层系统的 SLA 足够高，上层系统的 SLA 才更能得到保障。

4. 高并发指标

不同业务系统对并发的要求是不一样的。比如，ToC 业务系统的用户量较大，对并发要求相对较高；ToB 业务系统的用户量较小，对并发要求相对较低。

同样是 ToC 业务系统，因为功能不同，它们对并发的要求也可能不一样。比如，“秒杀”对读并发的要求会比下单的写并发要求高。

如何准确地评估高并发指标，需要从用户增长、用户习惯、业务形态和系统承载能力等方面进行分析。

对于“秒杀”系统来说，通常用户数是远大于库存数的。一旦库存被抢完，则“秒杀”活动基本上就结束了。可以根据“秒杀”活动的特点做以下分析。

- 用户增长：月/年用户增长量是多少？是否有在社交平台推广？
- 用户习惯：“秒杀”活动期间是否跟用户活跃时间重叠？用户是否会频繁点击“秒杀”按钮或者刷新活动页面？
- 业务形态：是否为爆品？商品在购物车的超时时间是多少？下单超时时间是多少？超时后库存是否需要归还？
- 系统承载能力：系统底层数据库等资源承载能力如何？业务系统是否要扩容？

总之，并发指标需要综合评估，需要权衡成本和收益，毕竟大多数时候并发能力是需要靠“堆机器”来提升的。

5. 高性能指标

除可用性外，性能也是影响用户体验的因素之一。对于 ToC 业务来说，如果请求超过 2 s 返回，则会影响用户体验；如果在 5 s 内没有响应，则用户可能就会离开。

影响性能指标的因素主要有：

- 用户网络环境。
- 请求/返回的数据大小。
- 业务系统中 CPU、内存和磁盘等的性能。
- 下游资源的性能。
- 算法实现是否高效。
- 请求链路的长短。

在分析时，需要充分结合业务特点和资源环境来综合评估。应根据业务特点来分析外部因素，根据资源环境来分析内部因素，综合评估出合理的指标，切忌盲目定指标。

另外，并不是指标越高越好，追求过高的指标可能会浪费资源。

14.2.2 “秒杀”痛点分析

“秒杀”系统需要应对以下几个挑战：

- 巨大的瞬时流量。
- 热点数据。
- 扣减库存。

- 被“刷流量”。

可以到第 2 章再回顾一遍。只有深刻体会这些痛点，才能更好地进行设计。

14.3 具体设计与开发

接下来就开始具体设计与开发了。

14.3.1 数据库层的设计与开发

该案例主要包括如下信息，如图 14-3 所示。

- 商品信息，包括商品名称、商品标题、商品图片、商品详情及商品库存信息。
- 用户信息，包括昵称、密码、混淆盐值、头像信息、注册时间及登录时间等。
- “秒杀”商品信息，包括商品 ID、“秒杀”价、库存数量及并发版本控制等。
- 订单信息，包括用户 ID、商品 ID、商品名称、商品数量、价格、订单渠道及订单状态等。
- 用户订单关联信息，包括用户 ID、订单 ID 及商品 ID。

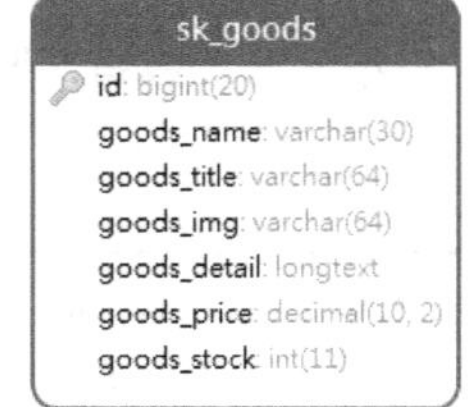

图 14-3

14.3.2 业务服务层的设计与开发

该案例主要涉及四个关键业务：用户服务、商品服务、“秒杀”服务和订单服务。

1. 用户服务

用户服务主要包括用户登录、cookie 管理及 token 管理等，如以下代码所示。

```
public String login(HttpServletResponse response, LoginVo loginVo) {
        if (loginVo == null) {
            throw new GlobalException(CodeMsg.SERVER_ERROR);
        }
        String mobile = loginVo.getMobile();
        String formPass = loginVo.getPassword();
        //判断手机号是否存在
        User user = getById(Long.parseLong(mobile));
        if (user == null) {
            throw new GlobalException(CodeMsg.MOBILE_NOT_EXIST);
        }
        //验证密码
        String dbPass = user.getPassword();
        String saltDB = user.getSalt();
        String calcPass = MD5Util.formPassToDBPass(formPass, saltDB);
        if (!calcPass.equals(dbPass)) {
            throw new GlobalException(CodeMsg.PASSWORD_ERROR);
        }
        //生成唯一 ID 作为 token
        String token = UUIDUtil.uuid();
        addCookie(response, token, user);
        return token;
    }
```

在用户登录时，先判断该用户是否存在。

- 对于存在且密码验证成功的用户，通过其 UUID 生成唯一 ID 作为 token，再用 token 作为 key，将用户信息作为 value 来模拟 session 存储到 Redis 中，同时将 token 存储到 cookie 中，保持登录状态。
- 对于不存在的用户或密码验证失败的用户，则抛出“用户不存在”或者“密码错误”的异常。

在分布式集群中，服务器间需要同步。在定时同步各个服务器的 session 信息时，可能会因为延迟而导致 session 不一致。使用 Redis 可以把 session 数据集中起来存储，从而解决 session 不一致的问题。

其中，用户密码采用的是两次 MD5 加密：

（1）将用户输入的密码和固定的 salt 通过 MD5 算法加密，得到第 1 次加密后的密码。

（2）将第 1 次加密后的密码和随机生成的 salt，通过 MD5 算法进行第 2 次加密。

（3）将第 2 次加密后的密码和第 1 次固定的 salt 一起存进数据库中。

这样操作主要有两个好处：

- 第 1 次加密，可以防止用户明文密码在网络进行传输。
- 第 2 次加密，可以防止数据库被盗后通过 MD5 工具反推出密码，起到双重保险的作用。

2. 商品服务

商品服务主要涉及查询商品列表、查询商品详情，以及扣减库存的处理：

```
/**
  * 查询商品列表
  * @return
 */
    public List<GoodsVo> listGoodsVo() {
        return goodsMapper.listGoodsVo();
    }

    /**
     * 根据 ID 查询指定商品
     * @return
     */
    public GoodsVo getGoodsVoByGoodsId(long goodsId) {
        return goodsMapper.getGoodsVoByGoodsId(goodsId);
    }
```

扣减库存的处理：

```
/**
  * 减少库存，每次减 1
  *
 */
    public boolean reduceStock(GoodsVo goods) {
        int numAttempts = 0;
        int ret = 0;
        SeckillGoods sg = new SeckillGoods();
        sg.setGoodsId(goods.getId());
        sg.setVersion(goods.getVersion());
        do {
            numAttempts++;
            try {
                sg.setVersion(goodsMapper.getVersionByGoodsId(goods.
getId()));
                ret = goodsMapper.reduceStockByVersion(sg);
```

```
            } catch (Exception e) {
                e.printStackTrace();
            }
            if (ret != 0)
                break;
        } while (numAttempts < DEFAULT_MAX_RETRIES);

        return ret > 0;
    }
```

在扣减库存过程中需要解决“超卖”问题。商品“超卖”是指：在多个用户并发购买一个商品时，多个用户获取的是相同的库存数量，在某个用户提交订单后该商品库存数量被扣减为 0 了，而同时还有用户也提交了订单，商品的库存数量被再次扣减。

解决商品“超卖”的思路如下。

- 在更新库存时，先判断库存数量，只有当库存数量大于 0 时才能更新库存数量。
- 对用户 ID 和商品 ID 建立一个唯一索引。通过这种约束，可以避免同一个用户同时发送两个请求“秒杀”同一件商品两次。
- 使用乐观锁：给商品信息表增加一个 version 字段，即为每一条数据加上版本号。每次更新库存时，首先获取当前版本号（version），然后在提交时会将当前版本号（version）加 1，并且在条件中带上当前版本号（如 where version=1.0）。如果“在提交时获取的版本号”等于“更新之前获取的版本号”，则会正常更新；如果不一致，则不进行提交更新。如果库存数量足够，若发生乐观锁冲突，则可以进行一定次数的重试。

3. “秒杀”服务

“秒杀”服务需要确保扣减库存数量、下订单及生成“秒杀”订单这 3 个操作在一个事务当中：

```
//保证 3 个操作（扣减库存数量、下订单、生成“秒杀”订单）在一个事务中
@Transactional
public OrderInfo seckill(User user, GoodsVo goods){
    //扣减库存数量
    boolean success = goodsService.reduceStock(goods);
    if (success){
        //下订单、生成“秒杀”订单
        return orderService.createOrder(user, goods);
    }else {
        setGoodsOver(goods.getId());
        return null;
    }
}
```

4. 订单服务

订单服务需要同时生成订单详情及“秒杀”订单信息，并且它们在同一个事务中：

```
@Transactional
    public OrderInfo createOrder(User user, GoodsVo goods) {
        OrderInfo orderInfo = new OrderInfo();
        orderInfo.setCreateDate(new Date());
        orderInfo.setDeliveryAddrId(0L);
        orderInfo.setGoodsCount(1);
        orderInfo.setGoodsId(goods.getId());
        orderInfo.setGoodsName(goods.getGoodsName());
        orderInfo.setGoodsPrice(goods.getGoodsPrice());
        orderInfo.setOrderChannel(1);
        orderInfo.setStatus(0);
        orderInfo.setUserId(user.getId());
        orderMapper.insert(orderInfo);

        SeckillOrder seckillOrder = new SeckillOrder();
        seckillOrder.setGoodsId(goods.getId());
        seckillOrder.setOrderId(orderInfo.getId());
        seckillOrder.setUserId(user.getId());
        orderMapper.insertSeckillOrder(seckillOrder);

        redisService.set(OrderKey.getSeckillOrderByUidGid, "" + user.getId()
+ "_" + goods.getId(), seckillOrder);

        return orderInfo;
    }
```

14.3.3 动静分离的实现

动静分离就是把用户请求的数据分为两部分。

- 动态数据：和用户相关的一些个性化数据，如“千人千面”的数据。
- 静态数据：不包含“用户的个性化数据”，如静态 HTML 页面。

所谓“动态”与“静态”是指数据中是否包含“用户的个性化数据”。

在分离动静数据后，就可以对分离出来的静态数据进行缓存。有了缓存数据后，静态数据的访问效率自然就提高了。

详细的动静分离方案设计在 2.1.2 节。

14.3.4 优化系统以应对千万级流量

在“秒杀”场景中，系统的性能瓶颈常常在 CPU，需要对其进行优化。有以下几种优化处理。

1. 缓存优化

此处的缓存优化分为页面缓存和对象缓存。

- 页面缓存：将手动渲染得到的 HTML 页面缓存到 Redis 中。
- 对象缓存：对用户信息、商品信息、订单信息和 token 等数据进行缓存，以减少对数据库的访问，加快查询速度。

2. 页面静态化

“页面静态化”主要是指，对商品详情和订单详情进行页面静态化处理，主要是处理 HTML 页面。因为动态数据是通过接口从服务端获取的，所以需要实现前后端分离，这样静态页面无须连接数据库，打开速度会有明显提高。可复习 2.1.2 节的详细设计方案。

3. 多级缓冲处理

为了尽可能减少对数据库的访问，可以做如下几种保护操作。

- 本地标识：在“秒杀”阶段，使用本地标识对用户“秒杀”过的商品做标识。若某个商品被标识过，则直接返回“您已经秒杀了该商品”；若该商品未被标识，才会从 Redis 查询。通过本地标识，可以减少用户对 Redis 的访问。
- Redis 预处理：在抢购开始前，将商品和库存数据同步到 Redis 中，所有的抢购操作都在 Redis 中进行。这样可以减少对数据库的访问。
- MQ 异步：为了让系统不会因高流量的冲击而崩溃，可以使用消息中间件的异步队列来处理下单过程。这相当于给数据库做了一层缓冲保护。

4. 限流

当访问量太大时，需要限制访问量。当流量达到限流阈值后，后续请求会被降级。降级后的处理方案可以是：返回排队页面（显示“高峰期访问太频繁，等一会重试”）、显示错误页面等。

本案例使用 RateLimiter 类来实现限流。RateLimiter 是 Guava 提供的、基于令牌桶算法的限流实现类，它通过调整生成 Token 的速率来限制用户频繁访问“秒杀”页面。

令牌桶算法的原理是：系统以一个恒定的速度往桶里放入令牌；如果请求需要被处理，则先从桶里获取一个令牌；如果在当前桶中没有令牌可取，则拒绝请求。

在代码层还有以下几种比较有效的优化方案。

- 减少编码：由于字符与字节之间的转换是需要耗费性能的，所以，减少从字符到字节的转换（或相反的转换）、减少字符编码都可以大大提升性能。
- 减少序列化：Java 中的序列化操作也是非常耗费性能的，所以应尽量减少序列化操作，这样能大大提升系统性能。
- 并发读优化：可以利用多级缓存策略来实现。
- 请求前置：可以利用 Nginx 服务器或代理服务器来实现静态化改造，直接将数据返给用户。这样可以减少数据的序列化与反序列化。

第 15 章 【项目实战】搭建 C2C 二手电商平台的社会化治理系统

第 2 章介绍了 C2C 二手电商平台的社会化治理系统的整体架构，本章将实现一个 C2C 二手电商平台的社会化治理系统，来将微服务架构的核心技术串联起来。

15.1 搭建系统工程

同第 14 章一样，在项目开始前需要搭建系统工程，其注意点可以参考第 14 章的内容。

15.1.1 技术栈列表

本实战主要采用微服务架构，所以侧重说明一下微服务的相关技术栈：

- 注册中心 Nacos。
- RPC 框架。
- 全链路测试。
- 分布式事务。
- 限流、熔断。
- API 网关。
- 分布式链路追踪。

15.1.2 工程搭建

本实战采用 Maven 的多模块 module 方式来搭建工程，即按照功能模块或服务边界来划分 module，以达到“高内聚，低耦合”的目的。

有些开发者喜欢用代码层次来划分 module，例如将 dao、service、controller、model 等划分为不同的 module。

15.2 分析系统业务

下面用一个 C2C 二手电商平台的社会化治理系统，来实践微服务架构。

15.2.1 C2C 二手电商平台社会化治理系统的业务介绍

C2C 二手电商平台是这样的一个平台：

- 用户可以在平台上作为卖家发布自己的闲置物品，然后等待买家来交流商品细节，最后达成交易。
- 用户也可以是买家，在平台上购买自己喜欢的商品。
- 平台只是一个中间服务方，提供一系列的平台功能支持。

“闲鱼”网站就是一个比较大的二手交易平台，另外还有一些专注于垂直领域的二手交易平台。

平台中最重要的就是用户和商品，两者之间有着紧密的关系：

- 用户可以浏览各卖家发布的商品，用户既是买家也是卖家，可以买卖商品。
- 买家可以对商品进行留言。
- 买卖双方可以聊天交流商品细节。
- 买卖双方可以向平台举报。
- 买卖双方可以通过“做任务”获得平台的相关奖励。
- 买卖双方可以针对平台规则进行一些娱乐化的操作。

15.2.2 C2C 二手电商平台社会化治理系统的痛点分析

平台用户既是买家又是卖家，平台的绝大部分用户是个人，所以，卖家有可能会上传一些违规商品，例如虚拟商品、盗版商品、假冒伪劣商品等。

在买家和卖家针对商品进行聊天或留言时，可能会出现一些人身攻击之类的违规行为，也有可能会发送一些不得体的骚扰内容。

平台该如何应对以上问题呢？如果平台自建庞大的审核团队，则每一件商品及发表的评论都需要进行预审，预审通过后平台才会将其展示。

大型的 C2C 二手电商平台，每天的日活都很高，每天发表的评论及上架的商品也超级多，如果全部由自建的预审团队来进行一一审核，则会耗费巨大的人力成本。

所以，平台需要有一个自治系统，通过自治系统以技术的手段来治理：

（1）将被举报违规的内容推送给部分用户，让用户参与治理。

（2）用户通过投票决定某个商品或者评论等内容是否违规。

这样，平台仅作为一个买卖双方的桥梁，让用户进行社会化自治。

15.3 整体架构设计

15.3.1 整体架构图

社会化治理系统其实就是一个独立系统，它将平台中的各种举报聚集起来，然后进行社会化治理，如图 15-1 所示。

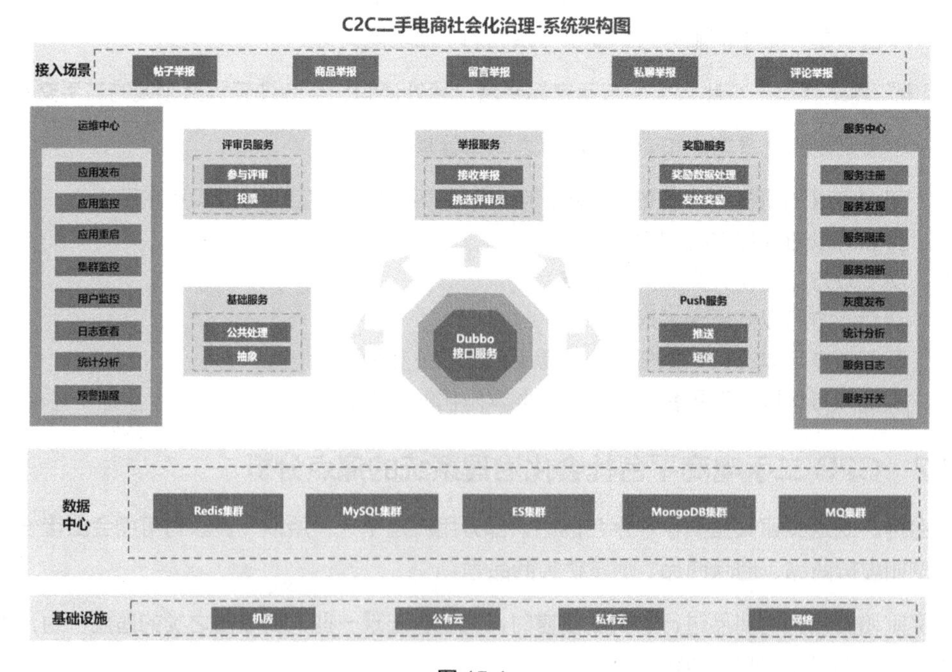

图 15-1

在系统的每个举报模块中都选定一部分用户作为评审员，让评审员对提交的举报进行投票。如果票数达到一定的数量，则判定当前举报成立。

为了激励更多的用户参与评审，平台会给评审员发放一定的奖励，如平台虚拟币、积分等。

15.3.2 场景分析

在 C2C 二手电商平台中，举报通常涉及以下几个模块。

- 帖子模块。其中的不良言论可能会被举报。
- 商品上架模块。如果卖家上架非法、违规商品，则可能被举报。
- 商品留言模块。如果涉及不当言论，则可能被举报。
- 私聊模块。在买卖双方私聊的过程中，如果涉及不当的言论，则可能被举报。
- 评论模块。如果出现一些不当的言论（如攻击、侮辱等），则可能被举报。

15.4 微服务设计开发

15.3.1 节可看出 ，C2C 二手电商平台的社会化治理系统主要有以下 3 个微服务。

- 举报服务：对接各大举报场景。
- 评审员服务：对于举报内容进行评审。
- 奖励服务：激励评审员。

15.4.1 服务拆分及高可用注册中心搭建

所有需要举报的场景都可以接入社会化治理系统。所以，举报服务是社会化治理系统对外的统一入口。

1. 服务划分

举报服务主要涵盖如下关键内容。

- 投票制度管理，即针对不同的举报类型定义不同的投票制度。
- 与评审员服务进行交互。
- 推送管理。
- 举报查询。
- 投票生命周期管理。
- 与奖励服务进行交互。

评审员服务包含以下功能。

- 评审员管理。即根据用户画像的标签，由运营人员圈定一部分人作为评审员。
- 评审员状态管理。
- 疲劳控制。
- 候补评审员选择。
- 评审结果接收。

奖励服务主要包含以下功能：

- 奖励规则配置。
- 奖励发放。
- 奖励兑现。

2. 注册中心

在社会化治理系统中，在举报服务收到举报内容并进行处理后，会调用评审员服务、奖励服务及推送服务。

通常，这些服务是以集群部署的，即各个服务部署在多台机器上。那么，举报服务如何才能找到这些服务所在的地址呢？只有清楚具体的地址，才能对其发送相关的请求。

所以，需要一个注册中心。

- 评审员服务、奖励服务在启动后先注册到这个注册中心中，注册中心记录每个服务所在机器的信息，包括 IP 地址、端口号及实例相关信息。这个过程就是“服务注册”。
- 服务在注册中心中找到要调用服务的地址信息，然后对其发起调用操作，如图 15-2 所示，这个过程就是“服务发现”。

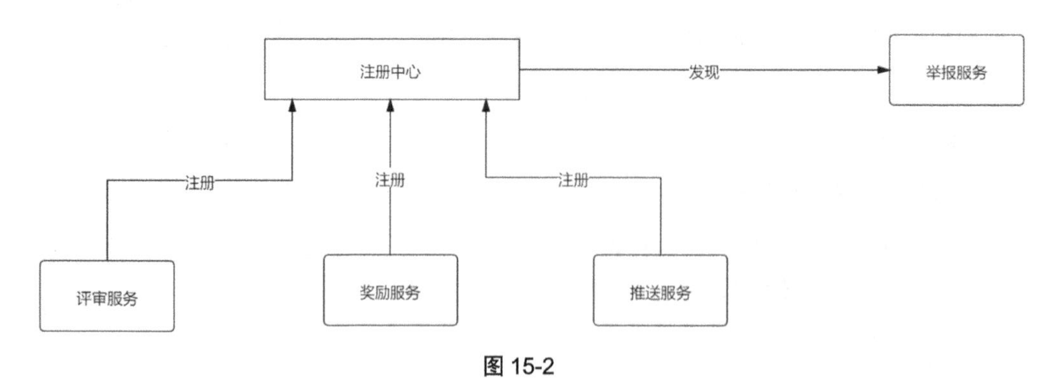

图 15-2

在微服务架构中，注册中心是一个很关键的组件，也是必须有的一个组件。

（1）注册中心选型。

在微服务架构中，注册中心的选型可以基于分布式 CAP 理论来进行。目前流行的注册中心有 ZooKeeper、Eureka、Consul 及 Nacos。

CAP 理论是指，一个分布式系统不可能同时满足一致性（C：Consistency）、可用性（A：Availability）和分区容错性（P：Partition Tolerance）这 3 个需求，最多只能同时满足其中两项。P 是必须要保留的，所以需要在 C 和 A 之间进行取舍。

以下四种注册中心基于 CAP 理论。

- ZooKeeper：CP 模型，确保系统一致性和分区容错性，牺牲一定的可用性。
- Eureka：AP 模型，确保系统可用性和分区容错性，牺牲一定的一致性。
- Consul：CP 模型，确保系统一致性和分区容错性，牺牲一定的可用性。
- Nacos：同时支持 CP 和 AP 模型，包含“雪崩”保护、自动注销实例、监听支持、多数据中心等功能。

CP 模型和 AP 模型在实际生产中常被使用。在选型时，要结合业务选择一种和业务契合度高的注册中心。

（2）Nacos 注册中心的架构原理。

Nacos 注册中心的架构原理如图 15-3 所示。

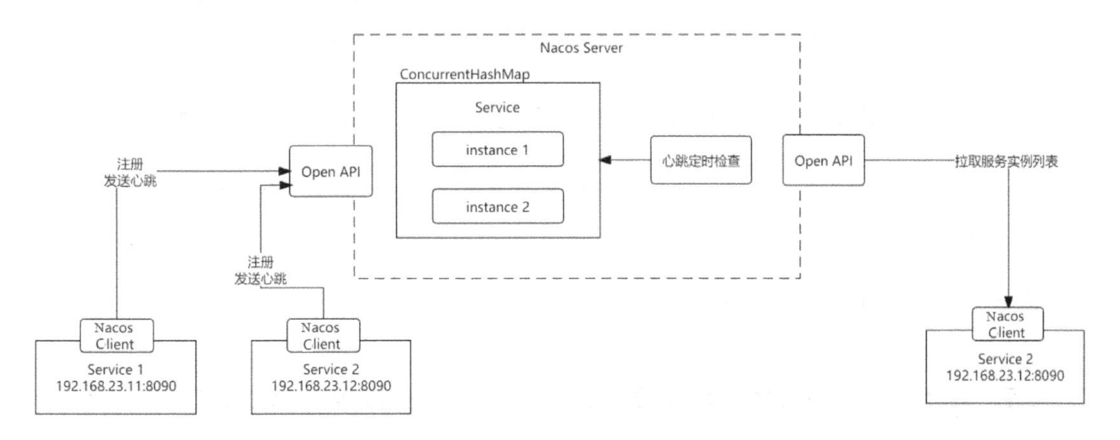

图 15-3

如图 15-3 所示，服务在启动后会自动调用 NacosServiceRegistry 中的 registry()方法进行注册。

Nacos 基于 Spring Cloud 的标准实现了 ServiceRegistry 接口（即 NacosServiceRegistry 实现类），并实现了 register()、deregister()、close()、setStatus()、getStatus()等方法。

Nacos Client 在注册时会通过一个 schedule 线程池提交一个定时任务，以定时向 Nacos Server 发送心跳包。

```
this.exeutorService.schedule(new BeatReactor.BeatTask(beatInfo),
beatInfo.getPeriod(),TimeUnit.MILLISECONDS)
```

然后，Nacos Client 通过调用 Nacos Server 提供的 Open API 向 Nacos Server 注册实例信息。

```
curl -X POST 'http://127.0.0.1:8848/nacos/v1/ns/instance? port=
8848&healthy=true&ip=11.11.11.11&weight=1.0&serviceName=nacos.test.3&encodin
g=GBK&namespaceId=n1'
```

对于注册了的服务实例，Nacos Server 用 ConcurrentHashMap 作为注册表来存放这些服务实例信息（如图 15-3 所示）：会在 ConcurrentHashMap 中构造 Service，通过 Service 去添加一个实例信息。

同时，Nacos Server 还有一个 Namespace（命名空间）的概念，可以将不同的 Service 服务划分到不同的 Namespace 下。

服务实例一旦注册成功，就会同 Nacos Server 保持心跳。Nacos Server 会定时检查各个服务实例的心跳，如果在一定时间内没有心跳，则认为该服务实例出现了异常，将其从注册表中摘除。

Nacos Server 还可以对调用的服务实例进行监听，如果服务实例有异常变动，则 Nacos Server 会通过 UDP 协议反向通知客户端。

（3）搭建 Nacos 注册中心集群。

首先，从 GitHub 上下载源代码：

```
git clone （Nacos 源码官网）
```

然后，编译源代码，并且将编译出的压缩包上传到需要部署的机器上并分别解压缩：

```
cd nacos/
mvn -Prelease-nacos -Dmaven.test.skip=true clean install -U
```

接着，重命名 cluster.conf.example 为 cluster.conf，并配置服务器的 IP 地址及端口号：

```
11.11.11.101:8848
11.11.11.102:8848
11.11.11.103:8848
```

最后，修改数据库配置，默认数据库使用的是 Derby。在生产环境中，可以使用 MySQL 数据库。先执行 Nacos 官方提供的 nacos-mysql.sql 文件初始化表结构，再修改 application.properties 配置文件：

```
spring.datasource.platform=mysql
db.num=1
db.url.0=xxx
db.user=xx
db.password=xxx
```

如此，Nacos 注册中心集群就搭建完成了，随便找一台机器访问即可进入 Nacos Server 的控制台。

15.4.2 服务间通信框架选择

在微服务架构中，服务之间通常采用 RPC 框架进行通信。目前比较流行的 RPC 框架有以下几个。

- Spring Cloud Fegin：非常轻量级的 RPC 框架，REST 编程风格，直接发送的是 HTTP 请求，基于 Java 语言，社区活跃度好。
- Dubbo：RPC/REST 编程风格，基于 Java 语言，功能丰富，具备服务治理功能。
- Motan：RPC 编程风格，相当于轻量级的 Dubbo。
- gRPC：RPC 编程风格，采用契约优先编程模型，具备跨语言特性，支持 HTTP 2 协议。

15.4.3 平台服务开发

在开发微服务架构时，首先需要集成注册中心和 RPC 框架。这两者完成了集成，也就具备了开发微服务架构的基础条件。下面来看看 Dubbo 框架集成注册中心 Nacos 的过程。

（1）引入依赖。

首先，引入 Dubbo 框架及注册中心 Nacos Maven 的依赖：

```
<dependencies>
    <dependency>
        <groupId>org.springframework.cloud</groupId>
        <artifactId>spring-cloud-starter</artifactId>
        <version>2.1.2.RELEASE</version>
        <exclusions>
            <exclusion>
                <groupId>org.springframework.cloud</groupId>
```

```
                <artifactId>spring-cloud-context</artifactId>
            </exclusion>
        </exclusions>
    </dependency>
    <dependency>
        <groupId>com.alibaba.cloud</groupId>
        <artifactId>spring-cloud-starter-dubbo</artifactId>
        <version>2.1.2.RELEASE</version>
    </dependency>
    <dependency>
        <groupId>com.alibaba.cloud</groupId>
        <artifactId>spring-cloud-alibaba-nacos-discovery</artifactId>
        <version>2.1.1.RELEASE</version>
        <exclusions>
            <exclusion>
                <groupId>org.springframework.cloud</groupId>
                <artifactId>spring-cloud-context</artifactId>
            </exclusion>
        </exclusions>
    </dependency>
    <dependency>
        <groupId>org.springframework.cloud</groupId>
        <artifactId>spring-cloud-context</artifactId>
        <version>2.1.1.RELEASE</version>
    </dependency>
</dependencies>
```

（2）配置。

编写 Nacos 注册中心的配置，以及 Dubbo 框架的配置：

```
spring.application.name=c2c-social-govern-reviewer
#生产服务的位置
dubbo.scan.base-packages=com.xxx.xxx.xxx
dubbo.protocol.name=dubbo
dubbo.protocol.port=20990
dubbo.registry.address=spring-cloud://localhost
spring.cloud.nacos.discovery.server-addr=11.11.11.11:8848,11.11.11.12:88
48,11.11.11.13:8848
spring.cloud.nacos.discovery.namespace=test
```

（3）服务开发。

在需要暴露服务的实现类上增加 Dubbo 的注解信息：

```
@Service(
        version = "1.0.0",
```

```
        interfaceClass = ReviewerService.class,
        cluster = "failfast",
        loadbalance = "roundrobin"
)
```

服务在启动后会自动注册到 Nacos 注册中心中，被标注@Service 注解的类则是服务的实现类，这样就可以对外提供服务了。在服务使用方需要调用服务时，对服务提供者接口增加@Reference 注解即可进行调用了：

```
@Reference(version = "1.0.0",
        interfaceClass = ReviewerService.class,
        cluster = "failfast")
```

15.5 服务治理开发

通过 RPC 框架和注册中心的集成，给微服务架构开发提供了基石，对于一些简单项目这就已经足够了。但是，对于一些复杂的业务项目，这还远远不够，还需要进行更多的业务保障性工作。

15.5.1 链路追踪的设计与开发

通过链路追踪可以得知一个请求的所有请求路径及耗时。在排查问题时，可以直接先查看具体端点的链路追踪信息，以确定当前出错的节点。再加上对应的节点日志，即可很容易判断出问题的原因，如图 15-4 所示。

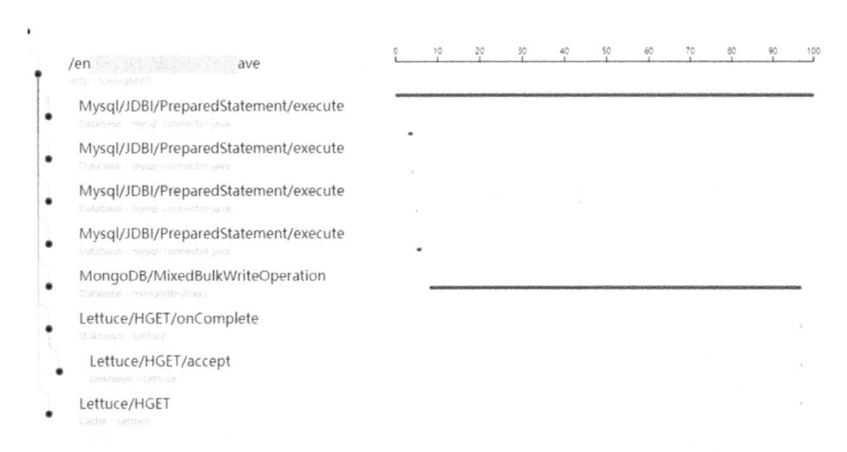

图 15-4

实现链路追踪分为 3 步。

（1）收集数据：在服务端进行埋点，收集服务调用的上下文数据。

（2）实时数据处理：将收集的链路信息按照 TraceId 和 SpanId 进行串联存储。

（3）数据链路展示：把处理后的服务调用数据按照调用链的形式展示出来。

实现链路追踪，可以直接选用开源的系统。目前常用的链路追踪系统有：

- Sleuth。
- ZipKin。
- CAT。
- SkyWalking。

17.3 节会基于 SkyWalking 搭建链路追踪系统。

15.5.2 引入分布式事务框架

事务是用来保证数据一致性的，它可以确保多个操作要么都成功要么都失败。下面来看看 MySQL 数据库的事务。

1. MySQL 事务的基本特性

MySQL 事务主要体现在 ACID 特性，这 4 个特性是紧密关联的。

- 原子性（Atomic）：多个操作要么都成功要么都失败。
- 一致性（Consistency）：事务开始前和结束后，数据库的完整性约束没有被破坏。
- 隔离性（Isolation）：为了实现一致性，数据库必须保证每个事务执行过程中的中间状态对其他事务是不可见的。例如，在事务 A 中新增了一条记录，但是还没有提交该事务，那么在其他事务中是不应该读到这条记录的。
- 持久性（Durability）：只要事务提交成功，数据一定会被持久化到磁盘中，后续即使发生数据库宕机也不会改变事务的结果。

2. 事务的隔离级别

对账户系统和其他大多数交易系统来说：原子性和持久性是必须要保证的，否则就失去了使用事务的意义；一致性和隔离性可以被牺牲，以换取性能。

MySQL 的事务隔离级别（Isolation Level）是指，在多个线程操作数据库时，数据库要负责将其隔离，以保证各个线程在获取数据时的准确性。隔离分为四个层次，按隔离水平由低到高的排序如下：

读未提交 < 读已提交 < 可重复读 < 可串行化

- 读未提交（Read uncommitted）：隔离级别最低，隔离度最弱，但性能最高。“脏读”“不可重复读”“幻读”这 3 种现象都有可能发生。所以，它基本是理论上的存在，在实际项目中没有人用。
- 读已提交（Read committed）：它保证事务不出现中间状态的数据，所有数据都是已提交且更新的，解决了“脏读”的问题。但其隔离级别很低，它允许事务并发地修改数据，所以不保证再次读取时能得到同样的数据，即存在“不可重复读”和“幻读”的可能。
- 可重复读（Repeatable reads）：MySQL InnoDB 引擎的默认隔离级别，它保证同一个事务多次读取数据的一致性，解决了“脏读”和“不可重复读”，但仍然存在“幻读”的可能。
- 可串行化（Serializable）：在读取数据时，需要获取共享读锁；在更新数据时，需要获取排他写锁；如果 SQL 使用 WHERE 语句，则还会获取区间锁（即在事务 A 操作数据库时，事务 B 只能排队等待），因此性能最低。

“幻读”是指，在一个事务内，同一条查询语句在不同时间段内执行，会得到不同的结果集。要解决“幻读”，是不能升级事务隔离级别到“可串行化”的，那样数据库就失去了并发处理能力。

解决“幻读”的办法是，锁住记录之间的“间隙”。为此 MySQL InnoDB 引入了新的锁——间歇锁（Gap Lock）。

3. 分布式事务框架 Seata

Seata 框架支持多种分布式事务方案：TCC、XA、AT 和 Sega。

详细的分布式事务方案原理可以回顾下 2.2.4 节。

Seata 中有 3 大模块：TM、RM 和 TC。

- TM 和 RM 作为 Seata 的客户端与业务系统集成在一起。
- TC 作为 Seata 的服务端需要独立部署，用于全面管理所有分布式事务。

TM 用于对单个分布式事务进行管理和注册；RM 用于对一个分布式事务内的所有服务的本地分支事务进行管理。

Seata 执行流程如下，如图 15-5 所示。

（1）TM 向 TC 申请开启一个全局事务，在全局事务创建成功后会生成一个全局唯一的 XID。

（2）XID 在微服务调用链路的上下文中进行传播。

（3）RM 向 TC 注册分支事务，执行并提交该分支事务（RM 在第一阶段就已经执行了本地事务的提交/回滚），最后将执行结果汇报给 TC。

（4）TM 根据 TC 中所有分支事务的执行情况，发起全局提交或回滚决议。

（5）TC 调度 XID 管辖的全部分支事务完成提交或回滚请求。

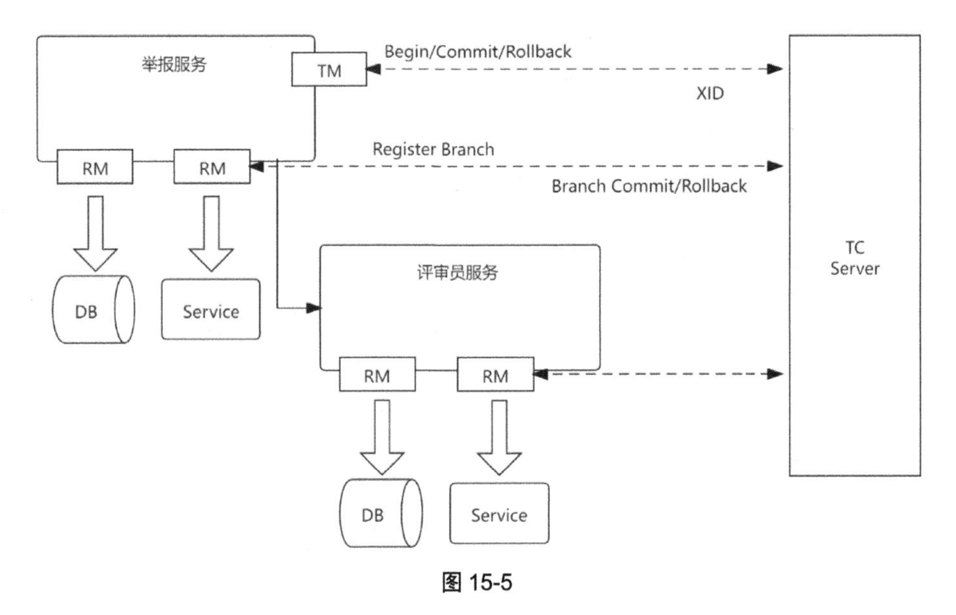

图 15-5

电子工业出版社出版了《正本清源分布式事务之 Seata》，它是由 Seata 作者编写的，如读者有兴趣可以找来看看。

15.5.3 平台限流熔断的设计与开发

在评审员服务出现异常或者宕机时，与其交互的服务（举报服务、奖励服务等）均会出现故障，如果线程打满则会出现阻塞，直接影响上层应用，最终导致整个服务链路不可用，发生“雪崩”现象。

1. 如何解决服务“雪崩”

通常解决服务“雪崩”有如下几种流行的方案。

（1）线程隔离。

线程隔离即分出一部分线程来供调用，例如从举报服务中分出 50 个线程专门供评审员服务调用，如图 15-6 所示。这样就不会出现“因整个举报服务阻塞，而导致上层应用出现问题”的情况。

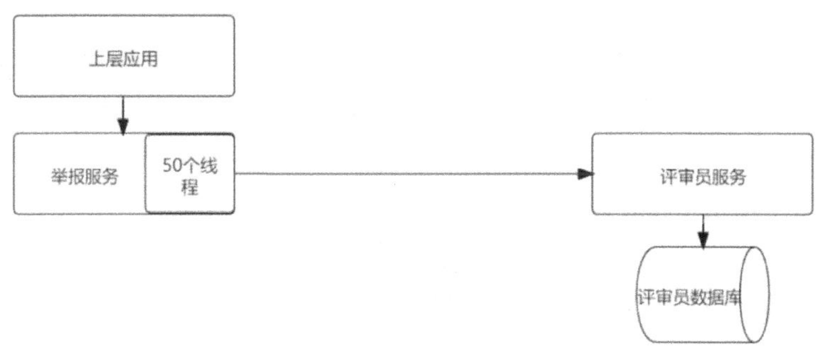

图 15-6

（2）熔断。

如图 15-7 所示，如果举报服务的 50 个线程都用完了，出现了阻塞，则可以开启熔断开关。一旦开启了熔断开关，则在没有空余线程处理请求时，举报服务会直接向上层应用返回相关信息。

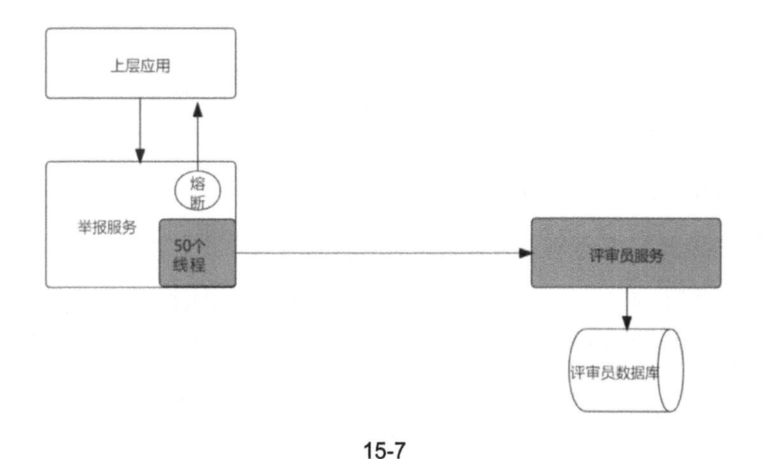

15-7

在开启熔断开关后，会定期探测被调用服务，即放少许请求去供调用。如果探测几次调用都是成功的，则可以将熔断开关关闭，这就实现了自动开启/关闭熔断开关。

（3）降级。

降级包含两种情况：

- 在出现问题时将非核心的服务停掉，以将更多的资源留给核心服务。
- 将当前请求直接返回成功，然后将本次请求写入本地文件，等到服务恢复时再对存储的请求进行处理。

（4）限流。

如果评审员服务只能处理 100 个请求，而举报服务却接收了 200 个请求，则举报服务可以将处理不了的另外 100 个请求直接返回给上层应用，让上层应用稍等一会儿再来请求。流量控制有以下几个角度。

- 资源的调用关系：如资源的调用链路、资源和资源之间的关系。
- 运行指标：如 QPS、线程池、系统负载等。
- 控制的效果：如直接限流、冷启动、排队等。

2. 限流熔断框架

目前常用的限流熔断框架有如下两种。

- Hystrix：由 Netflix 公司开源，功能齐全，理解代码稍微有点难度。
- Sentinel：由阿里巴巴公司开源，提供了流量控制、熔断降级、系统负载保护等功能来保障服务的稳定性。

Hystrix 通过“线程池隔离”的方式来对依赖（在 Sentinel 的概念中对应于“资源”）进行隔离。这样做的优点：资源和资源之间做到了最彻底的隔离。缺点：除增加线程切换的成本（过多的线程池会导致线程数目过多）外，还需要预先给各个资源进行线程池大小的分配。

Sentinel 对这个问题采取了以下两种手段。

（1）通过并发线程数进行限制。

和资源池隔离的方法不同，Sentinel 通过限制资源并发线程的数量，来减少不稳定资源对其他资源的影响。这样不但没有线程切换的损耗，也不需要预先进行线程池大小的分配。

当某个资源出现不稳定时（例如响应时间变长），直接的影响是线程数量会逐步堆积。当线程数量在特定资源上堆积到一定的数量后，对该资源的新请求会被拒绝。堆积的线程在完成任务后才开始继续接收请求。

（2）通过响应时间对资源进行降级。

除对并发线程数量进行控制外，Sentinel 通过响应时间来快速降级不稳定的资源。当依赖的资源出现响应时间过长后，所有对该资源的访问都会被直接拒绝，直到过了指定的时间窗口之后才重新恢复。

Sentinel 还提供了系统维度的自适应保护能力，让系统的入口流量和系统的负载相匹配，保证系统在能力范围之内可以处理最多的请求。

Sentinel 的主要特性如图 15-8 所示。

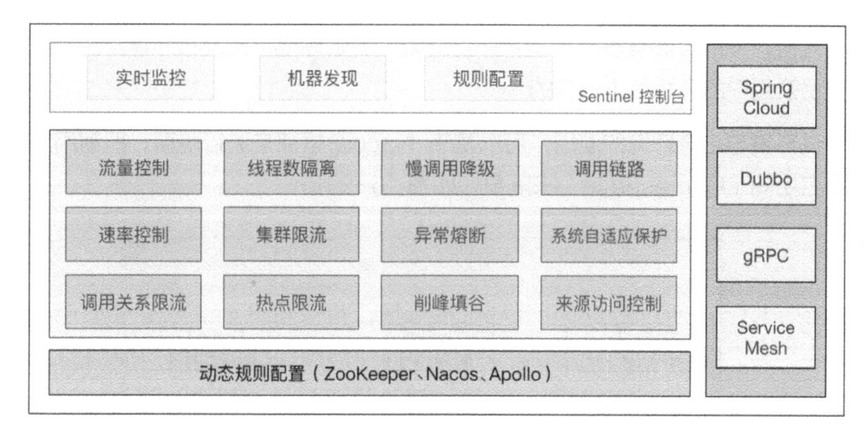

图 15-8

Sentinel 分为以下两个部分。

- 核心库（Java 客户端）：不依赖任何框架/库，能够运行于所有 Java 运行时环境，同时对 Dubbo、Spring Cloud 等框架也有较好的支持。
- 控制台（Dashboard）：基于 Spring Boot 开发，打包后可以直接运行，不需要额外的 Tomcat 等应用容器。

15.5.4 引入 API 网关

微服务架构中 API 网关具备如下核心功能：

- 动态路由。
- 灰度发布。
- 授权认证。
- 性能监控。
- 数据缓存。
- 限流熔断。

详细 API 网关设计方案可以回顾第 12 章的内容。

15.5.5 基于 Nacos 搭建环境隔离配置中心

在系统研发时，一般会涉及多个环境：开发环境、测试环境、预发布环境及生产环境。即开发人员、测试人员及用户的环境是不一样的。

为防止测试环境与生产环境的混用，可以基于 Nacos 框架来进行隔离，即利用 Nacos 注册中心提供的命名空间（Namespace）来隔离，如图 15-9 所示。

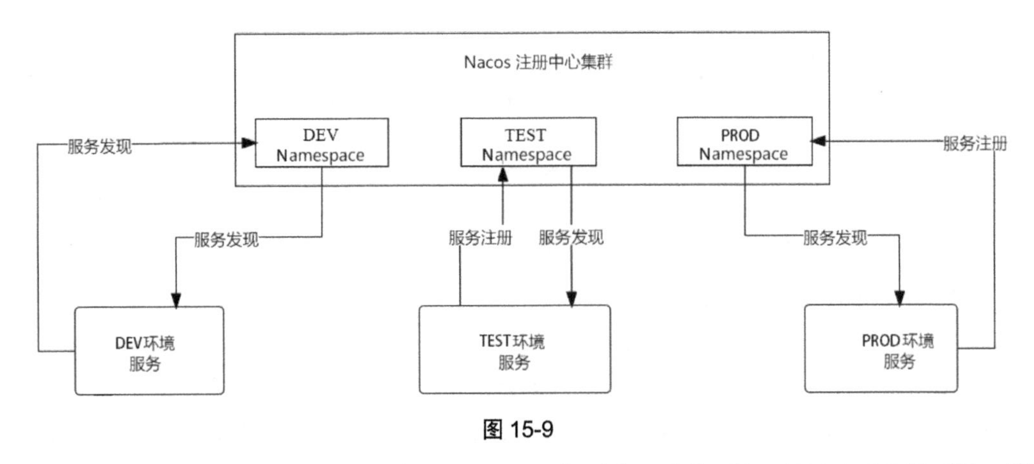

图 15-9

如图 15-9 所示，不同命名空间（Namespace）对应不同的环境，从而实现开发环境、测试环境和生产环境的隔离。

第 5 篇

运维监控

第 16 章 运维之术——告别加班

16

运维在产品的研发及投产的过程中都起到至关重要的作用。

科学的运维，在开发阶段能降低开发时间，在测试阶段能减少测试时间，在生产阶段能掌控整个系统的生命周期。

16.1 什么是 CI/CD

CI/CD 是一种通过在应用开发阶段引入自动化来频繁向客户交付应用的方法。CI/CD 的核心概念是持续集成、持续交付和持续部署。作为一个面向开发团队和运营团队的解决方案，CI/CD 主要针对在集成新代码时所产生的问题。

具体而言，CI/CD 可让持续自动化和持续监控贯穿应用的整个生命周期（从集成和测试阶段，到交付和部署阶段）。这些关联的事务通常被统称为“CI/CD 管道”，由开发团队和运维团队以敏捷方式协同支持。

CI/CD 中的 CI 和 CD 的含义分别如下。

- “CI”指的是持续集成，它属于开发人员的自动化流程。成功的 CI 意味着代码的更改会定期构建、测试并合并到代码仓库中。该解决方案可以解决因过多代码分支而导致的相互冲突的问题。
- “CD”指的是持续交付或持续部署，它们有时会交叉使用。两者都事关整个流程后续阶段的自动化，但它们有时也会单独使用，用于说明自动化程度。

持续交付通常是指，开发人员对应用的更改会自动进行错误测试并将其上传到存储库中（如

GitHub），然后由运维团队将其部署到实际生产环境中。这旨在解决开发团队和运维团队之间可见性及沟通较差的问题。因此，持续交付的目的就是确保尽可能减少部署新代码时所需的工作量。

持续部署指的是，自动将开发人员的更改从存储库发布到生产环境供客户使用。它主要用于解决因手动流程降低应用交付速度，从而使运维团队超负荷的问题。持续部署以持续交付的优势为根基，实现了整个流程后续阶段的自动化，如图 16-1 所示。

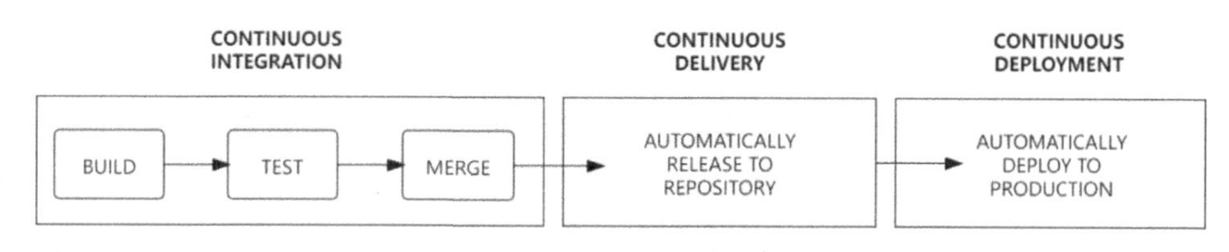

图 16-1

CI/CD 既可以仅指“持续集成”和“持续交付”构成的关联环节，也可以指“持续集成”“持续交付”和“持续部署”这 3 项构成的关联环节。更为复杂的是，有时“持续交付”也包含“持续部署”的流程。

没必要纠结这些语义，我们只需记得 CI/CD 其实就是一个流程，用于实现应用开发中的高度持续自动化和持续监控。

CI/CD 的具体含义取决于 CI/CD 管道的自动化程度。许多企业最开始先添加 CI，然后逐步实现交付和部署的自动化（例如作为云原生应用的一部分）。

16.2　为什么要 CI/CD

现代应用开发的目标是，让多位开发人员可以同时处理同一个应用的不同功能。但是，如果企业需要在一天内将所有分支源代码合并在一起，则工作量是非常巨大的，而且需要手动完成。这是因为，一位独立工作的开发人员对应用进行的更改，可能与其他开发人员正在进行的更改发生冲突。如果每个开发人员都自定义自己的本地集成开发环境（IDE），而不是团队就一个基于云的 IDE 达成一致，则会让问题更加雪上加霜。

持续集成（CI）可以帮助开发人员更加频繁地将代码更改合并到具体分支中。一旦开发人员对应用所做的更改被合并，则系统会通过自动构建应用，并运行不同级别的自动化测试（通常是单元测试和集成测试）来验证这些更改，确保这些更改没有对应用造成破坏。

这意味着，测试内容涵盖“从类和函数到构成整个应用的不同模块”。如果自动化测试发现新代码和现有代码存在冲突，则 CI 可以轻松、快速地修复这些错误。

在持续集成中，在完成自动构建、单元测试和集成测试的自动化流程后，持续交付可自动将已验证的代码发布到存储库中。

为了实现高效的持续交付流程，务必确保 CI 已被内置于开发管道内。

持续交付的目标是：拥有一个可随时部署到生产环境的代码库。

在持续交付中，每个阶段（从代码更改的合并，到生产就绪型构建版本的交付）都涉及测试自动化和代码发布自动化。在流程结束后，运维团队可以快速、轻松地将应用部署到生产环境中。

一个成熟的 CI/CD 流程的最后阶段是持续部署。作为“持续交付 － 自动将生产就绪型构建版本发布到代码存储库”的延伸，持续部署可以自动将应用发布到生产环境。由于在生产之前的管道阶段没有手动把控，因此，持续部署在很大程度依赖精心设计的测试自动化。

持续部署意味着，开发人员可以让更改在其完成后的几分钟内就生效（假设它通过了自动化测试）。这更便于持续接收和整合用户反馈。

16.3 搭建适合自己公司的 CI/CD

所有这些 CI/CD 的关联步骤都有助于降低应用的部署风险，因此更适合以最小化的方式对应用进行更改。不过，由于还需要编写自动化测试，以适应 CI/CD 管道中的各种测试和发布阶段，因此 CI/CD 的前期投资是很大的。

16.3.1 【实战】基于 GitLab 搭建代码管理平台

下面以 CentOS 7 为例：

```
cat << EOF >> /etc/yum.repos.d/gitlab-ce.repo
[gitlab-ce]
name=Gitlab CE Repository
baseurl=https://mirrors.tuna.tsinghua.edu.cn/gitlab-ce/yum/el$releasever/
gpgcheck=0
enabled=1
EOF

yum makecache
yum install gitlab-ce -y
sudo gitlab-ctl start                # 启动所有的 GitLab 组件
sudo gitlab-ctl stop                 # 停止所有的 GitLab 组件
```

```
sudo gitlab-ctl restart                # 重启所有的 GitLab 组件
sudo gitlab-ctl status                 # 查看服务状态
sudo gitlab-ctl reconfigure            # 启动服务
sudo vim /etc/gitlab/gitlab.rb         # 修改默认的配置文件
gitlab-rake gitlab:check SANITIZE=true --trace    # 检查 GitLab
sudo gitlab-ctl tail        # 查看日志
```

在安装完成后，打开浏览器输入对应的 IP 地址加上端口（默认 8080）即可访问了。

16.3.2 【实战】基于 Jenkins 搭建持续集成与编译平台

```
yum install java-1.8.0-openjdk java-1.8.0-openjdk-devel -y
Sudo wget -O /etc/yum.repos.d/jenkins.repo
https://pkg.jenkins.io/redhat-stable/jenkins.repo
sudo rpm --import https://pkg.jenkins.io/redhat-stable/jenkins.io.key
yum install jenkins -y
systemctl start jenkins
```

运行之后，通过左边菜单的“新建任务”，进入如图 16-2 所示界面，选中“构建一个自由风格的软件项目”，单击“确定”按钮。

图 16-2

然后，在“General”选项卡中自定义工作空间（即从 Git 拉取源码的存储目录），如图 16-3 所示。

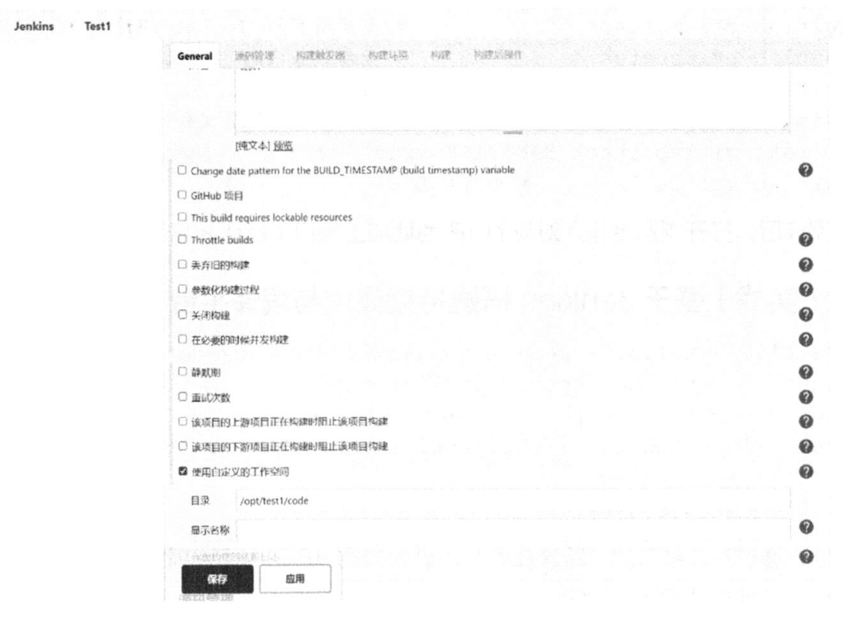

图 16-3

接着，选择“源码管理”模块中的“Git”单选框进行仓库地址的配置，如图 16-4 所示。

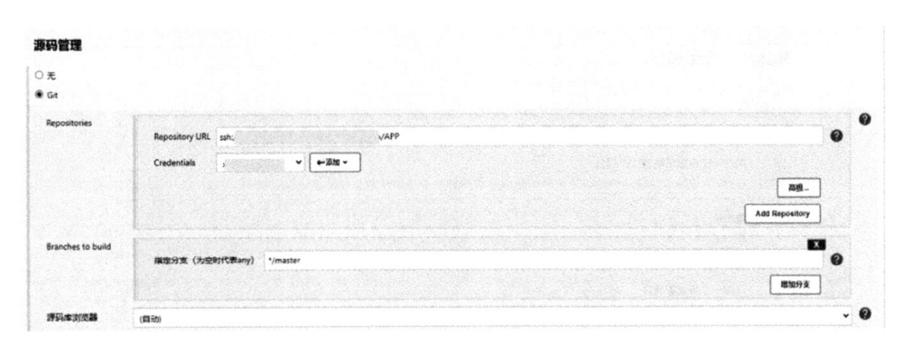

图 16-4

最后是构建，在“命令”文本框中输入 shell 命令即可，如图 16-5 所示。

构建

执行 shell

命令 /opt/demo/run.sh run

查看 可用的环境变量列表

高级...

图 16-5

Run.sh 脚本的内容可以根据自己的项目来编写，也可以参考下面的代码：

```
#!/bin/sh
AppName=""       #JAR 名称
GitCode=""       #代码的存放目录
TarGetJar=""     #打包后的存放目录
# JVM 参数
JVM_OPTS="-Dname=$AppName  -Duser.timezone=Asia/Shanghai -Xms512m
-Xmx1024m -XX:MetaspaceSize=128m -XX:MaxMetaspaceSize=512m
-XX:+HeapDumpOnOutOfMemoryError -XX:+PrintGCDateStamps  -XX:+PrintGCDetails
-XX:NewRatio=1 -XX:SurvivorRatio=30 -XX:+UseParallelGC -XX:+UseParallelOldGC"
APP_HOME=`pwd`
LOG_PATH=$APP_HOME/logs/$AppName.log
if [ "$1" = "" ];
then
    echo -e "\033[0;31m 未输入操作名 \033[0m  \033[0;34m
{start|stop|restart|status} \033[0m"
    exit 1
fi
if [ "$AppName" = "" ];
then
    echo -e "\033[0;31m 未输入应用名 \033[0m"
    exit 1
fi
function start()
{
    PID=`ps -ef |grep java|grep $AppName|grep -v grep|awk '{print $2}'`
    if [ x"$PID" != x"" ]; then
        echo "$AppName is running..."
    else
        nohup java $JVM_OPTS -jar $AppName > /dev/null 2>&1 &
        echo "Start $AppName success..."
    fi
}
function stop()
{
    echo "Stop $AppName"
    PID=""
    query(){
        PID=`ps -ef |grep java|grep $AppName|grep -v grep|awk '{print $2}'`
    }
    query
    if [ x"$PID" != x"" ]; then
        kill -TERM $PID
        echo "$AppName (pid:$PID) exiting..."
```

```
        while [ x"$PID" != x"" ]
        do
            sleep 1
            query
        done
        echo "$AppName exited."
    else
        echo "$AppName already stopped."
    fi
}
```

16.3.3 【实战】基于 Ansible 搭建自动化部署平台

基于 Ansible 搭建自动化部署平台非常简单，如下所示：

```
yum -y install ansible
/etc/ansible/hosts                      #主机配置文件
/etc/ansible/ansible.cfg                #Ansible 配置文件
host_key_checking = False               #禁用执行 Ansible 命令检查
log_path = /var/log/ansible.log         #开启日志记录
```

16.4 服务器通用运维

服务器的优化，通常是先从监控中心上观察服务器的各种指标，然后基于这些指标进行相应的优化。

16.4.1 优化硬件

Linux 系统及内核的优化如以下代码所示：

```
setenforce 0                #临时关闭
sed -i 's#=enforcing#=disabled#' /etc/selinux/config            #永久关闭
grep --color=auto '^SELINUX' /etc/selinux/config

hostnamectl set-hostname 主机名
yum install chrony
systemctl start chronyd
systemctl enable chronyd
timedatectl set-timezone Asia/Shanghai #时间同步

cat << EOF >> /etc/security/limits.conf #进程同时打开的文件数量的限制
* soft nofile 65535
* hard nofile 65535
#以下是内核优化：
```

```
net.ipv4.tcp_max_tw_buckets            #调整最大 TIME_WAIT 状态
net.ipv4.tcp_fin_timeout               #服务器 FIN_WAIT2 状态的超时时间
net.ipv4.tcp_tw_recycle = 1
```

在上述内核调整中，开启了 TCP 连接中 TIME_WAIT 的 Socket 快速回收功能。

需要注意的是，该机制也依赖时间戳选项，系统默认开启 tcp_timestamps 机制。而当系统中的 tcp_timestamps 和 tcp_tw_recycle 机制同时开启时，会激活 TCP 的一种行为（即缓存每个连接的最新时间戳）。若在后续的请求中时间戳小于缓存的时间戳，则该请求会被视为无效，会导致数据包被丢弃。

特别是在用服务器进行负载均衡的场景中，不同客户端的请求在经过负载均衡服务器的转发后可能被认为是同一个连接。此时若客户端的时间不一致，则对于后端服务器来说，会发生时间戳错乱的情况，因此会导致数据包丢失，从而影响业务。

net.ipv4.tcp_tw_reuse = 1 允许将 TIME_WAIT 的 Socket 重新用于新的 TCP 连接。如果新请求的时间戳比存储的时间戳更大，则系统会从 TIME_WAIT 状态的存活连接中选取一个，重新分配给新的请求连接。

net.ipv4.tcp_keepalive_time 参数用于判断在 TCP 发送 keepalive（探测消息的间隔时间，单位为秒）给客户端时 TCP 连接是否有效

16.4.2　分析性能瓶颈

分析系统性能瓶颈主要涉及两块：系统资源瓶颈和应用程序瓶颈。

1.　系统资源瓶颈

系统资源瓶颈是最常见的性能问题，也是监控系统必须监控的维度。系统资源分为硬件资源和软件资源。

- 硬件资源：如 CPU、内存、磁盘、文件系统及网络等。
- 软件资源：文件描述符数、连接跟踪数及套接字缓冲区大小等。

（1）CPU 性能分析。

CPU 是最为常见的一种系统资源。对于 CPU 的性能分析，主要利用一些命令工具来进行，如 top、vmstat、pidstat、strace 及 perf 等。

在获取 CPU 性能指标后，再结合进程与 CPU 的工作原理，就可以迅速找出 CPU 性能瓶颈的来源。

这些工具收集的指标，都应该被监控系统监控起来（并非所有指标都需要报警），这些指标可以加快性能问题的定位分析。

（2）内存性能分析。

内存使用不当一定会引发出内存性能问题。对于内存性能瓶颈的分析，可以先通过 free 和 vmstat 命令输出的性能指标来找出内存问题的类型；然后，根据内存问题的类型，进一步分析内存的使用、分配、泄漏及缓存等，最后找出问题的来源。

同 CPU 性能一样，内存的很多性能指标也来源于“/proc 文件系统”（比如 /proc/meminfo、/proc/slabinfo 等），它们也都应该被监控系统监控起来。这样在收到内存告警时，就可以从监控系统中直接得到各项性能指标，加快性能问题的定位过程。

（3）磁盘和文件系统的 I/O 性能分析。

首先，使用 iostat 命令发现磁盘 I/O 存在性能瓶颈，比如 I/O 使用率过高、响应时间过长或者等待队列长度突然增大等。

然后，通过 pidstat、vmstat 命令等确认 I/O 性能瓶颈的来源。

最后，根据来源的不同，进一步分析文件系统和磁盘的使用率、缓存及进程的 I/O 等，从而揪出 I/O 性能问题的“真凶”。

（4）网络性能分析。

要分析网络性能，可以从 Linux 网络协议栈的原理切入，通过使用率、饱和度及错误数这几类性能指标，观察是否存在性能问题：

- 在链路层，可以从网络接口的吞吐量、丢包、错误、软中断，以及网络功能卸载等角度进行分析。
- 在网络层，可以从路由、分片、叠加网络等角度进行分析。
- 在传输层，可以从 TCP、UDP 协议的原理出发，从连接数、吞吐量、延迟、重传等角度进行分析。
- 在应用层，可以从应用层协议（如 HTTP 和 DNS）、请求数（QPS）、套接字缓存等角度进行分析。

> 网络的性能指标也都来源于内核，包括“/proc 文件系统”（如 /proc/net）、网络接口及 conntrack 等内核模块，这些指标同样需要被监控系统监控。这样在我们收到网络告警时，就可以从监控系统中查询这些协议层的各项性能指标，从而更快定位出影响性能的问题。

2. 应用程序瓶颈

还有很多性能瓶颈来源于应用程序本身。例如，应用程序本身的吞吐量下降、阻塞、错误率升高及响应时间持续增加等。

应用程序的性能问题主要有以下三类。

- 资源的瓶颈：CPU、内存、磁盘和文件系统 I/O、网络及内核资源等各类软硬件资源的性能瓶颈，会导致应用程序的运行受限。对于这类情况，可以用“系统资源瓶颈”中提到的各种方法来分析。
- 依赖服务的瓶颈：直接或者间接调用数据库、分布式缓存、中间件等的服务出现的性能瓶颈，会导致应用程序的性能下降。对于这类情况，可以使用链路追踪系统来协助定位解决。
- 程序自身的瓶颈：体现在多线程处理不当、死锁程序、业务算法过于复杂等。对于这类情况，可以通过相应监控及日志监控进行定位解决。

16.4.3 【实战】处理服务器丢包问题

“丢包”是指，在网络数据的收发过程中，由于各种原因造成数据包还没传输到应用程序就丢弃了。

丢包通常会带来严重的性能下降。特别是对 TCP 协议来说，丢包通常意味着网络拥塞和重传，还会导致网络延迟增大、吞吐降低。

在分析丢包之前，先来看一下 Linux 网络包的收发流程，如图 16-6 所示。

在图 16-6 中，每一层都有可能会发生丢包，即在整个网络协议栈中都有丢包的可能：

- 在客户端和服务端之间，可能会因为网络拥堵或线路异常造成传输失败。
- 在网卡收到数据包后，环形缓冲区可能会因为溢出而丢包。
- 在链路层，可能会因为网络帧校验失败、QoS 等而丢包。
- 在 IP 层，可能会因为路由失败、组包大小超过 MTU 等而丢包。
- 在传输层，可能会因为端口未监听、资源占用超过内核限制等而丢包。
- 在套接字层，可能会因为套接字缓冲区溢出而丢包。
- 在应用服务层，可能会因为应用程序异常而丢包。

- 如果配置了 Iptables 规则，则这些网络包可能因为 Iptables 过滤规则而丢包。

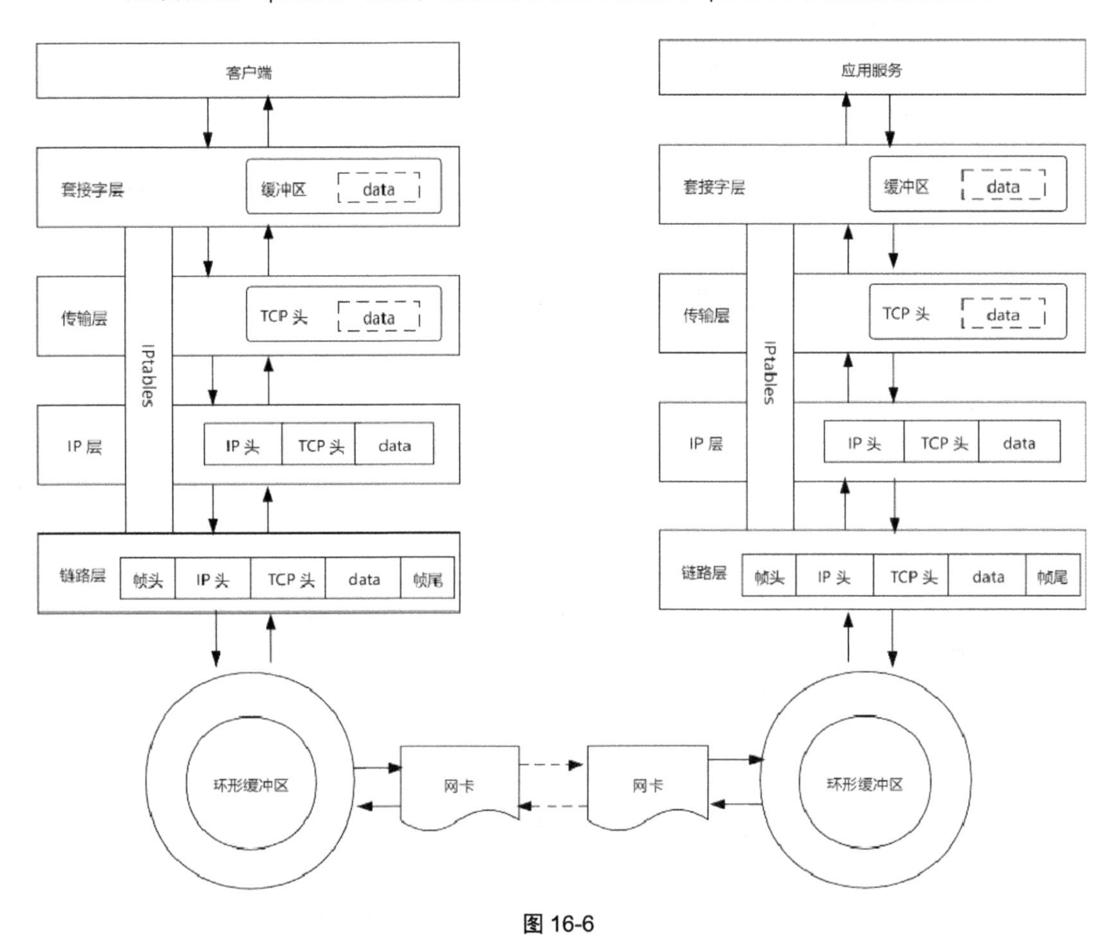

图 16-6

所以，对于丢包问题，可以在协议栈中逐层地进行排查。

1. 链路层

首先，对于底层的链路层，可以通过 netstat 或者 ethtool 命令来查看网卡的丢包情况：

```
[root@server-002 ~]# netstat -i
Kernel Interface table
Iface      MTU    RX-OK RX-ERR RX-DRP RX-OVR    TX-OK TX-ERR TX-DRP TX-OVR Flg
eth0      1500     1404      0      0 0          93      0      0      0 BMRU
lo       65536     1300      0      0 0          30      0      0      0 LRU
```

- RX-OK：在接收时，正确的数据包数。
- RX-ERR：在接收时，产生错误的数据包数。

- RX-DRP：在接收时，丢弃的数据包数。
- RX-OVR：在接收时，由于过速而丢失的数据包数。

TX-OK、TX-ERR、TX-DRP、TX-OVR 代表类似的含义，指发送时的各个指标。

如果用 tc 等工具配置了 QoS，则需要检查在 eth0 上是否配置了 tc 规则，并查看有没有丢包，如：

tc -s qdisc show dev eth0

2. 网络层和传输层

在网络层和传输层中，引发丢包的因素非常多，可以直接通过"netstat -s "命令来查看协议的收发汇总：

```
[root@server-003 ~]# netstat -s
Ip:
   63607172895 total packets received              //总收包数
   0 forwarded                                     //转发包数
   0 incoming packets discarded                    //接收的丢包数
   63607172128 incoming packets delivered          //接收的数据包数
   54748630459 requests sent out                   //发出的数据包数
   271 dropped because of missing route
Icmp:
   6868 ICMP messages received                     //收到的 ICMP 包数
   6794 input ICMP message failed.                 //收到的 ICMP 包失败数
   ICMP input histogram:
      destination unreachable: 4571
      timeout in transit: 2223
      echo requests: 42
      echo replies: 32
  ...
IcmpMsg:
      InType0: 32
      InType3: 4571
      InType8: 42
      InType11: 2223
      OutType0: 42
      OutType3: 3614
      OutType8: 32
Tcp:
   3299163 active connections openings
   2549577484 passive connection openings
   387409 failed connection attempts              //失败连接尝试数
```

```
    313921 connection resets received
    71 connections established
    63604702139 segments received
    56150964375 segments send out
    1757423 segments retransmitted                    //重传报文数
    2492 bad segments received.                       //错误报文数
    2789337 resets sent
    InCsumErrors: 2349
Udp:
    2457512 packets received
    3614 packets to unknown port received.
    0 packet receive errors
    2537869 packets sent
    0 receive buffer errors
    0 send buffer errors
UdpLite:
TcpExt:
    19 invalid SYN cookies received
    8973 resets received for embryonic SYN_RECV sockets  //半连接重置数
    65881 packets pruned from receive queue because of socket buffer overrun
    6 packets dropped from out-of-order queue because of socket buffer overrun
...
```

netstat 汇总了 IP、ICMP、TCP、UDP 等协议的收发统计信息。对应排查丢包问题，这里主要观察的是错误数、丢包数及重传数。

3. Iptables

除网络层和传输层的各种协议外，Iptables 和内核的连接跟踪机制也可能会导致丢包。所以，这也是在发生丢包问题时必须排查的一个因素。

可以通过“iptables -nvL”命令查看各条规则的统计信息：

```
[root@server-003 ~]# iptables -t filter -nvL
Chain INPUT (policy ACCEPT 2 packets, 88 bytes)
 pkts bytes target prot opt in out source destination
8    360   DROP   all   --  *   *  0.0.0.0/0  0.0.0.0/0
Chain FORWARD (policy ACCEPT 0 packets, 0 bytes)
 pkts bytes target  prot opt in out source destination

Chain OUTPUT (policy ACCEPT 3 packets, 404 bytes)
 pkts bytes target prot opt in out source destination
```

在 Iptables 的输出中，如果有统计值不是 0（如上述输出的“DROP”），则可以删除其对应的模块。

4. 抓包

如果在前面的过程中都没发现丢包的问题，则还可以通过抓包的方式来排查，可以通过 tcpdump 命令来抓取，如：

```
[root@server-003 ~]# tcpdump -i eth0 -nn port 80        #抓取 80 端口的数据包
tcpdump: verbose output suppressed, use -v or -vv for full protocol decode
listening on eth0, link-type EN10MB (Ethernet), capture size 262144 bytes
# 以下是 4 个数据包
15:11:07.501930 IP x.x.x.x.4890 > x.x.x.x.80: Flags [P.], seq 1884044412:1884045174, ack 2624463890, win 1432, length 762: HTTP
15:11:07.503851  IP x.x.x.x.36780 > x.x.x.x.38960: Flags [.], ack 762, win 2974, length 0
15:11:14.116549  IP x.x.x.x.39600 > x.x.x.x.80: Flags [S], seq 3196512017, win 29200, options [mss 1460,sackOK,TS val 3614268570 ecr 0,nop,wscale 7], length 0
15:11:14.118638 IP x.x.x.x.80 > x.x.x.x.3900: Flags [S.], seq 1421015207, ack 3196512018, win 29200, options [mss 1000,nop,nop,sackOK,nop,wscale 7], length 0
```

16.4.4 【实战】分析服务吞吐量突然下降的原因

对于服务吞吐量的分析，主要基于系统本身及应用程序的原理来进行，需要做到如下两点：

- 使用相关性能工具收集性能指标，以掌控系统及应用程序的运行状态。
- 比较当前运行状态和系统原理，如果有不相符的地方，则这就是需要重点分析的。

从以上两点出发，再进一步借助 perf、火焰图、bcc 等动态追踪工具找出热点函数即可定位瓶颈的来源，进而确定相应的优化方法。

通常的优化方法如下。

- 连接数优化：通过“ss -s”命令查看 TCP 连接数汇总情况。
- 工作进程优化：根据内存大小及 CPU 个数，估算出一个合适的 max_children 数。
- 套接字优化：主要分析丢包情况，并设置套接字监听队列长度。
- 端口号优化：端口号的范围并不能是无限的，应进行相应的调整。

17

第 17 章 监控之术——天使之眼

在微服务架构下，一次用户请求可能要调用多个不同的服务，且在服务之间可能会相互调用。所以，需要对整个系统进行监控。

17.1 如何定义系统监控

对系统进行全面监控是保证系统高可用的一个重要手段。有了系统监控就相当于有了“眼睛”。

监控的主要目标是：直接或间接地判断出系统中的各个节点是否出现了异常。如果能早于用户发现问题，则可以针对性地采取措施进行解决。

17.1.1 需要监控哪些系统指标

对各项指标的监控，要达到不间断、实时监控的效果，实时反馈系统当前状态，保证服务的可靠性及安全性，确保业务持续稳定地运行。

- 硬件监控：主要监控 CPU 温度、物理磁盘、虚拟磁盘、主板温度、磁盘阵列及物理内存。
- 系统监控：主要监控 CPU 使用率、内存使用率、网卡流量及 TCP 连接数。
- 应用监控：对系统的关键应用和组件，以及自定义的应用（如 Nginx、MySQL 数据库、Tomcat 容器）进行监控，保证其处于存活状态。
- 网络监控：监控各地区到达服务器的延迟、丢包情况，包括对 CDN 的监控。
- 流量分析：监控各地区访问网站或者应用情况，如访问次数、地区分布。
- 日志监控：收集各个应用的访问日志、错误日志、运行日志及网络日志，并且存储起来。

- 安全监控：收集系统安全日志和访问安全日志，并且存储起来。
- API 监控：保证系统关键 API 的可用性、正确性及响应时间等。
- 性能监控：监控服务的吞吐量、响应时间、接口请求数、接口相互调用时间。
- 业务监控：针对业务的自由特性（如订单相关和用户画像相关等）进行监控。

17.1.2　如何采集监控指标

要对监控指标进行分析，首先必须要做的是进行详细的数据收集。有如下两种数据采集方式。

1. 服务主动监控

服务主动监控是指，在业务代码中编写相应的数据收集代码，在每一次的业务调用中或调用完成后，数据收集代码主动将相关信息上报到监控的 Server 端。

2. Agent 监控

在每台服务器上部署固定的 Agent 来采集数据，将所需要的数据信息先记录在本地日志文件中，然后通过 Agent 解析本地日志文件并上报到监控的 Server 端。

17.1.3　如何存储监控指标

对于收集到的数据，可以根据公司的监控需求进行相应的处理，例如，按照一定时间维度，计算所有接口的响应最大时间、平均时间、TPS 及请求数等。

将这些经过处理的数据存进数据库主要是为了展示出来，如大屏展示或者自动报警展示等。对于存储可参考如下：

- 对于业务体量不大，且有很多特殊查询的监控要求，可以采用关系型数据库或非关系型数据库，如 MySQL 数据库或内存数据库 Redis。
- 对于数据量较大，且对查询有要求的监控要求，可以采用索引数据库，如 Elasticsearch。
- 对于数据量很大，且查询时主要基于时序来查询的监控要求，可以采用时序数据库，如 InfluxDB。

17.2　搭建一套可靠的监控系统

下面通过 ELK 和 Prometheus 来进行常用的日志监控及系统指标监控。

17.2.1　【实战】基于 ELK 搭建集中化日志监控平台

ELK 包括以下 3 个组件。

- Elasticsearch：开源的分布式搜索引擎，提供搜索数据、分析数据和存储数据这 3 大功能。
- Logstash：用于收集、分析、过滤日志的工具，支持大量的数据获取方式，一般采用 C/S 架构。其 Client 端安装在要收集日志的主机上，Server 端负责对收到的各节点日志进行过滤、修改等，再将它们一并发往 Elasticsearch 中。
- Kibana：为 Logstash 和 Elasticsearch 提供友好的 Web 界面，可以汇总、分析和搜索重要的数据日志。

数据采集常用的组件还有 Filebeat，它隶属于 Beats。目前 Beats 包含以下 4 种工具。

- Packetbeat：搜集网络流量数据。
- Topbeat：搜集“系统、进程和文件系统”级别的 CPU 和内存使用情况等数据。
- Filebeat：搜集文件数据。
- Winlogbeat：搜集 Windows 事件日志数据。

1. 安装 Elasticsearch

```
Wget 官网/downloads/elasticsearch/elasticsearch-7.2.0-linux-x86_64.tar.gz
tar zxvf elasticsearch-7.2.0-linux-x86_64.tar.gz
vim config/elasticsearch.yml
http.cors.enabled: true
http.cors.allow-origin: "*"
network.host: 0.0.0.0
```

2. 安装 Logstash

```
Wget 官网/downloads/logstash/logstash-7.2.0.tar.gz

vim logstash.conf
input{
  tcp{
   host => "0.0.0.0" port => 9600 mode => "server" tags => ["log-java1"] codec
=> json_lines
   }
 }
input{
  tcp{
    host => "0.0.0.0" port => 9610 mode => "server" tags => ["log-java2"] codec
=> json_lines
   }
 }

output {
  if "passenger1" in [tags]{
  elasticsearch {
```

```
      hosts => "localhost:9200"
      index => "log-java1"
    }
  }
  if "driver1" in [tags]{
    elasticsearch {
      hosts => "localhost:9200"
      index => "log-java2"
    }
  }
}
```

启动 Logstash：

```
bin/logstash -f config/5400.conf &
```

3. 安装 Kibana

```
wget 官网/downloads/kibana/kibana-7.2.0-linux-x86_64.tar.gz

vim config/kibana.yml
elasticsearch.url: "http://localhost:9200" #修改为自己的地址
server.host: 0.0.0.0
```

启动 Kibana：

```
nohup ./bin/kibana > /dev/null 2>&1 &
```

4. 接入应用程序

首先，引入 Logstash 依赖：

```
<dependency>
    <groupId>net.logstash.logback</groupId>
    <artifactId>logstash-logback-encoder</artifactId>
    <version>4.10</version>
</dependency>
```

然后，在 logback 日志文件中增加 Logstash 日志收集的配置项：

```
<appender name="LOGSTASH"

class="net.logstash.logback.appender.LogstashTcpSocketAppender">
        <destination>${logHost}</destination>
        <!-- encoder 必须配置，有多种可选 -->
        <encoder charset="UTF-8"
                class="net.logstash.logback.encoder.LogstashEncoder" >
            <!-- "appname":" log_app" 指索引名称，在生成的文档中会多出该字段 -->
            <customFields>{"appname":"log_app","traceid":"%tid"}
</customFields>
```

```
        </encoder>
    </appender>
```

这样就可以在 Kibana 界面中查看“log_app”的所有日志信息了，避免了“在集群情况下不能集中地进行日志分析”的情况。

17.2.2 【实战】基于 Prometheus 搭建系统指标监控预警平台

Prometheus 是由 SoundCloud 开源的监控报警系统解决方案，具备以下特点：

- 支持多维度数据模型。
- 支持高效存储。
- 提供了强大的查询语言。
- 不依赖分布式存储，单主节点可工作。
- 基于 HTTP 的 pull 方式采集时序数据。
- 通过 Pushgateway 推送时序数据。
- 通过服务发现或静态配置去获取目标服务器。
- 支持丰富的可视化图表。

其官网架构如图 17-1 所示。

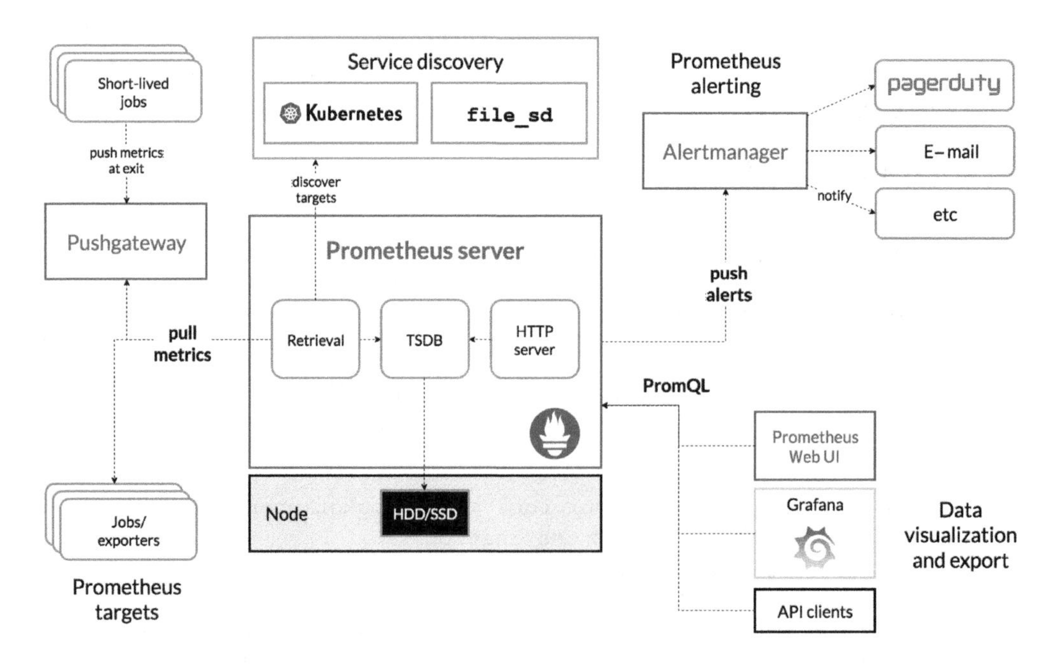

图 17-1

1. Prometheus 配置

准备 Prometheus 的必要环境：

```
yum install ntpdate -y
cp /usr/share/zoneinfo/Asia/Shanghai /etc/localtime
ntpdate -u cn.pool.ntp.org
```

（1）安装 Prometheus。

下载 Prometheus，解压缩并运行 Prometheus：

```
tar zxvf prometheus-2.4.3.linux-amd64.tar.gz
cd prometheus-2.4.3.linux-amd64
./Prometheus
```

通过 http://127.0.0.1:9090 进行访问。

创建系统进程的启动方式：

```
vim /usr/lib/systemd/system/prometheus.service
[Unit]
Description=Prometheus Server
Documentation=Prometheus 官网/docs/introduction/overview/
After=network.target

[Service]
Type=simple
Restart=on-failure
KillMode=control-group
WorkingDirectory=/usr/local/prometheus/                 #指定工作目录
ExecStart=/usr/local/prometheus/prometheus              #指定启动方式
config.file=/usr/local/prometheus/prometheus.yml        #指定配置文件

[Install]
WantedBy=multi-user.target
```

之后可以直接使用“systemctl start prometheus”命令启动 Prometheus。

（2）安装 node_exporter。

exporter 监控插件有很多，比如 node_exporter、mysql_exporter、memcached_exporter、statsd_exporter。这里以 node_exporter 来介绍。其下载地址如下。

```
wget 官网/download/v0.16.0/node_exporter-0.16.0.linux-amd64.tar.gz
```

解压缩并运行 node_exporter：

```
tar zxvf node_exporter-0.16.0.linux-amd64.tar.gz
cd node_exporter-0.16.0.linux-amd64
```

```
./node_exporter
```

同样，也可以将其创建成系统进程启动：

```
vim /usr/lib/systemd/system/node.service
[Unit]
Description=node Server
Documentation=https://Prometheus 官网/docs/introduction/overview/
After=network.target

[Service]
Type=simple
Restart=on-failure
KillMode=control-group
WorkingDirectory=/usr/local/node_exporter/      #指定工作目录
ExecStart=/usr/local/prometheus/node_exporter   #指定启动方式

[Install]
WantedBy=multi-user.target
```

将其加入 Prometheus 监控：

```
- job_name: 'node_exporter'
    static_configs:
    - targets: ['localhost:9100']
```

（3）监控示例。

采集 CPU 使用率：

```
(1- (sum(rate(node_cpu_seconds_total{mode="idle"}[1m])) /
sum(rate(node_cpu_seconds_total[1m]))))*100
```

采集 CPU 用户态使用率：

```
(sum(rate(node_cpu_seconds_total{mode="user"}[1m]))  /
sum(rate(node_cpu_seconds_total[1m])))*100
```

采集 CPU 内核态使用率：

```
(sum(rate(node_cpu_seconds_total{mode="system"}[1m]))  /
sum(rate(node_cpu_seconds_total[1m])))*100
```

采集内存空闲百分比：

```
(node_memory_Buffers_bytes+node_memory_Cached_bytes+node_memory_MemFree_
bytes)/node_memory_MemTotal_bytes
```

采集磁盘 I/O 使用率：

```
(rate(node_disk_io_time_seconds_total[1m])/60)*100
```

采集网络每秒传输的千字节（KB）：

```
rate(node_network_receive_bytes_total[1m])/1024
```

（4）安装 Pushgateway。

下载 Pushgateway，解压缩并运行 Pushgateway：

```
tar zxvf pushgateway-0.6.0.linux-amd64.tar.gz
cd pushgateway-0.6.0.linux-amd64
./pushgateway
```

将其加入 Prometheus 监控：

```
- job_name: 'pushgateway'
   static_configs:
   - targets: ['localhost:9091']
```

2. Grafana 配置

（1）安装 Grafana。

下载并安装 Grafana。

```
yum localinstall grafana-5.3.2-1.x86_64.rpm
systemctl start grafana-server
```

（2）安装 Worldmap Panel 插件。

安装 Worldmap Panel 插件：

```
grafana-cli plugins install grafana-worldmap-panel
```

在图形界面中添加此插件，然后使用 Python 客户端添加数据：

```
from prometheus_client import start_http_server, Summary,Gauge
import time
f = Gauge('driver_dd', 'driver_dd',['group','country','state'])
start_http_server(8000)

while True:
    driver = 4
    f.labels(group='prometheus',country='US',state='NY').set(driver)
    time.sleep(60)
#country 代表国家
#state 代表城市
```

在指定数据源后就可以显示出效果了。数据源在“/var/lib/grafana/plugins/grafana-worldmap-panel/dist/data”中，也可以自定义，格式一般为：

```
{
   "key": "tokyo",            //对应的 key
   "latitude": 35.652832,     //对应的坐标
   "longitude": 139.839478,
   "name": "Tokyo"
 }
```

3. 自定义业务监控脚本

使用 Prometheus 隔一段时间从 Pushgateway 上提取数据，之后将数据实时推送到 Pushgateway 上即可将数据纳入监控脚本，如：

（1）检测一个小时内 Nginx 出现 404 错误的数量。

```
#!/bin/bash
instance_name=`hostname -f |cut -d'.' -f1`
if [ $instance_name == "localhost"  ];then
echo "Must FQDN hostname"
exit 1
fi
timed=`date +%d/%b/%Y:%H`
nginx=/usr/local/nginx/logs/access.log
label="log_404"
log_404=`cat $nginx | grep $timed | grep 404 | wc -l`
echo "$label : $log_404"
echo "$label $log_404" | curl --data-binary @- http://192.168.1.1:9091/
metrics/job/pushgateway/instance_hostname/$instance_name
```

（2）检测网站访问时间。

```
#!/bin/bash
i=1
while i=1
do
instance_name=`hostname -f |cut -d'.' -f1`
if [ $instance_name == "localhost"  ];then
echo "Must FQDN hostname"
exit 1
fi
label="time_out"
time_out=`curl -o /dev/null -s -w "%{time_total}\n" "http://www.xxx.com"`
echo "$label : $time_out"
echo "$label $time_out" | curl --data-binary @- http://192.168.1.1:
9091/metrics/job/pushgateway/instance_hostname/$instance_name
```

（3）检测内网丢包。

```
#!/bin/bash
instance_name=`hostname -f |cut -d'.' -f1`   #计算机名称
if [ $instance_name == "localhost"  ];then
echo "Must FQDN hostname"
exit 1
fi
#等待连接
label="ping_lost_percent" #定义一个新元素

ping_lost_percent=`timeout 5 ping -q -A -s 500 -W 1000 -c 100 192.168.1.101
|grep transmitted |awk '{print $6}' |sed "s/%//g"`
echo "$label : $ping_lost_percent"
echo "$label $ping_lost_percent" | curl --data-binary @- http:///server01.
xxx.com:9091/metrics/job/pushgateway/instance_hostname/$instance_name
```

（4）检测内网延迟率。

```
#!/bin/bash
instance_name=`hostname -f |cut -d'.' -f1`
if [ $instance_name == "localhost"  ];then
echo "Must FQDN hostname"
exit 1
fi
#for waitting connections
label="ping_rrt_max" #define a new key
ping_rrt_max=`timeout 5 ping -q -A -s 500 -W 1000 -c 100 192.168.1.101 |tail
-1 |cut -d'/' -f6`    #define a new value =the number of  ping_rrt_max
echo "$label : $ping_rrt_max"
echo "$label $ping_rrt_max" | curl --data-binary @- http:///server01.xxx.com:
9091/metrics/job/pushgateway/instance_hostname/$instance_name
```

（5）检测等待连接数。

```
#!/bin/bash
instance_name=`hostname -f | cut -d'.' -f1`
if [ $instance_name == "localhost" ];then
echo "Must FQDN hostname"
exit 1
fi
label="count_netstat_wait_connections"
count_netstat_wait_connections=`netstat -an | grep -i wait | wc -l`
echo "$label : $count_netstat_wait_connections"
echo "$label $count_netstat_wait_connections" | curl --data-binary @-
http://server01.xxx.com:9091/metrics/job/pushgateway/instance/$instance_name
```

4. 使用 Python 编写客户端

Prometheus 客户端支持多种开发语言。使用 Python 语言编写的方式如下。

环境准备：

```
pip install prometheus_client        #安装 Prometheus 客户端模块
yum install gcc python-devel         #安装编译模块
pip install psutil                   #安装监控模块（可选择其他模块）
```

示例介绍：

```
# !/usr/bin/python
# -*- coding:utf-8 -*-
from prometheus_client import Gauge
g = Gauge('my_inprogress_requests', 'Description of gauge')
g.set(value) #value 的值为正数或浮点数
```

监控 CPU 用户使用时间比：

```
#!/usr/bin/python
# -*- coding:utf-8 -*-
from prometheus_client import start_http_server, Summary,Gauge
import psutil
g = Gauge('cpu', 'cpu-time',['hostname'])
#第 1 个参数为 metric 名称，第 2 个参数为说明，第 3 个参数为标签（标签可以有多个）
start_http_server(8000)
while True:
    g.labels(hostname='web-server').set(psutil.cpu_times().user) #设置标签的值再设置 metric 的值
```

5. 将 Spring Boot 集成到 Prometheus 中

添加 Maven 依赖：

```
<!-- 监控组件开始 -->
<dependency>
    <groupId>org.springframework.boot</groupId>
    <artifactId>spring-boot-starter-actuator</artifactId>
</dependency>
<dependency>
    <groupId>io.micrometer</groupId>
    <artifactId>micrometer-registry-prometheus</artifactId>
</dependency>
<!-- 监控组件结束 -->
```

添加 application.yml 配置文件：

```
management:
  endpoints:
```

```
    web:
      exposure:
        include: 'prometheus'     # 暴露/actuator/prometheus
  metrics:
    tags:
      application: Demo  # 在暴露的数据中添加 application label
```

将 Spring Boot 集成到 Prometheus 中，需要修改的 prometheus.yml 如下：

```
- job_name: 'Demo'
  metrics_path: "/actuator/prometheus"
  static_configs:
  - targets: ['127.0.0.1:8080']
```

17.3　链路追踪——不漏过任何一个异常服务

在微服务架构中，通常一次请求会涉及对多个服务的调用；而每个服务可能由专属的团队负责，分布在不同的机器上。为了保证整个系统的可用性，有必要监测每个服务的调用情况，以达到快速找到请求失败的原因。

17.3.1　什么是链路追踪

链路追踪来源于谷歌在 2010 年发布的论文 *Dapper, a Large-Scale Distributed Systems Tracing Infrastructure*，该论文介绍了链路追踪的核心概念。

可以将分布在系统中的所有节点通过一个全局唯一 ID 串联起来，然后以可视化视图的方式展示一个请求从进入系统到得到响应的完整过程，如图 17-2 所示。

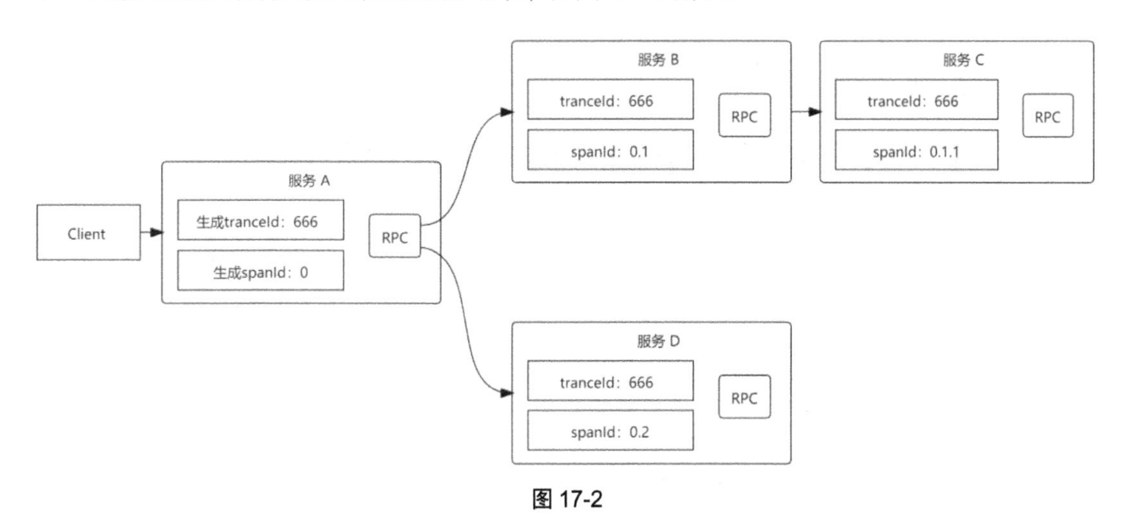

图 17-2

在客户端发起请求时，先在第一层生成全局的 tranceId，每一次的 RPC 都会将这个 tranceId 传出去。这样就将整个请求链路都串联起来了。

同时，在第一层会产生 spanId，表示当前请求所在的位置。如图 17-2 所示，请求到达服务 B 时 spanId 是“0.1”，到达服务 D 时 spanId 是“0.2”。

17.3.2 常用的开源链路追踪系统

目前国内常用的链路追踪系统如下。

- Zipkin：由 Twitter 公司基于 Java 语言开发，需要修改相关配置文件（如 web.xml），可以将其和 Spring Cloud 很方便地集成。
- CAT：由美团点评团队基于 Java 语言开发，需要开发人员手动进行程序埋点。
- Pinpoint：由韩国开源，主要使用字节码增强技术。其使用简单（只需要在启动时增加相应参数即可），但比较耗费性能。
- SkyWalking。由国内开源爱好者吴晟（华为开发者）开源并提交到 Apache 孵化器的产品，目前支持 Java、.Net、Node.js 等探针，数据存储方式比较丰富，如 MySQL、Elasticsearch 等。它支持很多框架，如 Dubbo、gRPC 等。

17.3.3 节，将基于 SkyWalking 进行实战。SkyWalking 是专门为微服务架构及云原生架构而设计的，主要具备如下特点：

（1）支持多语言自动探针。

（2）为多种开源项目（如 MySQL、Tomcat、Spring 等）提供了自动探针插件。

（3）采用微内核和插件的架构，可以随意选择集群管理和存储，以及使用插件集合。

（4）自带告警功能。

（5）可视化界面效果极佳。

17.3.3 【实战】在微服务架构中加入链路追踪系统 SkyWalking

1. 了解架构

SkyWalking 在逻辑上分为 4 个部分：探测器、平台后端、存储和 UI。其官网显示的架构如图 17-3 所示。

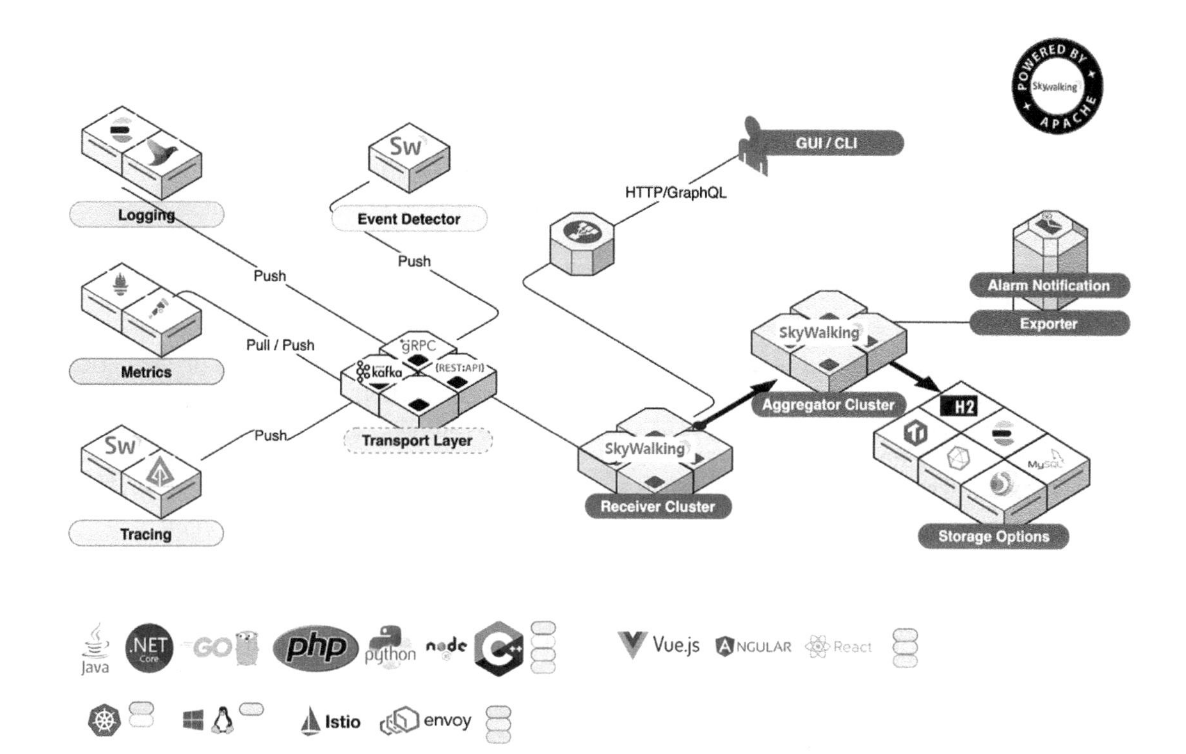

图 17-3

- 探测器：收集数据并重新格式化，以满足 SkyWalking 需求（不同的探测器支持不同的来源）。
- 平台后端：支持数据聚合、分析和流式处理，包括跟踪、度量和日志。
- 存储：通过一个开放/可插拔的接口存储 SkyWalking 数据。可以选择现有的实现（如 Elasticsearch、H2、MySQL、TiDB、XDB），也可以选择自己实现。
- UI：将追踪的结果信息通过浏览器展示出来。

2. 实例

下面以 SkyWalking 7.8.0 为例搭建一个完整的应用链路追踪体系。

（1）下载安装。

从官网下载对应的 SkyWalking 版本包，然后解压缩：

```
tar zxvf apache-skywalking-apm-es7-8.0.0.tar.gz
```

（2）配置。

修改 config 下面的 application.yml 文件，然后根据实际情况进行修改，如以下所示：

```
    storage:
      selector: ${SW_STORAGE:elasticsearch7}
      elasticsearch7:
        nameSpace: ${SW_NAMESPACE:"un-wulian"}
        clusterNodes: ${SW_STORAGE_ES_CLUSTER_NODES:172.16.10.19:9200}
        protocol: ${SW_STORAGE_ES_HTTP_PROTOCOL:"http"}
        trustStorePath: ${SW_STORAGE_ES_SSL_JKS_PATH:""}
        trustStorePass: ${SW_STORAGE_ES_SSL_JKS_PASS:""}
        dayStep: ${SW_STORAGE_DAY_STEP:1}
        user: ${SW_ES_USER:""}
        password: ${SW_ES_PASSWORD:""}
        secretsManagementFile: ${SW_ES_SECRETS_MANAGEMENT_FILE:""}
        indexShardsNumber: ${SW_STORAGE_ES_INDEX_SHARDS_NUMBER:1}
        superDatasetIndexShardsFactor:
${SW_STORAGE_ES_SUPER_DATASET_INDEX_SHARDS_FACTOR:5}
```

之后通过“bin/startup.sh”命令启动。

（3）安装 Agent。

SkyWalking 有很多的 Agent ,下载对应的 Agent 并解压缩即可。以 Java Agent 为例，修改 config 下面的 agent.config 配置文件：

```
    agent.service_name=${SW_AGENT_NAME:un-demo} #修改服务名称
    collector.backend_service=${SW_AGENT_COLLECTOR_BACKEND_SERVICES:172.16.1
0.19:11800} #修改 OAP 地址
```

（4）启动应用程序。

由于 SkyWalking 是无侵入代码的，所以在启动应用时只需要增加相应的 VM 参数即可：

```
    java -javaagent:agent/skywalking-agent.jar -jar demo.jar
--spring.profiles.active=prod
```

如此，就基于 SklyWalking 搭建了应用链路追踪体系。